2010 年和中国地质学会地质学史专业委员会会长王鸿祯先生讨论工作。左为王鸿祯，右为于洸

2011 年和老友在一起。左为于洸

2014 年在中国地质大学和学生们亲切交谈。右二为于洸

2015 年第 40 届国际地质科学史学术研讨会期间在周口店野外考察。前排左三为于洸

2015 年第 40 届国际地质科学史学术研讨会合影。前排左四为于洸

2015 年在胜利油田。右二为于洸

中国地质学会地质学史专业委员会第 24 届学术年会合影。前排右五为于洸

中国地质学会地质学史专业委员会副主任于洸教授在野外考察中向学生讲解岩石成因。
前排右二为于洸

中国地质科学发展史（湖南省）研讨会合影。前排左三为于洸

2018 年于洸在中国地质学会地质学史专业委员会第 28 届学术年会上做学术报告

“中国地质大学与北京大学的渊源关系”讲座——主讲人于洸教授

“中国地质大学与北京大学的渊源关系”讲座现场——主讲人于洸教授

“中国地质大学与北京大学的渊源关系”讲座部分师生合影。前排左五为于洸

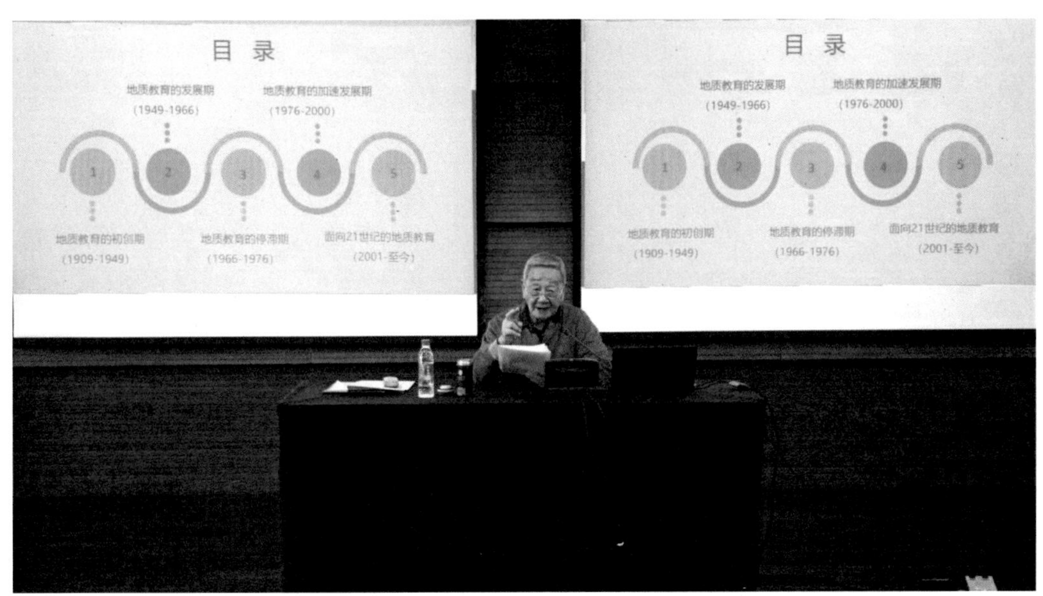

“百多年来地质教育发展历程”讲座 ——主讲人于洸教授

中国地质学会地质学史专业委员会第 29 届学术年会合影。前排左八为于洸

中国地质学会地质学史专业委员会第 30 届学术年会合影。前排左七为于洸

自然文化书系——地质学史系列

总主编 马俊杰

中国地质学史拾零

于 洸 著

科 学 出 版 社

北 京

内 容 简 介

中国现代地质学发轫于20世纪初。百余年来，在中国地质学发展过程中，几代地质学人为此做出了毕生的努力和奉献，成就了中国地质事业的辉煌。本书集作者几十年地学人物研究之功，对中国地质学发展百余年来一些重要人物从事地质事业和地质教育的经历，学术思想形成的过程，进行了客观的、较为全面的研究。本书记述了章鸿钊、丁文江、翁文灏、李四光4位中国地质事业奠基人及许多老地质学家在中国高等地质教育和人才培养方面做出的卓越贡献。他们热爱祖国，严谨治学，献身地质科学和教育事业的高贵品质，是我国地质学史灿烂的一页。

本书可供地质学史研究者参考，对从事地质事业的中青年工作者、学习地质学的青年朋友们有很好的启发与教育作用，从中可以了解中国地质学发展史和前辈地质学家对中国地质学做出的历史性贡献。

图书在版编目(CIP)数据

中国地质学史拾零/于洸著. —北京：科学出版社，2023.11
（自然文化书系/马俊杰总主编. 地质学史系列）
ISBN 978-7-03-074414-2

Ⅰ. ①中… Ⅱ. ①于… Ⅲ. ①地质学史-中国 Ⅳ. ①P5-092

中国版本图书馆CIP数据核字(2022)第255562号

责任编辑：韩　鹏　张井飞/责任校对：何艳萍
责任印制：赵　博/封面设计：陈　敬

科学出版社出版
北京东黄城根北街16号
邮政编码：100717
http://www.sciencep.com
北京厚诚则铭印刷科技有限公司印刷
科学出版社发行　各地新华书店经销
*
2023年11月第　一　版　开本：787×1092　1/16
2024年 8 月第二次印刷　印张：19　插页：4
字数：600 000

定价：198.00元

（如有印装质量问题，我社负责调换）

“自然文化书系”总编委会

“地质学史系列”编委会

作者简介

于洸，1935年生，江苏镇江人，中共党员，教授。1951年7月1日参加工作，1956年考入北京大学地质地理学系地质学专业学习，1960年4月提前毕业，留校任教，讲授过分散元素地球化学、结晶学与矿物学、地质学基础等课程。历任北京大学地质学系副系主任，系党总支书记，北京大学党委整党办公室副主任，北京大学党委组织部部长，北京大学党委常委，北京大学副校长，首都师范大学党委书记。曾任北京市海淀区第八届人民代表大会代表，中国地质学会地质教育专业委员会副主任委员，北京地质学会常务理事，中国地质学会第35届、第36届理事会常务理事，中国地质学会第37届理事会副秘书长，国际地质科学史委员会通讯委员、委员。1999年12月任中国地质学会地质科技发展基金管理委员会委员。2000年6月4日中国地质学会第37届理事会授予名誉理事称号。2006年1月22日，中国地质学会第37届理事会授予先进工作者称号。曾参加《中国地质学会80周年记事》的编写工作，负责1948年以前部分。曾任中国地质学会地质学史研究会副秘书长（1988—2004年），中国地质学会地质学史专业委员会副主任委员（2004—2018年）。发表过地质学史方面的文章110篇，其中地质人物史62篇。曾主编或参加编著《中国地质学学科史》、“西南联大名师”丛书的《地球奥秘的探索者》、《国立西南联合大学校史：一九三七年至一九四六年的北大、清华、南开》、《创立·建设·发展——北京大学地质学系百年历程（1909—2009年）》等。

作者简介

序　一

地质科学在中国的兴起、传播、发展和开拓已有百余年历史，至今已经成为我国自然科学体系中的重要成员，为我国经济社会发展和科学技术兴起做出了历史性贡献。这中间几代专家学者为此付出了辛勤的劳动。以史为鉴、开创未来、缅怀先贤、激励后进。为此，积极开展地质学科史包括地学人物史研究实属必要。于洸教授的这一新作《中国地质学史拾零》就是这方面的一部代表作。

本书详细记述了章鸿钊、丁文江、翁文灏、李四光 4 位中国地质事业奠基人和 20 余位老地质学家的杰出贡献。他们热爱祖国，热爱科学，严谨治学，开拓创新，献身地质科学和教育事业的高贵品质和取得的优秀成果，我们要认真学习、继承和发扬。

于洸教授长期研究地质学史，在地质学科史、地质事业史、地质教育史等方面发表多篇论述，富有见地，是著名的地质学史专家。本书就是他多年来关于地学人物研究的汇集。

我阅读本书后，深感立意高远，史料翔实，评议公允，叙述生动，富有启发性，在有关中国地质学史研究的著述中具有特色，为我们学习和认识中国地质学史，继往开来，提供了很好的帮助。

我衷心祝贺本书的出版，期盼广大读者尤其是年轻的地质工作者能从中受益，并决心为把我国建成地学强国，实现中华民族的伟大复兴而努力奋斗。

翟裕生

中国地质大学（北京）教授

中国地质学会地质学史专业委员会原主任委员

中国科学院院士

2021 年 7 月 1 日

序 一

序　二

于洸教授是中国地质科学史研究专家，发表学术论著百余篇，至今笔耕不辍。他是北京大学地质学系教授，并长期担任领导职务，与本书中大多数地质学史人物有密切的接触和交流。他笔下的地质学者爱国之情炽烈，学术贡献和留诸史册的业绩都是后人学习的鲜活榜样。中国地质科学史就是一代又一代地质学者的奋斗、创新书写而成的。

阅读本书令人感慨。一是献身地质事业的奋斗精神。他们严谨治学，献身中国地质事业的高尚品德，是中国地质科学勇攀高峰的不竭精神动力。二是学识广博。他们的科学历程昭示，广学博览和专业精深是创新的基础。于洸教授的地学人物史研究，正是在深刻阐述科学人才产生的必由之路。今天，我们追忆他们的风范，不仅是高山仰止，更应景行行止。

地质科学是强国富民的学术，更是探求地球奥秘和探索人类与自然和谐相处的学问。以史为鉴，展望未来；缅怀先贤，激励后人。这是地学人物史研究的核心要义，也是于洸教授撰写这本文集的耿耿初心。

我与于洸教授相识多年，受益良多。他为人热情谦和，是中国地质学会地质学史专业委员会中备受尊重的长者。他提携后进，关心青年学者成长，与他相处中时刻有春风扑面之感。承于洸教授厚爱，嘱我为之作序，令我惶愧，谨以此文祝贺于洸教授《中国地质学史拾零》文集的出版。

蔡克勤

中国地质大学（北京）教授

中国地质学会地质学史专业委员会副主任委员

2021 年 7 月 8 日

序 二

前　言

1982 年 10 月 5 日至 9 日，第一届全国地质学通史讨论会在北京大学举行。时任北京大学地质学系系主任的乐森璕院士和我合写了一篇《北京大学地质学系的建立与发展》，由我执笔，并在会上做报告。这是我参加地质学史研究的肇始。

1987 年 10 月 5 日至 7 日，由北京大学地质学系和中国地质学会地质学史研究会共同组织的“丁文江先生诞辰 100 周年、章鸿钊先生诞辰 110 周年纪念会和中国地质事业早期史讨论会”在北京大学举行。许多地质学界的老前辈，地质学史研究的专家、学者，中青年学者参加会议。中国地质学会地质学史研究会会长王鸿祯教授以“以史为鉴　继往开来”为题致开幕词。他说“丁文江先生和章鸿钊先生是我国地质界的创始人和奠基人，对中国早期的地质事业做出了重大的贡献。丁先生在我国科学界和学术界更有广泛的影响。我们把对他们的纪念同对中国地质学早期史的研究结合起来，不独具有历史的意义，也具有重要的现实意义。”“衷心地希望这次纪念活动和学术活动能够通过‘缅怀先贤，激励后进’，做到以史为鉴，联系当前；通过回顾过去，探讨事业上的盛衰和得失，追溯学术上的本末和源流，做到对我们当前的工作有所启发，有所借鉴，从而对我国地质事业的前进和发展，对我国地质科学的前进和发展，尽一份绵薄之力，起一份推动作用。”会议按创业史、教育史、调查史和人物史几个专题进行报告和讨论，最后王鸿祯会长作总结发言。我向会议提交了“北京大学地质学系早期史考”的论文，并作了报告。这次会议使我深受教育，进一步明确了地质学史研究的意义、内容、指导思想，启发我开始更多地进行地质学史研究。

章鸿钊、丁文江、翁文灏、李四光 4 位中国地质事业的开创者和奠基人，对北京大学地质学系和中国早期地质教育事业都非常关心，做出了重要贡献，我写了《丁文江、章鸿钊先生与北大地质学学科的建设》《章鸿钊先生与北京大学地质学教育》《丁文江先生与中国早期地质教育事业》《翁文灏先生与北大地质学系》《翁文灏对北大地质学学科的关心与支持》《纪念卓越的教育家李四光教授（节录）》《李四光教授在北京大学》《北大地质学学科的奠基人——李四光》《李四光——中国地质事业奠基人之一》《深切缅怀一位有卓越贡献的科学家——李四光先生——纪念李四光先生诞辰 130 周年》。

早期在北京大学地质学系和西南联合大学地质地理气象学系任教的多位地质学家和气象学家，如王烈、何杰、谭锡畴、袁复礼、谢家荣、冯景兰、李宪之、赵九章及外籍教授梭尔格、亚当士、葛利普等，我也著有专门文章，记述他们在地质教育、地质事业和地质科学研究方面做出的贡献。

20 世纪 20 年代至 40 年代，北京大学地质学系和西南联合大学地质地理气象学系的毕业生，如孙云铸、杨钟健、乐森璕、王恒升、高振西、王嘉荫、王鸿祯、黄劭显、董申保、张炳熹、池际尚、郝诒纯等，除个别同志外，都在北京大学地质学系或西南联合大学地质地理气象学系担任过教职，都是著名的地质教育家。孙云铸担任过西南联合大学地质地理气象学系和北京大学地质学系系主任 15 年，乐森璕担任过北京大学地质地理学系和地质学系系主任 15 年。上述科学家在古生物学、地层学、岩石学等领域成就卓著，我也著有多篇文章分别记述他们在地质教育、地质事业和地质科学研究等方面做出的贡献。

20 世纪 50 年代至 60 年代的毕业生冯钟燕、王颖、许志琴，我也著文记述他们分别在矿床学、海洋地貌与沉积学、构造地质学领域做出的贡献。

我在北京大学地质学系的同事何国琦、地质学史研究方面的好友孙枢，我也著文缅怀。

从 1982 年至 2020 年，我发表过地质学史方面的文章 110 篇，其中，地质人物史方面的文章 62 篇。中国地质学会地质学史专业委员会与中国地质大学（北京）自然文化研究院商定，将我关于地质人物研究的文章汇集出版，名为《中国地质学史拾零》。对我来说，这是学术经历中的一件大事，我深受感动，并致以深深谢意。

《中国地质学史拾零》一书，收入我曾发表的文章 44 篇，包括 32 位地质学家。这些地质学家年龄最长的 1877 年出生，年纪最轻的 1941 年出生。文章目录按地质学家的年龄排序，一人有几篇文章的按原文章发表的时间排序。因所收集的文章来自多种出版物，且时间跨度大，各出版物的格式标准难免不统一，本着尊重历史、忠实原著的精神，所用物理量单位、符号和参考文献等均保留原文风貌，未做统一标准的处理。

通过书写这些文章，我学习到很多东西。他们热爱祖国、热爱社会主义的爱国主义精神；为建设祖国而学习地质学，为振兴中华献身地质科学和教育事业，关心青年、培养青年、引领青年健康成长，强烈的事业心；严谨求实、开拓创新的治学精神，不忘初心、艰苦奋斗的奉献精神，使我深受教育，我要继续发挥余热，做好工作。

于　洸

2021 年 6 月

目　录

丁文江、章鸿钊与北大地质学学科的建设①

于 洸

丁文江先生（1887—1936）1913 年任工商部地质科科长、地质调查所所长兼地质研究所所长。章鸿钊先生（1877—1951）1912 年任实业部地质科科长，1922 年任中国地质学会首任会长。他们两位都是我国地质事业的创始人和奠基人，对我国早期的地质事业做出了重大贡献。黄汲清教授在《我国地质科学工作从萌芽阶段到初步开展阶段名列第一的先驱学者》②一文中称：章鸿钊是中国“第一位撰写中国区域地质论文的学者”“第一位地质学教师”“第一位地质科长”“地质学会第一任会长”“第一位考古地质学者”。丁文江是中国“第一位地质学教学机构首脑”“第一位地质调查所所长”“中国第一篇正式地质调查报告的作者”“中国第一位远征边疆的地质学家”“中国第一位进行煤田地质详测并拟定钻探计划的地质学家”“中国第一位撰写中国矿产资源论文的学者”。丁文江先生诞辰 100 周年、章鸿钊先生诞辰 110 周年纪念会和中国地质事业早期史讨论会，1987 年 10 月 5 日至 7 日在北京大学举行，来自 60 个单位的 113 位学者与会，其中有中国科学院学部委员（现称院士）22 人出席，老、中、青几代人共聚一堂纪念丁文江先生和章鸿钊先生，共议中国地质创业奠基史，北京大学校长丁石孙教授在会上作了“北京大学与中国地质”的讲演。这次纪念活动和学术活动由中国地质学会与北京大学共同筹办，由中国地质学会地质学史研究会与北京大学地质学系具体组织。这次纪念活动与学术活动为什么在北京大学举行？因为北京大学与我国地质事业的发展有着密切的关系，因为这两位我国地质事业的先驱者与北京大学有着密切的关系。

一

京师大学堂很早就开设了地质学课程，章鸿钊先生就是应聘的第一位中国籍地质学教师。章鸿钊先生 1911 年夏毕业于日本东京帝国大学理科大学地质学科。在他毕业前，京师大学堂农科大学学长罗叔韫先生约他担任农科大学地质学讲师。章先生回国后应约赴任，住马神庙校舍，1911 年秋季讲授地质学，并为学生编写了讲义。10 月 10 日武昌起义，学生们都离京回家，章先生因无书可教也回浙江了。③他教课的时间虽然不长，但这是中国地质学者在中国大学讲授地质学的第一人，黄汲清教授所称的这位中国“第一位地质学教师”就是在北京大学任教的。

① 载萧超然主编《巍巍上庠 百年星辰——名人与北大》，北京：北京大学出版社，1998 年 4 月

② 载王鸿祯主编《中国地质事业早期史》，北京：北京大学出版社，1990 年

③ 参见章鸿钊《六六自述》，武汉：武汉地质学院出版社，1987 年，第 29 页

我国早期地质人才的培养与北京大学以及丁文江、章鸿钊两先生有着密切的关系。在我国高等学校中设立地质学系培养地质人才是从北京大学开始的。1909年京师大学堂开办了地质学门，聘请德国人梭尔格博士（Dr. F. Solgar）等授课，1913年5月这班学生毕业后，因学地质学的人数太少，开课费用太大，地质学门暂时停办。1912年南京临时政府成立，章鸿钊先生就任实业部矿政司地质科科长，他草拟了一份“中华地质调查私议”，并附“筹设地质研究所的意见”及“简章”，以培养青年。当时章先生认为“若欲委之教育界乎则又缓不济急也”[①]。是年10月，南京临时政府移至北京，实业部分为农林、工商两部，章先生改就农林部技正，他那个举办地质研究所培养青年的计划没有付诸实行。丁文江先生早年在英国格拉斯哥大学攻读动物学和地质学，1911年夏回国，先在上海南洋中学教书，1913年2月任工商部矿政司地质科科长。张轶欧司长向他介绍了章先生所拟的“中华地质调查私议”。在丁先生拟的“工商部试办地质调查说明书”中，也提出办地质研究所作为地质调查的第一步。这个计划得到北京大学校长何燏时、理科学长夏元瑮的赞助，利用北京大学地质学门暂时停办的机会，由北京大学附托工商部（1914年改为农商部）举办一个地质研究班，后称为地质研究所，[②]丁文江任所长，1913年10月开办，初招学生30人，借用北京大学景山东街（马神庙）地质学门的地方、图书、标本、仪器及各种教学设备，同时聘请北京大学教授德国人梭尔格授课，丁文江、章鸿钊、翁文灏、王烈等也授课。1913年11月丁文江先生外出考察地质，辞去所长职务，由章鸿钊先生担任。1916年7月有22人从该所结业，其中18人获毕业证书，10余人进入由丁文江任所长的地质调查所工作。自此，我国地质调查工作才得以正式着手进行。这班学生毕业后，地质研究所就没有再办下去，农商部致函北京大学，将借用之仪器、标本等送还，由北京大学“自行开办地质科”。丁先生与北京大学校长商定，北京大学担任造就地质人才的工作，地质调查所专做调查研究工作，可以随时吸收北大地质方面的毕业生，使他们有深造的机会。

二

北京大学地质学门于1917年恢复招生，章鸿钊先生曾暂代矿物学授课的工作。1919年改称地质学系，1920年恢复招生后的第一班学生毕业。由于上面所说的渊源，地质调查所与丁先生对北大地质学系总是很关切的。初期毕业生到地质调查所去找工作，丁先生亲自考试，考试的结果使他大不满意。那时，丁先生与胡适之先生很熟识，对他说：“适之，你们的地质系是我们地质调查所青年人才的来源，所以我特别关心。前天北大地质系的几个毕业生来找工作，我亲自给他们一个很简单的考试，每人分到十种岩石，要他们辨认，结果是没有一个人及格，你看这张成绩表！”“我来是想同你商量，我们同去看了蔡先生（蔡元培先生时为北大校长），请他老人家看看这张成绩单。我要他知道北大地质系怎么办得这么糟。你想他不会怪我干预北大的事吗？”胡适之先生说：“蔡先生一

① 参见章鸿钊《六六自述》，武汉：武汉地质学院出版社，1987年，第30页

② 参见丁文江所写农商部地质调查所《地质汇报》第1号序言，1919年7月

定很欢迎你的批评，决不会怪你。”后来他们同去看蔡先生，蔡先生听了丁先生批评地质系的话，也看了那张有许多零分的成绩单，不但不生气，还虚心地请丁先生指教整顿改良的方法。据丁先生回忆，那是1920年的事。那一席谈话的结果，有两件事他是记得的，第一是请李四光先生来北大地质系任教，第二是北大与地质调查所合聘美国古生物学大家葛利普先生（Amadeus William Grabau，1870—1946）到中国来，一面在北大教古生物学，一面兼地质调查所古生物室主任。[①]

李四光和葛利普两位先生1920年到北大地质学系任教，他们对北大地质学系提高教学质量和系的发展都做出了很大的贡献。这是北大地质学系发展史上的一件大事。李先生在北大的情况将另文介绍。葛利普先生在中国、在北大26年，我国老一辈古生物学家都是他的学生。1946年葛利普逝世，安葬于沙滩北大地质馆前，1982年迁墓至北京大学现校园内。名师出高徒，丁先生推荐的这两位名师，确是丁先生对北大的贡献。

三

丁先生关心北大地质学系的建设和发展还可以举出一些事例。

1920年，北大地质系学生杨钟健（北大地质学系1923年毕业生，中科院院士）等发起组织北京大学地质研究会（后改称地质学会），10月成立，11月7日举行第一次讲演会，由丁先生讲演，50人听讲，讲题是“扬子江下游最近之变迁——三江问题”，记录稿刊登在《北京大学地质研究会会刊》第1期上（1921年10月出版）。杨钟健在一篇纪念文章中说：“那时，我已深佩丁先生的治学精神与方法。”[②]

1924年1月5日至7日中国地质学会举行第二届年会，1月6日前任会长丁文江发表了以“中国地质工作者之培养”为题的会长演说，他说：“在英美的大学和矿业学校中，一般地缺乏野外训练。”“在国立北京大学地质系中所开设的课程，比起那些外国学院来要好，但有一个很大的缺点，就是完全没有严格的生物学课程。学生们除非加以补修，是难以期望了解地史学基础原理的。”“还有，中国学生必须学习一些测量课程，特别是地形测量。这是因为中国境内只有很少的地区是测过图的，而且这些地图往往不适用，这就要求地质工作者来测制自己所需要的地图。”[③]丁先生的这些意见都是很重要的，当时北大地质系没有过早地专业化，并且增加了生物学和地形测量的课程，注重野外实习。

赵亚曾先生（1898—1929）1923年毕业于北京大学地质学系，成绩优异，毕业后留校任教，同时在地质调查所工作，1928年任古生物学研究室主任，不到6年的时间发表著作18种，100多万字。丁先生对这样有为的青年是非常称赞、非常爱护、非常鼓励的，并对人介绍说“这是北京大学出来的地质界的天才”。但不幸的是，赵亚曾1929年在云南考察地质时遇匪殉难。地质学界闻讯都很悲恸，丁先生哭了好几次，到处为其家属征募抚恤费，他自己负担赵氏儿女的教育责任。丁先生曾赋《挽赵予仁》七律四首，有句

① 参见胡适《丁文江传》，海口海南出版社，1993年，第25页

② 参见杨钟健《悼丁在君先生》，《独立评论》第188号，1936年2月16日

③ 转引自夏湘蓉、王根元《中国地质学会史》，北京：地质出版社，1982年，第61页

云："三十书成已等身，赵生才调更无伦；如何燕市千金骨，化作天南万里尘！"又云："老骥识途空自许，孤鸿堕网竟难还！……遥想闻心场上路，春来花带血痕殷！"①

1931 年 3 月 15 日，丁先生应北大地质学会之邀，作了"中国地质学者的责任"的讲演，他说："科学是世界的，是不分国界的，所以普遍讲起来，中国科学家的责任与其他国家的科学家完全没有分别。""但有几种科学，因为他所研究的材料，根本有地域性质，所以研究这种科学的人，也就因为地域不同的关系，发生不同的责任。地质学就是这种科学之一。所以，研究地质的人，往往对于世界和对于本国，有特别的义务。"他结合中国地质和矿产资源的情况，详细地说明了中国地质学者的责任，并且指出："地质学者责任如此重要，能够尽职自然要有长期预备。这种预备可以分做校内校外两种：在校的时候应该对于各种课程平均努力，以期得到相当的常识。北大对于地层和地史是最有成绩的，但若是一个人对于岩石矿床没有普遍的知识，绝没有发现金属矿的可能；同时专门从事所谓经济地质的人，假如不能了解地层、地史和构造的原则，决不能从事煤田、油田、含盐的观察。""出了学校以后的预备，第一是要得到野外工作的能力，这种能力没有相当的指导经验，是不容易得到的。现在有许多人，出了学校门，就想要独立工作，不愿意做人家的助手，受人的指导，这是很大的错误。""我们的责任很重大，很复杂，所以，训练越彻底，工作的效能越大，凡要自欺欺人的人，断不能成为地质学者，断不能负起地质学者的责任。"②丁先生的讲演使当时地质学系的学生深受教育，就是现在看来也是有指导意义的。

四

1931 年以前，丁先生有时候在北平，北大校方与学生曾多次请他到北大任课，都被他因为"没有充分时间"推辞了。有一次曾请他讲"中国西南地质"，丁先生大发脾气地说："什么西南地质、西北地质的一大套。地质是整个儿的，纵然各地稍有不同，也没有另外专讲的必要。要这样开设起来，你们的学生有多少时间才够分配？我根本不赞成这种办法，我是不能去教的。"这样，请丁先生讲课的事也就作罢了。但后来有了一个机会。

中华教育文化基金董事会与北大合作，自 1931 年至 1935 年，双方每年各提款项 20 万元，共 40 万元法币，作为合作研究特款，一部分作为购置图书、仪器和建筑设备之用，另一部分用于设立研究教授之用。所聘人选"以对于所治学术有所贡献，见于著述者为标准"。一部分用于设立北大助学金及奖学金。这一年，丁先生被聘为北大研究教授。1931 年地质学系被聘为研究教授的还有葛利普、李四光二人。

丁先生教的是"普通地质学"，这是一门基础课，是他自己认为能教的，所以才"惠然肯来"。他过去教书的时间比较少，不教则已，既然教了，他是用尽了所有的力量去教的。他教课，决不肯按照某种或某数种教科书上有的去教，即算了事。他要搜集普通的、专门的、古今中外的各种材料，斟酌取舍。他曾说："不常教书的人，教起书来真苦，讲

① 转引自夏湘蓉、王根元《中国地质学会史》，北京：地质出版社，1982 年，第 37 页

② 丁文江《中国地质学者的责任》，《国立北京大学地质学会会刊》第 5 期，1931 年 4 月

一点钟，要预备三点钟，有时还不够！”对于标本、挂图等他也全力罗致。当时地质调查所的人曾有这样的笑话：丁先生到北大教书，我们许多人连礼拜天都不得休息了。我们的标本也教丁先生弄破产了。地质学所讲，很多是死石枯骨，不顺口的名词，枯燥的数目字。但听丁先生讲课向来不感觉枯燥，学生们都是精神奕奕的。例如，地球上山地、水泽、平原所占面积的比例很难记，丁先生就讲，我们江苏有句俗话，叫“三山六水一分田”。这种“巧于比拟”的方法使学生便于记忆。丁先生最主张实地练习，常常带领学生去野外。出去的时候，都要利用假期，决不耽误应讲授的功课。凡预定实习的地方，他一定预先自己十分明白。吃饭、住宿、登山等等一概与学生完全一致。他的习惯是：登山必到峰顶，移动必须步行。他认为，带领学生，必须一切均照规矩，以身作则。不如此，学生不能有彻底的训练，且有愧于我们的职责。曾作为他助教的高振西先生在一篇纪念文章中说：“这样的教师，丁文江先生给予学生们的好处，不只是学问、知识同治学的训练。他那种活泼的精神，任事的英勇，训练的彻底，待人的诚恳，同其他种种方面，无形之中感化到学生身上的，实在更为重要。”①丁先生是充分尽了教师的责任的。

丁先生除教课以外，还从事研究工作。例如，1933 年 7 月他赴美国华盛顿参加第十六届国际地质大会，向大会提交了与葛利普教授合著的两篇论文：《中国之石炭纪及其与密西西比系及宾夕法尼亚系的关系》《中国之二叠纪及其对于二叠纪分类的影响》。会后赴欧洲及苏联作地质考察，11 月回国。

还要提到的是，北京大学地质馆的建设。前面提到的合作研究的特款分到地质学系的设备费，丁先生提议，可暂时不用于购置设备，积累 3 年有 4 万多元，再想点别的办法集资，盖一幢楼。系主任李四光教授采纳了这项建议，1931 年筹建，1935 年，在沙滩嵩公府夹道落成一座三层楼的地质馆。一个系有单独一幢教学楼，这在北大当时尚属首例。

丁先生于 1934 年 10 月 18 日离开北大，应蔡元培先生之邀，到当时的“中央研究院”任总干事。

丁文江先生和章鸿钊先生在 20 世纪初的一段时间里，虽然在北大任教的时间不长，但是从不同的方面对北京大学地质学系的建设和发展都做过许多工作。在庆祝北京大学建校 100 周年的时候，我们永远记着这两位我国地质事业的先驱者对北京大学所做的贡献。

① 高振西《做教师的丁文江》，《独立评论》第 188 号，1936 年 2 月 16 日

章鸿钊先生与北京大学地质学教育[①]

于　洸

章鸿钊（1877—1951），1912年任实业部地质科科长，1922年任中国地质学会首任会长，是我国地质事业的创始人和奠基人之一，是我国地质教育的先驱者，对我国早期的地质事业做出了重大贡献。

1987年10月5日至7日在北京大学举行了丁文江先生诞辰100周年、章鸿钊先生诞辰110周年纪念会和中国地质事业早期史讨论会，来自60个单位的113位学者与会，其中有中国科学院学部委员（院士）22人出席。这次纪念活动和学术活动由中国地质学会和北京大学共同筹办，由中国地质学会地质学史研究会与北京大学地质学系具体组织。这次纪念活动和学术活动为什么在北京大学举行？因为北京大学与我国地质事业的发展有着密切的关系。北京大学校长丁石孙教授在会上作了“北京大学与中国地质”的讲演。他说：“中国地质事业的发端与北京大学的名字紧密相连。章鸿钊是我校、也是中国第一位地质学教师。丁文江对北大地质学系的建立和发展，曾做出了开创性的重要贡献。他们培养的最早几批地质学者，有许多成为中国地质学各领域的奠基者。”“北大地质学系的振兴是中国地质事业前辈、专家和学者们对我校地质学系的发展给予多方面的支持与合作。”[②]

章鸿钊先生在我国从事地质学教育工作是从北京大学开始的。京师大学堂很早就开设了地质学课程，章鸿钊先生就是应聘的第一位中国籍地质学教师。1911年夏，章先生毕业于日本东京帝国大学理科大学地质学科。在他毕业前，京师大学堂农科大学学长罗叔韫先生约他担任农科大学地质学讲师。1911年9月，当时京师学部举行留学生考试，他赴京参考，以最优等成绩得“格致科进士”。同榜中还有一位从英国学地质归国的丁文江，同行相遇，相谈甚洽，都有一颗为创办我国地质事业而奋斗的决心。章先生随即应京师大学堂罗叔韫先生之约，移寓马神庙校舍，编写讲义（因为当时教师需先编讲义，印刷分给学生，而后讲解）。1911年秋季开学后，为农科大学学生讲授地质学。10月10日武昌起义爆发，京师震恐，学生纷纷离京回家，章先生因无学生可教也回浙江老家了。他授课的时间虽然不长，但他是中国地质学者在中国大学讲授地质学的第一人。黄汲清教授称其为中国“第一位地质学教师”。[③]

我国早期地质人才的培养与北京大学、章鸿钊先生有着密切的关系。在我国高等学

---

① 载北京大学地质学系建系100周年纪念文集编委会编《百年辉煌 继往开来——北京大学地质学系建系100周年纪念文集》，北京：北京大学出版社，2009年5月

② 载王鸿祯主编《中国地质事业早期史》，北京：北京大学出版社，1990年，第94页

③ 载王鸿祯主编《中国地质事业早期史》，北京：北京大学出版社，1990年，第21页

校中设立地质学系培养地质人才是从北京大学开始的。1909 年京师大学堂开办了地质学门，但在招收第一班学生后没有继续招生，1913 年 5 月这班学生毕业后，因学地质的人数太少，开办费用太大，地质学门暂时停办。1912 年南京临时政府成立，章鸿钊先生就任实业部矿政司地质科科长。他草拟了一份“中华地质调查私议”，并附“筹设地质研究所的意见”及“简章”。他认为“议设研究所者，并以期之于我国之后生青年也，而尤以培植青年为最切要。盖兹事体大，必非一二人之力所得竣其功业者，使前人导之，而无后人以继之，虽有良法美意，亦半途废矣。人存政举，人亡政息，此之谓也。欲委以教育界乎，则又缓不济急也。前清末年京师大学堂已有地学一门，卒以无入学学生而辍之，是提倡之不力也。故予首欲于实业部权负临时育才之责，而以根本久远之图待之于他日之教育机关与国立大学，则本末先后庶得其序矣”①。是年 10 月，南京临时政府移至北京，实业部分为农林、工商两部，章先生改就农林部技正，他那个举办地质研究所培养青年的计划没有付诸实施。丁文江先生 1913 年 2 月任工商部矿政司地质科科长，张轶欧司长向他介绍了章先生所拟“中华地质调查私议”。在丁先生拟的“工商部试办地质调查说明书”中，也提出办地质研究所作为地质调查的第一步。这个计划得到北京大学校长何燏时、理科学长夏元瑮的支持，利用北京大学地质学门暂时停办的机会，由北京大学附托工商部（1914 年改为农商部）举办一个地质研究班，后称为地质研究所②。丁文江任所长，1913 年 10 月开办，初招学生 30 人，借用北京大学景山东街（马神庙）地质学门的地方、图书、标本、仪器及各种教学设备，同时聘请北京大学教授德国人梭尔格授课，北大数学、物理、化学等许多学科的教授也在地质研究所兼课。1913 年 11 月丁文江先生外出考察地质，辞去所长之职，由章鸿钊先生担任。1916 年 7 月该所学生 22 人结业，其中 18 人获毕业证书，13 人进入由丁文江任所长的地质调查所工作。自此，我国地质调查工作才得以正式着手进行。这班学生毕业后，地质研究所没有再办下去，农商部致函北京大学，将借用之仪器、标本等送还，由北京大学“自行开办地质科”。

北京大学地质学门于 1917 年恢复招生。章鸿钊先生很高兴，他认为“自地质研究所结束后，至是始复兴，为之稍慰。盖调查事业，必以教育事业为基础，无论开创与守成，若无人以继续之，未有不中道而废者。前之地质研究所，仅负一时承先启后之责，而根本计划必由教育当轴负之。所谓百年之计树人者此也。”③ 1920 年，李四光先生受聘任北大地质学系教授，该年 9 月已排定他的课程，因尚未到校，所任一年级矿物学及实习由章鸿钊先生代课。

中国地质学会于 1922 年 1 月 27 日在北京成立，26 名创立会员逐条讨论了由一个自愿组成的委员会起草的学会章程，会议主席丁文江提议由章鸿钊、翁文灏、王烈、李四光、葛利普组成一个筹备委员会，章鸿钊任主席，负责推举学会职员候选人。这 5 人筹委会委员中王烈、李四光、葛利普都是北大地质学系教授。2 月 3 日召开会员大会，选举章鸿钊为会长，翁文灏、李四光为副会长。3 月 2 日举行第一次常会，章鸿钊作了以

---

① 参见章鸿钊《六六自述》，武汉：武汉地质学院出版社，1987 年，第 30—31 页

② 参见丁文江所写农商部地质调查所《地质汇报》第 1 号序言，1919 年 7 月

③ 参见章鸿钊《六六自述》，武汉：武汉地质学院出版社，1987 年，第 37 页

“中国研究地质学之历史”为题的演讲，在演讲中谈到他与丁文江、翁文灏的共事关系，还说“王霖之（烈）和李仲揆（四光）先生正在从事教育。将来我们地质的团体，亦有扩张的希望了。”①

1936年，章先生著《中国地质学发展小史》一书。书中专门论述了“中国地质学界之教育事业”，他说：“中国之地质调查事业，完全以教育事业做基础的。调查事业无论开轫时代，或是守成时代，所最需要的是专门人才。专门人才非由教育不能产生的。并且教育事业非在本国建设基础，还是不能成功。前清何尝不派遣留学生。只因为没有在本国把教育基础建设起来，所以凡关科学事业无往而不落后，无往而不失败，成败之分，根本在这一点。原来国家一种事业，绝不是一时代所能完成的，全在有人能承先启后，不断努力，才会开花结果，发扬光大。要不然，便像埋下一颗种子，小小发一枝芽，出几瓣叶，没有开花结果一样。古人说，‘百年之计树人’，正是说明这个道理。”他记述了民国以来中国地质教育的简况，并列载了至1936年各大学地质学系毕业生264人，其中，北大地质学系毕业生188人，并说“民国以后地质学界的成绩，就是从教育方面收得的成果，将来要更上一层，还得在教育方面继续努力。”②

抗日战争期间，章先生因年高多病而困居北平，闭门谢客。后因左足踝骨骨折，住院治疗，因经济拮据，部分医药费用系他的学生自重庆的馈赠。当时日本侵略者屡次赴门敦请，他始终拒绝。在经济条件极端困难时宁愿将整套地质书籍出售度日，也绝不向敌人低头。抗日战争胜利后，北大地质学系从东安市场某书店将该书收购。③

1950年9月，中国地质工作计划指导委员会成立，李四光任主任委员，章鸿钊为顾问。章鸿钊先生于1951年9月6日病逝，享年74岁。这位地质教育家关于我国地质教育的贡献和重要论述我们始终铭记。

---

① 参见夏湘蓉、王根元《中国地质学会史》，北京：地质出版社，1982年，第57页

② 参见章鸿钊《中国地质学发展小史》，北京：商务印书馆，1955年，第38—42页

③ 参见孙云铸《纪念中国地质事业创始人章鸿钊先生》，载《地质学报》第34卷第1期，第6页，1954年3月

章鸿钊先生与中国早期地质教育事业[①]

于　洸

章鸿钊（1877—1951），浙江吴兴县（今湖州市）人，1912 年任实业部矿政司地质科科长，1922 年任中国地质学会首任会长，是我国地质事业的创始人和奠基人之一，对中国早期的地质事业做出了重大贡献。章鸿钊先生还是我国地质教育事业的先驱者，为开创我国的地质事业，认真负责地培养人才。我国早年的地质工作者大都直接或间接地受到他的教益。他是一位执着于中国地质教育事业的教育家，对中国早期的地质教育事业做出了重大贡献。

2016 年是章鸿钊先生逝世 65 周年，2017 年是章鸿钊先生诞辰 140 周年。今天，在我们回顾百多年来中国地质科学事业发展历程时，也深情地回顾这位地质教育家对我国早期地质教育事业的贡献和关于我国地质教育事业的重要论述是很有意义的。这是留给我们的精神财富，我们要很好地继承与弘扬。

一、中国第一位地质学教师

章鸿钊 1904 年官费赴日本留学，先入日本京都第三高等学校，1908 年毕业后本拟转入大学农科学习，但因名额所限，便改学地质，转入东京帝国大学理科大学，随日本地质学界开山老祖小藤文次郎攻读地质学。章先生为何选择学习地质学？他在《六六自述》中写道："予尔时第知外人之调查中国地质者大有人在，顾未闻国人有注意及此者。夫以国人之众，竟无一人焉得详神州一块土之地质，一任外人之深入吾腹地而不知之也，已可耻矣。且以我国幅员之大，凡矿也、工也、农也、地文地理也，无一不与地质相需。地质不明，则弃利于地亦必多，农不知土壤所宜，工不知材料所出，商亦不知货其所有、易其所无，如是而欲国之不贫且弱也，其可得乎？地质学者有体有用，仅就其用言之，所系之巨已如此，他何论焉。予之初志于斯也，不虑其后，不顾其先，第执意以赴之，以为他日必有继予而起者，则不患无同志焉，不患无披荆棘、辟草莱者焉。惟愿身任前驱与提倡之责而已。"由此可知，章先生认为，外人在中国调查地质者大有人在，未闻国人有注意此者。矿、工、农、天文地理无一不与地质相需，我国幅员之大，地质学者有体有用。因此，他不虑其后，不顾其先，执意学习地质，惟愿"身任前驱"与"提倡之责"。章先生的爱国情怀是他献身地质事业的思想基础。

章鸿钊是东京帝国大学理科大学的第一名中国学生，小藤先生对他特别器重，第二

---

① 载中国地质学会地质学史专业委员会、中国地质大学地质学史研究所合编《地质学史论丛》第二卷，北京：地质出版社，2019 年 5 月

年各课完毕之后，鼓励他回国收集毕业论文资料。章鸿钊 1910 年春回到浙江省，实地调查杭州的地质、地层、构造和岩浆岩，写成一篇毕业论文，题为《浙江杭属一带地质》，用英文写成，共分 6 章，其中附有路线地质图、许多实测剖面图、岩石显微照片、古生物图版、地质和地貌照片等，是一篇有价值的区域地质论文。黄汲清先生说："拿今天的标准来看，水平也算是相当高的。"①该文原件现存于日本东京大学地质系，国内有两份复印件，一存黄汲清先生处，一存中国地质大学（武汉）博物馆。章鸿钊 1911 年夏毕业回国，回国前小藤先生又对他说："君将行矣，君亦知此行所负之责任乎？今世界各国地质已大明矣，惟君之国则犹若未开辟之天地然，而开辟之责其在君乎？君若不学于是则已，既学而归，归而不行其所学，或不尽其职焉，则与已死之陈人无异也。"这是小藤先生临别之赠言，章鸿钊回国后时时以之自课。

章鸿钊先生从事地质学教育是从北京大学开始的。京师大学堂（北京大学前身）很早就开设了地质学课程，章鸿钊先生就是应聘的第一位中国籍地质学教师。1911 年夏，章先生毕业于日本东京帝国大学理科大学地质学科，获理学学士学位。在他毕业前，京师大学堂农科大学学长罗叔韫先生约他担任农科大学地质学讲师。这里有一段故事：1902 年，章鸿钊以第一名的成绩考入南洋公学开办的东方学堂，罗叔韫是学堂的监督（校长）。1904 年，东方学堂停办，在广州设两广学务处。秋间，章鸿钊随罗叔韫去广州，在学务处襄办编辑教科书事务。随后，1904 年章鸿钊赴日本留学。1911 年 9 月，当时的京师学部举行留学生考试，章鸿钊赴京参考，以最优等成绩得"格致科进士"。同榜中还有一位从英国学地质归国的丁文江。同行相遇，相谈甚洽，都存一颗为创办我国地质事业而奋斗的决心。1911 年夏，章先生应京师大学罗叔韫先生之约，移寓马神庙校舍，编写讲义（因为当时教师需先编讲义，印刷分给学生，而后讲解）。1911 年秋季开学后，为农科大学学生讲授地质学。10 月 10 日，武昌起义爆发，京师震恐，学生纷纷离京回家，章先生因无学生可教，也回浙江老家了。他授课的时间虽然不长，但他是中国学者在中国大学讲授地质学的第一人。黄汲清先生称其为"中国第一位地质学教师"。②

二、农商部地质研究所代所长、所长

我国早期地质人才的培养与北京大学、与章鸿钊先生有着密切的关系。在我国高等学校中设立地质学系培养地质人才是从北京大学开始的。1909 年，京师大学堂开办了地质学门，但在招收第一班学生后没有继续招生，1913 年 5 月这班学生毕业后，因学地质的人数太少，开办费用太大，地质学门暂时停办了。

1912 年，南京临时政府成立，章鸿钊先生就任实业部矿政司地质科科长。中国政府机构中有地质科，在公文中出现"地质"两字，这是第一次。章先生热心于中国地质事业，到任后，即拟稿请部长行文各省考查征调：地质专门人员、地质参考品（共分八类）、

① 黄汲清《我国地质科学工作从萌芽阶段到初步开展阶段中名列第一的先驱学者》//王鸿祯主编《中国地质事业早期史》.北京：北京大学出版社，1990，12

② 载王鸿祯主编《中国地质事业早期史》，北京：北京大学出版社，1990 年，21

各省舆图和矿山区域图说等。在《地学杂志》发表在东京帝国大学二年级时写的《世界各国之地质调查事业》一文，说明世界各国调查地质之组织沿革。同年，又撰写了“中华地质调查私议”一文，刊载在《地学杂志》上，共分三节：第一节为我国地质于世界中所占之地位；第二节为我国地质调查之时机；第三节为调查之计划。末附筹设地质研究所并简章。他认为应“亟设局所以为经略之基，树实利以免首事之困，亟兴专门学校以育人才，广测量事业以制舆图”。“议设研究所者，并以期之于我国之后生青年也，而尤以培植青年为最切要。盖兹事体大，必非一二人之力所得竣其功业者，使前人导之，而无后人以继之，虽有良法美意，亦半途废矣。人存政举，人亡政息，此之谓也。若欲委之教育界乎，则又缓不济急也。前清末年京师大学已有地学一门，卒以无入学学生而辍之，是提倡之不力也。故予首欲于实业部权负临时育才之责，而以根本久远之图符之于他日之教育机关与国立大学，则本末先后庶得其序矣。”1912 年 10 月，南京临时政府移至北京，实业部分为农林、工商两部。他那个举办地质研究所的计划没有付诸实施，“予苦之，借故他去，后即改就农林部技正职”。

1913 年 2 月，丁文江任工商部矿政司地质科科长。丁文江（1887—1936），江苏省泰兴市人，1907 年入英国格拉斯哥工业学院预科学习，1908 年转入格拉斯哥大学专修动物学，以地质学为副科，1909 年以地质学为主科，以地理学为副科。1911 年毕业，取得动物学与地质学双科毕业文凭。回国不久，进京参加留学生考试，获“格致科进士”。1912 年秋应聘在上海南洋中学任化学、地质、动物、英文、西洋史等课教员。1913 年 2 月，应工商部矿政司司长张轶欧之聘，担任该司地质科科长。任职之初，他就参考前地质科科长章鸿钊的方案，筹办“地质研究班”，后改名“地质研究所”。他写了一份“工商部试办地质调查说明书”[①]，就试办期中应筹办的两件事（即设地质研究所、地质调查团）做了说明，第一件事就是设地质研究所。文中写道：“调查地质着手之难，难在经费与人才。然试办期中不期大举，则经费鸠集，尚不太难。唯经验之才、技术之士，非作育于前，难收效于后。北京大学虽有地质一科，然不足以供给调查之用，其故有三：一、缓不济急。大学学生必先毕业于预科或高等学堂，至少必经六年始可得用。二、学生太少。北京大学理科本不发达，而理科之中地质科尤甚，计自开办以至今日，卒业者共只 3 人。三、学生过于文弱，不耐劳苦，盖大学学生入学时皆已二十以外，以前初无相当之运动，入地质科后亦未尝受野外长期之实习，故有此弊。以上三因，半由于学生之习惯，半由于年限之过长，皆非一时之所能改革。今若必俟大学办有成效，而后着手调查，则此数年中将彷徨于掇拮补苴之末技，而无一事之进行。揆之时势，未必当也。”为能尽快地在中国开展地质调查工作培养一批合格的人才，经领导批准，便在工商部下开办了一个地质研究所，工商部技正、地质科科长丁文江兼任所长。这个研究所，是一个培养地质人才的教学机构，正如章鸿钊所说，“地质研究所者，为培养地质人员而设者也”（见《农商部地质研究所一览》序，1916）。

1913 年 6 月，地质研究所一成立，就在北京、上海两地招生，要求考生应为中学或中学相当之学校毕业，身体健康，能吃苦耐劳。学生入学后不必缴纳学费，野外实习时

① 本文为未刊稿，油印本存中国地质图书馆。

所需费用也由研究所发给。初招学员 30 名。1913 年 10 月 1 日开学。

地质研究所前两年附设于北京大学，校舍在景山东街（马神庙），所需图书、标本、仪器、设备、宿舍等，都是向北京大学借用的，还聘任北京大学地质学门德籍教授梭尔格为讲师。丁文江在前农商部地质调查所《地质汇报》第一号（1919 年）序言中写道："为育才计，时北京大学校长何燏时、理科学长夏元瑮赞助之，许以大学之图书仪器宿舍相假，复荐德人梭尔格博士为讲师，于是招生徒，定科目，规模始稍具焉。"何燏时是浙江诸暨人，1905 年毕业于日本帝国大学工科采矿冶金系，1907 年任京师大学堂工科监督，1912 年 1 月任实业部矿政司司长，1913 年 1 月署北京大学校长。他对地质事业有很高的热情，就任北京大学校长以后，热心支持地质事业如故。

1913 年 11 月，丁文江奉命调查正太铁路沿线地质，辞去地质研究所所长职务，即以农林部技正章鸿钊为地质研究所代所长。1914 年 1 月，农林、工商两部合并为农商部，章鸿钊任农商部地质研究所所长。起初，只有梭尔格为专任教员，第一次世界大战爆发后，梭尔格辞职回国参军。恰好，留学比利时鲁凡（Louvain，现译鲁汶）大学取得博士学位的翁文灏回国，便被聘为专任教员。翁文灏（1889—1971），浙江鄞县（现宁波市）人，1908 年就读于比利时鲁凡大学地质学系，他的毕业论文《勒辛地区的石英玢岩研究》，材料丰富，立意清晰，具有首创意义，由此，他被破格直接授予博士学位，他是我国历史上获得理学博士学位的第一位地质学者。1913 年初回到北京，参加留学文官考试，名列第一，分配任北洋政府工商部佥事，后任地质研究所讲师，1914 年任教授。

地质研究所学制 3 年，每学年分为 3 个学期。课程设置为：国文、微积分、解析几何、三角、物理、化学、定性分析、定量分析、动物学、植物学、图画、地质通论、普通矿物学、造岩矿物及岩石学、构造地质学、古生物学、地史学、矿床学、采矿学、冶金学、地理学、地文学、测量学、机械学、制图学、照相术等。外语课，除英语课外，还开设德语课。这样的课程设置，使学生有较扎实的基础知识和比较宽广的专业知识。学生学习上述课程时，曾根据侧重点的不同，分为甲乙两科，甲科注重矿物学，乙科注重古生物学。1915 年春，当第五个学期结束时，根据章鸿钊的意见，考虑到我国当时的情况做了调整，以学理为辅，实用为归，决定废除分科，删去"高等岩石学"等一些理论性课程，增设一些应用性课程，同时增加野外实习时间。

地质研究所的教学工作有一个明显的特点，就是特别重视野外实习。由于地质研究所是为培养地质调查人员而设的，因而必须注重实地训练。在 3 年中，野外实习 11 次，累计 106 天。实习后学生要编写实习报告，毕业前要进行地质调查并写出毕业报告，不交毕业报告或毕业报告不合格者，不能获得毕业证书。

任课教员先后共 28 人。翁文灏主讲地质学、高等矿物学、造岩矿物学、岩石学、矿床学等课程。章鸿钊兼教矿物学、地史学。丁文江兼教古生物学、地文学。此外，都是聘请的兼职教师。一些课程由农商部部员兼任，如矿政司司长张轶欧教冶金学。一些课程是由北京大学的教师兼任的，例如，冯祖荀教授教算学，王鎣教授教物理学、德语，王季点教授教化学、照相术，王绍瀛教授教制图学，孙瑞林教授教测量学，冯庆桂老师教动物学，阮尚介老师教机械学等。值得一提的是，北京大学地质学门第一届学生、留学德国回国的王烈，也在地质研究所教构造地质学和德语。

1915年6月，地质研究所迁至丰盛胡同北京师范学校旧址。1916年7月，地质研究所22人结业，其中，获毕业证书者18人，获修业证书者3人，1人未得证书。获毕业证书者中，叶良辅、谢家荣、王竹泉、李学清、朱庭祜、刘季辰、赵汝钧、赵志新、李捷、仝步瀛、周赞衡、卢祖荫、谭锡畴等十余人进入地质调查所工作。地质调查所成立于1913年，所长丁文江。这批学员进入地质调查所以后，地质调查工作有了基本的队伍，实现了“今日之研究，正为他日之调查”的目的。这是中国自己培养的第一批地质人才，他们在地质科学中发挥了骨干作用，后来不少人成为地质科学一些分支领域的专家。例如，谢家荣（曾任北京大学地质学系主任、原资源委员会矿产测勘处处长兼总工程师、1955年当选为中国科学院生物地学部学部委员）、叶良辅（曾任中央研究院地质研究所研究员、中山大学地质学系主任、浙江大学教授）、朱庭祜（曾任两广地质调查所所长、浙江大学教授）、李学清（曾任南京中央大学地质学系主任）、李捷（曾任中央地质调查所研究员）、谭锡畴（曾任中央地质调查所技正、1949年任中国地质工作计划指导委员会矿产地质勘探局局长）、周赞衡（曾任中央地质调查所副所长）等。

学生毕业后，章先生将研究所办理始末情形，并章程科目，以及收付款项、图书、仪器、标本等，详造简册，名曰《农商部地质研究所一览》，即时付印，呈部备案。同时，与翁文灏先生一起就3年中师生在外考察地质之所得，综合审订，编为《地质研究所师弟修业记》1册，共分6章，中国之有地质专刊由此开始。

地质研究所举办不久就遇到了难题。1914年1月农商部成立，地质研究所隶属于农商部。当时，部长张季直（謇）颇不以办地质研究所为然，认为该所的性质应属教育部，而非农商部之事，欲立即解散。当时矿政司司长张轶欧让章鸿钊条陈意见。章鸿钊条陈“所以设立该所者，非为研究而研究也。今日之研究，正为他日之调查也。”部长不之省，乃又具一呈“今日之学生固经部试而选者，一朝解散，令人失学不可也。必先咨询教育部，有无科系相当之学校以容纳之，而后再议处置未晚也。”呈上后，部长行文教育部，教育部具查所属各校竟无与此班学生相当之系科。复文到部，部长乃不坚持前议，但令办至该班学生毕业为止。这样，地质研究所虽然只办了一期，但已招生的这个班坚持办下去了，如期培养出我国第一批地质人才，章先生悉心创业之功不可磨灭，将永留中国地质教育史册。

三、杰出的地质教育家

章鸿钊先生的地质生涯是从地质教育工作开始的。1911年秋任京师大学堂农科大学地质学讲师，1912年初提出举办地质研究所的构想，1913年10月地质研究所开学，11月接任地质研究所代所长，1914年1月任地质研究所所长，培养出中国第一批地质人才。章先生除了精心运筹地质研究所的教学工作，还曾多处兼任地质教学工作。例如，1912年初应邀任北京高等师范学校博物系地质学矿物学讲师。时农商部开办农政讲习所，次年改称农业专门学校，章先生应聘讲地文学，约一年。1914年5月，章先生率北京高等师范学校学生赴山东泰安一带实习。1919年秋，兼任北京农业大学矿物学讲师。1921年秋兼任北京女子高等师范学校博物系地质学矿物学讲师，1922年11月，率女高师博物系学生赴山东济南、泰安一带修学旅行，中国女生地质实习由此开始。

1916年地质研究所学生毕业后，农商部致函北京大学，将借用之仪器、标本等送还，由北京大学“自行开办地质科”。北京大学地质学门于1917年恢复招生。章鸿钊先生很高兴，他认为“自地质研究所结束后，至是始复兴，为之稍慰。盖调查事业，必以教育事为基础，无论开创与守成，若无人以继续之，未有不中道而废者，前之地质研究所，仅负一时承先启后之责，而根本计划必由教育当轴负之。所谓百年之计树人者此也。”① 1920年秋，李四光先生受聘任北京大学地质学系教授，该年9月已排定他的课程，因尚未到校，所任一年级矿物学及实习由章鸿钊先生代课。

1936年，章先生著《中国地质学发展小史》一书，书中专门论述了“中国地质学界之教育事业”，他说：“中国之地质调查事业，完全以教育事业做基础的。调查事业无论开轫时代，或是守成时代，所最需要的是专门人才。专门人才非由教育不能产生的。并且教育事业非在本国建设基础，还是不能成功。前清何尝不派遣留学生，只因为没有在本国把教育基础建设起来，所以凡关科学事业无往而不落后，无往而不失败，成败之分，根本在这一点。原来国家一种事业，绝不是一时代所能完成的，全在有人承先启后，不断努力，才会开花结果，发扬光大。要不然，便像埋下一颗种子，小小发一枝芽，出几瓣叶，没有开花结果一样。古人说‘百年之计树人’，正是说明这个道理。”他记述了民国以来中国地质教育的简况，并列载了至1936年各大学地质学系毕业生264人，其中，北京大学地质学系毕业生188人，并说“民国以后地质学界的成绩，就是从教育方面收得的成果，将来要更上一层楼，还得在教育方面继续努力。”

抗日战争期间，章先生因年高多病而困居北平，闭门谢客。后因左足踝骨骨折，住院治疗，因经济拮据，部分医药费用系他的学生自重庆的馈赠。虽然身体欠佳，但仍写就不少著述。当时日本侵略者屡次赴门敦请，他始终拒绝。在经济条件极端困难时宁愿将整套地质书籍出售度日，也绝不向敌人低头。孙云铸在《纪念中国地质事业创始人章鸿钊先生》（载《地质学报》第34卷第1期，1954年3月）一文中说：“抗日战争胜利后，北大地质学系从东安市场某书店将该书收购。”

1950年9月，中国地质工作计划指导委员会成立，李四光任主任委员，章鸿钊为顾问。章鸿钊先生于1951年9月6日病逝，享年74岁。在中国地质学会举行的章鸿钊先生追悼会上，李四光特别讲述了章先生早年创办地质研究所的劳绩和高尚品格，着重说：“章先生为人正直而有操守，始终不和恶势力妥协；他站在中国人民一边，多次拒绝和日本人合作，对于中国地质事业的开创贡献尤大。因此中国地质事业的创始人不是别人而是章先生。”

为了纪念我国地质事业的创始人之一、中国地质学会首任会长、杰出的地质学家和地质教育家，中国地质学会地质学史研究会与武汉地质学院于1987年4月联合召开纪念章鸿钊诞辰110周年大会，并专门组织出版了章鸿钊遗著《六六自述》和《宝石说》。同年10月，中国地质学会地质学史研究会与北京大学地质学系联合举行丁文江先生诞辰100周年、章鸿钊先生诞辰110周年纪念会和中国地质事业早期史讨论会。会议期间，

① 参见章鸿钊《六六自述》，武汉：武汉地质学院出版社，1987年，第37—38页

专门播放了由章鸿钊作词并谱曲的录音带《水调歌头 • 好江山》，地质界学人都深切怀念着敬爱的地质先辈。

今天，在回顾百多年来中国地质科学事业发展历程时，我们深切缅怀章鸿钊先生对我国早期地质教育事业做出的贡献，并纪念他逝世 65 周年，诞辰 140 周年。

参考文献

北京大学地质学系百年历程编委会. 2009. 创立 • 建设 • 发展: 北京大学地质学系百年历程(1909～2009). 北京: 北京大学出版社.

王根元. 1990. 章鸿钊与中国地质教育事业//王鸿祯主编. 中国地质事业早期史. 北京: 北京大学出版社.

于洸. 2009. 章鸿钊先生与北京大学地质学教育//北京大学地质学系建系 100 周年纪念文集编委会编. 百年辉煌 继往开来: 北京大学地质学系建系 100 周年纪念文集. 北京: 北京大学出版社.

中国科学技术协会. 1996. 中国科学技术专家传略. 理学编. 地学卷 1. 石家庄: 河北教育出版社.

丁文江先生与北京大学地质学系①

于　洸　何国琦

2007 年 4 月 13 日是丁文江先生诞辰 120 周年。丁文江先生是我国地质事业的创始人与奠基者之一，他对我国地质事业和地质科学发展做出了重大贡献，也非常重视地质人才的培养。

1913 年创办的农商部地质研究所，为我国近代地质工作的开展培养了一批骨干。丁先生在这项工作上的贡献是载入史册的。丁先生对北京大学地质学系也非常关心，给予很多支持、帮助和指导，他还担任过北京大学地质学系研究教授。这些都是丁先生重视地质人才培养的具体体现。在纪念丁文江先生诞辰 120 周年之际，谨以此文表达对丁文江先生的崇敬与缅怀。

一

农商部地质研究所的创办与北京大学有着密切的关系。

在我国高等学校中设立地质学系培养地质人才是从北京大学开始的。1909 年京师大学堂（1912 年改称北京大学）设立地质学门（1919 年改称地质学系），聘德国人梭尔格博士（Dr. F. Solgar）等人授课。1913 年 5 月，2 名学生毕业后，因学地质学的人数太少，开办费用很大，地质学门暂时停办。

1913 年 2 月，丁文江任工商部矿政司地质科科长。张轶欧司长向他介绍了章鸿钊 1912 年初任实业部矿政司地质科科长时所拟的“中华地质调查私议”，文中附有“ 地质调查储才学校简章”。在丁先生拟订的“工商部试办地质调查说明书”中，将举办地质研究班作为开展地质调查工作的第一步。他认为“调查地质着手之难，难在经费与人才”。“惟经验之才，技术之士，非作育于前，难收效于后”。“北京大学虽有地质一科，然不足以供地质调查之用”。[1] 为尽快在中国开展地质调查工作，利用北京大学地质学门暂时停办的机会，工商部（1914 年改为农商部）创办了一个地质研究班，后称为地质研究所，丁文江任所长。丁先生曾写道：“为育才计，时北京大学校长何燏时、理科学长夏元瑮皆赞助之，许以大学之图书、仪器、宿舍相假，复荐德人梭尔格博士为讲师，于是招生徒，定课目，规模始稍具焉。”[2] 地质研究所初招学员 30 人，1913 年 10 月开学，借用景山东街（马神庙）北京大学地质学门的地方授课。

1913 年 11 月丁先生外出考察地质，辞去所长职务，由章鸿钊先生任副所长，1914

---

① 载中国地质学会地质学史专业委员会、中国地质大学地质学史研究所合编，《地质学史论丛》第 8 卷，北京：地质出版社，2009 年 10 月出版

年1月任所长。在比利时学习地质学获博士学位归来的翁文灏被聘为专任教员，1914年任教授，主讲地质学、高等矿物学、造岩矿物学、岩石学、矿床学等课程。章鸿钊教矿物学、地史学。丁文江教古生物学、地文学。此外，都是聘兼职教员授课。一些课程由农商部部员兼任，如矿政司司长张轶欧教冶金学等。一些课程请北京大学教师兼任，如冯祖荀教授教算学，王蓥教授教物理学、德文，王季点教授教化学、照相术，王绍瀛教授教制图学，孙瑞林教授教测量学，冯庆桂老师教动物学，阮尚介老师教机械学，等等。北京大学地质学门第一届学生、后留学德国回国的王烈，也在地质研究所教构造地质学和德文。

1915年6月，地质研究所迁到丰盛胡同北京师范学校旧址办学。1916年7月，地质研究所22人结业，其中获毕业证书者18人，获结业证书者3人，1人未获证书。获毕业证书者中，13人进入地质调查所工作，实现了“今日之研究，正为他日之调查”的办学宗旨。

地质研究所只办了一期。1916年秋，农商部将借用北大之仪器、标本送还。时任农商部地质调查所所长的丁文江还与北京大学校长商定，北京大学担任造就地质人才的工作，地质调查所专做调查研究工作，可以随时吸收北大地质方面的毕业生，使他们有深造的机会。1918年，农商部曾致函北京大学，称：“查民国五年秋间，本部因经费困难，教员缺乏，将贵校函复开设在案。”“闻贵校自去年秋间，地质一科已照案复设，惟该科情形若何，学生数目成绩，本部极欲知其内容，以便设法提倡或择成绩优良者，酌与任用，或于春夏假期派员帮同实习。庶于民国二年以来，与贵校互相补助之精神，不期违背，相应函请贵校将一年以来办理情形详细示知，以便酌量辅助，至纫公谊。”北京大学复函，叙述了地质学门1917年秋恢复招生以来办学的情况，并附了一份地质学门课程一览表。[3] 从上面简要的叙述中，确实可以看到农商部与北京大学“互相补助之精神”，可以看到农商部、地质调查所、丁文江对北京大学地质学系的关心。

二

北京大学地质学门于1917年秋季恢复招生，1919年改称地质学系。在办学过程中得到丁文江先生多方面的关心和指导。

丁先生非常关心地质学系的教师队伍建设，在聘请李四光和葛利普两位先生到北大任教的事情上做了许多工作。

李四光在英国留学，1918年6月在伯明翰大学获自然科学硕士学位，他谢绝老师留他继续攻读博士学位及介绍他去印度一矿山任地质工程师的厚意，执意回祖国找矿。为了在回国之前获得一些广阔的实际地质知识，便到英国东部著名的锡矿山康沃尔（Cornwall）工作一段时间。1919年初，丁文江随梁启超等赴欧洲考察，通过友人得知李四光的情况后，便找到李四光谈中国需要自己培养地质人员的迫切性，他说：“培养地质人才是当务之急”。建议李四光回国后到北京大学任教。当年秋天，丁文江又让去伦敦的四弟丁文渊与在伦敦的丁燮林一同去康沃尔锡矿山，找李四光再谈回国任教之事。[4] 丁文江还辗转了解到美国著名古生物学家葛利普（Amadeus William Grabau）教授的情况。

葛利普 1900 年获哈佛大学理学博士学位，1905 年起任哥伦比亚大学教授，1890 年至 1920 年已发表论著 153 篇（部），他是德国血统，第一次世界大战结束以后，他失去了哥伦比亚大学的职位。丁先生回国后与胡适（时任北大文科教授）一起去找北大蔡元培校长，介绍了李四光和葛利普两位先生的情况，并商定北京大学聘请李四光、葛利普为该校地质学系教授，葛利普同时兼任地质调查所古生物室主任。

李四光先生接到蔡校长的电邀后，曾自德国给刚从北大到英国的傅斯年先生写信，询问北大的情形，最后应了蔡校长之邀，任北大地质学系教授。1920 年 9 月本已排定他的课程，因尚未到校，由章鸿钊、王烈、翁文灏三位先生分别代课。1921 年 1 月李先生到校上课。李先生开设过许多课程，除 1921 年讲过矿物学外，主要开设岩石学及实习、地质测量及构造地质学、高等岩石学及实习、高等岩石实验等课程。葛利普教授于 1920 年 11 月初到校上课，他讲授过地史学、古生物学、地层学、高等地层学、中国古生物学、高等古生物学、进化论、中国地层学等许多门课程。名师出高徒。葛利普和李四光两位教授于 1920 年同时到北大任教，是地质学系发展史上的一件大事，对于地质学系的教学和科学研究工作，对于地质人才的培养，对于东西方地质科学交流等都有着重要的影响，做出了重大贡献。推荐这两位老师，确实是丁先生对北京大学的贡献，丁先生对地质教育事业的一片热忱也于此可见。

丁文江先生对学生的学术活动也非常支持，经常给予指导。1920 年，北大地质学系学生杨钟健等人发起组织北京大学地质研究会（后改称地质学会），10 月成立。这是中国第一个地质学术团体，比中国地质学会的成立还早两年。11 月 7 日，地质研究会举行第一次讲演会，由丁文江先生讲演，讲题是“扬子江下游最近之变迁——三江问题”，50 人听讲。该次讲演的记录稿刊登在《北京大学地质研究会会刊》第 1 期（1921 年 10 月出版）上。丁先生的讲演不仅在学术上给大家以启发，在治学方法上也给学生以启迪。杨钟健（北大地质学系 1923 年毕业生，中科院院士）在一篇纪念文章中说：“那时，我已深佩丁先生的治学精神与方法。”[5]

1924 年 1 月 5—7 日，中国地质学会举行第二届年会。1 月 6 日，前任会长丁文江以“中国地质工作者之培养”为题发表了会长演说。他相信现在北京大学的地质教育在许多方面与西方大学和矿业学校相比较有过之而无不及。他认为“在强调注重野外实际考察方面，北京大学地质系已经超过了美国以外的绝大多数西方研究机构”。“但有一个很大的缺点，就是完全没有严格的生物学课程，学生们除非加以补修，是难以期望了解地史学的基础原理的”。他还说道：“中国学生必须学习一些测量课程，特别是地形测量。这是因为中国境内只有很少的地区是测过图的，而这些地图往往不适用，这就要求地质工作者来测制自己所需要的地图。”[6] 丁先生的这些意见是很重要的。在北大地质学系的课程设置中安排有动植物学、动植物实验、动物学（无脊椎动物）、平面测量及实习等课程。到 1930 年，丁先生更相信北京大学地质学系的教育质量。他曾对他的朋友陶孟和说，他认为中国的地质学现在已经进展到这个地步，再无须偏爱外国毕业的地质系学生。他说：“中国地质系的毕业生同外国的地质系毕业生从此可以并驾齐驱了。”[7]

北大地质学系的毕业生，不少人到地质调查所工作。据不完全统计，1920—1937 年期间有 36 人，他们都取得了很优异的成绩。赵亚曾（1989—1929）先生，1923 年毕业于北大地质学系。在校期间，从李四光、葛利普等教授学习地质、古生物学，成绩优异，留校任教，他也在地质调查所工作。1928 年任该所古生物室主任，在不到 6 年的时间里，发表著作 18 种、100 多万字。丁先生对这样有为的青年是非常称赞、非常爱护、非常鼓励的，曾对人介绍说“这是北京大学出来的地质界的天才”。但不幸的是，于 1929 年 11 月 15 日赵亚曾先生在云南考察地质时，遇匪殉难，为学牺牲。地质学界闻讯都很悲愤，丁先生曾哭了好几次。丁先生曾赋《挽赵予仁》七律四首，有诗云：“三十书成已等身，赵生才调更无伦；如何燕市千金骨，化作天南万里尘！”又云：“ 老骥识途空自许，孤鸿堕网竟难还！……遥想闸心场上路，春来花带血痕殷！”[8] 丁先生积极参与筹募由中国地质学会设立的“纪念赵亚曾先生研究补助金”，以其利息来奖励在地质学和古生物学上有重大贡献的中国地质学者。同时又筹集了赵亚曾的“子女教育基金”，以照顾赵的遗孀及三个孤儿（两儿一女）。丁文江先生爱惜人才、关爱中青年学者之情可见一斑。

1931 年 3 月 15 日，丁先生应北大地质学会之邀，做了“中国地质学者的责任”的讲演，他说：“科学是没有世界的，是不分国界的，所以普遍讲起来，中国科学家的责任与其他国家的科学家完全没有区别”。“但有几种科学，因为它所研究的材料，根本有地域性质，所以研究这种科学的人，也就因为地域不同的关系，发生不同的责任。地质学就是这种科学之一。所以，研究地质的人，往往对于世界和对于本国，有特别的义务。”他结合中国地质和矿产资源的情况，详细地说明了中国地质学者的责任，并且指出：“地质学者的责任如此重要，能够尽职自然要有长期预备。这种预备可以分做校内校外两种：在校的时候应该对于各种功课平均努力，以期得到相当的常识。北大对于地层和地史是最有成绩的，但若是一个人对于岩石、矿床没有普遍的知识，绝没有发现金属矿的可能；同时专门从事所谓经济地质的人，假如不能了解地层、地史和构造的原则，决不能从事煤田、油田、含盐的观察”。他说：“出了学校以后的预备，第一是要得到野外工作的能力，这种能力没有相当的指导经验，是不容易得到的。现在有许多人，出了学校门，就想要独立工作，不愿意做人家的助手，受人的指导，这是很大的错误。”丁先生强调指出：“我们的责任很大，很复杂，所以训练越彻底，工作的效能越大。凡是要自欺欺人的人，断不能成为地质学者，断不能负起地质学者的责任。”[9] 丁先生的讲演使当时地质学系的学生深受教育，就是现在看来也是有指导意义的。

三

1931 年以前，丁先生有时候在北平，北大校方及学生曾多次请他到北大任课，都被他因为“没有充分时间”推辞了。有一次曾请他讲“中国西南地质”，丁先生大发脾气地说：“什么西南地质、西北地质的一大套。地质是整个儿的，纵然各地稍有不同，也没有另外专讲的必要。要这样开设起来，你们的学生有多少时间才能够分配？我根本不赞成这种办法，我是不能去教的”。这样，请丁先生讲课的事也就作罢了。但后来有了一个机会。

为提倡学术研究起见，北京大学与中华教育文化基金董事会，1931—1935 年，双方每年各提款 20 万元，作为合作研究特款，用于设立北大研究教授一职；扩大北大图书、仪器及相关的设备；设立北大助学金及奖学金。研究教授之人选“以对于所治学术有所贡献，见于著述者为标准；经顾问委员会审定，由北大校长聘任。”[10] 1931 年，丁先生被聘为北大研究教授。这一年，地质学系被聘为研究教授的还有葛利普、李四光两位先生。

1931 年秋至 1934 年夏，丁文江先生任北大地质学系研究教授。丁先生教的是“普通地质学”，这是一门地质基础课，是他认为自己“能教的”，所以才“惠然肯来”。此外，还教过“地质测量”“地质矿业”等课程。他过去教书的时间比较少，不教则已，既然教了，他是用尽了所有力量去教的。他教课决不肯按某种或某数种教科书有的内容去教，即算了事。他要搜集普通的、专门的、古今中外的各种资料，斟酌取舍，并充分利用中国的地质实例，借以解释沉积、侵蚀、火山、地震等种种地质现象。他曾说：“不常教书的人，教起书来很辛苦，讲一点钟，要预备三点钟，有时还不够！”当时任丁先生助教的高振西先生曾撰文道：丁先生“对于标本、挂图之类，都全力罗致，除自己采集、绘制外，还要请托中外朋友帮忙，务求完备。当时地质调查所的同事们曾有这样的笑话：丁先生到北大教书，我们许多人连礼拜天都不得休息了。我们的标本也给丁先生弄破产了。”[11]

地质学所讲的内容，很多是岩石、化石、不顺口的名词、枯燥的数字。但丁先生讲课诙谐生动，深入浅出，常用一些掌故、歌谣、故事打比方，加以科学解释，学生们听起来都很有兴趣。例如，地球上的山地、水泽、平原所占面积的比例很难记。丁先生就讲，我们江苏有句俗语，叫“三山六水一分田”。这句俗语讲的数字恰与地球上山地、水泽、平原面积的比例相同。这种“巧于比拟”的方法使学生们便于记忆。

据 1930 年入学（时为二年级学生）的蒋良俊回忆，当时担任地史课教学的葛利普教授说，在美国的大学，各系最基本的课程，都由所谓 Head Professor 来担任的。他认为丁先生学问渊博，由丁先生来讲授普通地质学是最恰当的机会难得，所以建议我们同学再来听一遍。蒋良俊写道：“果然，丁先生讲课，确实内容丰富，尤其是我国的实际材料多，对他所做的许多实际工作中见到的地质现象，讲述时都有分析，有自己的看法，讲得非常生动，吸引人。不但能为同学们学习地质打下了良好的基础，而且能启发同学们如何进行思考及分析问题。听丁先生讲课，我们感到受益匪浅。”[12]

当时北大春假与暑假期间，地质学系学生都安排有几天或个把月的野外地质学习。丁文江非常重视，亲自参加指导。凡预定实习的地方，他定自己先弄明白。吃饭、住宿、登山等一概与学生完全一致。他的习惯是：登山必到峰顶，移动必须步行。他认为，带领学生必须一切照规矩，以身作则。不如此，学生不能有彻底的训练，且有愧于我们的职责。贾兰坡先生回忆说：“丁先生在三十年代前半期，常带领北京大学地质学系的学生到周口店参观和实习，由于我经常在那里，也就常常由我来接待。1931 年为了发掘方便，在周口店北京人遗址附近建了一座四合院，虽然房子并不缺，并且丁先生一般只住一夜，但他也从来不享受一点特殊待遇，总是和同学们挤在三间南房居住。当时周口店的伙食还是比较好的，我们为了要招待这位上级，晚餐便准备得丰富一些，但我们怎样请他，他也不和我们一起吃，非要和同学们吃那一菜一汤，他这种不脱离群众的高贵品质是很感人的。”[13]

丁先生教学工作尽心尽责，对学生严格要求，循循善诱，得到老师和同学们的赞誉和尊敬。高振西先生在一篇纪念文章中说："他那种活泼的精神、任事的英勇、训练的彻底、待人的诚恳……无形中感化到学生身上的实在更为重要。"[14]丁文江先生的老朋友钱昌照先生曾写道："丁先生自己曾经说过，在北大做地质学教授的三年，是他一生最愉快的三年。可见，丁先生真是一位诲人不倦、十分难得的老师。"[15]

丁先生除任课外，还从事研究工作。他所著《丁氏石燕与谢氏石燕的宽高率差之统计研究》于 1932 年在《中国地质学会志》第 11 卷第 4 期发表，作者用统计方法考订了丁氏石燕与谢氏石燕的区别。1933 年 7 月 22—29 日，第 16 届国际地质大会在美国华盛顿召开，丁文江代表中国政府和中国地质学会出席，同行者还有以个人名义参加的葛利普、步达生和德日进。丁文江与葛利普合著的两篇论文：《中国之石炭系及其与密西西比系及宾夕法尼亚系的关系》、《中国的二叠系及其在二叠系划分上的意义》在大会上宣读，并刊载在《第十六届国际地质大会报告集》上，这是他们多年研究的成果，反映了当时中国地质学界在生物地层学上的研究水平，博得与会学者的好评。会议期间，丁文江还代表我国出席了国际古生物学联合会筹备会，并被推举为筹备会委员。会后，丁先生去英国、瑞典、瑞士短期访问后，在苏联访问了 35 天，研究莫斯科及多内兹盆地之煤田，采集化石多种，赴巴库研究石油，再从第比利斯穿过高加索山脉，至高加索城，研究山脉南坡地质。11 月回国后研究以上所得材料。[16]

还要提到的是，北京大学地质馆的建设。前面提到北京大学与中华教育文化基金董事会的合作研究特款，地质学系分到一笔设备费。丁先生向时任地质学系系主任的李四光教授建议，可暂不用于购置设备，累积三年有 4 万多元，再想点别的办法集资，盖一幢楼。李四光先生采纳了这个建议，从 1931 年秋季起开始筹备，由著名的建筑学家梁思成、林徽因教授免费设计，1934 年 5 月动工，1935 年 7 月竣工，在沙滩嵩公府夹道（现沙滩北街 15 号）落成一座地质馆。建筑及相关设备共用 66000 余元，经费由上述合作研究特款及北大经费拨付，并由李四光、丁文江两教授捐薪资助。地质馆的建筑式样为"L"形，占地 791m^2，南部为三层，北部除地窖外为二层。1935 年 8 月，地质学系由二院（马神庙街京师大学堂旧址）北楼迁入地质馆。一个系有单独一幢教学楼，这在北京大学历史上尚属首次。1990 年 2 月 13 日，地质馆被列为北京市文物保护单位。

1934 年 6 月，丁文江先生应中央研究院院长蔡元培先生之邀，任中央研究院总干事。丁文江于 1934 年 10 月 18 日离开北京大学。

1936 年 1 月 5 日，丁文江先生在长沙湘雅医院逝世。1 月 6 日，他的遗体安葬在长沙岳麓山左家垅。他的朋友、北京大学校长蒋梦麟专程赶到长沙参加安葬典礼。1937 年 1 月 5 日，中国地质学会北平分会、地质调查所北平分所、北京大学地质学系举行大会，纪念丁文江先生逝世一周年。丁文江先生诞辰 100 周年、章鸿钊先生诞辰 110 周年纪念会和中国地质事业早期史讨论会，于 1987 年 10 月 5—7 日在北京大学举行，来自 60 个单位的 113 位学者与会，其中有中国科学院学部委员（现称院士）22 人，老中青几代人共聚一堂，纪念丁文江先生和章鸿钊先生，共议中国地质事业创业奠基史。北京大学校长丁石孙教授在会上作了"北京大学与中国地质"的讲演。这次纪念活动和学术活动，由中国地质学会和北京大学共同筹办，由中国地质学会地质学史研究会和北京大学地质系共同组织。

丁文江先生在20世纪初叶的20多年里，虽然在北京大学任教的时间不长，但他从不同方面对北京大学地质学系的建设和发展做过许多工作。人们永远记着这位我国地质事业的先驱者对北京大学地质学系所做的贡献。

参 考 文 献

[1] 工商部试办地质调查说明书(未刊稿). 油印本存全国地质图书馆
[2] 丁文江. 农商部地质调查所(地质汇报) . 第一号序. 1919
[3] 农商部与北京大学来往函件, 刊载于1918年11月18日《北京大学日刊》
[4] 胡适. 丁文江传. 第20页脚注. 海口: 海南出版社, 1993
[5] 杨钟健. 悼丁在君先生. 见: 独立评论, 第188号, 1936
[6] 丁文江. 中国地质工作者之培养. 见: 中国地质学会志, 第3卷第1期, 1924
[7] 转引自夏湘蓉, 王根元. 中国地质学会史(1912-1981) . 北京: 地质出版社, 1982, 37
[8] 丁文江. 中国地质学者的责任. 见: 国立北京大学地质学会会刊, 第5刊, 1931
[9] 丁文江. 中国地质学者的责任. 见: 北平晨报. 1931年7月19日
[10] 高振西. 做教师的丁文江先生. 见: 独立评论, 第188号, 1936
[11] 蒋良俊. 怀念丁老. 见: 湖南省地质学会会讯 1986, (16): 5
[12] 贾兰坡. 中国地质调查所新生代研究室的建立. 见: 中国地质事业早期史. 北京: 北京大学出版社, 1990, 56
[13] 高振西. 做教师的丁文江先生. 见: 独立评论, 第188号, 1936
[14] 钱昌照. 纪念丁文江先生百年诞辰. 见: 中国地质事业早期史. 北京: 北京大学出版社, 1990, 7
[15] 于洸, 丁文江. 章鸿钊与北大地质学科的建设. 见: 巍巍上庠　百年星辰——名人与北大. 北京: 北京大学出版社, 1998
[16] 王鸿祯. 中国地质事业早期史. 北京: 北京大学出版社, 1990
[17] 夏湘蓉. 王根元. 中国地质学会史(1922 -1981) . 北京: 地质出版社, 1982
[18] 王仰之. 丁文江年谱. 南京: 江苏教育出版社, 1989
[19] 夏绿蒂. 弗思. 丁文江——科学与中国新文化. 丁子霖等译. 长沙: 湖南科学技术出版社, 1987
[20] 潘云唐. 卓越的爱国主义地质科学家丁文江. 泰兴文史资料第四辑(纪念丁文江先生诞辰一百周年专辑) (内部资料), 1987

丁文江先生与中国早期地质教育事业[①]

于 洸

丁文江先生（1887—1936）是我国地质事业的奠基人和创始人之一，对我国早期的地质事业作出重大贡献，在我国科学界和学术界有广泛影响。黄汲清教授在《我国地质科学从萌芽阶段到初步开展阶段中名列第一的先驱学者》一文中提到丁文江是"中国第一位地质学教学机构首脑""中国第一位地质调查所所长""中国第一篇正式地质调查报告的作者""中国第一位远征边疆的地质学家""中国第一位进行煤田地质详测并拟定钻探计划的地质学家""中国第一位撰写中国矿产资源论文的学者"。丁文江先生对我国地质事业和地质科学发展做出的重大贡献之一，就是非常重视地质人才的培养。1913 年农商部地质研究所的创办，为我国近代地质工作的开展培养了一批骨干。丁文江先生对这项工作的贡献是众所周知、载入史册的。丁文江先生对北京大学地质学系的建设和发展也非常关心，给予很多支持、帮助和指导，他还担任过北京大学地质学系研究教授、中央大学名誉教授。这些都是丁文江先生重视地质人才培养的具体体现，对中国早期地质教育事业的贡献。2017 年是丁文江先生诞辰 130 周年，谨以此文表达对丁文江先生的崇敬与缅怀。

一、1913 年农商部地质研究所的举办

在我国高等学校中设立地质学系培养地质人才是从北京大学开始的。1909 年京师大学堂（1912 年改称北京大学）设立地质学门（1919 年改称地质学系），聘德国人梭尔格博士（Dr. F. Solgar）等人授课，入学学生 5 人。1913 年 2 月，1 人选送德国留学；1913 年 5 月，2 人毕业。学生毕业后，因学地质学的人太少，开办费用很大，地质学门暂时停办了。

章鸿钊（1877—1951），浙江省吴兴县（今湖州市）人，1911 年夏毕业于日本东京帝国大学理科大学地质学科，1911 年 9 月在北京参加留学生考试，获"格致科进士"。1912 年，南京临时政府成立。章鸿钊就任实业部矿政司地质科科长，提出要设立地质研究所以育人才。1912 年 10 月，南京临时政府移至北京，实业部分为农林、工商两部。他那个拟举办地质研究所的计划没有付诸实施，便借故他去，改就农林部技正职。

丁文江，江苏省泰兴县（今泰兴市）人，1911 年在英国格拉斯哥大学毕业，取得动物学和地质学双科毕业证书。4 月，乘船离英回国。1911 年 9 月在北京参加留学生考试，

---

① 载于《地质学史论丛》·7·，中国地质学会地质学史专业委员会、中国地质大学地质学史研究所合编，地质出版社，2019 年 5 月

获“格致科进士”。1912 年，受上海南洋中学校长王培荪之聘，担任化学、地质、动物、英文、西洋史等课教员，深受学生敬爱。工商部矿政司司长张轶欧以“中学无所用其地质也”，急约丁文江入部，“俾专调查之役”。1913 年 1 月 24 日，丁文江被任命为工商部佥事，稍后任地质科科长。张轶欧司长向丁文江介绍了章鸿钊任地质科科长时所拟的“中华地质调查私议”及所附的“筹设地质研究所的意见”及“简章”。创办地质研究所，培养地质调查人才，是丁文江入主地质科的第一要务。他受工商部委托，拟写了“工商部试办地质调查说明书”。其中首先强调地质调查的重要，指出：“今徒曰地大物博，而不知地若何大？物若何博？于实际无益也。夫欲兴矿业，必先知矿质之优劣，矿床之厚薄；欲筹农林，必先知土地之肥瘠，山川之形势。”提出“今若以十五年为期，首三年为试办期，第三年后逐次增加调查员若干人，地质之外同时从事于地图之测量，至十五年可望普及全国……”接着，他就试办期中应筹办的两件事，即设立地质研究所、地质调查团做了说明：

“调查地质着手之难，难于经费与人才。然试办期中不期大举，则经费鸠集，尚不甚难。惟经验之才技术之士，非作育于前，难收效于后。北京大学虽有地质一科，然不足以供给地质调查之用，其故有三：①缓不济急，大学学生必先毕业于预科或高等学堂，至少必须六年始可得用；②学生太少，北京大学理科本不发达，而理科之中地质尤甚，计开办至今日，卒业者共只三人：③学生过于文弱，不耐劳苦，盖大学生入学时皆已二十以外，以前初无相当之运动，入地质科后亦未尝受野外长期之实习，故有此弊。以上三因，半由于学生之习惯，半由于年限之过长，皆非一时之所能改革。今若必俟大学办有成效，而后着手调查，则此数年中将彷徨于掇拾补苴之末技，而无一事之进行。揆之时势，未必当也。”

关于地质调查团，文中这样写道：

“地质调查所之设，本为调查之第一步。然只设研究所足以达成试办之目的乎？曰不可。吾国今日习地质者虽不乏人，而有经验者则绝无之。今若集此数人于研究所中，而使之终年从事于教课，则三年后，其无经验固犹昔也，夫岂特无经验而已哉！且安居逸之处，筋肉委疲，三年以后，不复能从事于奔走跋涉，而地质调查将终无实行之期矣！其不可一也；教授地质必需材料地史地文，尤需多采本国之例，始可免隔膜之病，若研究所教员于本国地质初无确实之经验，则教授时势必抄袭各国之成例，而无心得之可言，其不可二也；野外调查之材料，非有相当之书籍、完备之标本，则无研究之方法。书籍尚可购置，标本则多散布于欧美之博物院中，除其最普通者，不能得之于市上也。集之之法当多搜集吾国标本，择其相同者寄之欧美博物院，以为交换计，积之既久，则可不费一钱而集各国标本之大成。否则，此三年中竞竞于无精神之教课，三年后从事调查时仍无可依据之基本，此不可三也。今拟设地质调查团，其团员以研究所教员兼之；一年之中，平均以半年从事于教授，半年从事于调查，惟须依团员任事之时期定课程之次第，使学生终年不致废学可已。”

丁文江的这个说明书参照了章鸿钊的“中华地质调查私议”，但比其更为详尽，更具可行性。

1913 年 6 月，说明书经工商部批准后，很快付诸实施。7 月 1 日，地质研究所在北京、上海两地同时举行入学考试，这项工作是由丁文江亲自主持的。考试科目为国文、英文、算术，考生为中学或与中学相当之学校毕业，身体健康，能吃苦耐劳者。学生入学后不必缴纳学费，野外实习时所需费用也由研究所发给。本拟录取 30 人，后因有的未报到，有的因故退学，最后只留下 22 人。

1913 年 9 月 4 日，工商部任命丁文江为地质调查所所长兼地质研究所所长。部令说："特饬矿政司筹设地质调查、地质研究二所，于该司地质科原有人员外，酌聘中外地质专家分任职务，各以半年外出调查，半年担任教务，以期教学相长，切实进行"。同时"委任本部矿政司地质科长、佥事丁文江为地质调查所所长，地质研究所所长一职暂由该佥事兼任，俟该佥事出发调查时，再派专员接任。"

1913 年 10 月 1 日，地质研究所开学。地质研究所前两年附设于北京大学，校舍在景山东街（马神庙），所需图书、标本、仪器、设备、宿舍等，都是向北京大学借用的，还聘任北京大学地质学门德籍教授梭尔格为讲师。丁文江在前农商部地质调查所《地质汇报》第一号（1919 年）序言中写道："为育人才，时北京大学校长何燏时、理科学长夏元瑮赞助之，许以大学之图书仪器宿舍相假，复荐德人梭尔格博士为讲师，于是招生徒，定科目，规模始稍具焉。"何燏时是浙江诸暨人，（今诸暨市）1905 年毕业于日本帝国大学工科采矿冶金系，1907 年任京师大学堂工科监督，1912 年 1 月任实业部矿政司司长，1913 年 1 月任北京大学校长。他对地质事业有很高的热情，就任北京大学校长以后，依旧热心支持地质事业。

1913 年 11 月，丁文江奉命调查正太铁路沿线地质，辞去地质研究所所长职务，即以农林部技正章鸿钊为地质研究所代所长。1914 年 1 月，农林、工商两部合并为农商部，2 月 19 日，章鸿钊任农商部地质研究所所长。据章鸿钊回忆："记得民国元年，他（指丁文江）在上海南洋中学担任教课的时候，我正在南京设计一个地质研究所，但拟好章程，还未试办，南京临时政府便在那一年的初夏整个儿移到北京来了。民国二年，丁先生到了工商部，便借着北京大学的旧址，首先开办了一个地质研究所，于是中国地质学界的雏声竟呱呱的出世了，丁先生偏偏不肯居功，硬要根据旧案，坚决邀我去承办；他又知道我一点古怪脾气：不肯无故去吃人家的现成饭，便悄悄地携着随身行李跑到野外调查地质去了。"[章鸿钊：《我对于丁在君先生的回忆》，刊《地质论评》第 1 卷第 3 期（丁文江先生纪念专号），1936 年]

地质研究所起初只有梭尔格为专任教员，第一次世界大战爆发后，梭尔格辞职回国参军。恰好，留学比利时鲁凡（Louvain）大学取得博士学位的翁文灏回国，便被聘为专任教员。翁文灏（1889—1971），浙江鄞县（现宁波市）人，1908 年就读于比利时鲁凡大学地质学系，他的毕业论文《勒辛地区的石英玢岩研究》，材料丰富，立意清晰，具有首创意义。由此，他被破格直接授予博士学位，他是我国历史上获得理学博士学位的第一位地质学者。1913 年初回到北京，参加留学文官考试，名列第一，分配任北洋政府工商部佥事，后任地质研究所讲师，1914 年任教授。

地质研究所学制三年，每学年分为三个学期。课程设置为：国文、微积分、解析几何、三角、物理、化学、定性分析、定量分析、动物学、植物学、图画、地质通论、普通矿物学、造岩矿物及岩石学、构造地质学、古生物学、地史学、矿床学、采矿学、冶金学、地理学、地文学、测量学、机械学、制图学、照相术等。外语课，除英语课外，还开设德语课。这样的课程设置，使学生有较扎实的基础知识和比较宽广的专业知识。学生学习上述课程时，曾根据侧重点的不同，分为甲乙两科，甲科注重矿物学、乙科注重古生物学。1915 年春，当第五个学期结束时，根据章鸿钊的意见做了调整，以学理为辅，实用为归，决定废除分科，删去“高等岩石学”等一些理论性课程，增设一些应用性课程，同时增加野外实习时间。

地质研究所的教学工作有一个明显的特点，就是特别重视野外实习。在三年中，野外实习 11 次，累计 106 天。实习后学生要编写实习报告，毕业前要进行地质调查并写出毕业报告，不交毕业报告或毕业报告不合格者，不能获得毕业证书。

任课教员先后共 28 人。翁文灏主讲地质通论、高等矿物学、造岩矿物学、岩石学、矿床学等课程。章鸿钊兼教矿物学、地史学。丁文江兼教古生物学、地文学。此外，都是聘请的兼职教师。一些课程由农商部部员兼任，如矿政司司长张轶欧教冶金学。一些课程是由北京大学的教师兼任的，例如，冯祖荀教授教算学，王鎣教授教物理学、德语，王季点教授教化学、照相术，王绍瀛教授教制图学，孙瑞林教授教测量学，冯庆桂老师教动物学，阮尚介老师教机械学等。值得一提的是，北京大学地质学门学生、留学德国回国的王烈，也在地质研究所教构造地质学和德语。

1915 年 6 月，地质研究所迁至丰盛胡同北京师范学校旧址。1916 年 7 月，地质研究所 22 人结业，其中，获毕业证书者 18 人，获修业证书者 3 人，1 人未得证书。获毕业证书者，进入地质调查所工作，其中，叶良辅、赵志新、王竹泉、刘季辰、谢家荣任调查员，周赞衡、徐渊摩、徐韦曼、谭锡畴、朱庭祜、李学清、卢祖荫任学习调查员，马秉铎、李捷、仝步瀛、刘世才、陈树屏、赵汝钧留所学习。地质调查所成立于 1913 年 9 月，所长丁文江。这批学员进入地质调查所后，地质调查工作有了基本的队伍，实现了“今日之研究，正为他日之调查”的目的。这是中国自己培养的第一批地质人才，他们在地质事业和地质科学研究中发挥了骨干作用，后来不少人成为地质科学一些分支领域的专家。如谢家荣，曾任北京大学地质学系主任、原资源委员会矿产测勘处处长兼总工程师，1955 年当选为中国科学院生物地学部学部委员。叶良辅，曾任中央研究院地质研究所研究员、中山大学地质学系主任、浙江大学教授。朱庭祜，曾任两广地质调查所所长、浙江大学教授。李学清，曾任南京中央大学地质学系主任。李捷，曾任中央地质调查所研究员。谭锡畴，曾任中央地质调查所技正，1949 年任中国地质工作计划指导委员会矿产地质勘探局局长。周赞衡，曾任中央地质调查所副所长等。地质研究所虽然只办了一期，但如期培养出我国第一批地质人才，丁文江、章鸿钊、翁文灏先生悉心创业之功不可磨灭，将永留中国地质教育史册。

二、对北京大学地质学系的建设和发展的关心与支持

1916 年秋，农商部将借用北京大学之仪器、标本等送还，由北京大学“自行开办地质科”。时任农商部地质调查所所长的丁文江还与北京大学校长商定，北京大学担任造就地质人才的工作，地质调查所专做调查研究工作，可以随时吸收北京大学地质方面的毕

业生，使他们有深造的机会。

北京大学地质学门于 1917 年恢复招生，1919 年改称地质学系。1920 年夏恢复招生后的第一班学生毕业。由于上面所说的渊源，地质调查所与丁文江先生对北京大学地质学系总是很关切的。那时毕业生到地质调查所去找工作，丁先生亲自考试，考试的结果使他大不满意。那时，丁先生与北京大学的胡适之先生很熟识，曾对胡先生说："适之，你们的地质系是我们地质调查所青年人才的来源，所以我特别关心。前天北大地质学系的几个毕业生来找工作，我亲自给他们一个很简单的考试，每人分到十种岩石，要他们辨认，结果是没有一个人及格，你看这张成绩表！""我来是想同你商量，我们同去看看蔡先生（蔡元培先生时任北京大学校长），请他老人家看看这张成绩单。我要他知道北京大学地质系怎么办得这么糟。你想他不会怪我干预北大的事吗？"胡适之先生说："蔡先生一定很欢迎你的批评，决不会怪你。"后来他们同去看了蔡先生，蔡先生听了批评地质学系的话，也看了那张有许多零分的成绩单，不但不生气，还虚心请丁先生指教整顿改良的方法。①

丁文江先生非常关心北大地质学系的教师队伍建设，在聘请李四光和葛利普两位先生到北京大学地质学系任教的事情上做了许多工作。李四光在英国伯明翰大学学习地质学，1918 年 6 月获自然科学硕士学位。他谢绝了老师留他继续攻读博士学位和介绍他去印度任地质工程师的厚意，执意回祖国找矿。为了在回国前获得一些广阔的实际地质知识，便到英国著名的康沃尔（Cornwall）锡矿山工作一段时间。1919 年初，丁文江随梁启超等赴欧洲考察，通过友人得知李四光在英国学习地质学的情况后，便找到李四光，向他说明中国需要自己培养地质人才的迫切性，强调"培养地质人才是当务之急"，建议李四光回国后到北京大学任教。1919 年秋，丁文江又让他去伦敦的四弟丁文渊与在伦敦的丁燮林一同去康沃尔锡矿山，找李四光再谈回国任教之事。②丁文江在欧洲期间，还辗转了解到葛利普的情况。葛利普（Amadeus William Grabau）1900 年获美国哈佛大学理学博士学位，1905 年起任哥伦比亚大学教授，1890 年至 1920 年已发表论著 153 篇（部）。他是德国血统，第一次世界大战后，失去了哥伦比亚大学的职位。丁先生回国后，与胡适之先生一起去找北京大学蔡元培校长，介绍了李四光和葛利普两位先生的情况，并商定北京大学聘请李四光、葛利普任地质学系教授，葛利普同时兼任地质调查所古生物室主任。李四光接到蔡校长电邀后，曾自德国给刚从北京大学到英国的傅斯年先生写信，询问北京大学情形。最后，应了蔡校长之邀，任北京大学地质学系教授。李四光和葛利普两位于 1920 年同时到北京大学任教，是地质学系发展史上的一件大事，对于地质学系的教学和科学研究、地质人才培养和东西方地质科学交流等都有重大贡献。李四光 1920 年至 1928 年任地质学系教授，1931 年至 1936 年任研究教授、地质学系主任，是北京大学地质学学科的奠基人，对地质学系的建设与发展做出了重大贡献，对北京大学也贡献良多。葛利普教授在中国在北京大学工作 26 年。我国老一辈古生物学家大都是他的学生。葛利普在担任繁重的教学工作的同时，进行了大量的研究工作，1920 年来华后发表的论

① 胡适.丁文江传[M].海口：海南出版社，1993，25

② 胡适.丁文江传[M].海口：海南出版社，1993，20

著有146种，计11768页。1946年3月20日逝世，安葬于沙滩北京大学地质馆前，1982年迁至北京大学现校园内。名师出高徒。丁先生推荐的这两位老师，确实是丁先生对北京大学的贡献。丁先生对地质教育事业的热忱也于此可见。

丁文江先生对学生的学术活动也非常支持，给予指导。1920年，北大地质学系学生杨钟健等人发起组织北京大学地质研究会（后改称地质学会），10月成立。这是中国第一个地质学术团体，比中国地质学会的成立早一年多。11月7日地质研究会举行第一次讲演会，请丁文江先生讲演，题目是"扬子江下游最近之变迁——三江问题"，50人听讲，这次演讲的记录稿刊登在《北京大学地质研究会会刊》第1期（1921年10月出版）上。丁先生的讲演不仅在学术上给大家以启发，在治学方法上也给学生以启迪。杨钟健（北大地质学系1923年毕业生，中科院院士）在一篇纪念文章中写道："那时，我已深佩丁先生的治学精神与方法"。①

1924年1月5日至7日，中国地质学会举行第二届年会。1月6日，前任会长丁文江以"中国地质工作者之培养"为题发表了会长演说。他相信当时的北京大学地质学教育在许多方面与西方大学和矿业学校相比较有过之而无不及。他认为"在强调注重野外实际考察方面，北京大学地质学系已经超过了美国以外的绝大多数西方研究机构"。"但有一个很大的缺点就是完全没有严格的生物学课程，学生们除非加以补修，是难以期望了解地史学的基础原理的"。他还说道："中国学生必须学习一些测量课程，特别是地形测量。这是因为中国境内只有很少的地区是测过图的，而这些地图往往不适用，这就要求地质工作者来测制自己所需要的地图"。②丁先生的这些意见是很重要的。后来，在北京大学地质学系的课程设置中安排有动植物学、动植物实验、平面测量及实习等课程。到1930年，丁先生更相信北京大学地质学系的教育质量。他曾对朋友陶孟和先生说，他认为中国的地质学现在已经进展到这个地步，再无须偏爱外国毕业的地质系学生。他说："他预料中国地质学系的毕业生同外国的地质学系毕业生从此可以并驾齐驱了"。③

北京大学地质学系的毕业生，不少人到地质调查所工作。据不完全统计，1920年至1937年间有36人，他们都做出了很优异的成绩。赵亚曾先生（1898—1929，字予仁），1923年毕业于北京大学地质学系，在校期间师从李四光、葛利普教授学习地质学、古生物学，成绩优异，留校任教，同时在地质调查所工作，1928年任古生物室主任。在不到6年的时间里，发表著作18种，100多万字。丁先生对这样有为的青年是非常称赞、非常爱护、非常鼓励的，曾对胡适介绍说"这是北京大学出来的地质界的天才，今年刚得到地质奖金的"。但不幸的是，赵亚曾先生于1929年11月15日在云南考察地质时，遇匪殉难，为学牺牲。丁文江对此十分悲痛，曾哭了好几次。1929年12月14日他写给胡适的信一开头就说："我遭遇了生平最大的打击！我所最敬爱的赵亚曾，在云南大关地面被匪打死了！……当时我心上犹如红炭浇着冷水，神经几乎错乱……这样的人才我们再

---

① 杨钟健.悼丁在君先生[J].独立评论，1936（188）

② 丁文江.中国地质工作者之培养[J].中国地质学会志 1924，3（1）

③ 陶孟和.追忆在君[J].独立评论，1936（188）

从哪里去找？”[①]丁先生曾赋《挽赵予仁》七律四首，有句云：“三十书成已等身，赵生才调更无伦；如何燕市千金骨，化作天南万里尘！”又云：“老骥识途空自许，孤鸿堕网竟难还！……遥想闸心场上路，春来花带血痕殷！”[②]丁先生积极参与筹募由中国地质学会设立的“纪念赵亚曾先生研究补助金”，以其利息来奖励在地质学和古生物学上有重大贡献的中国地质学者。自1932年至1949年，每年发奖一次，共有22人获奖。丁文江先生还筹集了赵亚曾的“子女教育基金”，以照顾赵亚曾的遗孀及三个孤儿（两儿一女）。丁文江先生爱惜人才，关爱中青年学者之情可见一斑。

1931年3月15日，丁先生应北京大学地质学会之邀，做了“中国地质学者的责任”的演讲。他说：“科学是世界的，是不分国界的，所以普遍讲起来，中国科学家的责任与其他国家的科学家完全没有区别”。“但有几种科学，因为他所研究的材料，根本有地域性质，所以研究这种科学的人，也就因为地域不同的关系，发生不同的责任。地质学就是这种科学之一，所以研究地质的人，往往对于世界和对于本国，有特别的义务”。他结合中国地质和矿产资源的情况，详细地说明了中国地质学者的责任。并且指出：“地质学者的责任如此重要，能够尽责当然要有长期预备。这种预备可以分做校内和校外两种，在校的时候，应该对于各种功课平均努力，以期得到相当的常识。北京大学对于地层和地史是最有成绩的，但若是一个人对于岩石、矿床没有普遍的知识，决没有发现金属矿的可能。同时，专门从事所谓经济地质的人，假如不了解地层、地史和构造的原则，决不能从事煤田、油田、含盐的观察”。他说：“出了学校以后的预备，第一是要得到野外工作的能力，这种能力没有相当的指导经验，是不容易得到的。现在有许多人，出了学校门，就想要独立工作，不愿意做人家的助手，受人的指导，这是很大的错误”。丁先生强调指出：“我们的责任很重大，很复杂，所以训练越彻底，工作的效能越大。凡是要自欺欺人的人，断不能成为地质学者，断不能负起地质学者的责任”。[③]丁先生的讲演使当时地质学系的学生深受教育，现在看来也是有指导意义的。

三、北京大学地质学系研究教授

1931年以前，丁文江先生有时候在北平，北京大学校方及学生多次请他到北京大学来任课，都被他因为“没有充分时间”推辞了。这样，请丁先生讲课的事未能实现。但后来有了一个机会。

为提倡学术研究起见，北京大学与中华教育文化基金董事会自1931年至1935年，双方每年各提款20万，作为合作研究特款，用于设立北京大学研究教授；扩充北京大学图书、仪器及其他类相关设备；设立北京大学助学金及奖学金。研究教授之人选“以对于所治学术有所贡献，见于著述者为标准，经顾问委员会审定，由北京大学校长聘任”。[④]1931

① 丁文江信九十九通[G]//胡适遗稿及秘藏书信.140页

② 转引自夏湘蓉，王根元.中国地质学会史（1922～1981）[M].北京：地质出版社，1982，37

③ 丁文江.中国地质学者的责任[J].国立北京大学地质学会会刊，1931（5）

④ 北平晨报.1931-07-19

年丁文江先生被聘为北京大学研究教授。这一年，地质学系被聘为研究教授的还有葛利普和李四光两位先生。

1931 年秋至 1934 年夏，丁文江先生任北京大学地质学系研究教授。丁先生讲授的是普通地质学，这是一门地质基础课，是他认为自己能教的，所以才“惠然肯来”。此外，他还教过地质测量、中国矿业等课程。他过去教书的时间比较少，不教则已，既然教了，他是用尽了所有的力量去教的。他教课绝不肯按某种或某数种教科书上有的内容去教，即算了事。他要搜集普通的、专门的、古今中外的各种材料，斟酌取舍，并充分利用中国的地质实例，借以解释沉积、侵蚀、火山、地震等种种地质现象。他曾说：“不常教书的人，教起书来真苦，讲一点钟，要预备三点钟，有时还不够！”当时任丁先生助教的高振西先生曾撰文写道：“丁先生对于标本、挂图之类，都全力罗致，除自己采集、绘制外，还要请托中外朋友帮忙，务求完备。当时地质调查所的同事们曾有这样的笑话：‘丁先生到北大教书，我们许多人连礼拜天都不得休息了，我们的标本也给丁先生弄破产了。’”①

丁先生讲课诙谐生动，深入浅出，常用一些掌故、歌谣、故事打比方，加以科学解释，学生们听起来都很有趣。例如，地球上的山地、水泽、平原所占面积的比例很难记，丁先生就讲，我们江苏有句俗语叫“三山六水一分田”。这句俗语讲的数字与地球上山地、水泽、平原面积的比例相同。这种“巧于比拟”的方法使学生们便于记忆。据 1930 年入学（时为二年级学生）的蒋良俊回忆，当时担任地史课教学的葛利普教授说，在美国的大学，各系最基本的课程，都由所谓 Head Professor 来担任的。他认为丁先生学问渊博，由丁先生来讲授普通地质学是最恰当的人选，机会难得，所以建议我们的同学再听一遍。蒋良俊写道：“果然，丁先生讲课，确实内容丰富，尤其是我国的实例材料多，对他所做的许多实际工作中见到的地质现象，讲述时都有分析，有自己的看法，讲得非常生动，吸引人。不但能为同学们学习地质打下良好的基础，而且能启发同学们如何进行思考及分析问题。听丁先生讲课，我们都感到受益匪浅。”②

当时北大春假与暑假期间，地质学系的学生都安排有几天或个把月的野外地质实习。丁先生对野外实习工作非常重视，亲自参加指导。凡预定实习的地方，他一定自己先弄明白。吃饭、住宿、登山等一概与学生完全一致。他的习惯是：登山必到峰顶，移动必须步行。他认为，带领学生必须一切均照规矩，以身作则。不如此，学生不能有彻底的训练，且有愧于我们的职责。贾兰坡先生回忆说：“丁先生在三十年代前半期，常带领北京大学地质学系的学生到周口店参观和实习，由于我经常在那里，也就常常由我来接待。1931 年，为了发掘方便，在周口店北京人遗址附近建了一座四合院，虽然房子并不缺，并且丁先生一般只住一夜，但他也从来不享受一点特殊待遇，总是和同学们挤在三间南房居住。当时周口店的伙食还是比较好的，我们为了要招待这位上级，晚餐便准备得丰富一些，但我们怎样请他，他也不和我们一起吃，要和同学们吃那一菜一汤，他这种不脱离群众的高贵品质是很感人的。”③

---

① 高振西.做教师的丁文江先生[J].独立评论，1936（188）

② 蒋良俊.怀念丁老[J].湖南省地质学会会刊，1986，16：5

③ 贾兰坡.中国地质调查所新生代研究室的建立[M] //中国地质事业早期史.北京：北京大学出版社，1990，56

丁先生教学工作尽心尽责，对学生严格要求，循循善诱，得到老师和同学们的赞誉和尊敬。高振西先生在一篇纪念文章中说："丁文江先生这样的教师，给予学生的好处，不只是学问、知识同治学的训练，他那种活泼的精神，任事的英勇，训练的彻底，待人的诚恳……无形之中，感化到学生身上的实在更为重要。"①丁文江先生的老朋友钱昌照先生曾写道："丁先生自己曾经说过，在北大做地质学教授的三年，是他一生最愉快的三年，可见丁先生真是一位诲人不倦，十分难得的老师。"②

丁文江先生除任课外，还从事研究工作。他所著《丁氏石燕与谢氏石燕的宽高率差之统计研究》于1932年在《中国地质学会志》第11卷第4期发表。丁先生用统计方法考订了丁氏石燕与谢氏石燕的区别，这在当时是很先进的。1933年7月22日至29日，第16届国际地质大会在美国华盛顿召开，丁文江代表中国政府和中国地质学会出席，同行者还有以个人名义参加的葛利普、步达生和德日进。丁文江与葛利普合著的两篇论文《中国之石炭系以及其与密西西比系及宾夕法尼亚系分类的关系》与《中国的二叠系及其在二叠系划分上的意义》在大会上宣读，并刊载在《第十六届国际地质大会报告集》上，这是他们多年研究的成果，反映了当时中国地质学界在生物地层学上的研究水平，博得与会者的好评。会议期间，丁文江还代表我国出席了国际古生物学联合会筹备会，并被推举为筹备会委员。会后，丁先生去英国、瑞典、瑞士短暂访问后，在苏联访问了35天，研究莫斯科及多内兹盆地的煤田，采集化石多种，赴巴库研究石油，再从第比利斯穿过高加索山脉，至高加索城，研究山脉南坡地质。11月回国后研究以上所得材料。③

还要提到一件事是，北京大学地质馆的建设。前面提到北京大学与中华教育文化基金董事会的合作研究特款，地质学系分到一点设备费。丁先生向时任地质学系系主任的李四光教授建议：可暂不用于购置设备，累积三年有4万多元，再想点别的办法集资，盖一幢楼。李四光先生采纳了这个建议。从1931年秋季起筹备，由著名建筑学家梁思成、林徽因教授免费设计，1934年5月动工，1935年7月竣工，在沙滩嵩公府夹道（现沙滩北街15号）落成一座地质馆。建筑及相关设备共用66000余元，经费由上述合作研究特款及北京大学经费拨付，并由李四光、丁文江两教授捐薪资助。地质馆的建筑样式为"L"形，占地791m^2，南部为三层，北部除地窖外为二层。1935年8月地质学系由二院（马神庙街京师大学堂旧址）北楼迁入地质馆。一个系有单独一幢教学楼，这在北京大学历史上尚属首例。1990年2月13日地质馆被列为北京市文物保护单位，丁文江先生对地质馆建设作出的贡献永载史册。

1934年6月，丁文江先生应中央研究院院长蔡元培先生之邀，任中央研究院总干事，于1934年10月18日离开北京大学。

丁文江虽然离开了地质界，对地质事业，特别是地质教育事业仍十分关注。时任中央大学校长罗家伦回忆，有一天，丁文江由成贤街的中央研究院去看他，很郑重地对他说："我希望你能将中央大学的地质系办成第一流的地质学系。我情愿从旁帮忙。"1934

① 高振西.做教师的丁文江先生[J]. 独立评论，1936（188）

② 钱昌照.纪念丁文江先生百年诞辰[M] //中国地质事业早期史.北京：北京大学出版社，1990，7

③ 北大文理法三院研究教授工作报告出于日前公布[N].北平晨报，1934-08-20

年秋，罗家伦聘请丁文江为中央大学地质系名誉教授。该系每次召开系务会议，丁文江都来参加。而且凡是他有所见所闻，足以改善地质系的，都会坦率地告诉罗家伦或向地质系系主任、他的学生李学清提出。①

四、缅怀纪念丁文江先生

1936 年 1 月 5 日，丁文江先生在长沙湘雅医院逝世，时年 49 岁。5 月 4 日，他的遗体安葬在长沙岳麓山左家垅，并在湖南大学静一堂举行追悼会，他的朋友翁文灏、蒋梦麟（北京大学校长）、梅贻琦（清华大学校长）等均专程赶到长沙参加安葬仪式和追悼会，并致悼词。丁文江逝世时，李四光正在英国几所高校讲学，并着手整理演讲的书稿《中国地质学（英文版）》。当他得知丁文江逝世的噩耗时，立即在自序中加写了几句话："正当我的原稿整理工作将告结束时，传来了我的朋友和最尊重的同事丁文江博士不幸逝世的消息。如果我借此机会来对这位如此忠心致力于发展中国地质科学的人表示钦佩之意，或许不会是不合适的。" 1937 年 1 月 5 日，中国地质学会北平分会、地质调查所北平分所、北京大学地质学系举行大会，纪念丁文江先生逝世一周年。

丁文江先生逝世后，中国地质学会设立了"丁文江先生纪念奖金"，以募集的"丁文江先生纪念基金"的利息，每两年一次，奖励"中国国籍研究地质有特殊贡献者"，"如有余额再捐助北京大学地质学系研究院作为调查研究之用"。"丁文江先生纪念奖金"从 1940 年起，至 1948 年共授奖 5 次，获奖者是田奇瑰、李四光、黄汲清、尹赞勋、杨钟健，5 位获奖者都与北京大学有着密切的关系，有的是毕业生，有的是教师。中国地质学会为纪念丁文江先生曾任北京大学地质学系研究教授，对于该系异常关心，于 1937 年起，拨"丁文江先生纪念基金"利息每年 1000 元，补助北京大学地质学系，作为研究工作并奖励优秀论文之用。为此，北大地质学系制定了《国立北京大学地质学系研究院接受中国地质学会丁文江纪念奖金简章》，并刊载于 1937 年 3 月 13 日《北京大学周刊》上。这些都是延续着丁文江先生关心北京大学地质学系的传统。

丁文江先生在 20 世纪初叶 20 多年时间里，对中国地质教育事业做了许多工作，创办地质研究所，从不同方面对北京大学地质学系的建设和发展给予支持和帮助，担任北京大学地质学系研究教授、中央大学地质学系名誉教授。这些工作，使人们永远铭记这位我国地质事业的先驱者对我中国早期地质教育事业所作的贡献。

参 考 文 献

[1] 于洸. 丁文江、章鸿钊与北大地质学学科建设[M] //萧超然. 巍巍上庠 百年星辰：名人与北大. 北京：北京大学出版社, 1998.

[2] 于洸, 何国琦. 丁文江先生与北京大学地质学系[M] //北京大学地质学系建系 100 周年纪念文集编委会编. 百年辉煌 继往开来(北京大学地质学系建系 100 周年纪念文集). 北京：北京大学出版社,

① 林任申，林林.丁文江传[M].南京：凤凰出版传媒集团江苏人民出版社，2007，298-299

2009.

[3] 北京大学地质学系百年历程编委会. 创立·建设·发展——北京大学地质学系百年历程(1909-2009)[M]. 北京: 北京大学出版社, 2009.

[4] 王鸿祯. 中国地质事业早期史[M]. 北京: 北京大学出版社, 1990.

[5] 夏湘蓉, 王根元. 中国地质学会史(1922-1981)[M]. 北京: 北京大学出版社, 1982.

[6] 王仰之. 丁文江年谱[M]. 南京: 江苏教育出版社, 1989.

[7] 胡适. 丁文江传[M]. 海口: 海南出版社, 1993.

[8] 林任申, 林林. 丁文江传[M]. 南京: 凤凰出版传媒集团江苏人民出版社, 2007.

[9] 夏绿蒂·弗思. 丁文江——科学与中国新文化[M]. 丁子霖, 蒋毅坚, 杨昭译. 长沙: 湖南科学技术出版社, 1987.

翁文灏先生与北大地质学系[①]

于 洸

翁文灏先生是一位著名的地质学家，是我国地质事业的先驱者和奠基人之一。他对于教育事业是非常关心的。北京大学地质学系是我国高等学校中创办的第一个地质学系，迄今已80年了。翁先生早年曾在北大地质学系兼任教职，并对系的工作给予过许多支持和帮助，兹列举一二，在翁文灏先生诞辰 100周年之际，以志纪念。

一

翁先生曾参加1917年北大理科（包括地质学系）改订课程的工作。当时教育部改订学制，预科由3年改为2年，本科由3年改为4年。北大组成了由理科学长（当于现在理学院院长）夏元瑮领导的10人小组，负责改订理科课程，翁先生是这个小组的成员之一。这个小组议决：本科一、二年级不设选修课：四年中所学课程合计要有70单位、内必修课至少需有 50 单位：一、二、三年级各有 2 单位学习德文或法文；四年级要有 1单位学术史课程。北京大学地质学系是 1909 年创办的，1913 年第一班学生毕业后暂时停办了。与此同时，北京大学附托临时政府工商部（1914年合并为农商部）创办“地质研究所”，作为培养地质人才的临时机构，借北大地质学系旧址、图书、仪器、标本及部分教员办学。翁先生自比利时留学回国后任研究所讲师，1914 年任教授。1916 年该班学生毕业后，农商部将仪器、标本等送还北大，请北京大学自行开设地质科。北京大学地质学系于 1917 年恢复招生，正赶上改订课程，4 年中安排了必修课 62 单位，计有：物理（3）、物理实验（4）、化学（3）、化学实验（9）、分析化学原理（2）、植物学（2）、动物学（2）、地文学（1）、徒手画（3）、外国语（6）、古生物学（3）、古生物学实验（3）、矿物学岩石学（4）、矿物学岩石学实验（6）、地质学（甲）（3）、测量学（2）、地质学（乙）（3）、矿床学（2）、地质学史（1）、中国地质（1）。选修课有：高等古动物学、高等古植物学、高等矿物学、高等岩石学、高等地质学等。三、四年级都安排了地质旅行。虽然没有查找到1917—1919年翁先生授课的记载，但他参与制订北大地质学系课程设置可以表明，北大地质学系从1917年恢复招生的初期，翁先生就贡献了他的意见。

据不完全资料，翁先生1920、1925、1929、1930年均在北大授课。李四光先生1920年应聘为北大地质学系教授，该年 9 月已排定他的课程，因尚未到校，他所担任的三年级高等岩石学请翁先生代课。翁先生讲课很受学生们的欢迎。1929年全系学生大会讨论并向学校建议，地质构造学请翁先生担任，增设地文学也请翁先生授课。1929年及1930

① 载于《河北地质学院学报》第16卷第2期，1993年4月

年翁先生给三、四年级学生讲授了中国地质构造。1931 年后一段时间内，北大将曾在本校任教过的一些校外学者，聘为名誉教授。翁先生于 1932—1936 年被聘请为北大地质学系的名誉教授。

二

翁先生对北京大学及地质学系的学术活动也十分关心。1920 年 10 月北大地质学系学生杨钟健等发起组织了北京大学地质研究会（后改称北京大学地质学会），这不仅是当时北大理科第一个学术性社团，在全国地质学界也是第一个学术性团体，受到有关方面的重视。研究会拟定了要开展：请学者讲演、实地调查、发刊杂志、编译图书等四项活动。研究会的主持者于 1921 年 10 月举办了一次师生茶话会，请老师们对如何开展研究会的工作提出意见。翁先生应邀出席，并第一个发言，他说，这四项活动“我认为最要紧的是应该提出问题，或经教员指定，互相讨论研究；研究的结果，亦可用文字发表之。像这样的，很有趣味，很有利益。”翁先生认为后三项活动，一时不容易做到。会上他还介绍了地质调查所的方针和当时的工作，希望与北大地质学系携手并进，并设法帮助北大地质研究会。北大地质研究会从 1921 年至 1931 年共出版过 5 期会刊，其中发表了学生写的论文 52 篇，“调查录”3 篇，“讨论”3 篇。看来，这项活动与翁先生的想法是吻合的。

翁先生应北京大学、北大地质研究会之邀，还不时到北大作学术讲演。如：1921 年 11 月 27 日为地质研究会讲“中国之地震中心及近代之地震”，这次讲演因测震器及其他用品等搬运不便，是在地质调查所举行的。又如：1928 年曾在北大作了 6 次讲演，其题目为：（1）研究中国地质略史；（2）中国地层的研究；（3）中国之地质构造；（4）中国之地质构造（续）；（5）中国之矿业；（6）中国之地理工作。又如：1929 年 7 月 8 日在北大讲“爪哇第四次太平洋学术会议开会情形”。1930 年 4 月 14 日在北大第二院大讲堂讲“北京人”等。

三

翁先生的一些科学论文也在北大的学术刊物上发表。如《中国北部水平运动所成之构造》载于《国立北京大学地质研究会会刊》第三期，《河流侵蚀的速率》载于《国立北京大学地质学会会刊》第五期，《中国金属矿床生成之时代》载于《国立北京大学自然科学季刊》第一卷第二号等。

在《中国北部水平运动所成之构造》一文中，翁先生历述了“甘肃贺兰山之逆掩断层”“绥远大青山之褶曲及逆掩”“宣化鸡鸣山之逆掩断层”“热河北票区域之逆掩构造”“造山运动的分布”“造山运动的时期”“造山运动发生之地域”等问题。指出：“迄于近今，水平运动之广泛及剧烈已有多地得有切实之证明，并已由理论而进于事实。今后所当注意者惟在于其分布之范围，动力之方向，及发生之时代，期更得较为明晰之了解而已。”他还指出：“总之，研究愈进，则问题愈多，学然后知不足，知不足然后乃愈感学之可乐也”。这富有哲理的经验之谈，对研究学问者尤其是青年学子是颇有启示的。

四

1916 年至 1938 年翁先生主要在地质调查所工作。在我国地质工作的草创时期及以后一个相当时期内，地质调查所与北大地质学系联系密切、互相支援。其方式主要有：互相兼职；调查所人员到校兼课；相互出席学术讲演；调查所的图书仪器等对北大师生的使用实行优惠办法；设置学生奖学金；协助指导学生实习；录用一定数量的毕业生到地质调查所工作等等。兹举数例。

地质调查所 1929 年 11 月致函北大地质学系称：“敝所逐年以来于地质研究之各种设备渐为完全，不特以供所内人员之研究，且甚愿从事地质工作者共为利用。”“素仰贵系研究地质成绩久著，尤与敝所互相提携，密切合作，自更应不分畛域，共策进行。凡敝所所有图书馆、陈列馆、研究室等各部分之研究设备，均请贵系教授及学生充分利用，视为一家。”“贵系教授应予敝所人员同一便利。”“对于贵系学生亦应特予优待。”为此，制订了对北京大学地质学系学生至地质调查所研究的特别办法。

1930 年，地质调查所“为奖励地质学生勤求实学，专心研究起见”，于中华教育文化基金董事会补助费内，确定一定数额，作为学生奖学金，并拟订了专门的规则。1940 年，翁先生作为中国地质学会的理事，建议理事会筹募基金，设立学生研究奖金，得到各理事的赞同。各大学地质系四年级学生都可将调查报告或研究论文，于每年 7 月间寄理事会，审查及格者发给奖金。从 1941 年起至 1948 年共发奖 5 次，共 31 人得奖，其中北大地质学系毕业生 21 人。

1936 年丁文江先生逝世后，由翁先生主持，中国地质学会募集了“丁文江先生纪念基金”。规定“以基金所得利息，每二年对中华国籍研究地质有特殊贡献者，发给丁文江先生纪念奖金六千元，如有余额，再捐助北京大学地质系研究所作为调查研究之用”。当时确定自 1937 年起每年为 1000 元，为此，北大地质学系与中国地质学会共同制订了关于该补助金的章程。由于抗日战争爆发后的情况变化，此项计划未能实施。

地质调查所及中国地质学会对北大地质学系给予的诸多方面的支持，与翁文灏先生的倡导是分不开的。

五

翁文灏先生这位我国地质事业的先驱和奠基人，早年虽长期在地质调查所工作，但他与北大地质学系的联系却可追溯到 1913 年他从比利时留学回国任职时起。并早在 1917 年他就参与北大地质学系改订课程的工作，这里既包含着他在欧洲学习地质学的经验，也包含着他在地质研究所的教学经验，这对北大地质学系早期的办学是有指导意义的。他虽然只是几度在北大兼任教授，后任名誉教授，但他对北大地质学系的帮助和支持却是多方面的。既有教学和学术活动方面的帮助，也有他主持的地质调查所和中国地质学会对北大的支持：那时所、系配合，互相支援，对改善办学条件、培养学生采取了许多有开创意义的措施。这些既是翁先生对北大的贡献，也是对我国地质教育事业的贡献，是我们地质教育工作者难以忘怀的。

参 考 文 献

[1] 北京大学日刊. 1917 年 11 月 6 日至 1932 年 9 月 16 日
[2] 北京大学周刊. 1932 年 9 月 17 日至 1937 年 7 月 24 日
[3] 北京大学文书档案多种
[4] 国立北京大学地质研究会会刊. 第一期及第三期, 1921 年及 1928 年
[5] 国立北京大学地质学会会刊. 第五期, 1931 年
[6] 萧超然等. 北京大学校史(1898～1949)(增订本). 北京: 北京大学出版社, 1988
[7] 夏湘蓉, 王根元. 中国地质学会史, 地质出版社, 1982
[8] 地质论评. 第二卷第一期及第二期, 1937 年

翁文灏对北大地质学学科的关心与支持[①]

于　洸

翁文灏先生（1889—1971）是一位著名的地质学家。满清末年留学比利时，在鲁凡大学专攻地质学，1912年获自然科学博士，他的学位论文“勒辛地区的石英玢岩研究”是中国学者发表的第一篇博士论文。1913年他回国后即在工商部地质研究所任教，1916年任农商部地质调查所矿产股股长，1919年任代所长，1922年任中国地质学会第一届副会长，1926年任地质调查所所长，直至1938年。翁先生是我国地质事业的先驱者和奠基人之一，对我国早期的地质事业作出了重大贡献。黄汲清教授在“我国地质科学工作从萌芽阶段到初步开展阶段名列第一的先驱学者”[②]一文中，称翁先生是中国“第一位地质学博士”“第一位撰写《中国矿产志略》的学者”“第一张全国地质图的编者”“第一位考察研究地震灾害和出版地震著作的学者”“第一位代表中国参加国际地质会议的地质学者”。

翁先生很早就从事地质教育工作，早年曾在北大地质系任教，并对系的工作给予过许多指导、支持和帮助。

一

1909年京师大学堂首办地质学门，1913年5月学生毕业后暂时停办。同年，北京大学附托工商部（1914年改为农商部）举办地质研究所，作为培养地质人才的临时机构，借用北大地质学门的地方、图书、标本、仪器及各种教学设备，并聘请了北大教授德国人梭尔格授课。翁文灏先生1913年回国后即在该所任教，历任讲师、教授，讲授矿物学、岩石学等课程，他学识丰富、讲课精详，学生受益良多。他还和所长章鸿钊等教师一道，多次带学生到北京西山、山东、华南等地野外实习。1916年7月学生毕业。章鸿钊和翁文灏把带领学生实习时编写的报告整理成《农商部地质研究所师弟修业记》，正式刊行。此时，农商部将仪器标本等送还北大，请北大自行开设地质科。北大地质学门于1917年恢复招生。

翁先生曾参加1917年北大理科（包括地质学系）改订课程的工作。当时教育部改订学制，预科由3年改为2年，本科由3年改为4年。北大组成了由理科学长夏元瑮领导的十人小组，负责改订课程。翁先生当时是农商部地质调查所矿产股股长，并不在北大任教，但还是请他为十人小组成员之一。我揣摩与翁先生曾任地质研究所教授，当时又

---

① 载于《巍巍上庠　百年星辰——名人与北大》萧超然主编，北京大学出版社，1998年4月出版

② 该文载王鸿祯主编《中国地质事业早期史》，北京大学出版社1990年版

在地质调查所任职有关。十人小组议决：本科一、二年级不设选修课；4 年中所学课程要有 70 单位，其中必修课至少需 50 单位；一、二、三年级各有 2 单位学习德文或法文；四年级要有 1 单位学术史课程。

1917 年地质学门安排了必修课 62 单位，计有：物理（3）、物理实验（4）、化学（3）、化学实验（9）、分析化学原理（2）、植物学（2）、动物学（2）、地质学（甲）（3）、地质学（乙）（3）、测量学（2）、地文学（1）、徒手画（3）、外国语（6）、古生物学（3）、古生物学实验（2）、矿物学岩石学（4）、矿物学岩石学实验（6）、矿床学（2）、地质学史（1）、中国地质（1）。选修课有：高等古动物学、高等古植物学、高等矿物学、高等岩石学、高等地质学等。三、四年级都安排了地质旅行。虽然没有查找到 1917—1919 年翁先生在北大授课的记载，但他参与制订北大地质学系课程设置这件事表明，北大地质学系从 1917 年恢复招生起，翁先生就贡献了他的意见。

据不完全统计，翁先生 1920、1925、1929、1930 年均在北大授课。李四光先生 1920 年应聘为北大地质学系教授，未到校前所任三年级高等岩石学请翁先生代课。翁先生讲课很受学生欢迎，虽然他当时在地质调查所工作，学生们希望请他来校上课，1929 年全系学生大会讨论并向学校建议，地质构造学请翁先生担任，增设的地文学也请翁先生授课。1929 年及 1930 年翁先生给三、四年级学生讲授了中国地质构造。1931 年以后一段时间内，北大将曾在本校任教过的一些校外学者，聘请为名誉教授，翁先生是被聘任者之一（1932—1936）。

二

翁先生对北大及北大地质学系的学术活动也十分关心。

1920 年 10 月北大地质学系学生杨钟健等发起组织了北京大学地质研究会（后改称地质学会），这不仅是当时北大理科第一个学术性社团，在全国地质学界也是第一个学术性团体，受到有关方面的重视。研究会拟定了要开展的工作：请学者讲演、实地调查、编发杂志、出版图书等 4 项活动。研究会成立一年后，于 1921 年 10 月举行了一次师生茶话会，请老师们对如何开展研究会的工作提出意见。翁先生应邀出席，并第一个发言，他说："我认为最要紧的是应该提出问题，或经教员指定，互相讨论研究；研究的结果，亦可用文字发表之。像这样的（活动），很有趣味，很有利益。"翁先生认为后 3 项活动，一时不容易做到。会上，他还介绍了地质调查所的方针和当时的工作，希望与北大地质学系携手并进，并设法帮助地质研究会。[①]北大地质研究会从 1921 年至 1931 年共出版过 5 期会刊，其中发表学生写的论文 52 篇，"调查录" 3 篇，"讨论" 3 篇。看来，这项活动与翁先生的想法是吻合的。

翁先生应北京大学、北大地质研究会之邀，还不时到北大作学术讲演。如 1921 年 11 月 27 日为地质研究会讲"中国之地震中心及近代之地震"。这一年甘肃发生地震，年初翁先生与北大地质学系教授王烈等前往考察，回京后，翁先生结合考察情况及自己的

① 参见《国立北京大学地质研究会会刊》1921 年第 1 期

研究给学生作报告，很受欢迎。这次讲演因测震器及其他用品等搬运不便，是在地质调查所举行的。又如：1928 年翁先生曾在北大作了 6 次讲演，其讲题是：（1）研究中国地质略史；（2）中国地层的研究；（3）中国之地质构造；（4）中国之地质构造（续）；（5）中国之矿业；（6）中国之地理工作。这样系统的讲演使师生们开阔了眼界，受益良多。再如：翁先生 1929 年出席了在印尼爪哇举行的第四次泛太平洋学术会议，提交"中国之拉拉米造山运动"论文，同年 7 月 8 日应邀在北大作了"爪哇第四次太平洋学术会议开会情形"的讲演。1929 年 12 月 5 日，裴文中（北大地质学系 1927 年毕业生）在房山周口店发现了举世闻名的第一个中国猿人头盖骨化石，翁先生非常高兴，应邀于 1930 年 4 月 24 日在北大第二院大讲堂作了题为"北京人"的讲演。

三

翁先生还指导北大地质学系学生的科研工作，他的一些科学论文也在北大的学术刊物上发表。

1927 年 12 月翁先生携王恒升（北大地质学系 1925 年毕业生）往热河（今辽宁省）朝阳县北票煤田研究地质构造，有所发现。1928 年 4 月底又带领北大地质学系毕业班学生黄汲清、朱森、李春昱、杨曾威，前往调查该地的地层及构造，他们在翁先生指导下，通过实地调查写成"热河朝阳县北票兴隆沟及杨树沟一带地质报告"，刊登在《北京大学地质研究会会刊》第 3 期上（1928 年出版），根据他亲自指导的 4 位学生提供的实际材料，翁先生发表了"热河北票附近地质构造研究"一文。[①]

翁先生常在北大学术刊物上发表论文，如《中国北部水平运动所成之构造》，载于《国立北京大学地质研究会会刊》第 3 期（1928 年）；《中国金属矿床生成之时代》，载于《北京大学自然科学季刊》第 1 卷第 2 号（1930 年）；《北京猿人学术上的意义》，载于《北京大学月刊》（1930 年 4 月）；《蒙古山西及江苏黄玉结晶之研究》（与王绍文合著），载于《国立北京大学自然科学季刊》第 2 卷第 1 期（1930 年 10 月 18 日）；"河流侵蚀的速率"，载于《国立北京大学地质学会会刊》第 5 期（1931 年 4 月）。以上情况表明翁先生在学术工作方面与北京大学有着密切的联系。

在《中国北部水平运动所成之构造）一文中，翁先生历述了一些地区的地质构造后指出："迄于近今，水平运动之广泛及剧烈已有多地得有切实之证明，并已由理论而近于事实。今后所当注意者惟在于其分布之范围，动力之方向，及发生之时代，期更得较为明晰之了解而已。"他还指出："总之，研究愈进，则问题愈多，学然后知不足，知不足然后乃愈感学问之可乐也。"这富有哲理的经验之谈，对于研究学问者，尤其是青年学子是颇有启示的。

在《北京猿人学术上的意义》一文中，翁先生写道："亚洲是地球上最大的陆地。东通美洲，西连欧洲，在北半球中又居适中的地位，若讲人类肇始，亚洲原是最适（宜）的地方。学者的推论终是有事实会来证明的。自从 1903 年德国学者施洛塞尔在北京药铺

---

① 该文载农商部地质调查所《地质汇报》1928 年第 11 号

里所买‘龙骨’中发现人牙起，到去年十二月在地质调查所做事的北京大学毕业生裴文中先生发现周口店猿人头盖骨止，中间经过许多专门工作，中国猿人的存在已经是充分的证明了。”“除了专门的详细研究外，中国猿人发现的大概意义，是已经可讲的了。就我个人的见解来说，中国猿人在学术上的意义可分作四点。这四点是：（1）即使不能证明亚洲人为肇始之地，也已指示亚洲为猿人甚发达之区。（2）中国猿人共生的动物化石格外丰富，已经鉴定的有几十种，所以他的地质时代已经比较确定，就是至少在黄土生成之前。（3）如此说法，究竟这样理想的祖先发生在何处呢？有的说应在新疆，有的说应在蒙古，有的说应在南方或亚洲南部，都是理想之说，并无绝对证据。我想或者就在当地—中国北部—更古的地层，就能发现比北京猿人更古的猿人或人猿。好好地找，总有希望。（4）但猿人固非猿，猿人也非人。我们不要误会北京猿人就是中国人种的直接祖先，其实猿人与现代人的分别、与现代各人种间的分别相差远多了，所以猿人中国人种或任何人种的小分别真是毫无关系的。照现在的想象，最多只能说，北京猿人与现代人种似乎是（其间并无证据）出于同一祖先（尚未找到）。但猿人与我们的真祖宗（尚未找到）分别演化，猿人的演化到相当的时代就绝了种，我们这种人逐渐地进步到现代的模样。所以我对北京猿人最多只可叫他很远很远的堂房伯叔祖，但并不是我们的直系祖宗。”当时对北京猿人初步研究的结果，用中文写成的论文发表在《科学》杂志上，英文的发表在《中国地质学会志》上，翁先生这篇论述北京猿人学术上意义的文章发表在《北京大学月刊》上，我揣摩一是北京猿人头盖骨的发现者裴文中是北京大学的毕业生，二也是表示翁先生与北京大学有着密切的学术联系。

四

1916 年至 1938 年，翁先生主要在地质调查所工作，长期担任所长。在我国地质工作的草创时期及以后的一个相当时期内，地质调查所与北大地质学系联系密切、相互支援。其方式主要有：互相兼职；调查人员到校兼课；相互出席学术讲演；调查所的图书、仪器等对北大师生的使用实行优惠办法；设置奖学金；协助指导学生实习；录用一定数量的北大毕业生到地质调查所工作等。兹举数例。

地质调查所 1929 年 11 月致函北大地质学系，称：“敝所逐年以来于地质研究之各种设备渐为完全，不特以供所内人员之研究，且甚愿从事地质工作者共为利用。”“素仰贵系研究地质成绩久著，尤与敝所互相提携，密切合作，自更应不分畛域，共策进行。凡敝所所有图书馆、陈列馆、研究室等各部分之研究设备，均请贵系教授及学生充分利用，视为一家。”“贵系教授应予敝所人员同一便利。”“对于贵系学生亦应特予优待。”为此，制订了对北京大学地质学系学生至地质调查所研究的特别办法。

1930 年，地质调查所“为奖励地质学生勤求实学，专心研究起见”，于中华教育文化基金董事会补助费内，确定一定数额，作为学生奖学金，并拟订了专门的规则。

翁先生多次担任中国地质学会理事、副会长或会长。1936 年丁文江先生逝世后，由翁先生主持，中国地质学会募集了“丁文江先生纪念基金”，规定“以基金所得利息，每二年对中华国籍研究地质有特殊贡献者，发给丁文江先生纪念奖金六千元。如有余额，再捐助北京大学地质系研究所作为调查研究之用”。当时确定这后一项费用，自 1937 年起每年为 1000 元。为此，北大地质学系与中国地质学会共同制订了关于该补助金的章程。由于抗日战争爆发后的情况变化，此项计划未能实施，但这件事清楚地表明了中国地质学会和翁先生对北大地质学系支持的一片心愿。

1940 年，翁先生作为地质学会的理事，建议理事会筹募基金，设立学生研究奖金，得到各理事的赞同。各大学地质系四年级学生都可将调查报告或研究论文，于每年 7 月间寄理事会，审查及格者发给奖金。从 1941 年起至 1948 年共发奖 5 次，31 人得奖，其中有 21 人是北大地质系四年级的学生。①

仅从以上列举的事例即可看出，地质调查所及中国地质学会对北大地质学系曾给予过诸多方面的支持，这些与翁文灏先生的倡导是分不开的。

① 参见夏湘蓉、王根元《中国地质学会史》，地质出版社 1982 年版，第 40、41 页

北大地质学学科的奠基人——李四光[①]

于 洸

李四光教授（1889—1971）是我国地质事业的奠基人和先驱者之一，是著名的地质学家。他长期担任我国地质部部长、中国科学院副院长，是中国科学院首批学部委员（现称院士）。他曾两度在北京大学执教，1920 年至 1928 年任地质学系教授，1931 年至 1936 年任研究教授，并任地质学系系主任，对北京大学地质学系的建设与发展作出了重大的贡献，对北京大学也贡献良多。

一

李四光教授毕生贡献于我国的地质事业，他首先从事的是在北京大学任教的工作，为发展祖国的地质事业培养人才。北京大学地质学系历届毕业生中有 20 多届学生都直接受业于先生。

1917 年蔡元培先生出任北京大学校长，对北京大学进行了整顿与改革，他“广延积学与热心的教员”，极大地提高了北大的师资水平。创设于 1909 年的地质学门曾一度停办，在蔡先生出任校长的 1917 年恢复了招生，1919 年改称地质学系，师资力量亟需充实。1919 年地质调查所所长丁文江先生赴欧考察，当时李先生已获英国伯明翰大学自然科学硕士学位，在欧洲大陆考察地质。丁先生特地找到李先生，说明培养地质人才是当务之急，希望他回国到北京大学任教。丁先生回国后向蔡校长作了推荐。李先生接到蔡校长电邀后，曾自德国给刚从北大到英国的傅斯年先生写信，询问北大的情形。傅先生在致蔡校长的信中说：“我不消说是竭力劝他去的。李君与丁君（丁燮林先生，1920 年也应聘为北大物理系教授）乃英学界之‘两科学家’，不特学问大家佩服，即学问以外的事，也是留英的精粹。他们所学的科学，真能脱离机械的心境，而入于艺术的心境。”“李君生平，不仅学者，更是义侠之人，此间的留学界很多称道。李君不甚愿应北大之招（欲就西南），我看先生还是竭力聘去好，定于北大有多少益处。”[②]李先生还是应了蔡校长之邀，任北大地质学系教授。1920 年 9 月本已排定他的课程，因他尚未到校，所任一年级矿物学及实习，由章鸿钊先生代课，二年级岩石学及实习，由王烈先生代课，三年级高等岩石学由翁文灏先生代课。[③]1921 年 1 月李先生才到校上课。[④]

---

① 载于《巍巍上庠　百年星辰——名人与北大》萧超然主编，北京大学出版社，1998 年 4 月出版

② 《北京大学日刊》1920 年 10 月 13 日

③ 《北京大学日刊》1920 年 9 月 28 日

④ 《北京大学日刊》1921 年 1 月 21 日

李先生开设过许多课程，除1921年讲过矿物学外，主要开设：岩石学及实习（二年级）、地质测量及构造地质学（二年级）、高等岩石学及实习（三年级）、高等岩石实验（四年级）4门课程。这4门课是同时开设的，每周讲演5小时，实习14小时。因实习是分组进行的，最多时高等岩石学实习分为6组，教学时数每周远超过19小时，教学任务非常繁重。

李先生对教学工作极端负责，对青年既热情爱护，又严格要求。讲授矿物学时，在没有木质或玻璃质晶体模型的情况下，他自己在黑板上画各晶系矿物的晶体形态；在分析等轴晶系八面体转变为四面体时，哪个晶面发育，哪个晶面不发育，讲得清楚明白，给学生印象很深刻。①李先生对岩石学研究精深，他授课时，与当时一般的讲法不同，不是纸上谈兵，除了在课堂上讲授理论知识外，常常带学生到陈列室看各种岩石标本，到实验室用显微镜观察和辨别不同岩石的结构和性质，并且常常带学生到野外实地考察各种岩石。②岩石课实习时，他不是发给学生几块岩石薄片，让学生看看就行了。下课前，他要逐一检查每个学生看的是什么岩石，还要在是显微镜下亲自看一下，看是不是那种岩石。③他讲课的内容十分丰富，启发性很强，要求学生独立思考问题。例如，讲火成岩分类时，要求每个学生各自考虑提出一个分类标准。④他教育学生在岩石学方面，要特别注意基础知识和基本功，同时要注意微末细节。从岩石磨片、肉眼鉴定、显微镜鉴定到岩石的化学全分析等，都要求学生加强训练。在构造地质学方面，除了室内模拟试验分析外，还特别要加强野外的实地观测。⑤他采用的考试方法也和当时一般的老师不同，除了出几个问题，要求学生在考卷上答复以外，还发给每个学生六七块编有号码的岩石标本，要求学生写出每块石头的名称、矿物成分、生成条件、与矿产的关系等等。⑥考试的要求很严格，虽然有的学生得分很低，但对老师没有意见，总觉得老师严格要求是应该的。学生们都愿意听他的课，据1920年入学的俞建章先生说，当时在地质系讲课的，如葛利普和其他老师，没有哪一个能赶上李先生那样认真的。⑦

李先生经常带学生到野外实习。那时交通条件差，经常步行，沿路线观察时，他总是走在前面，边走边看边讲，讲地层、化石、岩石、构造，非常仔细认真，一直到日落西山才赶回住地。1921年11月带学生在京西三家店实习那一次，赶火车回到城里已是万家灯火了。李先生写了一首《咏铁椎》发表在《北京大学日刊》上，其中的一段写道：

山巍巍，
水洄洄，
好一个玲珑世界，
再过百万年，

---

① 参见俞建章《回忆李四光老先生》，《李四光纪念文集》，地质出版社1981年版。

② 参见许杰《回忆我的老师李四光同志和他的科学活动》，同上书。

③ 参见俞建章《回忆李四光老先生》，《李四光纪念文集》，地质出版社1981年版。

④ 参见孙殿卿《怀念李四光老师》，同上书。

⑤ 参见张文佑《我所了解的李四光老师》，同上书。

⑥ 参见许杰《回忆我的老师李四光同志和他的科学活动》，同上书。

⑦ 参见俞建章《回忆李四光老先生》，《李四光纪念文集》，地质出版社1981年版。

可只剩得几堆尘土，
几点余灰。
这是谜。
破谜还赖我铁椎。
工作复工作，
莫道吃亏，
我们今天定要做出一块纪念碑。
还要待谁？[①]

这年12月李先生带1919级学生去昌平南口一带实习，田奇瓗先生在《南口地质旅行报告》中特别提到“李先生一种热心指导，不惮劳苦之精神，实同人等不能不特别表示谢意”。[②]

李先生对教学的严肃态度还可举出一例。1921年10月7日北大教务处发出关于编定课程大纲的通告，并要求列出教科书。10月8日李先生即与丁燮林等5位教授联合致函教务长，提出“我等以为编定课程之详细纲要，意在厘定本校各项科目教授及试验标准，确是本校切要之图。欲达到此项目的，自不能仅以指定教科书为代替，因不论何种教科书，其内容的范围、次序及程度，总难与本校各项科目的内容恰恰一致，就令一致，亦宜将教科书内容写出，俾本校各项科目有具体的纲目作标准。”教务会议致函答复，明确“不得仅举教科书以代纲目，必须将该教科书内容举出”。李先生等在信中还提出：“各项科目，经由教授编定后，应分由各系教授会审定，此项审定的主要目的，在免除本系各项课程有互相掩映之弊。”[③]这些意见至今还有指导意义。

如何读书？是学生必须学会的一个重要问题。李先生除日常给学生以指导外，还写了一篇《读书与读自然书》，发表在《北京大学日刊》上，他指出：“书是死的，自然是活的。读书的方法大半在记忆与思考。读自然书种种机能非同时并用不可，而精确的观察就犹为重要。”“读书是间接的求学，读自然书是直接的求学。读书不过为引人求学的头一段工夫，到了能读自然书方能算成是真正的读书。只知道书不知道自然书的人名曰书呆子。”“世界是一个整体，各部彼此都有密切的关系，我们硬把他分做若干部，是权宜的办法。”“今日科学家往往把他们的问题缩小到一定的范围，或把天然连贯的事物硬划成几部，以为在那个范围里的事物弄清楚了的时候，他们的问题就完全解决了，这也未免在自然书中断章取义。这一类科学家的态度，我们不敢苟同。”[④]

李先生的教学工作受到学生们的热烈欢迎，但到1927年冬，应中央研究院蔡元培院长之邀，李先生去上海主持地质研究所的筹建工作。1928年春担任所长，教学工作难以兼顾了，北大领导仍一再请李先生来京，1929年3月李先生函复陈大齐校长和王烈总务

---

① 《北京大学日刊》1921年11月9日
② 《北京大学日刊》1921年12月8日
③ 《北京大学日刊》1921年10月15日
④ 《北京大学日刊》1921年11月2日

长谓："此间研究院职务暂时实难摆脱，不辞而去，亦觉失情之常，刻正与蔡先生商酌，俟得人接替，当即奉命北来。"1931 年 1 月 19 日，北大地质学会 5 个学会联席会议请学校电请几位教授回校，其中就有李四光先生，李先生于 1931 年秋季起返校任教，并担任系主任，他讲授二年级的岩石学和构造地质学，三年级的高等岩石学，四年级的地壳构造等课程，并先后带领学生到北京西山、江西庐山、长江三峡等地区实习。李生生严谨的治学态度，对学生的真切关怀和循循善诱，始终得到学生们的尊敬和钦佩。

二

李四光教授在地质科学的许多领域都作出了巨大的贡献。值得提出的是，有好些都是在北京大学执教期间作出的重要科研成果。

前面已经提到，李先生的教学任务是非常重的，但他除授课外，不放松一分一秒的时间，进行科学研究工作。无论是 20 年代，还是 30 年代，当时许多老师和学生都注意到，他每天到校很早，离校很晚，每天授课之后，别的老师都回家了，只有他的办公室还亮着灯，大家知道，他正在刻苦地进行研究工作。正因为如此，他取得了丰硕的研究成果。

例如，他以䗴科化石的创造性研究，奠定了海相石炭、二叠纪地层分界、分层和对比的基础。1923 年发表《筳蜗鉴定法》；1924 年发表《筳蜗的新名词描述》（节要）、《山西东北部平定盆地之筳蜗》（节要）、《葛氏筳蜗及其在筳蜗族进化程序上之位置》；1927 年发表《中国北部之䗴科》；1931 年发表《中国海中纺锤状有孔虫之种类及分布》；1933 年发表《䗴科分类标准及二叠纪七个新属》等著作。

又如，对中国第四纪冰川的研究，1922 年发表《华北挽近冰川作用的遗迹》，1933 年发表《扬子江流域之第四纪冰期》，1934 年发表《关于研究长江下游冰川问题的材料》，1936 年发表《安徽黄山之第四纪冰川现象》等著作。

再如，从力学观点研究地质构造，创立地质力学。地质力学这一名词，虽然 1941 年才被正式提出，但这一方向的工作李先生早就开始进行了。1923 年发表《中国地势变迁小史》；1926 年发表《地球表面形象变迁之主因》；1928 年发表《东亚一些典型构造型式及其对大陆运动问题的意义》；1930 年发表 《扭转天平之理论》；1931 年发表《中国东南部古生代后期之造山运动》；1932 年发表《再论构造型式与地壳运动》；1935 年发表《中国之构造格架》、《中国之构造轮廓及其动力解释》；以及 1935 年应邀在英国 8 所大学讲演，1939 年出版的《中国地质学》等著作。

上述三方面都是李先生学术成就的三个重要领域，这里不可能分析其学术观点的形成、发展及其意义，只想提到的是，这些研究工作往往是在带领学生在野外实习过程中结合进行的，这是又一个特点。一面教学，一面研究，教学与科研紧密结合，相互促进，是李先生的经验，也是后辈应该学习的。

30 年代，北京大学设研究教授一职，李先生是地质学系 5 位研究教授之一。他在教学工作的同时，还做了许多研究工作。例如，1931 学年的研究工作，《北京大学周刊》有这样的报道：李四光教授前在本校任教甚久，自 20 年度（注：按民国计）复回校担任地质学系研究教授兼系主任。近年来，李教授专注意于中国东南部地质之勘测，二十年度在本校之研究工作，就地域而言，亦皆着重于此，而尤注意于南京附近山脉之构成。就学术上之分类而言，可归纳为两部分，其一属于地层古生物学，其又一属地质构造学，（一）属于地层古生物学者，着重古生代地层，及其中所含之生物群，而于蜓科化石尤其注意。关于此族化石已制成显微镜薄片八百余枚，据此比较研究之结果，可将石炭纪及二叠纪地层分为9个蜓科化石层，其意义有广狭之别：广者可适用于北美，中亚及东欧。其狭者，亦可适用于东亚。关于分类之讨论及重要结果，已成专文发表，见《中国地质学会志》第10卷，题名为 *Distribution of the Dominant Types of The Fusulinoid Foraminifera in the Chinese Seas*。其他关于东南部奥陶纪、志留纪、早石炭纪、乌拉系、二叠纪地层之层次，亦得有相当结果。（二）属于地质构造学范围者，为两次猛烈造山运动之发现。一在古生代末期，其中最剧烈之一幕，发生于龙谭煤系造成以前，即欧洲地质学家所谓“海西造山运动”。一在三叠纪末与侏罗纪之末或白垩纪之末叶，即普遍所谓燕山运动者是也。关于古生代末期造山运动之证据，曾有专文讨论，见《中国地质学会志》第11卷，题名为 *Variskian or Hercynian Movement in S.E.China*。关于前项研究结果之详细报告，拟在中央研究院地质研究所出版。1932年度之计划仍继续上年度之工作，对于东南部地质，拟作一有系统之研究。同时关于中国南部之蜓科，拟再加以搜集，予以详细之鉴定。[①]

李先生在繁重的教学、科研以及中央研究院地质研究所、中国地质学会等工作之外，为了培养青年，还经常指导学生进行研究，包括指定参考书、指导查阅文献的方法等，还不时给学生作学术报告，如应北大地质学会之邀，1922年2月5日作“中国地势之沿革”的讲演；1923年3月28日作“风水之另一解释”的讲演。1921年应北京美术学校之邀，做了“地球的年龄”的讲演，《北京大学日刊》于9月23日至10月13日分15次连载。在讲演中，李先生在阐述学术问题的同时，还给学生以科学的世界观和方法论的启示。例如，他在“中国地势之沿革”的讲演中说：“现在我们在讨论中国地势的沿革以前，似乎也应当把我们的方法说出来，并同时把我们的根据摘要的拟出来，即使我们的推论结案不对，我们所举的事实还是事实。那些事实总是有用的。”他还说：“我现在不过举一二最显著之点，以求见于非地质学家而抱怀疑态度的人，不怀疑不能见真理。所以我很希望大家都取一种怀疑态度，不要为已成的学说压倒。”[②]李先生正是这样一位“不为已成学说压倒”的科学巨匠，并以这种精神，鼓舞着北大地质学系的许多学子从事创造性的科学工作。

在教师中，李先生也热心倡导科学研究工作，活跃学术空气。在他主持地质学系工作期间，学术工作有声有色。教师的研究成果，除在各杂志发表外，系里还出版《研究录》，至院系调整前的1951年共出版了33号。为继承这一做法，80年代以来，北大地质学系不定期地出版了《地质研究论文集》。

① 《北京大学周刊》1933年11月4日及1934年1月20日

② 《北京大学日刊》1922年2月10日

三

李四光教授在北京大学任教期间，除对地质学系的建设和发展作出重要贡献外，还参与了许多全校性的工作。不在北大任教以后，他仍关心和支持北大的工作。

1917 年蔡元培先生任北大校长之后，学校设评议会决定学校重大事项，还设立各种专门委员会分管一部分行政事务。兹简要列举李先生担任过的主要工作。1921 年 9、10 月先后任聘任、预科、仪器等三个委员会的委员，以及地质学系仪器主任。1922 年当选为校评议会评议员，12 月起担任了大约一年的第二院庶务主任，并校庶务委员会委员。1923 年 11 月任财务、仪器、庶务三个委员会的委员。1924 年 10 月再次当选为校评议会评议员，并仪器委员会委员长及庶务委员会委员。1925 年 10 月当选为校评议会候补成员，9 月，作为北京大学的代表出席苏联科学院成立 200 周年庆祝大会。1931 年学校取消了原来的评议会。改设校务会议，由校长、院长、系主任及从教授、副教授中推选出的若干代表组成，李先生从 1931—1936 年任地质学系主任，为校务会议当然成员，并兼任图书及仪器两个委员会的委员，还兼任过学生生活指导委员会委员。1934 年 12 月李先生赴英国讲学，1936 年 5 月回国，不久，不再担任系主任，但 1936 年 10 月仍被选为出席校务会议的理学院教授代表。

地质学系 1917 年恢复招生以后，实验室不敷应用，仪器标本等也不足。由于学校经费拮据，学生野外实习也受到限制。李先生到校后，几次找蔡校长请求解决。1921 年 11 月 11 日蔡校长召集评议会，邀请李先生列席，讨论地质旅行费的津贴问题，通过了“津贴地质旅行案”。当年学生在地质旅行报告中说，今年学校“于车费小有补助，真是我们地质学生实事求是的一好机会也”。作为地质学系仪器主任，李先生 1922 年 5 月 24 日又给蔡校长写了一份关于实验室建设的意见书，提出地质学系必不可少的设备及所需房屋，计开：实习室 7 间，供图书室及矿物学、岩石学、古生物学实习之用：专用教室 4 间：准备室 3 间，供暗室、模型制造及标本制作之用。并建议将第二院东北角房屋划归地质系用（闻原系为地质系而建筑）。5 月 26 日，蔡校长即召集有关方面负责人及何杰（地质学系主任）、李四光先生参加会议，讨论地质系实验室事务，使实验室用房得到一定程度的解决。

1923 年是北大建校 25 周年，李先生是校庆筹委会委员，并负责地质部分的展览工作（理科仅地质学系有展览）。从 12 月 16 日起，一连 3 天校内外人员踊跃参观。1924 年 1 月 6 日晚，出席中国地质学会第二届年会的中外会员参观北大地质学系，前任会长丁文江先生演说后，由李先生引导参观，“来宾称道本校，不绝于耳”。“座中有一法国地质学者 Teilherd 先生，谓本校地质系实验仪器标本之完备，实胜过法国巴黎大学而有余。李先生谓此系实话，我真见英国各大学，不及本校者亦甚多云云。”[①]这同几年前缺少实验室，“教授无定所，勉强对付，窗前廊下，学生三五聚立”的情况相比，已大大改观了。此实李先生与全系师生共同努力之功。

---

① 斯行健《地质学会全体会员参观本校地质学系记》，《北京大学日刊》1924 年 1 月 9 日

当年理学院（即第二院）在马神庙，因久未清理，院内杂草丛生，李先生任第二院庶务主任后，带着学生，丈量面积，绘图设计，一齐动手，建设良好的学习环境，对大讲堂前的院子进行科学而艺术的改造。在院子中心建起一座高约 1.5 米的圆形小石台，上面安放一架日晷，石台的四面各有一句话，正面是“仰以观于天文”，背面是“俯以察于地理”，左侧是“近取诸身”，右侧是“远取诸物”。从石台中心还有几条放射状的小路，分别通向大门、教室、大讲堂等处，全用碎石铺砌，两旁栽了冬青和刺柏。座椅之间还布置有“沧海桑田”“格物致知”等成语。院内布置得井井有条，显得颇为雅静，不仅同花园一样美丽，而且还富有教育意义。乐森璕教授（时任地质学系主任）1982 年曾对我说过：“这使得当时初入大学之门的人，科学思想大为开阔，不能不称颂李先生宣传之功也。”

还应该提到，北京大学地质馆，是李四光先生任北大地质学系主任期间建设起来的，由梁思成先生免费设计，从 1931 年开始筹建，到 1935 年 7 月，在沙滩嵩公府夹道落成一座四层楼的地质馆。

1937 年以后，李先生虽然不在北大任教了，但仍关心着北大的工作。诸如，在他的关怀下，北大地质学专业 1955 年恢复招生等。特别需要提到的是在他晚年，对北大及地质学系的关心和指导仍然非常具体。1970 年 3 月 11 日，他与地质地理学系、数学力学系部分教师座谈，11 月 6 日又与北京、长春、成都 3 所地质学院及北大地质地理学系部分教师座谈。在这两次座谈中，李先生的谈话涉及办学方向、培养目标、教学内容，以及海洋地质学、地热学、地质力学、地应力等广泛的问题。他说：“北京大学是个综合性大学，多偏重些探索性、打基础的工作，使学生在理论方面对全面的、探索性的东西多了解一些，使他们对地球作为一个运动的整体，有较多的了解。”“能不能来个地学系，把地球物理、地质、地理……地字号的都包括进去。”“像北大这样的学校应适当地给学生一些数学基础。”12 月 10 日又约请中国科学院数学所、北大、清华等有关人员座谈新编数学教材问题。根据李老的建议，北大开展了地热方面的工作，12 月 29 日向李老汇报在河北怀来后郝窑热水勘探工作后，李老指出：“把后郝窑作为地热工作的试点，是一个理想的地方。”1971 年 3 月 12 日再次向他汇报后，李老指出：“在覆盖的地方应注意对构造的分析，这样勘探工作会减少盲目性。”①这时，李老已经 82 岁高龄了，一个多月以后，即 1971 年 4 月 29 日李老与世长辞。

李四光教授 1920 年到北大任教，到 1971 年仍关心北大的工作，整整 50 个春秋，对北大作出诸多贡献，北京大学的人们将永远铭记他。

---

① 李四光同志遗留资料整理小组编《李四光同志关于地质工作方面的一些意见》（内部资料），1973 年 5 月

李四光——中国地质事业奠基人之一①

由于早就梦想通过科学改造世界，也由于1976年地震的恐惧，已经激励了中国人要学李四光的榜样去干。有古老的历史资料，有无穷无尽的人力和高度的自豪感，李四光的学生可能再次干出惊天动地的事业来。

——马修斯

李四光（1889—1971），湖北黄冈人。地质学家，大地构造学家，地质教育家。北京大学教授。中国科学院院士。曾留学英国，获伯明翰大学自然科学博士学位。曾任北京大学地质学系教授、系主任，中央研究院地质研究所所长，中华人民共和国地质部部长，中国地质学会理事长，中国科学院副院长，中国科学技术协会主席，全国政治协商会议副主席等职。主要著作有《中国北部之蜓科》《冰期之庐山》《中国地质学》《地质力学之基础与方法》《地质力学概论》等。

我国高等地质教育事业先驱者之一

李四光教授是一位卓越的科学家，是中国地质事业奠基人之一，也是一位卓越的教育家。在他为发展我国地质事业的毕生努力中，有近三分之一的时间直接从事地质教育工作，是在北京大学任教。他于1920年应聘为北大地质学系教授，1931年至1936年任北大研究教授、地质学系主任，是我国地质教育事业的先驱者之一。

我国自办高等地质教育是从北京大学开始的。1909年，京师大学堂（1912年改称北京大学）设地质学门，那时聘请外籍教师授课，由于经费不足、学生人数太少等原因，第一届学生于1913年毕业后暂时停办。同年，北京大学附托临时政府工商部创办了地质研究所，于1913年至1916年培养了一批地质人才。1916年学生毕业后停办。1917年北京大学地质学系恢复招生。

1917年，蔡元培先生出任北京大学校长，对北京大学进行整顿与改革，他“广延积学与热心的教员”，极大地提高了北大的师资水平。1918年6月，在英国伯明翰大学地质学系留学的李四光所著《中国之地质》的毕业论文通过答辩，被授予自然科学硕士学位，回国前在欧洲大陆考察地质。1919年，当时的地质调查所所长丁文江先生赴欧考察，当他得知在英国留学的李四光的情况后，便找到李四光谈中国需要自己培养地质人才的迫切性，建议李四光回国后到北京大学任教。丁先生回国后向蔡校长作了推荐。1920年，李四光在德国考察期间收到蔡校长聘请他任北京大学教授的电报。当时李四光想回国后主要从事地质矿产调查工作，是否应聘到北大工作主意未定，随即给刚从北大毕业到英

① 载于《北大的大师们》，杨慕学　郭建荣编著，中国经济出版社，2005年1月出版

国留学的傅斯年写信，询问北大的情况。傅先生除复信介绍北大情况外，还在致蔡校长的信中说到此事，傅先生说："我不消说是竭力劝他去的"。"李君与丁君（丁燮林，1920年也应聘为北大物理学系教授），乃英学界之'两科学家'，不但学问大家佩服，即学问以外的事，也是留英的精粹。他们所学的科学，真能脱离机械的心境，而入于艺术的心境。""李君生平，不仅学者，更是义侠之人，此间的留学界很多称道。李君不甚愿应北大之招（欲就西南）。我看先生还是竭力聘去好，定于北大有多少益处。"（1920年10月13日《北京大学日刊》）李四光从傅斯年的回信中，对蔡元培整顿北京大学的情况有了一些了解，虽然到北大任教与他最初的志愿不尽相符，但还是应了蔡校长之邀，同意到北京大学地质学系任教授。地质学系1920年9月已排定李先生的课程，因他尚未到校，所任一年级矿物学及实习由章鸿钊先生代课，二年级岩石学及实习由王烈先生代课，三年级高等岩石学由翁文灏先生代课。1921年1月，李先生到校上课。

李先生教学任务非常繁重。他讲授过矿物学、岩石学、高等岩石学、高等岩石实验、岩石发生史、地质测量及构造地质学、构造地质学、地壳构造等多种课程。往往同时讲三四门课，每周讲演5小时，实习、实验14小时，因实习、实验是分组进行的，最多时高等岩石学实习分为6组，教学时数每周远超过19小时。

李先生对教学工作极端负责任。讲授矿物学时，在没有木质或玻璃质晶体模型的情况下，他自己在黑板上画各晶系矿物的晶体形态；在分析等轴晶系八面体转变为四面体时，哪个晶面发育，哪个晶面不发育，讲得清楚明白，给学生印象很深刻。李先生对岩石学研究精深，他讲课时，与当时一般的讲法不同，不是纸上谈兵，除了在课堂上讲授理论知识外，常常带学生到陈列室看各种岩石标本，到实验室用显微镜观察和辨别不同岩石的结构和特点，并且常常带学生到野外实地考察各种岩石。岩石课实习时，他不是发给学生几块岩石薄片，让学生看看就行了，下课前，他要逐一检查每个学生看的是什么岩石，还要在显微镜下亲自看一下，是不是那种岩石。他讲课的内容十分丰富，启发性很强，要求学生独立思考问题，例如，讲火成岩分类时，要求每个学生各自考虑提出一个分类标准。学生们都愿意听他的课，据1920年入学的俞建章说，当时在地质系讲课的，如葛利普（美籍教师，1920年应聘任地质学系教授兼地质调查所古生物室主任）和其他老师，没有哪一个能赶上李先生那样认真的。

李先生的教学工作深受学生的欢迎，但到1927年冬，应中央研究院蔡元培院长之邀，李先生赴上海主持地质研究所的筹建工作，1928年春担任所长。此后，教学工作难以兼顾了。北大领导一再请李先生来京。1929年3月，李先生函复陈大齐校长和王烈总务长谓："此间研究院职务暂时实难摆脱，不辞而去，亦觉失情之常，刻正与蔡先生商酌，俟得人接替，当即奉命北来。"李先生不能来校上课，但学生们非常思念他，一再希望他返校。1931年1月19日，北大地质学会等5个学生社团联席会议请学校电请几位教授回校任教，其中就有李四光先生。李先生于1931年秋季返校任研究教授，并担任了地质学系系主任，直至1936年。

据不完全统计，北大地质学系有近20届学生（约200多人）听过李先生的课，受到他直接的教育和指导，在他们中间成就了许多著名的地质学家。从1955年中国科学院设立学部委员以来，至1980年，地学部委员中北大地质学系毕业生有35人，其中有22

人是学习期间直接受过李先生的教育与指导的，如田奇瑪、侯德封、杨钟健、乐森璕、许杰、何作霖、张文佑、俞建章、黄汲清、斯行健、裴文中、孙殿卿等。这些地质学家在地质学的许多领域作出了突出的成就，当然有多方面的原因，无疑也包含着李先生对他们的辛勤培养，这是李四光教授对我国地质事业的一项重要贡献。

李四光教授直接从事地质教育工作是在20世纪二三十年代，那时，老、新军阀反动统治者摧残教育，我国地质工作和高等地质教育工作尚处在草创时期，在这种困难的情况下，李先生进行着艰苦的努力培养地质人才。为什么李先生在师生中享有极高的威望？为什么李先生培养出那么多有成就的地质学家？他的成功实践对我们研究和学习李先生的教育思想，提供了许多有益的启示。

重视学生打好自然科学基础和宽广的地质学基础

对于培养地质人才来说，大学学习无疑是打基础的阶段。这个基础怎么打好？李四光教授鼓励学生学好数、理、化、生等自然科学基础，学好地层古生物、矿物、岩石、构造地质等地质学基础课。他告诉学生："在课程学习上要有所考虑和安排。你要想以后深入攻研构造地质，就必须趁在校学习方便的机会，多学一点力学知识，多学一点数学，多学一点物理，特别是有关岩石物性方面的知识。你要攻研岩石、矿物和矿床学必须多学一点化学方面的知识。你要攻研古生物学，要多学一点生物学和生物分类学，等等否则以后深入研究会感到困难。"

1931—1937学年，北大地质学系不分组（即现在的专业）。1931—1932学年的教学计划，在自然科学基础方面，将数学、普通物理、普通化学、动植物学列为必修课，将近代物理、脊椎及无脊椎动物、定量分析列为选修课。1936—1937年的教学计划中，定性分析与定量分析已列为必修课了，列为选修课的则有植物分类学、植物解剖学、比较解剖、理论力学、高等微积分、理论化学等。这些安排都是体现了李先生上述指导思想的。

李先生关于学生要打好自然科学基础和地质系基础的思想，是有预见性的，也有现实意义。现在地质科学与数、理、化、生等基础科学及一些技术科学相互渗透，打好这些基础才能为学生学好地质并今后在工作中的创造提供一个良好的基础条件。重视学生打好基础是北大教学工作和人才培养的一个好传统，现在结合科技发展的新情况采取新的措施发扬这个好传统。

强调"不要为已成的学说压倒"，提倡"要为真理奋斗"的治学精神

"五四"运动前后，北大师生中思想甚为活跃，自发组织的学术研究社团如雨后春笋。1920年10月10日，地质学系二年级学生杨钟健、田奇瑪等7人发起成立地质研究会（后改称地质学会），他们贴出启事，表示立志为中国地质学的进步而努力。这是我国第一个

研究地质学的学术社团，同学们的热情得到老师们的支持，地质研究会的活动开展得朝气蓬勃。李先生到校后，也非常支持他们的活动，经常给予指导，并多次为他们作演讲。

事物总是发展的，科学总是前进的。李四光教授认为，真正做学问，既要尊重前人的研究成果，尊重事实根据；又要允许怀疑，提倡怀疑，“不怀疑不能见真理”。1922 年 2 月 5 日，李先生应北大地质研究会之邀，作了题为《中国地势之沿革》的演讲。在演讲中，他首先强调“不要为已成的学说压倒”，提倡“要为真理奋斗”的治学精神。他先讲了一个小故事，说有一位搞人类学的同事，一次刚讲完有历史记载以前的人类活动的状态，一位听众起来质问：“既无记载可据，你何以知道？你的话我都不信！”这位同事一听生气了，认为发问人对于学术太无信仰，不足予以一谈。李先生说：“我却以为那位质问的先生似很有道理，他的用意是用什么方法、用什么根据，使我们知道有历史记载以前的人类生活状态的，这有什么不应该？”李先生在讨论中国地势之沿革以前，向学生说明了研究这个问题所运用的方法和根据，并说：“即使我们的推论结案不对，我们所举的事实还是事实。那些事实总是有用的。”还说：“我现在不过是举一二最显著之点，以求见于非地质学家而持怀疑态度的人，不怀疑不能见真理。所以我很希望大家都取一种怀疑态度，不要为已成的学说压倒。”（1922 年 2 月 15 日《北京大学日刊》）在这次演讲中李先生就对赖尔的均变论提出了自己的看法，并旁征博引，从震旦纪开始一直说到第四纪，对中国疆域内的沧桑变化，各个地质时代的特点都作了扼要的介绍，给听众留下了很深的印象。

李先生在讲课中也十分注意培养学生独立思考。例如，在讲“地壳构造”这门课中，他从地温、地震、岩石分配、均衡等现象，讨论地壳的构造，并探讨地壳构造的型式、地壳运动的时期、陆动与海动等地壳运动的各种问题，地质物理之应用等问题，使学生不仅知道了一些地质结论，而且学到了研究地质问题的思路。他经常告诉青年“做研究工作时，要先看实物标本，不要先查外国参考书，免得先入为主，处处受他人思想的束缚，要以我为主。”

李先生正是这样一位“不为已成学说压倒”的科学巨匠，并以这种精神鼓舞着北大地质学系的师生和地质学界的同行们从事创造性的科学研究工作。

教育青年要坚持实践第一，做到理论与实践的统一

李四光教授常说，大自然是巨大的实验室，真才实学第一步是来自野外工作，首先是从自己的亲自实践中得来。出色的工作成果，有价值的科学论文，乃至出色的人才，尤其就地质学来说，是离不开野外地质工作实践的。

如何读书？是学生必须学会的一个重要问题，李先生除日常给学生以指导外，还写过一篇《读书与读自然书》发表在 1921 年 11 月 2 日《北京大学日刊》上。他把世界上的书籍分为四类：原著、集著、选著、窃著。他认为窃著的作者是“拾取一二人的唾余，敷衍成篇，或含糊塞责，或断章取义”，“假若秦皇再生，我们对于这种窃著书盗，似不必予以援助。”他指出“各类的书籍既是如此不同，我们读书的人应该注意选择”。他认为“大千世界中，也可以说是四面世界（Four Dimensional World）中，所有的事物都是

自然书中的材料，这些材料最真实，它们的配置最适当。”他指出“书是死的，自然是活的。读书的方法大半在记忆与思考。读自然书种种机能非同时并用不可，而精确的观察就尤为重要。”“读书是间接的求学，读自然书乃是直接的求学。读书不过为引人求学的头一段功夫，到了能读自然书方能算得真正的读书。只知道书不知道自然书的人名曰书呆子。”“世界是一个整体，各部彼此都有密切的关系，我们硬把它分作若干部，是权宜的办法。”“今日科学家往往把他们的问题缩小到一定的范围，或把天然连贯的事物硬划成几部，以为在那个范围里的事物弄清楚了的时候，他们的问题就完全解决了，这也未免在自然书中断章取义。这一类科学家的态度，我们不敢苟同。”

李先生教育学生“学地质的人，主要实验室是野外，要登山涉水，山路与平地不同，要脚踏实地走路，一步一步地不要落空。”他经常带领学生到野外实习，登高山，下煤井。他精神很好，总是走在前面，他步子很大，许多学生都跟不上。他告诉学生们，自然现象一般都是很复杂的，一定要由近及远，由简入繁，按这样的程序工作。他带领学生到北京西山等地区进行实地教学，边看边讲，一个山头，一条沟谷，一堆石子，一排裂缝都不放过。还不断地提出问题，启发同学的观察兴趣，地层层序、走向、倾角、断层方位等等，都要求大家实测，并记在野外观测簿上。岩石、矿物、化石都要采集标本，注明地点，每次野外回来，各人的背包都装得满满的。有一次在西山的杨家屯煤矿实习，晚上回到住地时，高年级学生杨钟健兴致勃勃地背回一块含有植物化石的大石头，李先生看了很高兴，风趣地说“你这是戴月荷石归”。1921 年 11 月带学生去京郊三家店实习那次，回到北京城已是万家灯火了，李先生还写了一首题为《咏铁锥》的新体诗发表在 11 月 9 日的《北京大学日刊》上，其中有一节是“山巍巍，水洄洄，好一个玲珑世界。再过百万年，可只剩得几堆尘土，几堆余灰。这是谜。破谜还赖我铁锥。工作复工作，莫道吃亏，我们今天定要做出一块纪念碑。还要待谁？”表现出对探索地球奥秘的执着追求。

李先生带领学生在北京西山、大同、太原、三峡、栖霞山、庐山等许多地方作野外实习和地质调查，不仅使学生得到丰富的收获，李先生的许多科学论著也往往源于在野外考察中的重大发现（本文将在后面述及），这也是对学生的事实的教育。

培养青年既严格要求，又热情关心

李先生在教学中对学生要求很严格。例如，他教育学生在岩石学方面，要特别注意基础知识和基本功，同时注意微末细节。从肉眼鉴定、岩石磨片、显微镜鉴定，到岩石的化学全分析等，都对学生进行全面训练。在构造地质学方面，除室内模拟试验分析外，还特别加强野外的实地观测。他采用的考试方法也与当时一般的老师不同，除了出几个题目，要求学生在考卷上回答以外，还发给学生六七块编有号码的岩石标本，要求学生写出每块岩石的名称、矿物成分、生成条件、与矿产的关系等，这种考察学生分析问题能力的考试方法，许多教师也一直沿用。考试的要求也很严格。例如，1922—1923 学年度，他所授的三门课中，岩石学有 2 人要补考，地质测量及地质构造学有 6 人要补考。岩石学有 11 人、高等岩石学有 7 人，不补习岩石学不得入矿物岩石学门（相当于现在的专业）学习。虽然李先生对学生要求很严格，但学生觉得老师要求严格是应该的，许多学生毕业后感到受益匪浅。

除对学生学习上的指导外，李先生对学生的思想和生活也很关心。“九·一八”事变后，学生爱国热情高涨，李先生虽未同学生一起游行，他在学生集合出发时，总是向他们点头微笑，表示支持。有的东北籍学生因家乡被日本侵占，经济来源断绝，他就亲自找他们谈话，安慰他们，并且拿出自己的积蓄，帮助他们解决困难，学生内心非常感激。对学生毕业后的前途也十分关怀。杨钟健于1923年在地质学系毕业，准备去德国留学，他写信征求老师的意见。李先生感到当时中国还缺少研究古脊椎动物的专家，回信建议他最好选择学习脊椎古生物，并为他介绍了导师。杨钟健学成回国后，毕生从事古脊椎动物化石的研究，曾主持周口店猿人化石的发掘工作，成为我国最早在古脊椎动物化石研究方面作出大量贡献、并在国内外赢得很高声誉的科学家，1955年当选为中国科学院学部委员（院士）。后来，杨钟健曾动情地说：“我一生的工作，和李先生的这一指示是分不开的。”李先生不仅对在校学生循循善诱，热心指导，对走上工作岗位的青年也爱护备至，悉心培养，有的还送国外进修提高。严格要求与热情关心是培养青年不可或缺的两个方面，是统一的。在这方面，李四光教授是我们教育工作者学习的榜样。

开创性的科学研究工作

前面已经提到，李先生的教学任务是非常繁重的，但他一面教学，一面进行科学研究。无论是二十年代，还是三十年代，当时的许多老师和学生都注意到，他每天到校很早，离校很晚，大家知道，他是在刻苦地进行研究工作。李先生的敬业精神，“不为已成学说压倒”的治学精神，和他在地质科学领域诸多创造性的研究成果，深深地教育着他的同事和学生们。

李四光教授在地质科学的许多领域都作出了巨大的贡献，值得提出的是，古生物䗴科化石的分类、中国第四纪冰川学的奠基和地质力学的创立，都是在北京大学工作期间开始并作出重要成果的。

李先生是我国学者研究䗴科化石的第一人，他以䗴科化石的创造性研究，奠定了我国海相石炭、二叠纪地层分界、分层和对比的基础。我国北部是煤炭资源丰富的地区，为了实地了解这些资源的分布情况，李先生先后率学生在河北省南部六河沟煤矿、山西、河南、山东等地进行煤田地质调查。通过实地工作，他感到含煤地层的划分是一个重要问题。为此，他采集了不少标本，主要是石炭、二叠纪地层中所含的微体古生物䗴科化石标本进行研究。“䗴”最早出现于石炭纪早期，曾广泛分布于世界各地，二叠纪末期灭绝。对比研究各种䗴科化石的形态，特征，确定它们种属演化的关系，是详细划分石炭、二叠纪含煤地层不可缺少的一种依据。对于䗴科化石的研究，当时在国际上已有几十年的历史，有些外国学者在中国也曾做过一些零星的工作，但很难说明问题。李四光决定自己动手，开始中国人第一次对这类化石的系统研究。

1923年1月，李先生提出关于䗴科研究的第一篇论文，题目是《筳蜗鉴定法》，1924年又发表了《筳蜗的新名词描述》《葛氏筳蜗及其在筳蜗族进化程序上之位置》等论文。

蜓的外壳形状像纺锤，日本学者称之为纺锤虫，李先生为它取了个中国名词，叫“筳蜗”，原意是“蜗状之筳”，但怕人误解其为“筳状之蜗牛”，后来就在“筳”字左边加上“虫”字，“蜓”字是他创造的一个字，“蜓科”这个名词一直被我国古生物学家沿用。李先生通过对大量蜓科化石的鉴定，创立了蜓科化石鉴定的10项标准，这10项标准是个创新，一直被中外学者所采用或部分采用。李先生运用10项标准对中国的蜓科化石进行了系统研究，鉴定出20多个新属，并根据对蜓科化石的研究，把太原系分为上、下两段，下段划归中石炭世，上段划归下二叠世，解决了当时在这部分地层划分上争论不休的问题。经过几年的研究，李四光的第一部科学专著《中国北部之蜓科》，于1927年由地质调查所作为“古生物学专著”出版。英国伯明翰大学根据李四光对蜓科系统研究的贡献，于1931年7月，特授予他自然科学博士学位。他关于蜓科的研究继续进行着，1931年发表《中国海中纺锤状有孔虫之种类及分布》1933年发表《蜓科分类标准及二叠世七个新属》等著作，后来又与他的学生陈旭一道对我国南方的蜓科化石作了大量研究工作，并取得重要成果。李四光对蜓科的研究负有世界声誉。

1933年6月18日，前中央研究院总干事、中国民权保障同盟总干事杨铨先生，在上海被国民党特务暗杀，李先生闻讯后极为悲愤，决定将刚鉴定出来尚未命名的一个蜓科新属命名为“杨铨蜓”，并写了这样几行字：“杨铨蜓的命名，是用以纪念中央研究院已故总干事杨铨先生的惨死，凡是为科学事业忠心服务的人，都不能不为这种令人沮丧的境遇而感到痛心。”1942年7月6日，中央大学（时在重庆）地质学系教授、系主任朱森先生遭国民党政府诬陷，心中闷郁，胃溃疡恶化，以致不治而死。朱森是北大地质学系1928年毕业生，李先生闻讯后立即在桂林接见新闻记者，发表了义正词严的谈话，谴责国民党反动统治者的暴行，并将蜓科的一个新属定命为“朱森蜓”，以纪念朱森先生在中国地质学上的贡献。又在发表《南岭何在？》一文时，文章开头是一首五言诗《悼子元》：“崎岖五岭路，嗟君从我游。峰峦隐复见，环绕湘水头。风云忽变色，瘴疠蒙金瓯。山兮复何在，石迹耿千秋”。表达了李四光对朱森（字子元）的绵绵哀思，也表达了他对反动势力的深深愤恨。

李先生是我国第四纪冰川学的奠基者。1921年春夏之交，他领着学生到河北邢台南的沙河县作地质实习，六七月间在山西大同盆地进行煤田地质调查，首次发现第四纪冰川作用遗迹，写了一篇报道，题为《华北挽近冰川作用的遗迹》，寄给英国《地质杂志》，于1922年1月出版的第59卷第691期上发表，这是中国第四纪冰川研究的第一篇文献。此前几十年，外国学者在中国作了不少地质工作，从未有中国有第四纪冰川之说，李四光的这篇报道，向一些外国的权威提出了挑战，打破了中国第四纪冰川研究方面沉寂的局面，为我国第四纪地质的研究揭开了新的一页。1922年5月26日，在中国地质学会第三次全体会员大会上，李先生作了“中国第四纪冰川作用的证据”的学术演讲，提出华北地区发育过第四纪冰川。但是，对这个问题是有争论的，大多数学者持怀疑态度。

李先生没有放弃对这个问题的研究。1931年夏，他带学生到江西庐山实习，在那里发现了冰川作用遗迹。30年代，他先后到长江中下游地区的黄山、九华山、天目山等地和多次到庐山考察，并认为庐山是“中国第四纪冰川的典型地区”。先后发表了《扬子江流域之第四纪冰期》、《关于研究长江下游冰川问题的材料》、《安徽黄山之第四纪冰川现象》等文章。并于1937年完成了《冰期之庐山》一书的初稿，由于抗日战争的影响，直到1947年才正式用中英文同时刊印出版。《冰期之庐山》总结了探求中国第四纪冰期、冰川的历史过程，全面系统地论述了庐山山上、山下的冰川遗迹，划分了三个亚冰期和两个间冰期，并与欧洲阿尔卑斯山的冰期作了试对比，并用了一个章节与质疑者进行讨论。它为中国第四纪冰川学的建立，从理论到实践初步奠定了基础。40年代，李先生在贵州高原和川东、鄂西、湘西、桂北等地又广泛发现第四纪冰川作用的遗迹，中华人民共和国成立后，又在北京西山地区有重要发现，并指导全国第四纪冰川研究工作的开展，促进中国第四纪冰川学的提高与发展。

李先生是地质力学这门边缘学科的创立者，这是李四光对地球科学的最大贡献。地球是在运动中存在的，它有缓慢的长期运动，也有急促的剧烈运动。地球表面出现的各种构造形迹，乃是长期和多次急剧运动叠加在一起的综合现象。所有的构造形迹，都有自己的发育过程，都不是孤立存在的。李四光依据这样的思路，把力学理论引入到地质学中，用力学观点研究地壳构造和地壳运动规律，建立了构造型式和构造体系的概念和理论，从而创立了地质力学这门边缘学科。

地质力学这一名词虽然在1944年才被正式提出，但这一方向的工作开始于20世纪20年代初期。当时正是关于大陆运动起源问题争论激烈之时，李四光决定走自己的路，为解决这重大理论而不断探索着。1926年发表了《地球表面形象变迁之主因》一文，依据对地球这个旋转体的力学分析和计算，运用当时掌握的若干地质事实，推论了地壳运动的方向和起源，提出了那些运动起源于地球自转速度变化的假说。1928年发表《古生代以后大陆上海水进退的规程》一文，从动力学的观点，提出地球自转速度变化的主要原因，是地球内部的重力作用。李四光提出的一套理论，成为中国地质学家以创造性的思想登上国际地质论坛，探讨有关重大理论问题的第一人。1929年发表《东亚一些构造型式及其对大陆运动问题的意义》；1930年发表《扭转天平之理论》；1931年发表《中国东南部古生代后期之造山运动》；1932年发表《再论构造型式与地壳运动》；1935年发表《中国之构造格架》、《中国之构造轮廓及其动力学解释》等，一系列有关中国区域地质构造分析的文章。1934年12月，根据中英两国交换教授讲学的协议，李四光应邀到英国讲学，1935年在英国8所大学演讲，介绍中国地质构造问题。讲学以后，应英国地质学界朋友的要求，将讲稿整理成书，名为《中国地质学》，1939年在英国出版。1944年4月1日，在中国地质学会第二十次年会上作《南岭东端地质力学之研究》的演讲，1945年1月11日在中央研究院和重庆大学、北京大学同学会联合于重庆举行的蔡元培纪念会上，做“从地质力学观点上看中国山脉之形成”的学术演讲。四五月间，在重庆大学和中央大学联合举行的学术报告会上，系统地讲述了他二十多年来悉心研究的地质力学。这次演讲稿经整理为《地质力学之基础与方法》，1945年5月由重庆大学地质系首次印发，1947年1月由中华书局正式出版。这本书的出版对地质力学这门学科的建立具有里程碑的意义。20世纪60年代，在大量研究的基础上又作了一次总结，出版了《地质力学概论》一书。地质力学建立的理论和方法在研究地壳构造和地壳运动的规律，找寻矿产资源，解决各项地质问题，特别是工程地质问题，发挥着重要的作用。

为地质学系的建设和发展倾心尽力

李四光教授对北大地质学系的建设与发展作出了巨大的贡献，除上述以外，再举数例。地质学系 1917 年恢复招生以后，由于学校经费不足，学生的野外实习受到限制。李先生到校后，几次找蔡校长反映，蔡校长表示要设法解决，1921 年 11 月 11 日，蔡校长召集评议会，邀请李先生列席，讨论地质旅行费的津贴问题，通过“津贴地质旅行案”。当年，学生在地质旅行报告中说“今年学校于车费小有补助，真是我们地质学生实事求是的一好机会也。”当时地质学系的房屋也很少，设备也很简单。专用实验室仅 40 平方米，上实习课时，三十多人合在一起，围着仅有的三架显微镜，拥挤不堪；看岩石薄片时，每人只能轮到两三分钟。学生们很不满意，迫切要求改变。1921 年，李先生被学校聘为地质学系仪器主任。1922 年 5 月 20 日，李先生给蔡校长写了一份关于实验室建设的意见书，提出必不可少的设备及所需房屋，并建议将第二院东北角房屋划归地质系用。5 月 26 日，蔡校长即召集有关方面负责人及何杰（时任地质学系主任）、李四光先生参加会议，讨论地质系实验室事务，使实验室用房得到一定程度的解决。

1923 年北京大学建校 25 周年，李先生是校庆筹备委员会委员，并负责地质部分的展览工作（理科仅地质学系有展览），他领着学生们把矿物、岩石、化石等标本整理陈列出来；学生的报告、文章、图幅，也分门别类地展览在地质学系的各个教室。这是中国首次举办的内容丰富的地质科学展览。从 12 月 16 日起，一连三天校内外人员踊跃地参观了这个地质科学展览。1924 年 1 月 6 日晚，出席中国地质学会第二届年会的中外会员参观北大地质学系，李先生引导参观地质阅览室、地质陈列室，古生物学、岩石学及矿物学实习室，参观学生的各种作业，如构造地质学及测量学各种图画等，“来宾称道本校，不绝于耳”，“座中有一法国地质学者德日进先生，谓本校地质系实验仪器标本之完备，实胜过法国巴黎大学而有余。李先生谓此系实话，我见英国各大学，不及本校者亦甚多云云。”这同几年前缺乏实验室，“教授无定所，勉强对付，窗前廊下，学生三五聚立”的情况相比，已大大改观了，此实在学校支持下，李先生与全系师生共同努力之功。

在教师中，李先生热心倡导科学研究工作，活跃学术气氛。在他主持系的工作期间，学术工作有声有色，教师们的研究成果，除在各杂志发表外，从 1931 年开始，系里还出版《北京大学地质系研究录》，至 1952 年院系调整前的 1951 年，共出版了 33 号，为继承这一做法，20 世纪 80 年代起，地质学系不定期地出版《地质研究论文集》，作为教师发表研究成果的一个园地。

还应提到北京大学地质馆建设。1931 年，中华教育文化基金董事会与北京大学合作，双方每年各提 20 万元，成立合作研究特款，一部分为图书、仪器及建筑、设备之用，另一部分设立研究讲座。当时李先生是地质学系主任，丁文江先生也在系里任研究教授，高振西先生（1931 年地质学系毕业，留校任教）1980 年曾对我讲，丁先生提议，这笔钱除聘请研究教授外，分到系里的设备费，可暂不用于购置设备，积累三年有 4 万多元，再想别的办法集资，盖一幢楼。李先生采纳了这项建议，并请梁思成、林徽因先生设计，也没有收设计费。就这样。从 1931 年筹建，到 1935 年 7 月在沙滩嵩公府夹道落成一座三层楼的地质馆。它与图书馆、新宿舍成为三十年代北大中兴时期三大标志性建筑。

关心全校性工作

李先生在北大任教期间，还参与了许多全校性的工作。1922 年及 1924 年两个学年任校评议会评议员，1931—1937 年任校务会议成员，还多次担任过北大预科、图书、仪器、庶务、财务、聘任、学生生活指导等多个委员会的委员，仪器委员会委员长。1925 年 9 月，作为北京大学的代表出席苏联科学院 200 周年庆祝大会。李先生对学校工作很关心，对学校的建设与发展也多有贡献，仅举数例。

李先生对全校的教学工作提出过建议。1921 年 10 月 7 日，北大教务处发出关于编定课程大纲的通告，并要求列出教科书。10 月 8 日，李先生即与丁燮林等五位教授联合致函教务长，提出“我等以为编定课程之详细纲要，意在厘定本校各项科目教授及试验标准，确是本校切要之图。欲达到此项目的，自不能仅以指定教科书为代替，因不论何种教科书，其内容的范围、次序及程度，总难与本校各项科目的目的内容恰恰一致，就令一致，亦宜将该教科书内容写出，俾本校各项科目有具体的纲目作标准。”还提出“各项科目，经由教授编定后，应分由各系教授会审定，此项审定的主要目的，在免除本系各项课程有互相掩映之弊。”教务处不久即致函答复，明确“不得以仅举教科书便为足以代纲目，必须将教科书内容举出。”（1921 年 10 月 15 日《北京大学日刊》）

李先生对学生的体育活动也很关心。1922 年 4 月北大体育部计划开一次运动会。李先生担任筹措经费的募捐员。这届运动会开得很成功，蔡校长亲自担任大会主席，李先生还担任计时员，在运动场上，东奔西跑，劲头十足。

1922 年 4 月底，直奉军阀之间的战争爆发。北京城内出现了乱哄哄的战时景象。5 月 1 日下午，教务处和总务处联合召开会议，讨论在战乱期间，教职员如何进行互助的办法和组织学校保卫团等事宜。会上，李四光被推选协助蔡校长组织保卫团的工作。第二天，他同蔡校长交换了意见，并同李大钊进行了商讨。3 日，在《北京大学日刊》登出了组织保卫团的启事。报名人数达三百多人。6 日下午，蔡元培亲自主持，在第三院大讲堂召开保卫团成立大会，李四光作了保卫团的编制和训练办法的报告。8 日下午，全体保卫团成员齐集第一院大操场开始进行训练。

李先生认为良好的学习环境对学生的学习很有益处，因此，在这方面他也很关心。当时理学院（即第二院）在马神庙，因久未清理，杂草丛生，颇显荒芜。1922 年 10 月，学校决定李四光担任二院庶务主任。李先生任职后就带着学生丈量面积，绘图设计，一起动手建设起来，对大讲堂前的院子进行科学而艺术的改造。在院子中心洼地挖成一个水池，在池中心建起一座高约 1.5 米的圆形石台，上面安放一架日晷：石台的四面各刻上一句话，正面是“仰以观于天文”，背面是“俯以察于地理”，左侧是“近取诸身”，右侧是“远取诸物”。池中注水，种上荷花。从石台中心向四周筑了几条放射状的小道，分别通向大门、教室、大讲堂等处，全用碎石铺砌，两旁栽了冬青和刺柏。座椅之间还布置有“沧海桑田”“格物致知”等成语。院内布置得井井有条，显得颇为雅静，不仅同花园一样美丽，而且富有教育意义。1982 年，乐森璕（1924 年地质学系毕业，时任地质学系主任）教授曾对我说，“这使得当时初入大学之门的人，科学思想大为开阔，不能不称颂李先生宣传之功也。”现在，这座石台安放在赛克勒考古与艺术博物馆前的草坪上，这是很有纪念意义的。

情 系 北 大

李四光教授在北京大学的工作和活动是多方面的，上面提到的只是一小部分情况。1937年以后，他虽然不在北大任教了，但与北大地质学系的教师们仍有很多联系，仍然关心着北京大学，关心着北大地质学系。特别要提到的是在他晚年几次与北大教师座谈，对地质学系的办学问题发表意见。

1970年3月11日，李先生与北大地质地理学系、数学力学系部分教师座谈，他说“北京大学作为一个综合性大学，和其他专科院校，应该在原则上有所区别，不要重复。”“北大至少应当搞些基础性东西，另外的也不应该忘记。”“北京大学是个综合性大学，多偏重些探索性、打基础的工作，使学生在理论方面对全面的探索性的东西多了解一些，使他们对地球作为一个运动的整体，一个含热的运动的天体，有较多的了解；别的方面也不是不搞。”“像北大这样的学校，应当适当地给学生一些数学基础。”他还提出“能不能来个地学系，把地球物理、地质、地理……地字号的都包括进去。”“不要把地球物理、地质地理系的原框框带来，而是各自拿出一些有用的东西，不要搞得太多，还要学点专业。”“总的方针，应是用毛泽东思想，启发学生的创造性，在资料积累的基础上，去发现一些基本规律。”还提出，“使用、生产、科研、教学，四个方面结合，这对教学是很重要的。”11月6日，会见北大地质地理学系及北京、长春、成都三所地质学院的部分教师，谈举办地质力学专业等问题。12月10日，又邀请中国科学院数学所及北京大学、清华大学有关人员，座谈新编教材问题。李老的意见对大家很有启发，回校后认真地进行讨论，并根据具体情况在工作中加以贯彻，其中有些意见还需要创造条件才能逐步实现。1972年地质地理学系恢复招生时，增设了地质力学专业，稍后又增设了地震地质专业。

李老倡导进行地热问题的研究，北大地质地理学系于20世纪60年代末组织了地热研究组，并在河北怀来后郝窑、天津等地开展地热调查和研究工作。1970年12月19日，李老在听了北大汇报后郝窑地热勘探工作情况汇报后，指出“把后郝窑作为地热工作的试点，是一个理想的地方”。1971年3月12日，再次听取北大关于后郝窑热水勘探工作情况的汇报，并指出“覆盖地区的工作，应注意对构造的分析，这样勘探工作就可减少盲目性。”当时，李老已82岁高龄，身体状况也不好，万万没有想到，一个多月以后，4月29日。因动脉瘤破裂，经抢救无效逝世。

李四光教授这位北大地质学系早期的老师和系主任，我国地质学界的老前辈，他对北大地质学系建设和发展的贡献，他的治学精神和在教育青年、科学研究等方面取得的成就，永远留在人们的记忆中。

深切缅怀一位有卓越贡献的科学家——李四光先生

——纪念李四光先生诞辰130周年[①]

于　洸

李四光（1889—1971）湖北黄冈人，中国共产党党员，中国科学院院士，地质学家，大地构造学家，地质教育家，我国地质科学和地质事业奠基人之一。

李四光1913年入英国伯明翰大学学习，先学采矿，后改学地质，1918年毕业，获自然科学硕士学位。1920年应北京大学蔡元培校长之聘到地质学系任教，1921—1928年任教授，1931—1936年任研究教授、地质学系系主任。1928年以后长期担任中央研究院地质研究所所长。1948年8月赴英国出席第十八届国际地质大会。1949年10月1日，中华人民共和国成立，他克服了一系列艰难险阻，终于在1950年春，化名回到了祖国。他先后担任中国科学院副院长、中国地质工作计划指导委员会主任委员、中华全国自然科学专门学会联合会主席、世界科学工作者协会执行委员会副主席、中华人民共和国地质部部长、中国科学技术协会主席、国务院科教组组长、中国人民政治协商会议全国委员会副主席等职。

李四光毕生研究地球科学，著有数百万字的科学著作。毛主席和周总理都非常关怀李四光同志，非常重视他创立的地质力学理论，对他和他的科学成就给予高度的评价。周总理说：“李四光同志是有卓越贡献的科学家。”又说：“李四光是一面旗帜，对社会主义建设作出了很大贡献，我们要学习他。”我们深切缅怀这位有卓越贡献的科学家，要认真学习他热爱祖国热爱中国共产党热爱社会主义的崇高品德，严谨治学、大胆创新的科学精神，致力于新时代中国地质科学事业的发展。

一

李四光先生是一位人们敬佩的卓越的地质教育家，在他为我国地质事业的毕生努力中，有近三分之一的时间直接从事地质教育工作，是在北京大学任教。1919年，当时的地质调查所所长丁文江先生赴欧洲考察，当得知在英国留学的李四光的情况后，便找到李四光谈中国需要自己培养地质人才的迫切性，建议李四光回国后到北京大学任教。丁先生回国后向北京大学蔡元培校长作了推荐。1920年，李四光在德国考察期间收到蔡元培校长聘请他任北京大学教授的电报，经过多方面的了解和思考，同意到北京大学地质学系任教。地质学系1920年9月已安排了李先生课程，因他尚未到校，便请人代课。

---

① 载于中国地质学会地质学史专业委员会第29届学术年会论文汇编

1921 年 1 月李先生到校授课。李先生教学任务非常繁重，他讲授过矿物学、岩石学、高等岩石学、高等岩石实验、地质测量及构造地质学、构造地质学、地壳构造等多种课程。他往往一周要同时上三四门课，每周演讲 5 小时，实验、实习 14 小时，实验、实习是分组进行的。教学时数每周远超过 19 小时。

李先生教学工作极端负责任。讲授矿物学时，在没有木质或玻璃质晶体模型的情况下，他在黑板上画各晶系矿物的晶体形态。讲岩石学时，除在课堂上讲授理论知识外，还带学生到陈列室看各种标本，到实验室用显微镜观察各种岩石薄片，并逐一检查每个学生看的是什么岩石，并在显微镜下亲自看一下，是不是那种岩石。讲火成岩分类时要求学生各自提出一个分类标准。学生们都愿意听他的课。

李先生的教学工作深受学生的欢迎。但到 1927 年冬，应中央研究院蔡元培院长之邀，李先生赴上海主持地质研究所的筹建工作。1928 年春担任所长。此后，教学工作难以兼顾了。北大领导一再请李先生来京。1931 年秋，李先生返校担任研究教授，并担地质学系系主任，直至 1936 年。

李先生鼓励学生学好数理化生等自然科学基础，学好地层、古生物、矿物、岩石、构造地质学等地质学基础课。李先生强调："不要为已成的学说压倒"，提倡"为真理而奋斗"的治学精神。1922 年 2 月 5 日，李先生应北大地质研究会之邀，做了题为"中国地势之沿革"的演讲，在讨论中国地势沿革之前，向学生说明了研究这个问题所运用的方法和根据，并说："即使我们的推论结案不对，我们所举的事实还是事实，那些事实还是有用的。"又说："我现在不过是举一二最显著之点，以求见于非地质学家而持怀疑态度的人，不怀疑不能见真理。所以，我很希望大家都取一种怀疑态度，不为已成的学说压倒。"（1922 年 2 月 15 日《北京大学日刊》）李先生正是这样一位"不为已成学说压倒"的科学巨匠，并以这种精神鼓舞着北大地质学系的师生和地质学界的同行从事创造性的科学研究工作。

李先生教育学生："学地质的人，主要实验室是野外，要登山涉水，山路与平地不同，要脚踏实地地走，一步一步地不要落空。"他常带学生到野外实习，登高山，下矿井。他精神很好，总是走在前面。他告诉学生们自然现象一般都是很复杂的，一定要由近及远，由简入繁，按这样的程序工作。他带领学生到北京西山等地区进行实地教学，边看边讲，一个山头，一条沟谷，一个剖面，一排裂缝都不放过。还不断提出问题，启发同学的观察兴趣，地层层序、走向、倾角、断层方位等等，都要求大家实测，并记在野外观察簿上。岩石、矿物、化石都要采集标本，注明地点。每次野外回来各人的背包都装得满满的。李先生带领学生在北京西山、大同、太原、三峡、栖霞山、庐山等许多地方作野外实习和地质调查，不仅使学生得到丰富的收获，李先生的许多科学论著也往往源于在野外考察中的重大发现，这也是对学生的事实的教育。

据不完全统计，北大地质学系有近 20 届学生约 200 多人听过李先生的课，受到他直接的教育和指导，在他们中间成就了许多著名的地质学家。从 1955 年中国科学院设立学部委员（后称院士）以来，至 1980 年，院士中有北大地质学系毕业生 39 人，其中 21 人是学习期间直接接受过李先生的教育与指导的，如田奇㻪、侯德封、杨钟健、乐森璕、俞建章、王恒升、许杰、何作霖、斯行健、裴文中、黄汲清、李春昱、高振西、赵金科、王钰、张文佑、叶连俊、孙殿卿、卢衍豪、郭文魁、岳希新等。这些地质学家在地质学的许多领域作出了突出的成就，当然有多方面的原因，无疑也包含着李先生的辛勤培养。这是李先生对我国地质科学和地质事业的一项重要贡献。

二

李四光先生在进行繁重的教学工作的同时，还进行了开创性的科学研究工作，在地质科学的许多领域都作出了巨大的贡献，古生物䗴科化石的分类及研究，中国第四纪冰川学的奠基和地质力学的创立，都是在20世纪二三十年代开始并作出重要成果的。

李先生是我国学者研究䗴科化石的第一人。他先后带领学生在河北省南部六河沟煤矿、山西、河南、山东等地进行煤田地质调查。他感到含煤地层划分是一个重要问题，为此，他采集了不少标本，主要是石炭、二叠纪地层中所含的微体古生物䗴科化石标本进行研究。䗴科化石的研究当时在国际上已有几十年的历史，也有外国学者在中国做过一些零星的工作，但很难说明问题。1923年1月，李先生提出关于䗴科研究的第一篇论文《筳蜗鉴定法》。1924年又发表了《筳蜗的新名词描述》《葛氏筳蜗及其在筳蜗族进化程序上之位置》等论文。䗴的外壳形状像纺锤，日本学者称之为纺锤虫。李先生为它取了个中国名词叫“筳蜗”，原意为“蜗状之筳”，但怕人误解为“筳状之蜗牛”，后来就在“筳”字左边加上“虫”字，成为“䗴”，“䗴”字是李先生创造的一个字。李先生通过对大量䗴科化石的鉴定，创立了䗴科化石鉴定的10项标准，鉴定出20多个新属，并根据对䗴科化石的研究，把太原系分为上、下两段，下段划归中石炭世，上段划归下二叠世，解决了当时对这部分地层划分上争论不休的问题。经过几年的研究，李四光的第一部科学专著《中国北部之䗴科》于1927年由地质调查所作为“古生物学专著”出版。英国伯明翰大学根据李四光对䗴科化石系统研究的贡献，于1931年7月特授予他自然科学博士学位。李四光对䗴科化石的研究享有世界声誉。

李四光先生是我国第四纪冰川学的奠基者。1921年春夏之交，他领着学生到河北邢台南的沙河县作地质实习，六七月间在大同盆地进行煤田地质调查，首次发现第四纪冰川作用遗迹，写了一篇报道，题为《华北挽近冰川作用的遗迹》，寄给英国《地质杂志》，于1922年1月出版的第59卷第691期上发表，这是中国第四纪冰川研究的第一篇文献。1922年5月26日，在中国地质学会第三次全体会员大会上，李先生作了“中国第四纪冰川作用的证据”学术演讲，提出华北地区发育过第四纪冰川。但是对这个问题是有争论的，大多数学者持怀疑态度。李先生没有放弃对这个问题的研究。1931年夏，他带学生到江西庐山实习，在那里发现了冰川作用遗迹。30年代，他先后到长江中下游地区的黄山、九华山、天目山等地，并多次到庐山考察，并认为庐山是“中国第四纪冰川的典型地区”，先后发表了《扬子江流域之第四纪冰川》《关于研究长江下游冰川问题的材料》《安徽黄山之第四纪冰川现象》等文章，并于1937年写成了《冰期之庐山》一书的初稿，由于抗日战争的影响，直到1947年才正式用中英文同时出版。该书全面系统地论述了庐山山上、山下的冰川遗迹，划分了三个亚冰期和两个间冰期，并与阿尔卑斯山的冰期作了试对比，还用了一个章节与质疑者进行讨论。它为中国第四纪冰川学的建立初步奠定了基础。40 年代，李四光先生在贵州高原和川东、鄂西、湘南、桂北等地又广泛发现第四纪冰川作用的遗迹。中华人民共和国成立后，又在北京西山地区有重要发现，并指导全国第四纪冰川研究工作的开展，促进中国第四纪冰川学的提高与发展。

李四光先生是地质力学这门边缘学科的创立者。他把力学理论引进到地质学的研究中，即用力学观点研究地壳构造和地壳运动规律。地质力学这一名词虽然在 1944 年才被正式提出，但这一方向的工作开始于 20 世纪 20 年代初期。1926 年，他发表了《地球表面现象变迁之主因》一文，依据对地球这个旋转体的力学分析和计算，运用当时掌握的若干地质事实，推论了地壳运动的方向和起源，提出了那些运动起源于地球自转速度变化的假说。1928 年发表《古生代以后大陆上海水进退规程》一文，提出地球自转速度变化的主要原因是地球内部的重力作用。1929 年，发表《东亚一些构造型式及其对大陆运动问题的意义》；1930 年，发表《扭转天平之理论》；1931 年，发表《中国东南部古生代后期之造山运动》；1932 年，发表《再论构造型式与地壳运动》；1935 年，发表《中国之构造格架》、《中国之构造轮廓及其动力学解释》等，一系列有关中国区域地质构造分析的文章。1934 年 12 月，根据中英两国交换教授讲学的协议，李四光应邀到英国讲学，介绍中国地质构造问题。讲学以后，应英国地质学界朋友的要求，将讲稿整理成书，名为《中国地质学》，1939 年在英国出版。1944 年 4 月 1 日，在中国地质学会第二十次年会上作“南岭东端地质力学之研究”的演讲；1945 年 1 月 11 日在中央研究院、重庆大学、北京大学同学会于重庆联合举行的蔡元培纪念会上作“从地质力学观点上看中国山脉之形成”的学术演讲。四五月间，在重庆大学和中央大学联合举行的学术报告会上，系统地讲述了他二十多年来悉心研究的地质力学。这次演讲稿经整理为《地质力学之基础与方法》，1945 年 5 月由重庆大学地质系首次印发，1947 年 1 月由中华书局正式出版。这本书的出版对地质力学这门学科的建立具有里程碑的意义。新中国成立后，李四光先生又发表了一系列有关地质力学方面的著作，如 1951 年的《受了歪曲的亚洲大陆》，1953 年的《地质构造的三重基本概念》，1954 年的《旋卷构造及其他有关中国西北部大地构造体系复合问题》，1956 年的《地壳运动问题（讨论提纲）》，1957 年的《莲花状构造》（与黄孝葵合著），1959 年的《东西复杂构造带和南北构造带》等，大大丰富和发展了地质力学的内容。同时，孙殿卿等在柴达木盆地和云南等地的工作，吴磊伯等在大别山地区、湖南地区的工作也都有新的发现。此外，有些外国学者也从不同角度或某一方面开展了地质力学的研究。李四光先生认为这些都需要进行系统的总结。

1959 年 1 月，李四光先生在青岛疗养时，开始了《地质力学概论》的写作。经过大约一个多月的努力，写出约八万字左右的文稿，请地质力学研究室的同志们提出意见，约 170 多条。第二次打印稿在地质力学研究室又组织讨论，时间长达一个月。1960 年和 1961 年，李四光先生在第二次打印稿的基础上继续补充和修改，1962 年初，终于完成了《地质力学概论》这部重要著作，这是李四光先生 40 年实践经验的总结，是他在地质力学方面的代表作，也是地质力学研究史的一个里程碑。在李四光主持下，地质力学研究所于 1962 年 10 月 31 日开办了地质力学进修班，进修时间一年左右。至 1966 年上半年，进修班一共办了三期，学员 153 人。1965 年 10 月 26 日，李四光先生给第三期进修班的学员作了“地质力学发展的过程和当前任务”的重要讲话，这个讲话是《地质力学概论》

的一个补充文献。《地质力学概论》已在世界流传，地质力学这门学科在地质学领域中也被广泛运用。

三

李四光先生是新中国第一任地质工作计划指导委员会主任委员，第一任地质部部长，组织协调全国地质战线的力量，开展矿资源调查为国民经济建设服务，造福人民，为新中国地质事业的发展费尽心血。1948 年，李四光赴伦敦参加第十八届国际地质大会，会后在英国海滨休养。1950 年初，李四光冲破重重障碍，从国外辗转三个多月才到达香港，4 月 6 日安全回到广州，5 月 6 日到达北京。5 月 7 日，周恩来总理到他住宿的饭店看望他，畅谈了近 3 个小时，李四光表示了自己要求回南京搞地质科学研究的意愿，周总理从新中国当前的迫切需要谈起，提出希望李四光在中国科学院（时任副院长）方面除了协助郭沫若院长作好自然科学方面的工作外，还要把组织全国地质工作者为国家建设服务的主要任务担当起来。李四光被总理的坦诚相见和负责精神所折服，于是从全局出发，接受了组织全国地质工作的任务。5 月 16 日，向全国地质界人士（当时在中国大陆地质工作岗位上的地质工作人员共 299 人）发出信件，征询组织全国地质工作的意见。8 月 22 日，李四光提出的全国地质机构设置的意见，经财委和文委联名报周恩来总理。8 月 25 日，政务院通过，设立中国地质工作计划指导委员会，任命李四光为主任委员。

1952 年 8 月 7 日，中央人民政府委员会第十七次会议通过决定，成立地质部。任命李四光为部长。中国地质工作计划指导委员会随即撤销。11 月 17 日至 12 月 8 日，李四光在北京主持召开全国地质工作计划会议，确定了地质工作第一个五年计划的任务，对矿产普查、区域地质调查、水利资源和综合流域开发勘察工作，五年内可供设计的煤、铁矿产储量勘查及紧缺资源石油的普查勘探工作等作出规划。地质部成立之后，国家逐年给地质部调配了大量干部，加上各校培养的专业人员和经过培训的工人，到第一个五年计划末，全国地质队伍已发展到 20 多万人，其中受过高等教育的地质工作者是解放前的 60 倍，从而保证了第一个五年计划地质勘探任务的完成。新中国成立前，全国仅对 18 种矿产进行过调查，而且许多并未探明储量。到第一个五年计划末，地质部已对 71 种矿产进行了勘探，其中有 64 种取得了储量。

1953 年底，毛泽东主席、周恩来总理和其他中央领导同志把李四光请到中南海，征询他对我国石油资源的看法。李四光根据几十年来对地质力学的研究，从他所建立的构造体系，特别是新华夏构造体系的观点，分析了我国的地质条件，陈述了他不同意“中国贫油论”的观点，深信在我国辽阔的领域内，天然石油资源的储量应该是相当丰富的，关键是做好地质勘探工作。他提出应该打破局限于西北一隅的勘探局面，在全国范围内广泛开展石油地质普查工作，提出几个希望大、面积广的可能含油地区。

50 年代初，我国石油和天然气的普查勘探工作，是由燃料工业部石油管理局负责进行的。1954 年初，苏联派来一个石油代表团，帮助我国找油。他们希望听听李四光的意见。2 月，李四光应邀到石油管理局作了题为“从大地构造看我国石油勘探的远景”的报告，提出我国石油勘探远景最大的区域有以下三个，一是青、藏、滇、缅大地槽；二是阿拉善-陕北盆地；三是东北平原-华北平原。并提出应该首先把柴达木盆地、黑河盆地、四川盆地、伊陕台地、阿宁台地、华北平原、东北平原等地区，作为寻找石油的对象。李四光的报告长达一天。报告结束后，苏联专家发言，表示赞成李四光的见解，并说报告“内容丰富而深刻”。

1954 年初，在地质部党组领导下，成立了普查委员会，承担全国石油天然气的普查任务，主任由李四光兼任，刘毅任党委书记，谢家荣、黄汲清为技术负责人。1956 年 3 月，由地质部、石油工业部、中国科学院联合成立了以李四光为主任委员的全国石油地质委员会，作为全国石油地质工作的咨询机构。经过三年的石油普查工作，在新疆、青海、四川、江苏、贵州、广西及华北、东北等有希望的含油远景区，找到了几百个可能的储油构造，并在柴达木油沙山、冷湖、马海等构造上，探到了具有工业价值的油流。1958 年 3 月间，四川的龙女寺、蓬莱镇、南充等构造相继出油。在国庆 10 周年即将来临的 1959 年 9 月 24 日，石油工业部在黑龙江省肇州县高台子构造松基三井，首次获得工业油流；紧接着，9 月 26 日下午 3 时 45 分一条黑色的油龙顺着管子喷薄而出，油流越来越大。几天后，松基三井的原油日产量稳定在 9 至 13 吨。为庆祝新中国成立 10 周年，把松基三井所在的大同镇改名为大庆区，将松辽盆地发现的出油构造命名为大庆长垣，发现的油田命名为大庆油田。大庆油田的发现是在我国东部找油的一个重要突破。

大庆油田发现以后，李四光更强调构造体系对油区的控制。1960 年 2 月，在全国石油普查工作松辽现场会议上，由李四光授意、孙殿卿执笔提出了从构造体系的观点来探讨我国石油普查和勘探远景的报告。在这种理论的指导下，石油普查队伍沿着新华夏构造体系的沉降带，在不太长的时间内，取得一些重大成果，华北、下辽河、江汉等地区相继发现了一批油田。1962 年 9 月，石油工业部在山东广饶东营的深钻突破了富集油层，高产原油连续喷出达数月之久，创造了当时国内产量最高的油井，这就是现在的胜利油田。同时，地质部在沾化义和黄骅羊三木，也发现了不稳定的油流和相当厚的多层油砂，这就是现在的大港油田。把华北平原作为一个油田的预想，经过勘探实践也得到了证实。

自从 1953 年毛泽东主席、周恩来总理约李四光谈石油工作起，十多年来，李四光用很大的精力投入石油地质的研究。据不完全统计，他对石油地质工作的谈话记录、信件和文章就有十万多万字。1969 年 3 月 5 日和 11 日，也就是李四光逝世前两年，他分别同地质部和石油工业部谈开发石油的十年规划问题这是李四光留下的宝贵遗言。此后，经过十多年的石油普查勘探工作，在内陆和海洋岸都有一些新的突破，在北部湾、珠江口以及东海有的已经喷油，有的发现了多层油砂，展现出李四光指出的新华夏系第一沉降带石油开发的广阔前景。

1950 年初，中国科学院成立地球物理研究所，各项工程设计，特别是水库坝址的选择，都需要地球物理研究所提供有关的地震资料。地球物理研究所当时着重于建立观测台站的工作。李四光认为：台站的设置很重要，但马上靠台站提供资料就来不及。为了争取主动，要把地理、地质、历史等方面的人员组织起来，在山西，甘肃，西康等地做些调查，这正是科学院能进行的工作。1953 年，中国科学院成立了由李四光兼任主任委员、赵九章为副主任委员的地震工作委员会，下设综合、地质、历史等组。李四光还曾与范文澜商谈如何收集与分析中国历史中丰富的地震记载，以弥补科学记录的不足。1952

年 10 月山西淳县、1954 年甘肃山丹地区先后发生地震，李四光都亲自指派地质人员参加实地调查，听取调查汇报。还多次参加讨论地震强度和烈度划分的会议，直到 1955 年中国科学院地震工作委员会改由竺可桢副院长主持，李四光还经常关心着这项工作。地震的发生是由于地质构造运动引起的，应该从地质构造的角度来研究地震问题，把构造地质工作和地震工作密切结合起来，这就是地震地质工作。李四光认为可以包括下列三项程序，首先要对有关地区详尽地进行地质调查工作，特别要查明出露地表的具有活动性的断裂带的性质、分布状况，并根据这些资料研究构造体系和地震的关系。第二，围绕现今还在活动的断裂带进行精密大地测量和微量位移测量，并设置地震观测网，进行微观和宏观的地震观测工作。第三，加强构造应力场的研究，观测和分析现今地应力分布的情况、活动的方式和变化的规律，从而明确它们和当地地震的关系，并确定震源的所在和分布的范围。随着地震的发生，除了地应力变化外，还有其他各种变化，比如电场、磁场、重力场的变化，地下水的水温、水位、水化学的变化，地壳形变位移（包括蠕动)、震动现象，动植物的异常反应等等都是应该注意的，但最重要的是要抓住起主导作用的因素，这就是地应力。李四光在这种思想指导下，从事地震地质开创性工作。

1962 年广东新安江水库发生地震以后，特别是 1966 年 3 月 8 日河北邢台地区发生了强烈地震以后，更使李四光感到焦虑（1965 年 2 月，李四光左下腹部发现一个左髂骨总动脉瘤，采取保守疗法）。在他生命的最后几年里用了很大的精力来抓地震预报的工作。邢台地震发生的当天下午，李四光出席了周恩来总理召开的救灾工作会议。根据会议精神，李四光亲自组织的一个地震地质考察小队连夜派往灾区，要他们根据灾区的地质构造特征查明地震发生的原因和范围，推测地震可能扩展的趋势，探索地震预报的方法。小队立即在隆尧县尧山打了一口测量地应力的浅孔，在孔内紧贴孔壁在三个不同方向安置了电感器，进行地应力变化的观测。那些天，李四光天天守在办公室，等待尧山的消息，把每天地应力的变化绘制成曲线图，仔细分析研究，监视实情的变化。3 月 22 日下午，邢台地区又发生了一次强烈地震。4 月 22 日，李四光亲赴现场考察，通过这次实地考察，指导了邢台地震地质考察队编写“邢台地震地质初步考察报告”的工作。李四光作为地质部和中国科学院的主要领导人之一，觉得这项工作抓得晚了一点，感到十分内疚，决心利用这次邢台地震的机会，把地震预报工作推进一步。1966 年 4 月 10 日，在周总理召开的研究地震发展趋势的会上，李四光提出：“深县、沧州、河间这些地区发生地震的可能性是不能忽略的。”一年之后，即 1967 年 3 月河间地区发生了 6.3 级地震，证实了李四光的这一推测。1967 年 10 月 20 日，在国家科委地震办公室研究地下水观测的会上，李四光指出：“应向滦县、迁安地区做些观测，如果这些地区活动的话，那就很难排除大地震的发生。”十年以后，1976 年 7 月 28 日唐山发生了 7.8 级地震。1969 年 7 月 18 日，渤海发生地震以后，为加强对地震工作的统一领导，中央决定成立地震工作领导小组，由李四光担任组长。李四光感到自己的担子更重了，为了指导全国的地震工作，保卫京津地区安全，他经常分析研究大量的观测资料，还多次跋山涉水，深入房山、延庆、密云、三河等地区调查地震地质现象。这时，他已八十高龄，而且动脉瘤随时都有破裂的危险，但他不顾个人安危，把全部心血倾注在社会主义建设和人民生命财产安全上。直到他逝世的前一天，还恳切地对医生说：“只要再给我半年时间，地震预报的探索工作，就会看到结果的。”李四光这种对事业高度负责的精神是我们要永远学习的。

地下热能的开发利用，同地震预报一样，也是李四光牵挂的一件大事。从1958年开始，按照李四光的意见，地质力学研究室开展了地热学的研究。北京大学地质地理学系于20世纪60年代末组织了地热研究组，先后在河北怀来后郝窑、天津等地开展地热调查和研究工作。1970年，北大与有关单位合作，在河北怀来后郝窑进行地热发电试验，利用80℃的低温热水，建立了我国第一个双工质（即中间介质法）的200千瓦地热试验电站、实际出力达300千瓦。还试验成功一种“氟离子吸收剂”，使后郝窑一带地热泉水含氟量从每千克7～12毫克降低到1.5毫克，达到饮用标准，基本解决了群众饮水问题。1970年12月19日，李四光在听了北大后郝窑地区地热工作情况汇报后说：“把后郝窑地区作为地热工作试点，是一个理想的地方。”“今后是否可考虑一下多方面综合利用的问题。”“看来地下热水在工农业综合利用方面我们还要做大量工作。”

1970年9月，李四光在武汉听说沙市南面打油井的时候，突然从3000米深处喷出一股热水，温度达100多摄氏度。经过化验，是一种高温高压的卤水。李四光指出一定要综合开发、综合利用。不久，听说天津打出了地下热水，并在综合利用方面取得很好的经验。他不顾别人的劝告，亲自去天津考察。这时，他已经81岁，回到北京后，曾对他女儿说：“要是把地热充分利用起来，我们可以节省多少燃料，可以给人民的生活造很大的福利……”李四光逝世以后，在他的一个笔记本里发现夹着一张纸条，上面写着：“在我们这样一个伟大的社会主义国家里，我们中国人民有志气，有力量，克服一切科学技术上的困难，去打开这个无比的热库，让它们为人民所利用。”

四

李四光先生爱憎分明，痛恨旧军阀，痛恨国民党反动派，热爱新中国，热爱中国共产党，热爱社会主义。

李四光出生于1889年，此时，中国正处于大变动的时代，帝国主义列强的侵略和清朝政府的腐败，使中国沦为半殖民地半封建社会。随着中国人民反帝反封建斗争的日益高涨，在李四光的心中激起了强烈的爱国热情。1905年7月，孙中山由法国来到日本，从事联合各革命团体组建同盟会的工作。在日本留学、年仅16岁的李四光成为孙中山在日本组建同盟会时第一批年轻的会员。领着他宣誓的是孙中山，宣誓后，孙中山摸着李四光的头亲切地说：“你年纪这样小要参加革命，这很好。你要努力向上，蔚为国用。”孙中山的勉励，对于李四光后来努力学习，立志为国家建设作出贡献，有深远的影响。1910年7月，李四光在大阪高等工业学校毕业后回到武汉，被派在武昌湖北中等工业学堂任教。1911年10月10日晚，武昌起义爆发。李四光被委任为湖北军政府理财部参议。1912年1月1日，南京临时政府成立，改国号为“中华民国”，孙中山就任临时大总统。1912年2月7日，李四光被选为湖北军政府实业部部长，时年23岁。3月3日，实业部改为实业司，李四光担任司长。南京临时政府仅仅存3个月，孙中山被迫辞去临时大总统职务，把政权交给盘踞在北京的窃国大盗袁世凯。1912年7月，李四光以“鄂中财政奇绌，办事棘手”为由，屡次向黎元洪提出辞职，8月8日，袁世凯下令批准。1913年

7月20日，宋教仁在上海被刺，使李四光进一步认清了袁世凯的反动面目。7月下旬出国，去英国留学，寻找“科学救国”的道路。

1927年4月6日，李大钊等在北京被奉系军阀张作霖逮捕，28日被杀害。李四光对于李大钊“铁肩担道义”的精神，多年来一直是衷心敬佩的。1933年春，时任北京大学教授的李四光得知师生准备为1927年被害的李大钊举行公葬的消息后，他立即拿出一笔钱送去，表示襄赞这一义举。后来他还定制了一只大铜墨盒，在盒盖上刻了“铁肩担道义，妙手著文章”作为铭记。在以后的几十年中，这个墨盒李四光一直带在身边，不论走到哪里，只要一安居下来，这只墨盒“就如斯人”地端端正正地放在他的书桌上。

中国民权保障同盟1932年秋成立，同盟的正义行动使蒋介石政府惴惴不安，总想设法早日将它扼杀，只是慑于宋庆龄、蔡元培、鲁迅国内外的崇高声望，不敢直接下手。中央研究院总干事杨铨后来兼任中国民权保障同盟总干事，为同盟宗旨广作宣传，四处奔走，国民党政府就把打击的目标转向杨铨，几次给杨铨投递恐吓信，甚至信中装入手枪子弹。1933年6月18日，杨铨在上海亚尔培路被特务暗杀。李四光十分悲愤，立即赶赴上海参加蔡元培召开的各所所长会议，商讨杨铨善后问题，并参加了20日的送殡仪式。回到南京后李四光心里不能平静，要抗议！要斗争！他决定把他最近鉴定出来尚未命名的一个蜓科新属，定名为“杨铨蜓”，献给这位值得纪念的牺牲者。还在下面写了几行字：“杨铨蜓的命名，是用以纪念中央研究院杨铨先生的惨死。凡是为科学事业忠心服务的人，都不能不为这种令人沮丧的境遇而感到痛心。”

李大钊之死，使李四光唾弃了旧军阀政府；杨铨之死，使李四光开始对新的法西斯政府深恶痛绝。

1936年西安事变和平解决，蒋介石被释放后，曾飞到庐山“休养”。这时，他仍采取消极抗日、积极反共反人民的反动政策，但表面上对于抗日和民主不得不做点样子。1937年6月，蒋介石、汪精卫邀请全国各大学教授及各界领袖来庐山谈话、交换“对政治、经济、教育等方面”的意见。7月16日第一次谈话会举行，李四光在被邀请之列，虽然他当时身在庐山，却断然拒绝了这次邀请，没有出席谈话会，这在当时蒋管区知识界是少见的。1947年有一天，在广西的李四光突然得到一个消息，说是蒋介石要抓他，他心里很明白，这事同自己一贯的反蒋立场是连在一起的。他把这个消息告诉了夫人和身边的几位学生，大家劝李四光最好找一个僻静的地方住一阵。有一天，李四光和夫人及地质研究所的同事们坐一辆卡车出发了，他们带着罗盘、地质锤等，人们一看就知道，这是去调查地质的。但这一天，他们夫妻二人没有返回地质研究所，到另外一个地方住下了。

1942年7月6日，一个万分悲痛的消息传来，李四光的学生朱森在重庆不幸去世，终年仅41岁。地质研究所研究员朱森1938年1月被借调到重庆大学地质系任教授兼系主任，1941年去中央大学兼课。1942年夏，朱森自野外考察地质归来，因胃病旧疾发作住院。当时，教授每月“优待”平价米五斗，朱森的份额由重庆大学发给，应中央大学聘后，中央大学总务部门又发给当月份额。朱森夫人不知前后情况，以致误领。其夫人因误领五斗平价米，被人告发，朱森受到教育部所谓“贪污”的处分。朱森气愤之下，胃溃疡恶化，以致不治而死。朱森之死轰动了重庆，激起知识界的愤慨，纷纷发表纪念文章。1942 年 7 月 18 日，《新华日报》发表了一篇题为《论朱森教授之死》的社论，严正指出："对于一个教养有素，学业有成的人，只凭他人的告发，不先经过确切的查究，即遽于处分，常常会造成一些悲惨的事态出来，这是在行政负责方面所不可不万分审慎的地方。"为了纪念朱森，李四光于 8 月在《中国地质学会志》第 22 卷第三、四期上发表了一篇《朱森蜓，蜓科之一新属》的论文。论文说："这个属名，是为了纪念已故的朱森教授而命名的，特别是为了纪念他在中国地质学上有重要的贡献。"

1951 年 7 月 1 日，李四光出席了在北京隆重举行的中国共产党诞生 30 周年庆祝大会，并以全国科联主席身份发表献词。他满怀激情地谈到他站到革命队伍行列中后得到的一点新的认识。他说："三十年，在我们中国历史上，在世界无产阶级革命斗争的历史中，不算太长，就在这短促的时间内却完成了空前伟大的事业。"他说："为什么辛亥以来，中国人民要求革命几次达到高潮，而终归失败，为什么在毛主席领导下，我们才有今日？答案就是：把马列主义与中国的实际结合起来。"由此，他向全国科学工作者提出了努力学习马列主义、毛泽东思想，用辩证唯物主义来指导科研工作的任务。李四光 1948 年在英国海滨休养时，就已经在研读恩格斯的《自然辩证法》。回国后，又读了毛泽东的《实践论》《矛盾论》等著作。1954 年初中共中央宣传部组织科学家学习哲学、成立了学习委员会，推举李四光任主任委员。

在 1952 年的思想改造运动中，李四光更进一步体会到什么是真正的解放。他说："思想解放了，那才是真正的解放。"他先后在全国政协和中国科学院召开的会议上发言，以"一点初浅认识"为题，谈自己思想的过去和现在。李四光认为，思想改造的一个根本问题，是要努力克服个人主义，用"大我"战胜"小我"，思想改造是一个长期的任务。

早在 1951 年，先后有人向李四光提出参加"民革"、"民盟"和"九三学社"，他都谢绝了。他曾把这件事向中国科学院党组织作了报告。当时，他的心愿是参加中国共产党，但就怕不够格，不敢提出来。他感到自己对党虽然有了一定的认识，但从阶级觉悟和世界观的改造来讲，还只是刚刚开始，离一个共产党员的标准还有一段很大的距离，特别是在对党的事业的贡献上，自己还没有做什么事，再加上自己年龄大了，身体又不好，入了党是否能起一个党员的作用，也是一个问题。因此，在一段时间里，李四光只好把要求入党的想法，深藏在自己心里，但在实际行动上，都用共产党员的标准严格要求自己。

1957 年 1 月，李四光因患肾脏病，经组织批准赴杭州疗养。3 月的一天，周恩来总理到南山招待所来看望李四光，并问起李四光对参加共产党的想法。李四光心中充满幸福的激动，向总理诉说了自己要求参加共产党的多年的心愿和为什么没有提出来的原因。周总理说，现在搞社会主义建设，都需要知识分子为党工作，你可以和地质部党组和科学院党组的负责同志谈谈自己的想法。不要爱面子嘛，爱面子就不是无产阶级知识分子的态度。1957 年 9 月，李四光的肾脏病加重，11 月回到北京，确诊为肾结石，左肾被切除，继续休养。1958 年 10 月 18 日李四光开始填写入党志愿书，他写道："我自己决心以活到老学到老的精神来改造自己，使我这个个体能够更好地为祖国的社会主义、共产主义事业服务，为中国人民服务，成为一名国际无产阶级先锋队的战斗员。"李四光的入党介绍人是地质部党组书记何长工、中国科学院党组书记张劲夫，12 月 22 日中共地质部办公厅第一支部大会通过接受李四光为中共预备党员，12 月 29 日中共中央国家机关党委批准。1960 年 6 月 14 日支部同意他转为正式党员，6 月 22 日中共中央国家机关党委批准。在为社会主义、共产主义服务的道路上李四光跨入了一个新的高度。

自从 1965 年脑脉瘤确诊之后，到 1971 年的 6 年间，李四光知道自己的生命不长，总希望再努一把力，为科学事业和祖国的繁荣昌盛多贡献一点力量。直到 1971 年 4 月 20 日，他还会见了石油部六四一厂和国家计委地质局第二海洋石油地质考察队的负责人，谈渤海地质构造与找油的关系。1972 年 4 月 29 日 11 时，这位卓越的科学家与世长辞。5 月 2 日下午，中共中央、人大常委会、全国政协、国务院和中国科学院在八宝山革命公墓举行告别仪式，郭沫若院长主持，周恩来总理致悼词。周总理告诉大家，刚才收到李四光女儿李林给他的一封信，他和一些同志商量，就以这封信作为悼词，信里主要记述了李四光临终前一天的遗言及他近几年经常思考的地震预报、地热利用和海洋地质等方面的问题。李四光鞠躬尽瘁的精神感人泪下。

今年是李四光先生诞辰 130 周年。李四光先生是我国卓越的科学家、教育家、社会活动家、新中国地质事业奠基人。周恩来总理曾经指出：李四光同志是一面旗帜，在科研工作中做出了卓越成就，对社会主义建设做出了很大贡献。李四光逝世后，周恩来总理语重心长地号召大家一定要继承李四光同志的工作，发展李四光的事业。我们要认真学习李四光伟大的爱国主义精神，热爱党热爱社会主义事业的崇高品德，严谨求实、开拓创新的治学精神，急国家所急、造福人民、鞠躬尽瘁、死而后已的奉献精神，不忘初心，艰苦奋斗，为新时代地质科学和地质事业的发展努力奋斗。

参考文献

[1] 李四光传. 陈群, 段万倜, 张祥光, 周国钧, 黄孝葵编著. 北京: 人民出版社, 1996. 8.

[2] 李四光年谱. 马胜云, 马兰编著. 北京: 地质出版社, 1999. 9.

[3] 于洸. 李四光——中国地质事业奠基人之一//北大的大师们——杨慕学, 郭建荣等著. 北京: 中国经济出版社, 2005. 1.

梭尔格、亚当士

——北京大学地质学系的外籍教授[①]

于 洸

梭尔格（Dr. F. Solgar，生卒年不详），德国人。1909 年北京大学地质学系创办之初所聘之外籍教员，从事地质学、矿物学、岩石学、矿床学、古生物学等课程的教学工作。

亚当士（George I. Adams，生卒年不详），美国人。1912 年至 1915 年在北洋大学任教，后到北大任工本科教授，1917 年任理本科教授，讲授地质学、矿物学、结晶学及实习、岩石学及实习、矿床学等多门课程。因"办理学务著有功绩"曾获嘉奖，并将所藏书籍赠予北大图书馆，图书馆置"亚当士书藏"以志盛意于不忘。1921 年亚当士教授离开北大。

北京大学地质学系创办于 1909 年，在办学过程中，梭尔格、亚当士等外籍教授先后在系里任教，他们对地质学系的教学、科研、师资队伍建设等都作出了贡献。

梭尔格：地质学门第一位外籍教员

我国自办高等地质教育是从北京大学开始的，北京大学前身京师大学堂于 1909 年举办分科大学，格致科大学设地质学门，这是我国高等地质教育的肇始。地质学门由预备科德文班学生五人升入。地质学设正教员一人，聘德国梭尔格博士任教，地质学、矿物学、岩石学、矿床学、古生物学等课程，都由梭尔格博士授课。1912 年 12 月开学后，地质学门到校的学生仅三人，1913 年 2 月王烈选送德国留学，1913 年 5 月邬友能、裘杰二人毕业。1909 年地质学门第一次招生后没有继续招生，两名学生毕业后，地质学门暂时停办了。

1913 年 6 月，工商部矿政司举办地质研究所，作为培养地质人才的临时机构，所长丁文江，招生 30 人，前两年附设于北京大学，校舍位于景山东街（马神庙），所需图书、标本、仪器、设备等都是向北京大学借用的，还聘任北京大学地质学门德籍教授梭尔格为讲师。1913 年 11 月，丁文江奉差出京，与梭尔格同行，去山西调查正太铁路（河北正定至山西太原）附近的煤、铁矿，经过四十多天的考察，于 12 月 26 日回到北京。丁文江执笔写成《调查正太铁路附近的地质矿务报告书》。梭尔格于 1914 年离开中国。地质研究所学员经过三年的学习，于 1916 年 7 月毕业。地质研究所只办了一期。

---

① 载于《北大洋先生》，"北京大学国际交流丛书"，北京大学国际合作部编，2012 年 1 月第 1 版，2012 年 5 月第 2 版

亚当士："办理学务著有功绩"

北京大学地质学门于1917年恢复招生，入学学生八人。此后每年都招收新生。1919年改称地质学系。在地质学系的教师中有一位是美国学者亚当士，亚当士先生1912年至1915年在北洋大学任教，后到北大任工本科教授，1917年任理本科教授，讲授地质学、矿物学、结晶学及实习、岩石学及实习、矿床学等多门课程。因"办理学务著有功绩"，1919年4月，亚当士教授获"大总统核准的五等嘉禾章"。亚当士教授有多种地质学图书寄存于北京大学图书馆，计有三大书橱，内有布装书约160卷，纸装书约200卷，小册子约3万册，其中有的已经绝版。1918年10月，亚当士教授将这些书籍全数赠予北大图书馆，图书馆置"亚当士书藏"以志盛意于不忘。1920年12月17日，他又向北大图书馆捐赠西文书籍1045册，以地质类书籍为主。这生动地表现了亚当士教授对北京大学的情谊。1921年亚当士教授离开北大。

梭尔格、亚当士两位外籍教授在北大地质学系任教的情况，对系里教学、科研工作的贡献永远留在我们的记忆中。

葛 利 普

——忠诚于中国地质事业的美国人[①]

于 洸

葛利普教授是一位跨越19至20世纪的地质古生物学界继往开来、著作等身的一代宗师。……中国的地质古生物学者多数是直接从学于他或受过他指教的。他始终以极大的热情从事培育后进的工作。中国地质学界的良师益友这称号他是当之无愧的。

——王鸿祯

葛利普（Amadeus William Grabau，1870—1946），美国威斯康星州人。地质学家、古生物学家、地质教育家、北京大学教授、美国哈佛大学博士。曾任美国哥伦比亚大学教授。1920年应聘来华，任北京大学地质学系教授及农商部地质调查所古生物室主任。曾任中国地质学会理事、副会长。主要著作有《地层学原理》《中国地质史》《年代的韵律：脉动论与极控论之下的地球历史》等。

倾 心 教 学

葛利普教授是一位跨越19世纪及20世纪的地质古生物学界继往开来、著作等身的一代宗师。1920年，经丁文江先生推荐，北京大学聘他任地质学系教授，农商部地质调查所聘他任古生物室主任，当时他是誉满欧美的名教授。他的后半生是在中国度过的，二十多年间，他为中国的地质教育和地质事业奋力工作，在培养地质人才和发展地质科学方面作出了重大贡献。20世纪二三十年代中国早期的地质古生物学者多数是直接从学于他或受过他指教的，人们都称颂他为中国地质学界的良师益友，北京大学的一位名师。

北京大学地质学系创办于1909年，是中国高等学校中最早设立的一个地质学系。建系早期的一个重要事件是葛利普教授和李四光教授于1920年同时来校任教，这对于北京大学地质学系的教学和科学研究工作，对于地质人才的培养，对于东西方地质科学交流，都有着重要而深远的影响。

葛利普教授来华时已是50岁的人了，他风尘仆仆来到中国，立即以极大的热情投入培养中国年轻地质工作者的工作。《北京大学日刊》1920年11月3日报道："地质学系三年级'古生物学及实验'课，聘定教员为葛利普先生，现已到校，定于本日开始授课。"这说明，他刚到校就立即上课，这种对工作负责的精神是十分感人的。一周以后，他又

---

① 载于《北大的大师们》，杨慕学，郭建荣编著，中国经济出版社，2005年1月出版

开设了一门高等地史学与地层学课，听讲者除地质学系三年级学生外，凡北大地质学系及采矿冶金门（系）毕业生，愿听讲者都可注册报名。当时，北大地质学系缺乏古生物学及地层学方面的教师，葛利普教授的到来一改这种状况。此后，相当一段时间里，北大地质学系培养的毕业生以古生物、地层学见长。20 世纪二三十年代许多毕业生成长为中国著名的古生物地层学家，葛利普教授是功不可没的。

葛利普教授来华时，中国的地质工作还处于初创时期，迫切需要培养大批地质人才。他深感自己的责任重大，克服种种困难，主动承担课程，把全部精力倾注于培养学生身上。他讲授过古生物学、地史学、地层学、高等地层学、中国古生物学、高等古生物学、进化论、中国地层学等许多门课程。他几乎每学期都同时开设 4—5 门课程，从二年级到四年级都有他的课，除每周 20 多学时的讲课和实验外，还有 4 个学时的答疑，此外还有指导毕业论文的工作，可见教学工作是非常重的，何况还有地质调查所的研究工作和学术活动。这种情况持续到 1930 年。1931 年以后，有些课程与别的教师合作讲授，教学时数才少点。一位年过半百的人，担负这样繁重的工作，这样全力以赴地培养后学，无论在当时还是在现在，都是令人敬佩不已的。

葛利普教授用英语讲课，内容丰富而系统，并注意中国与世界地质的对比。例如，1937 年在地史课中，讲地球的脉动论和极控论，讲到概念观点时，溯本穷源，滔滔雄辩，令人折服。他学识渊博，博采众长，自成一家，讲课时旁征博引，如“长江大河，一泻千里”，学生“无不为此引入胜境”，特别是他那富有哲理的语言，更给人以启迪。在教学工作中他历来主张以启发为主，学生每有所问，他总是循循善诱，使受教育者顿觉思路开阔。青年学生常会聚在他家里向他请教，他总是热情给予指导。他的学生俞建章曾以菊石化石的某一问题，一再请教，先生“谆谆解释，不以为忤”。更值得提出的是，他十分谦虚，在讲古生物蜓科一章时，常请李四光教授登台主讲，他则在下面静听。他初来中国时，曾认为山西太原组的动物群属早石炭世，其后，中国杰出的青年地质学家、他的学生赵亚曾经详细研究，提出太原组的时代应为晚石炭世，他欣然接受，并大加叹赞“青出于蓝”。他这种虚怀若谷，服膺真理和奖掖后学的高贵品质和科学态度，深受大家的尊敬。

葛利普教授讲课，一般都选用他的专著作为教材或教学参考书，如《地层学原理》（1913 年出版）、《地质学教程》（第二卷，1921 年出版）、《中国地质史》（共两卷，1924 年及 1928 年出版）、《中国地层问题》（1934 年至 1938 年分卷出版）等。其中绝大多数是来华以后的新著，他的研究成果及时用于教学中，极大地提高了学生的水平。此外，他还认真编写教案和教学参考材料，据王鸿祯教授讲，在 1922—1933 年十余年间，葛利普教授多次编印古生物学讲义、古生物学实习提纲、地史学提纲及实习提纲，按印刊数统计达 1763 页。连同正式出版物，教学著作合计有 3613 页。这些教学材料倾注了他许多心血!

葛利普教授热爱教学，热爱学生。他对教学工作是极端负责任的。先生患风湿病，不良于行。来华之初，仍赴野外工作，曾详细研究河北唐山附近寒武、奥陶纪地层。其后，因病势日增，策杖而行。人们经常在校园内看到这位拄拐的外国老人被学生们搀扶着簇拥着。后来连架拐也不行，只好坐轮椅。无论刮风下雨，他上课从不迟到，有时只能在家里上课，也不耽误学生的学习。这种精神师生们都很感动。1930 年祝贺他来华 10 周年和他六旬华诞时，中国地质学会给他的贺信中，也高度赞扬他不畏疾苦、献身学术的顽强精神，和他在欠薪停课的情况下，认真教学、居家授课的负责态度。

关心青年

葛利普教授对学生的关心是全面的，不仅在教学中认真严格，而且关心和指导学生课外的研究活动。1920 年 10 月，经地质学系学生杨钟健等人发起，成立了北京大学地质学会（成立时称地质研究会），是早于中国地质学会成立的第一个研究地质学的学术团体。虽然成立时葛利普教授尚未到校，但到校之后，非常支持这个学术团体的活动。到校不久，1920 年 11 月 14 日，即在地质学会作了一次“北美的地形和地质构造”的演讲。对美国学生来说，这是一门课程。他认为，通过这次演讲只能给大家一个最简单的概貌，其目的是告诉学生“北美地质历史的研究在某些方面将会帮助你们了解制约一个大陆发展的原理，因此对你们中许多人准备终生为之奋斗的、对自己祖国地质历史的研究中也有所帮助。”那年 12 月 24 日，地质学会召开师生茶话会，请教师们对如何开展学会的活动和工作提出意见。葛利普教授说：“研究科学，要从理论和应用两方面入手。理论的一方，可以发现真理，增长知识，探求天然界的隐秘。应用的一方，能够解决问题，以致应用。这种应用的科学，仍是根据理论来的。譬如说，化石有什么用处？我们研究了多少年，化石的价值就提高了。所以我劝诸君，根据理论去求应用。”这对刚刚接触地质科学的学子们来说，是很有启迪的。北大地质学会出版了自己的刊物《国立北京大学地质学会会刊》，从 1921 年到 1931 年共出版了 5 期，每期都有葛利普教授的文章。

葛利普教授热情地关心着青年人的成长，悉心指导学生把自己培养成为对自己祖国有用的地质人才。1926 年，地质学系毕业同学录，开篇就是他写的一篇《我们为什么学习地质学和古生物学》的文章，这既是对学生的临别赠言，更是寄托着对学生的殷切期望，它确是留给学生的一种最好的纪念。1931 年，《国立北京大学地质学会会刊》又发表了他《我们为什么学习地质学》的专论。他不仅说明了学习地质学的重要意义，地质学研究的内容，而且语重心长地对青年人提出要求和希望。他主张学生要打好基础。他说：“并不是说学生应该掌握了整个地质学的所有领域的知识以后，才确定他打算致力于的领域。如果一个学生觉得对某一学科特别感兴趣，就应该让他把主要精力投入到这一领域中去，但是应该不单单是这个领域。”他告诉青年“在你尝试去解决一个使你感兴趣的问题时，不要忽视或小看其他科学领域的训练的重要性。”他还举自己的实例说明，在他学生时代的早期，开始了泥盆纪化石的研究，但在做这些工作时，还深入学习了结晶学和矿物学。他从未后悔这两门课和其他领域的学习花费大量的时间，因为这些科目的学习扩展了他这一领域的视野。他告诉年轻的中国地质学者：“在你们国家里，你们是发展这门科学的先锋，它的发展取决于你们的工作。你们是给正在建设的大厦增添经得起风雨的砖石呢？还是增添经不起时间考验的砖石呢？”“要确保你所做的贡献是靠得住的，能够经受时间的检验。”“不要害怕犯错误，如果我们都等到觉得不会犯错误时才工作，那什么有成效的工作也不会做出来。”“在你细心地铸造你的那块砖石时，不要忘记在你眼前不久出现的你们国家的那座宏伟的科学殿堂正是你的砖石形成了那永久不灭的部分。看到这样光明的景象，那些深入细致的工作就不会显得枯燥无味，因为你们知道没有这样艰苦的努力，光明的未来是不会实现的。”这些发自肺腑之言，倾注着他对中国多么深沉的热爱，倾注着他对中国年轻的地质工作者多么殷切的期望。这些话语对年轻学子至今仍有教益。

葛利普教授爱才、惜才，对中国地质学者和他的学生们取得的成绩充满着喜悦的心情。他在《中国十年来之地质研究工作》(载《国立北京大学地质学会会刊》第 4 期，1930 年）一文中，历述了中国地质工作自 1920 年以来取得的进展，评述了北大李四光教授、孙云铸教授和他的学生赵亚曾、黄汲清、俞建章、王恭睦、乐森璕、田奇瓗、杨钟健、裴文中等人在地层学和古生物学方面的研究成果。他认为：“回顾过去的 10 年，我们可以说，中国地质学上的发现是广泛的和重要的。的确，我们现在第一次开始了解中国的地质。”同时，他也语重心长地指出：“必须清楚地认识到，这只是个开始，所完成的这部分工作只是仍有待完成的很小的一部分。在未来的几十年中，中国需要一大批受过全面训练的本国地质学家和古生物学家，热情和认真负责地工作，来研究复杂的地层问题，并弄清这些问题对于整个地球的地质历史的联系。”大家都记得，他来华后的第一位助手孙云铸（北大地质学系 1920 年毕业生）1924 年出版《中国北方寒武纪动物化石》一书时，葛利普教授非常高兴，著文祝贺，并特意在家里举行集会，庆祝中国学者第一部古生物学专著的出版。人们也不会忘记葛利普教授与他的学生和助手赵亚曾的深厚情谊。赵亚曾 1923 年于北大地质学系毕业后，留校任葛利普教授的助教，同时任地质调查所技术员。六年中总计刊出著作凡 18 种，逾一百万言。1929 年在云南考察地质中遇匪殉难。先生闻讯悲痛不已，并撰专文悼念，发表在《国立北京大学地质学会会刊》(1930 年）上，他认为“赵君实为最能干最有希望之青年科学家”，“外人不察。每谓中国人无科学头脑，不足以与谈精细之科学。此种谬见，观赵君则不攻自破”。他高度评价赵君毕业六年工作上取得的成绩。“深觉一番心血并未虚掷”“心中得到无上安慰”。他认为“赵君之死，国家之损失，吾人应一致哀悼，以志不忘！”

老师爱学生，学生敬先生。1926 年毕业的斯行健、丁道衡离校前写了一篇《葛利普博士传》，原拟登载于当年的毕业同学录，后发表于《北京大学日刊》。作者附语说，写作此文是“介绍吾辈受博士殷勤训诲，于兹四载，获益良多，一旦赋别，黯然久之，吾同学读此传而有所奋起，则此传之作为不虚矣！”1946 年在葛利普教授追悼会上，他的学生俞建章深情地说：“葛先生学识渊博，著作宏富，在来华之前，即已名满世界；来华之后，对于中国尤具深厚之同情，早以终老斯土自许，执教北大二十余年如一日，恺悌慈祥，诲人不倦。”“葛先生虽生长美国，而视中国为故乡，视友生如家人，形貌虽殊，精神实与我人相融合。今先生之形骸虽逝，而其伟大精神，犹永铭我人之心目。”(《地质论评》第十一卷第一、二合期）他这番话表达了受业于他的学生们对这位老师的敬仰之意，怀念之情。

葛利普教授通过卓有成效的教学工作，为中国地质事业培养了众多的地质人才。据不完全统计，从 1920 年至 1937 年，北大地质学系有 19 个年级的学生听过他的课，大约有 270 多人，这在当时是一个不小的数量。在他们之中，许多人成长为著名的地质学家，仅就任中国科学院地学部委员（院士）者就有（以毕业先后为序）：杨钟健、田奇瑰、侯德封、乐森璕、俞建章、王恒升、许杰、何作霖，斯行健、裴文中、黄汲清、李春昱，高振西、赵金科、张文佑、孙殿卿、郭文魁、卢衍豪、叶连俊、岳希新、王鸿祯等 22 人，其中有古生物学家 11 人。

葛利普教授对于中国学者的古生物研究工作帮助甚大，如赵亚曾、田奇瑰之于腕足类，孙云铸、黄汲清、俞建章、乐森璕、计荣森、朱森之于珊瑚，孙云铸、许杰之于笔石，孙云铸、田奇瑰之于海林檎和海百合，陈旭之于蜓科，尹赞勋、许杰、赵亚曾之于腹足类和瓣鳃类，孙云铸、盛莘夫、王钰、卢衍豪之于三叶虫，秉志之于昆虫，孙云铸、赵金科、俞建章之于头足类等，均曾得到先生之指导，并皆卓然有成。上述学者中除 2 人外均为北大毕业生。这些专家在学术上的成就的取得，当然有多方面的原因，但大家一致认为，葛利普教授的言传身教无疑是个重要的原因。

科学巨匠

葛利普教授在担任繁重的教学工作的同时，进行了大量的研究工作，作出了极其丰硕的成果，著作宏丰，据孙云铸所辑葛氏著作目录，1890 年至 1943 年共 291 种，重复不计，按页计算，共达 18927 页，超过 900 万字。其中，1920 年来华后发表的有 146 种，计 11768 页。来华后的著作大多发表在《中国地质学会志》及《中国古生物志》上，少量发表在《国立北京大学地质学会会刊》上，再就是不少重要著作发表在《北京大学自然科学季刊》上。他的研究包括古生物学、地层学、沉积学、古地理学、沉积矿床学、地貌学、大地构造学和人类学等诸多领域。这些著作中总结的地质事实和阐明的理论观点，当然是全世界地质科学工作者的共同财富，中国地质工作者从中获得许多教益。需要指出的是，他的大量著作是关于中国地质问题的研究，如《震旦系》，《中国的泥盆系》，《中国古生物珊瑚》，《中国古地理图》，《中国地层问题》，《中国早二叠纪化石》，《中国之石炭纪及其与各国相当地层分层之研究》《中国地质史》等等。这些研究成果，不仅大大推动了中国古生物学、地层学和地质学的发展，提高了青年学生和地质工作者的水平，而且向全世界介绍了中国的地质情况，促进了地质科学的国际交流。在这方面，葛利普教授的贡献同样是不可磨灭的。

葛利普教授的学术成就和对中国及世界地质科学事业的贡献，已有许多文章评说，这里仅略举一二。在古生物学方面，他早年致力于腹足类分类演化的研究。对珊瑚和腕足类的研究开始于早年对泥盆系的地层工作。他把个体发生和系统发生的概念用于四射珊瑚的研究，特别是来华以后，在 1922 年及 1928 年两册古生物志中全面论述了珊瑚分类体系，建立了名词系统。在腕足类、头足类方面，他都提出了分类和壳形结构命名的问题。他虽然不直接研究人类化石，但他却能联系中亚和喜马拉雅山的急剧隆升和古气候演变，从生态适应等方面提出人类演化的进程。他非常注意古生物学理论，著有专文 *Sixty Years of Darwinism*（1920 年）回顾达尔文学说 60 年。

在沉积地质学和古地理学方面，他早年研究格尼西河谷的冰川地形和冰期前地貌的再造。其后研究再造北美第三纪前的古水流体系。他连续发表了有关砂岩分类、海生生物的地理分布、北美古生代陆相沉积等著作，并汇总形成了他的划时代著作《地层学原理》（1913 年）。正如他在该书绪言中提到的，全书的精华是岩石生因、生物生因和地貌生因，但其范围几乎包括了地质学的所有领域，其学术思想的先进性、综合的合理性，以及系统分析的逻辑性，为学术界称道。1921 年出版的《地质学教程》第二册《地史学》，纵观全球，着眼历史发展，实际上是当时最全面的地球史的总结。来华以后发表的《震旦系（1922 年），《中国地质史》第一卷《古生代》（1924 年），第二卷《中生代》（1928 年），连同他 1925 年发表的 36 幅亚洲古地理图及说明书一起，是关于亚洲地史的巨著。

在大地构造学和全球构造学方面，他在 1919 年即发表《地槽迁移》（节要）一文，在《中国地质史》一书中发展了地槽迁移的观点。他的全球构造概念包括两个主要概念或观点。一个是脉动论（The Pulsation Theory）。他认为全球性同时的海侵和海退形成一个脉动纪，其地层记录形成一个脉动系。海退之后往往形成一个以陆相沉积为主的间脉动（interpulsation）纪和系。地层沉积相的演变，生物群的演化与更新均受脉动的制约。从 20 世纪 30 年代起，多次著文阐述此说。另一个重要理论是极控论（Polar Control Theory）。他的“极控”概念虽早有酝酿，但第一次著文明确提出是 1937 年，为了解释魏格纳泛大陆集中于南极周围的现象，他假定一个过往星球掠过地球附近时，将地壳硅铝层拉脱，并使其褶皱集中，成为南极泛大陆。1940 年出版了《年代的韵律：脉动论与极控论之下的地球历史》，在此书中，他以这两个基本理论和观点，全面论述了地球发展史，将震旦纪和古生代分为 14 个脉动纪（系），中新生代分为 7 个脉动纪（系），第四纪则命名为灵生代。这是他对全球构造和地球历史的一种总结性论述。

王鸿祯教授认为，葛利普教授以其半个世纪的事业和学术，可称为“一代宗师”。在地史地层学方面是继 19 世纪之往，开 20 世纪之来的人物。他的著作具有开创性、综合性和总体性，兼具数量和质量，兼有广度和深度，称得起是创风气之先，总多科之成，是一个开风气、集大成的人物。

情 深 谊 长

葛利普教授对中国地质事业，对北京大学，对中国师生有着深厚的感情。当中国遭受日本帝国主义侵略时，他对中国人民给予无限的同情和支持。1933 年，他与丁文江先生一起赴美参加第 16 届国际地质大会，返回途中轮船经过日本横滨，他拒绝登岸，以示对日本军国主义侵略中国行径的抗议。1935 年，北平学生爆发“一二·九”运动，他同情和支持学生的爱国主义行动，赞成学生罢课。1937 年，北平沦陷，当日寇企图接管地质调查所时，他不顾自己行动不便，拄着双拐来到地质调查所门口，席地而坐。按照国际惯例，打着美国国旗，竭力阻挡日寇。当北京大学南迁时，先生因身体状况不能南行。他鼓励同事和学生去大后方工作和学习。他的学生杨钟健向他辞行时，他表示决定不在伪组织下做事，并托杨致意南边的朋友，他为中国前进祝福。当杨和他握手言别时，他竟老泪纵横，呜咽不能成声。北京大学迁昆明后仍聘请他任教授。他在北平严词拒绝了日伪的聘任，表示了拒不合作的态度，居家不出，专心著述。他还曾给罗斯福总统写信，要求美国支持中国人民的反侵略斗争。1941 年，他给当时在西南联大的孙云铸教授的信中说:“当前，我希望我们过去共同从事的事业在你们那里继续兴旺，但在豆芽菜胡同（葛氏在北平的寓所）却很少变化。自从大学关闭后，我从未再一履其地。”一位外国学者这样同情我们，把中国的地质事业和地质教育事业，作为共同的事业，实在令人深受感动。太平洋战争爆发后，先生甚至被日本侵略者关进集中营，长达 4 年之久，身心遭到极大的摧残，初仍不废著述，继续完成《脉动论》七卷及《我们生存的地球》一书书稿，嗣以环境日劣，体力遂致不支。1945 年日寇投降后，他的学生把他从集中营接出来，见面时他说的第一句话就是“你是我的学生吗?”先生当时面容消瘦，神智亦不甚清明，生活极其艰苦。北京大学、中央地质调查所等单位均予以馈赠，帮他恢复健康。先生神智虽衰，但谈话中仍以未能早日恢复工作为憾事。

1946 年 3 月 20 日，因胃大出血不止，先生的心脏停止了跳动。他视中国为第二故乡，来华后，除 1933 年去美国参加第 16 届国际地质大会外，26 年中再未离开过中国。生前要求加入中国国籍，因手续办得不及时，未能如愿。早在 1935 年北大地质馆建成不久，他就对一部分师生说过，我死后能埋在这里就太好了。可见他对中国和北京大学感情之深。根据葛利普教授生前的愿望，北京大学教授会一致通过决议，葛利普教授的骨灰葬于北京大学地质馆前，并建有巨龟背负之大理石碑，以资纪念。

葛利普教授是中国地质学会创立会员之一，早年曾任理事、副会长，协助地质调查所丁文江先生创办中国古生物志，前几册古生物志多半出于先生之手。他对中国地质学和中国地质学会都作出了重要贡献。1925 年度学会理事长王宠佑（1904 年在美国哥伦比亚大学地质系时，师从葛利普教授学习地质学），捐款 600 元为基金，定制金质“葛氏奖章”，由“中国地质学会就对于中国地质学或古生物学之有重要研究或与地质学全体有特大之贡献者授给之。”并规定“每二年授给一次”。“葛氏奖章”自 1926 年至 1948 年共授给 9 次，第一次于 1926 年 5 月 3 日授给葛利普本人。1930 年为葛氏六十之庆。学会为他刊行《葛利普先生纪念册》即《中国地质学会志》第 10 卷，1931 年，学会理事章鸿钊、丁文江、翁文灏、李四光、朱家骅、叶良辅、谢家荣、孙云铸等 8 人联合写了一封热情洋溢的信，对葛氏表示祝贺，丁文江著文介绍葛氏小传和著作目录。章鸿钊赋七律一首，倍加推崇。诗云“老眼看从开辟时，小周花甲似婴儿。藏山事业书千卷，望古情怀酒一卮。故国莼鲈添晚思，他乡桃李发新枝。东西地史因君重，灿烂勋名奕叶期。”葛氏逝世后，学会再次刊印纪念册（即《中国地质学会志》第 27 卷，1947 年），由他在中国的第一位助手和同事孙云铸教授主编，孙先生并撰有葛氏小传和著作目录。章鸿钊题《浪淘沙》一阕，以表哀思。词曰：“君去已多时，梁坏！山颓！门墙桃李尽含悲！留得神州新地史，星月同辉！才把凯旋卮，一笑长辞！名人事业后人思！廿载他乡成故国，魂也依依！”北京大学也以 50 周年（1948 年）纪念刊地质卷为葛利普教授纪念刊，当时，地质学系主任孙云铸教授适有欧洲之旅，委托王鸿祯教授主持此事，王教授在前言中称葛利普教授是“最忠诚于北京大学、最忠诚于中国地质事业的一员”，表达了北大师生对葛利普教授的高度评价和深切敬意。

葛利普教授于 1944 年完成的《我们生存的地球》（*The World We Live In*）一书，由于当时北平沦陷及他身陷囹圄，无法出版，原稿保存在他生前一位助理西德小姐手中，1956 年由于她生病缺乏住院费用以 200 美金卖给胡适先生。胡先生将原稿交阮维周教授

（北大地质学系 1935 年毕业生，曾任北大地质学系教授，时任台湾大学理学院院长）整理出版。阮先生组织人校订整理，重绘插图，于 1961 年正式出版，并写了序言，介绍此书的缘由及葛利普教授的成就与著作。这是葛利普教授留给地质学界的最后一本著作。

葛利普教授离开我们已经很久了，时间愈久，人们愈怀念他。1952 年北京大学从城内迁至西郊海淀。1982 年中国地质学会成立 60 周年之际，中国地质学会与北京大学共同商定，经主管部门同意，将葛利普教授墓由原北京大学地质馆（沙滩）迁入北京大学现校园内。1982 年 8 月 13 日举行了迁墓仪式，葛利普教授当年的两位学生——中国地质学会理事长黄汲清教授和北大地质学系主任乐森璕教授揭幕，北大校长张龙翔教授和中国地质学会理事长黄汲清教授讲了话，他当年的学生和同事李春昱、张文佑、高振西、王鸿祯、尹赞勋等教授，许多地质部门的负责人和北大地质学系师生参加了仪式。

葛利普教授墓坐落在北大西校门内苍松翠柏之中，大理石墓碑正面镌有葛利普教授头像，背面刻有墓志铭：

"葛利普（A. W. Grabau，1870.1.9—1946.3.20）是著名美国地质学家。一九二〇年应聘任北京大学地质学系教授和农商部地质调查所古生物室主任，是中国地质学会创立会员之一。

葛氏在北京大学和地质调查所从事地质教育和科学研究工作二十余年，对我国地质事业作出了重要贡献，曾建议和参加编辑《中国古生物志》，撰写《中国地层》等专著和论文 200 多种。

葛利普教授一九四六年在北京逝世。根据他生前愿望，在北京大学沙滩地质馆前为他建了墓，一九八二年七月迁此。"

1996 年是葛利普教授逝世 50 周年，中国古生物学会和北京大学地质学系联合举办纪念活动和学术讨论，并出版了《纪念葛利普（A.W. Grabau）教授逝世五十周年暨中国古生物学会第 18 届学术年会文集》，刊登了纪念文章 10 篇，学术论文 83 篇。

葛利普教授对北京大学和中国地质事业的真诚帮助和作出的重要贡献，北京大学师生和中国地质学界是永远不会忘记的。葛利普教授的墓长留在北京大学校园内，葛利普教授永远活在北京大学师生和中国地质学家心中。

在国内学习地质并终身从事地质事业的第一人[①]

——著名地质学家、地质教育家王烈教授

于　洸

王烈，地质学家、地质教育家。京师大学堂（北京大学前身）地质学门第一班学生，是在国内学习地质学并终身从事地质事业的第一人。他从事地质教育40余年，先后任教于北京高等师范学校、农商部地质研究所、北京大学、北洋大学、长沙临时大学、西南联合大学等，特别是在北京大学地质学系执教近40年，两度担任系主任，为祖国培养了大量的优秀地质人才。

王烈，字霖之，1887年11月10日出生于浙江省萧山县（今杭州市萧山区）临浦镇。自幼聪慧勤奋，成绩优异，10岁时到杭州读书。1906年被选送到京师大学堂预备科学习，1909年夏毕业。1909年8月3日（清宣统元年六月十八日），学部奏请朝廷给京师大学堂毕业生以奖折，预备科八十分以上者为最优等，共八人，王烈名列第三，他毕业的平均分数达八十八分三厘四毫。京师大学堂于1909年开办分科大学，格致科中首批设立的有地质学门，它是我国高等学校中设立的第一个地质学门（系），是我国高等学校中培养地质人才的肇始。当时规定，格致科以预备科德文班学生升入，王烈等5人是格致科地质学门的第一届学生。当时在地质学门任教的主要是德国地质学家梭尔格博士（Dr.F.Solgar）。1912年5月，京师大学堂改称北京大学。王烈于1913年5月从北京大学毕业。毕业前不久，他考取公费留学，于1913年2月赴德国勿兰堡矿务大学继续攻读地质学。当时，德国正准备与英、法、俄等国的战争，国内形势紧张、混乱。1914年8月，第一次世界大战爆发。王烈毕业后就匆匆回国了。

回国后，王烈在北京高等师范学校（北京师范大学前身）博物部任教。农商部地质研究所于1913年6月成立，前两年附设于北京大学，是我国自办的一所三年制地质专科学校。不久王烈到地质研究所讲授构造地质学和德语，并兼任地质调查所的工作。1916年7月，地质研究所有22人结业，其中获毕业文凭的有18人，13人入地质调查所工作。自此，我国的地质调查工作才真正开始起步。王烈为这批地质人才的培养做出了贡献，为我国后来地质工作的开展打下了良好的基础。

1913年5月以后，因学地质学的人数太少，开办费用很大，北京大学地质学门暂时停办了。1917年秋季，地质学门恢复招生，并于1919年秋改称地质学系。1919年8月，王烈受聘任北京大学地质学系教授。从此以后，他从未离开过北京大学，从未离开过地

① 载于“西南联大名师”丛书之《地球奥秘的探索者》，云南出版集团公司云南教育出版社，2012年5月第1版

质教育岗位。京师大学堂地质学门第一届五名学生之中，坚持在地质战线善始善终者只有王烈一人。所以，人们认为王烈是在国内学习地质学并终身从事地质事业的第一人。1924 年至 1927 年间，王烈先后任北大学院第二院（理学院）代理主任、北大学院总务长兼第二院主任、北京大学秘书长等职。1937 年 7 月全面抗日战争爆发后，北京大学南迁，王烈先后任长沙临时大学、西南联合大学地质地理气象学系教授。1946 年夏，北京大学复员回北平，王烈继续任北大地质学系教授。

1950 年以后，王烈多病，退休在家，专职从事翻译工作；1957 年 2 月 2 日病逝于北京，享年 70 岁。

一、北大地质学系的元老

王烈任北京大学地质学系教授始于 1919 年 8 月，先后担任矿物学及实习、高等矿物实验、地质学、岩石学及实习、高等岩石学及实习、地形测量及实习等课程的教学工作，往往同时上三四门课，每周教学多达 15 学时以上。他还专门安排出时间给学生答疑，并指导学生野外实习。王烈知识面广，他的讲课很受学生欢迎。1927 年，他兼任北平大学第二工学院（原北洋大学）采矿冶金门地质学教授。

20 世纪 20 年代初期，我国中文地质文献很少，德国地质学家李希霍芬（F.F.Von Richthofen）所著的德文版《中国》是我国地质研究者重要的参考文献之一。但当时国内能阅读德文书的人很少，王烈便不辞辛苦，用笔译或口译向学生传授这本书的内容。1920 年 10 月，美籍德裔地质学家、古生物学家葛利普（A.W.Grabau）应聘任北京大学地质学系教授，讲授古生物学、地史学等课程，他用英语和德语讲课，初期由王烈口译。葛利普教授为我国培养出众多著名的地质学家、古生物学家，大家认为，王烈在其中曾起过不少协助作用。

1917 年至 1937 年，是北京大学地质学系发展迅速的二十年。1919 年 7 月至 1924 年 10 月，何杰教授任地质学系第一任教授会主任（后称系主任）。1924 年 10 月至 1927 年 4 月、1928 年 9 月至 1931 年 9 月，王烈两度担任地质学系系主任。在这段时间里，地质学系的师资队伍得到很大的加强，何杰、温宗禹、孙瑞林、王绍瀛、葛利普、李四光、朱家骅、孙云铸教授等先后在系里任教。葛利普和李四光两位教授于 1920 年到该系任教，对全系的教学工作、人才培养、科学研究等起了极大的推动作用。这一时期，该系的课程设置不断改进，课程分必修科目与选修科目、普通科目与高等科目。从 1923 年秋季始，三、四年级分矿物岩石学门、经济地质学门、古生物学门三个学门，供学生选学。教师们倾心教学，注意培养学生独立思考的能力，对他们既严格要求，又热情关心。全系师生的科学研究工作有很大进展，王烈对此做出了重要贡献。

王烈对青年人的成长很关心。1920 年 9 月，北大地质学系二年级学生杨钟健等发起成立地质研究会，宗旨是“本共同研究的精神，增进求真理的兴趣，而从事于研究地质学”。10 月 10 日举行成立大会时，王烈因事未能参加。但他与其他教授积极支持该会的活动。11 月 28 日，地质研究会举行讲演会，王烈发表了“中国之支那海侵时代及昆仑海侵时代”的讲演，他从地质历史、海陆变迁讲起，并运用图、表，着重介绍了中国地区寒武纪、奥陶纪的“支那海侵”和志留纪、泥盆纪的“昆仑海侵”的分布特征，并讲述了古地理、海陆变迁的研究方法，对参会者很有启发。这次讲演的记录稿刊登在《国立北京大学地质研究会会刊》第一期（1921 年 10 月 10 日出版）。地质研究会对会务有四项规定：敦请学者讲演，实地调查，发刊杂志，编译图书。1920 年 12 月 24 日，地质研究会召开茶话会，敦请部分老师参加，征求研究会如何开展活动的意见。翁文灏、葛利普、何杰、王烈等教授与会，并发表了意见。王烈对研究会的研究方针提出建议，他说：“（一）注意理论，不急于速求应用；（二）科学上新说可以把旧说代替，故不必存绝对的观念；（三）应该用科学的方法把当时尚凌乱的中国地质调查报告加以整理。”“至于实地调查，可利用暑期假回家时去做。现在就能办到的先办。”地质研究会要完全按上述规定开展会务活动有不少困难，其中之一就是经费。王烈在茶话会上说：“可以先向地质系的教员呈请捐助，也可以像葛利普教授所说的那样，向国外人募集。”会后，系主任何杰教授发起地质学系教员捐助，至 1921 年初共募得 125 元，支援地质研究会的活动。

王烈从多方面支持地质研究会的活动，并对其做出的成绩加以鼓励。《国立北京大学地质研究会会刊》第三期于 1928 年 7 月出版，王烈应邀写了“卷头语”，他从矿业、工业、农业、水利、灾害、商业、军事等方面论述了“近代地质学之关于近代文明者至深且巨”，但“吾国人每以此为理论科学而漠然视之”，“吾校地质系同仁组织之地质研究会，历有年所，年出会刊，将平日调查研究之所得贡献于世，借以唤起国人之注意，本届循往例而刊行，其意仍犹是也”。1929 年 11 月 26 日，地质研究会全体会员大会议决将地质研究会改名为“北京大学地质学会”。《国立北京大学地质学会会刊》第五期于 1931 年 4 月出版，王烈又应邀写了“卷头语”，他指出：“比年以来，吾国人士常自憾出版品的寥落，而尤疚心于科学论著之罕觏。今吾校地质学会会刊又将付梓矣，斯刊梓行后，其贡献于学术界者或至微渺，而足供今中国人及肄业斯学者观摩之资，则彰彰明甚。循是焉，而益求深诣，其前程固未可量也。”

20 世纪二三十年代，王烈还参加了北京大学的一些管理工作，1924 年担任学校庶务委员会委员。1928 年 9 月 21 日，南京国民政府决定设立北平大学区，将北京大学等北平九所国立高等学校及天津、河北的国立高等学校合组为北平大学。这一决定遭到北京大学师生的强烈反对。1929 年 1 月，当局做出让步，确定北京大学的名称为北平大学北大学院，包括第一院（文学院）、第二院（理学院）、第三院（社会科学院），对外仍译用国立北京大学（The Peking National University）。至此北大被迫停课九个多月之后，于 1929 年 3 月 11 日重新开学。1929 年 1 月 22 日，王烈任第二院代理主任；3 月 11 日，任北大学院总务长兼第二院主任；3 月 17 日，北大学院举行评议会评议员选举，他当选为评议员；4 月 13 日，还被聘任为财务委员会委员长、校舍委员会委员、自然科学季刊委员会委员和研究所自然科学门委员。同年 8 月 3 日，王烈致函北大学院，请辞总务长及第二院主任之职，未获批准。

1929 年 8 月 6 日，南京国民政府决定，北大学院脱离北平大学，正式恢复国立北京大学的名称。8 月 23 日，北大全体教职员工致电蔡元培先生：“北大幸得恢复，校长一席非先生莫属，务乞北返主持，以慰众望。”并推举王烈、刘复赴沪敦请。蔡先生表示：“深感诸先生维护北大、爱重鄙人之盛情。”9 月 16 日，国民政府任命蔡元培为北京大学校长。

1929 年 10 月，王烈任北京大学评议会评议员，校舍委员会委员长，财务、聘任、庶务、学生事业委员会委员。次年 9 月，北京大学取消原来的评议会，改设校务会议，以决定学校的大政方针。1931 年 9 月至 1937 年 9 月，王烈都是校务会议会员。1931 年 7 月至 1933 年 12 月，他任北京大学秘书长，并在 1931 年至 1937 年期间任图书、仪器委员会委员，1931 年至 1933 年期间任财务委员会委员，1932 年至 1933 年期间任学生事业委员会委员。王烈在上述系列岗位上，为北京大学的建设和发展贡献了力量。

在《国立北京大学同学录（1930 年）》中，王烈书写了“前言”，对同学们提出希望：“在我国这种风雨飘摇的教育状况之下，诸君居然完成了大学教育，真是一件很不容易的事。回忆这六年中，我校经过了多少困难，才得到今天这样的地位。现在诸君毕业了，我一方面很荣幸地来庆贺你们；另一方面还希望诸君在学业上，本着精益求精的宗旨，去继续研究，在服务上，本着我校饱受困苦的经验，百折不回的精神，去继续为社会为国家奋斗，发扬北大的光荣于全国。诸君前途无量，愿各好自为之。”

王烈曾几次请辞秘书长职务。1931 年 12 月 18 日，他致函蒋梦麟校长：“烈素耽教学，不习庶事，前承畀以秘书长重任，屡次请辞，迄未获许，荏苒数月，贻误实多。近以同学赴京示威，承校务会议推举，南下照料，舟车劳顿，旧症复发，实难再膺繁剧，务恳辞去秘书长职务，俾资休养，无任感荷。”12 月 24 日，北大校务会议议决：在蒋校长未回校以前，仍请王秘书长照常继续职务。王烈顾全大局，继续履行职务，直至 1933 年 12 月 6 日新任秘书长到任。

二、我国近代地震调查的先驱者之一

王烈在从事地质教学工作的同时，还从事地质调查和科研工作。他留学回国时，我国地质研究工作还处于草创时期。他所著的《河北省怀来县八宝山煤田地质报告》，是我国早期的地质报告之一。1920 年底，甘肃东部的海原、固原（今属宁夏回族自治区）一带发生里氏 8.5 级大地震，当地民众损失严重，死亡二十多万人，房屋、农田、牲畜等损失不计其数。1921 年 2 月 15 日，南京政府教育部训令北京大学教授王烈等会同内务、农商两部派员，前往地震灾区调查。这是民国以来组织的第一次地震调查。王烈与翁文灏、谢家荣、杨铎等六人于 4 月 15 日出发，乘火车至绥远，取道宁夏，经固原、平凉、天水至兰州，对灾区的重要地点进行了勘查。他们尤注意科学之研究，除调查赈灾状况、勘查山崩地裂等现象外，更注意地质之考察，以便了解此次震波的起源与地壳之间的关系。这次地震中，甘肃海原、固原等地的灾情最为严重，其次为陕西西部与甘肃交界处；此外，山西、河南、直隶（今河北）、山东、湖北、安徽等省皆有震感，但未成灾。王烈一行的这次调查历时近四个月。后来翁文灏发表了《甘肃地震考》（1921 年），谢家荣发表了《民国九年十二月十六甘肃及其他各省之地震情形》（1922 年）等论文。谢先生在文中还写道：“余师翁咏霓（翁文灏）、王君霖之（王烈）皆为赴甘之委员，同行时，对于调查材料，互相讨论，获教之处甚多。”此次调查后，王烈又向南至甘肃省南部的武都、陕西省南部的汉中等地调查。一次他在汉中的药铺中购得石燕贝化石，回京后请葛利普教授研究。经追索查明，该化石原产于广西（在湖南也有很多同类者）。后来葛利普发表了《中国古生物志》专著之一《中国泥盆纪腕足类化石》，其中对化石定了一个新种，命名为“王烈石燕”，以示对王烈的敬仰。

三、中国地质学会创立会员之一

王烈积极参加地质科学的学术交流活动，他是中国地质学会 26 名创立会员之一。1922 年 1 月 27 日，26 位地质学界人士应邀在农商部地质调查所开会，逐条讨论了地质学会的章程草案。五人领衔组成筹备委员会，负责推举学会职员候选人，章鸿钊任筹委会主席，王烈是委员之一（另三人是翁文灏、李四光和葛利普）。2 月 3 日中国地质学会召开会员大会，通过了学会章程，选举了职员，宣告中国地质学会正式成立。王烈当选为首届评议会评议员（相当于后来的理事会理事）。1922 年至 1924 年，他连任了三届评议员。

1925 年 1 月 3 日至 5 日，中国地质学会在北京举行第 3 届年会，大会由王烈主持，会长翁文灏发表演说，题为“理论的地质学与实用的地质学”，葛利普作学术报告，题为 *Misunderstood Factors of Organic Evolution*。王烈后来当选为中国地质学会第 5 届（1926-1927 年度）和第 7 届（1929 年度）评议会副会长。

四、德高望重的地质教育家

1937 年 7 月 7 日，日本帝国主义发动了全面侵华战争。7 月 29 日，北平失守，7 月 30 日，日军占领天津。北平、天津沦陷后，南京国民政府命北京大学、清华大学、南开大学南迁湖南长沙，合组为长沙临时大学；1938 年初又迁往云南昆明，4 月 2 日更名为国立西南联合大学。

王烈一生热心教育工作，无论在军阀混战时期，还是在抗日战争时期，他都坚守在教育岗位上。日本帝国主义占领北平后，在国难当头的危急时刻，年逾半百的他长途跋涉，颠沛流离，先至长沙，后到昆明，继续为培养地质后人而努力。这种崇高的民族气节，感动了不少滞留在沦陷区的知识分子，他们以王烈等人的爱国情怀为榜样，相继走向祖国大后方。

王烈任长沙临时大学、西南联合大学地质地理气象学系教授时，一直讲授矿物学、光性矿物学，也教过岩石学和测量学。他是我国第一代矿物学家、地质学家之一；在西南联大地质地理气象学系的教授中，他是年纪最长的一位，学生们对他上课时的情景留下了深刻的印象。他教学经验丰富，讲课时不看讲稿，常把老花镜推到额头上，许多重要数据能背到小数点后第三四位。他作风严谨，往往讲完一个段落，就摸出怀表来看看时间，下课铃声响起，他的讲课也就告一段落了。学生们拿着矿物、岩石标本请教他时，他拿起放大镜，或用简单的测试方法测试，很快就解答清楚学生的问题。指导学生鉴定岩石薄片时，他将岩石薄片放在偏光显微镜上转几下，就能准确说出矿物的名称。大家认为他是矿物学、岩石学方面实践经验相当丰富的权威。在西南联大期间，他还积极参加各种学术活动，曾应邀为全系师生作“中国地质教育史”的报告。

1945年8月，抗日战争胜利。1946年夏，北京大学复员北平。王烈回到北平后，着手筹备北京大学地质学系的重建工作。他虽年近花甲，但不辞远途劳累，事无巨细地为复员工作操劳。1946年10月开学后，他担任普通地质学和普通矿物学的教学工作。

1948年秋，王烈的健康状况严重恶化。1950年以后，他虽退休在家，但仍关心教育工作。工作时由于忙于教学，他写作不多；退休后，虽体病力衰，但精神犹在，只要病情稍愈，即潜心从事矿物学、岩石学书籍的翻译工作，为我国地质科学事业发挥余热。几年成数卷，可惜是在病中所作，精神不够贯注，若出版问世，尚需加工。

王烈晚年所患疾病主要在神经系统方面，时轻时重，以为尚无大碍。1956年底，病情加重，入北京协和医院治疗，于1957年2月2日与世长辞，享年70岁。2月10日，北京大学校长马寅初教授、北京矿业学院副院长何杰教授，主持了王烈的公祭大会，王烈的同事、学生和亲友，以及正在参加中国地质学会第二届全国会员代表大会的部分代表、理事和会员参加了公祭大会。王烈先生的遗体安葬于北京西郊万安公墓。

王烈教授在地质教育战线辛勤耕耘了四十几个春秋，其中，在北京大学工作近四十年，为北京大学地质学系的建设和发展贡献了自己的力量，培养了一批又一批地质科学人才。高振西先生在《王烈（霖之）先生小传》（1957 年）一文中说：王烈先生“可谓毕生贡献于地质教育事业，鞠躬尽瘁，中外能有几人？现在中国的地质工作者中大多数都是先生的学生或他学生的学生”“老成凋谢，哀悼同深，桃李满门，万古长青。”王烈教授对我国地质事业，特别是地质教育事业的发展，功不可没。他执着的工作精神，永远值得地质学界的晚辈们学习和弘扬。

王烈简历：

1887年11月10日　出生于浙江省萧山县临浦镇。

1897年　赴杭州读书。

1906—1909年　京师大学堂预备科学习。

1909—1913年2月　京师大学堂格致科地质学门学习。

1913年2月—1914年8月　德国勿兰堡矿务大学继续攻读地质学。

1914年8月　回国任北京高等师范学校博物部教授，兼任农商部地质研究所教职，并在农商部地质调查所兼职。

1919年8月　任北京大学地质学系教授。

1921年　与翁文源、谢家荣等考察甘肃海原地震。

1922年　中国地质学会创立会员之一，任首届评议会评议员。

1924年10月—1927年4月　北京大学地质学系主任。

1928年9月—1931年9月　北大地质学系主任。

1929年1月　北大学院第二院代理主任。

1929年3月　北大学院总务长兼第二院主任。

1931年7月—1933年12月　北京大学秘书长。

1937年8月　长沙临时大学地质地理气象学系教授。

1938 年 4 月　西南联合大学地质地理气象学系教授。

1946 年 5 月　北京大学地质学系教授。

1950 年　退休在家，从事翻译工作。

1957 年 2 月 2 日　在北京病逝。

王烈主要著作：

（1）《中国之支那海侵时代及昆仑海侵时代》，1921 年。

（2）《卷头语》，《国立北京大学地质研究会会刊》（3），1928 年。

（3）《卷头语》，《国立北京大学地质学会会刊》（5），1931 年。

参 考 文 献

[1] 高振西. 王烈(霖之)先生小传. 地质论评, 1957 年第 2 期.

[2] 潘云唐. 王烈//中国科学技术协会编. 中国科学技术专家传略 · 理学编地学卷(2). 北京: 中国科学技术出版社, 2001 年版.

[3] 于洸. 王烈: 中国地质 1992(7), 地学人物, 中华人民共和国地质矿产部主办, 北京: 地质出版社, 1992, 33.

[4] 王学珍, 郭建荣主编. 北京大学史料 · 第二卷 (1912-1937). 北京: 北京大学出版社, 2000 年版.

[5] 王学珍等. 北京大学纪事(1898-1997). 北京: 北京大学出版社, 2008 年版.

[6] 于洸. 王烈教授在北京大学//中国地质学会地质学史专业委员会, 中国地质大学地质学史研究所合编: 《地质学史论丛》• 5 •, 北京: 地质出版社, 2009 年版.

何杰教授——北京大学地质学系第一任系主任①

北京大学地质学系

何杰先生生于 1888 年，原名何崇杰，字孟绰，广东番禺县大石乡人。1905 年考入唐山路矿学堂（后改称交通大学唐山工程学院）初学采矿，后改学铁道管理，尚未毕业，1909 年考取公费赴美留学，在科罗拉多矿业学院学习采矿工程，1913 年获采矿工程师学位，同获理海大学研究院奖学金，在该校攻读地质学，1914 年获理学硕士学位。随即回国，受聘于北京大学任工科教授，当时北京大学设采矿冶金学门。创建于 1909 年的京师大学堂地质学门，在 1913 年 5 月第一班学生毕业后短暂地停办了。1917 年北京大学地质学门恢复招生，何杰教授也在地质学门授课，1919 年转任地质学门教授，1919 年秋地质学门改称地质学系后，何杰教授任地质学系第一任系主任。1925 年秋转任北洋大学采矿冶金学门教授、北洋大学教务主任。2009 年是北京大学地质学系建系一百周年，人们在回顾地质学系百年历程的时候，都怀着崇敬的心情缅怀建系的元老们、前辈们，十分怀念第一任系主任何杰教授。

一

何杰教授在北京大学讲授过多种课程。在采矿冶金学门开设地质学、测量学、定性分析、采矿计划、气体分析、试金术等课程。1917 年至 1924 年在地质学门、地质学系，先后讲授地质测量及实习、采矿学、地质学概论、经济地质学（金属）、经济地质学（非金属）、中国矿产专论、采矿工程学、钢铁专论等课程。1929—1930 学年又在北大地质学系兼任讲师，讲授经济地质学（金属）、经济地质学（非金属）。何杰教授在北大讲授过的课程有 14 门之多，涉及地质、采矿、冶金、测量、化学分析等诸多学科。当时，教学工作量很大，例如 1923—1924 学年，何杰教授讲授 6 门课程，从一年级到四年级都有课，每周讲授 12 小时，实习 3 小时。

何杰教授教学认真负责，取得了较好的教学效果。当时，国内基本上没有高等学校适用的教科书，只能参阅极少量的外文原版教科书和参考书。因此，在认真备课、写好讲稿的基础上，还要精心编写讲义，发给学生参阅。在编写讲稿和讲义时，何杰教授注意收集当时最新的科学成就，以及国内的实例，撷取众家之长，阐发独到见解，深入浅出，切合实际，受到学生的欢迎。

地质学概论是一门必修的专业基础课，对刚进大学校门的一年级学生来说，对他们

① 载于《百年辉煌　继往开来——北京大学建系 100 周年纪念文集》，北京大学地质学系建系 100 周年纪念文集编委会编，北京大学出版社，2009 年 5 月

了解地质学概貌，喜爱地质学科，学好以后的功课都有重要的意义。而这门课程涉及面广，上至天文，下至地理，而且很多是描述性的，因此是一门很难讲授的课程。由于何教授知识面广、备课认真，讲课条理清楚，逻辑性强，又引用大量的实例，并配以幻灯和图片，引起学生极大的兴趣。

何杰教授还带领学生野外实习及指导学生作毕业论文。如，1924 年 5 月何杰教授带地质学系经济地质学门四年级学生赴湖北、奉天（今辽宁）考察煤、铁矿，历时一月。

二

1917 年 12 月，北京大学评议会通过决议，按学门成立教授会，教授会主任由各学门的教授投票选举产生，任期二年。教授会负责规划本学门的教学工作，如课程的设置、教科书的采择、教授法的改良、学生选科的指导和学生成绩的考核等。1919 年 7 月 24 日，北京大学评议会决议：地质学门应组织教授会。会后，地质学门教授即举行会议，公推何杰教授为教授会主任。1919 年秋季，地质学门改称地质学系，按学校规定，各系设主任，由教授会公举。任期两年。11 月，何杰教授任地质学系第一任系主任，直至 1924 年 10 月，历时 5 年。1919 年 12 月 3 日《北京大学纪事》中载：本校因地质学系三年级生有志研究起见，现已增设地质学研究所，并由校长函请何杰教授任该所主任。

地质学系从 1917 年恢复招生以后，教师队伍不断壮大，有美籍教授亚当士（George I. Adams）（1917—1920 年任教）、王烈（1919 年到系）。1920 年，葛利普、李四光应聘任地质学系教授，温宗禹、孙瑞林、王绍瀛、龚安庆到地质学系任教授。从 1919 年秋季开始实行新学制，预科二年，本科四年。每学年都制订有“课程指导书”及“课程纲目撮要”，并在《北京大学日刊》上公布。1921 年地质学系分古生物学及经济地质学两个学门，供学生选习。从 1923 年秋季学期开始，第三、第四年学生分矿物岩石学、经济地质学和古生物学三个学门。野外实习，是地质学系教学的一个重要环节，在制订“课程指导书”时，就对野外实习作出安排。实验室建设也取得进展，1924 年 1 月 6 日晚，出席中国地质学会第二届年会的中外会员参观北大地质学系，他们参观了地质阅览室，地质陈列室，古生物学、矿物学及岩石学实习室，参观学生的各种作业，如构造地质及测量学的各种图件等，“来宾称道本校不绝于耳”，“座中有一法国地质学者德日进先生，谓本校地质学系实验仪器标本之完备，实胜过法国巴黎大学而有余”。科学研究工作也取得进展。在老师们的精心培育下，1920 年至 1928 年的毕业生中有 13 位成为中国科学院院士。地质学系这些成绩的取得，凝聚了何杰教授的心血。

何杰教授还承担学校的有关工作。北京大学有教务会议组织，由教务长及各系主任组成，何杰教授任系主任期间是教务会议成员。北大当时设有仪器委员会，何杰教授 1919 至 1922 年四届都是仪器委员会委员。

三

1920 年 9 月，由二年级学生杨钟健、田奇瑪等发起，于 1920 年 10 月成立了北京大学地质研究会（后改名为北京大学地质学会）。这是当时北大理科中第一个学术团体，也是我国第一个地质学学术团体。何杰教授积极支持这个研究会的成立及其活动，参加了研究会的成立大会并讲了话。研究会的宗旨是：本共同研究的精神，增进求真理的兴趣，而从事于研究地质学。研究会的主要活动有四项，即敦请学者讲演；实地调查；发刊杂志；编译图书。1920 年 12 月 24 日，研究会召开了一次师生茶话会，请教师们对研究会的活动提出意见。何杰教授在讲话中说："从前有人问我外国研究地质学的方法，我想以轮流讨论的方法最为完善。我在美国也做过这种功夫。未讨论之前，总要费时间去准备，等到讨论之后，得的利益很大。暑假旅行的报告，总集起来，更觉有趣。不过这都要人人负责，才能做成。所以我很希望大家这样去做。"

何杰教授还应邀在地质研究会作讲演。1920 年 11 月 21 日作了"露头与矿床"的讲演，讲演录刊登在《国立北京大学地质研究会会刊》第一期（1921 年 10 月出版）上。何杰教授早期曾从事宝石研究，1923 年 11 月 1 日作了关于"宝石"的讲演，内容丰富，他阐述了宝石的分类，宝石的价值及其主要性质，宝石的雕琢方法与装镶法，宝石仿做及鉴别真伪法，近年来中国社会对于宝石之趋向等问题，引起学生很大的兴趣。讲演录当即在《北京大学日刊》连载，并刊载于上述《会刊》第二期（1923 年 12 月出版）上。何先生离开北大后还应约为《会刊》写稿，《会刊》第五期（1931 年 4 月出版）刊登了何杰先生的文章《页岩制油的新工业》。

学生组织起来的学术团体，要开展活动经费是个困难。何杰教授提出由地质学系教员捐助，得到教师们的响应，从 1920 年 9 月开始，共得捐款 125 元，何先生捐了 10 元。1921 年 3 月 8 日，地质研究会在《北京大学日刊》刊登"特别鸣谢"，称：本会前以经费困难，奈蒙地质学系主任何杰教授发起，向地质学系各教员募捐，得地质学系诸先生捐助，本会得以维持。兹将捐款诸先生姓名、捐款数目开列于后，以昭核实，并致谢忱。从这件事可以看出何杰等老师们对学生的关心与爱护。

四

何杰教授离开北大以后，先后在北洋大学、中山大学、交通大学贵州分校、唐山铁道学院、北京矿业学院任教，他几乎一生都在从事地质、矿业教育工作，他那不为名利、甘为人梯的崇高品德和渊博的学识，赢得了同事们和学生们的尊敬与爱戴。他对北京大学地质学系师生也情深谊长。

他在北大地质学系的老同事王烈教授于 1957 年 2 月 2 日与世长辞，他十分悲痛，2 月 10 日举行王烈教授的公祭，北京大学校长马寅初教授与北京矿业学院副院长何杰教授共同主持公祭大会。

1978 年 3 月 18—31 日，中共中央在北京召开全国科学大会。90 岁高龄的何杰教授参加了这次大会。会议期间，他的许多早期门生发起了一次叙旧会，到会的都是头发苍白的著名专家，其中有 81 岁的古生物学家、中国科学院古脊椎动物与古人类研究所所长、中科院院士杨钟健（北大地质学系 1923 年毕业），78 岁的地质学家、地质部副部长、中科院院士许杰（北大地质学系 1925 年毕业），77 岁的岩石学家、地质科学院研究员王恒升（北大地质学系 1925 年毕业）等，大家向这位老人问好，畅叙情谊，令这位老教授感到十分欣慰。

1979 年，何杰教授由于盲肠炎手术后感染，医治无效，享年 91 岁。

尊敬的何杰教授，北大地质学系第一位系主任、地质教育家、矿业教育家。他对北大地质学系，对地质、矿业教育事业所作的贡献，我们永远铭记。

（执笔：于　洸）

参 考 文 献

[1] 何绍勋. 何杰: 中国现代地质学家传(第一卷). 长沙: 湖南科学技术出版社, 1990.

[2] 王学珍. 北京大学纪事(1898—1997). 北京: 北京大学出版社, 2008.

[3] 北京大学日刊, 1917—1925 年.

[4] 北京大学地质研究会(地质学会)会刊, 第 1—5 期, 1921—1931 年.

我国早期的地质学家之一

——著名地质学家、区域地质学家、矿业学家、地质教育家谭锡畴教授①

于 洸

谭锡畴，我国早期的地质学家、区域地质学家、矿业学家、地质教育家。在我国许多地区从事过区域地质矿产调查，尤其是山东白垩纪地层古生物调查、四川西康地质矿产调查，在我国具有开创意义。主编我国第一幅 1∶100 万地质图，对资兴煤矿、易门铁矿等的开发经营有重大贡献。先后任北平师范大学、北洋大学、北京大学、西南联合大学、昆明师范学院、云南大学等校教授，培养了大批地质人才。

谭锡畴，字寿田，1892 年 12 月 28 日生于河北省吴桥县梁集村。1913 年毕业于保定中学。同年，考入农商部地质研究所，这是一个培养专门地质人才的教学机构。在三年的学习中，他不但学习了基本地质理论知识，还通过十余次的野外实习，在实践操作方面得到良好的训练，为今后从事地质调查打下了良好的基础。

1916 年夏毕业后，谭锡畴到农商部地质调查所工作，任调查员，先后在北京、河北、山东、黑龙江、辽宁等地进行地质矿产调查，并主编了中国学者自编的第一幅大面积地质图——《北京—济南幅地质图（1∶100 万）》。1924 年赴美国留学，1926 年获美国威斯康星州立大学理学硕士学位，1927 年获美国约翰·霍普金斯大学地质学硕士学位。1928 年回国后任农商部地质调查所技正，1931—1936 年兼任北平研究院地质研究所研究员。1933 年起，先后在北平师范大学、北洋大学、北京大学、西南联合大学、昆明师范学院、云南大学任教授。其间，1937 年一度担任湖南资兴煤矿矿长，1939—1940 年兼任云南易门铁矿局局长；1950 年任云南省财经济委员会委员、西南地质调查所第二地质调查队队长，1950 年 11 月任中国地质工作计划指导委员会委员、矿产地质勘探局局长。1952 年逝世。

谭锡畴是中国地质学会 26 名创立会员之一，1930 年任中国地质学会第 8 届评议会评议员。1937 年任《地质论评》编辑，1949—1950 年任《中国地质学会志》编辑，1951 年任中国地质学会第 27 届理事会候补理事、《中国地质学会志》编辑。他热心会务，为地质学会和学会主办的刊物做了许多工作。

① 载于“西南联大名师”丛书之《地球奥秘的探索者》，云南出版集团公司云南教育出版社，2012 年 5 月第 1 版

一、从事地质矿产调查

谭锡畴进入农商部地质调查所工作后，参加的第一项工作是在所长丁文江及地质股股长章鸿钊、矿产股股长翁文灏的领导下，对北京西山进行地形地质测量。他首先与同事用平板仪测出地形等高线，再按一定路线调查地层、岩石、地质构造等。经过一年多艰苦的野外工作，1918 年春考察告一段落。他们又用了近一年时可进行资料整理、绘制图件，最后由叶良辅执笔写出报告，题为《北京西山地质志》，1920 年由地质调查所作为《地质专报》甲种第 1 号出版。书中附有比例尺为 1∶10 万的《北京西山地质图》，这是中国学者自己测制的第一幅详细地质图件。《北京西山地质志》分为地层系统、火成岩、构造地质、地文和经济地质五章，报告中的资料丰富，记载翔实，论述透彻，是我国地质工作者详尽解剖一个小区域地质的最早的研究报告。尤为可贵的是，该报告纠正了此前某些外国学者对西山地质的许多错误论断，为西山地区的地质研究和资源开发奠定了基础。它出版后曾引起广泛的关注，北京大学地质学系和稍晚建立的清华大学地学系的学生在野外实习时，都将该书作为重要的参考书。对北京西山的调查，对刚参加工作的谭锡畴等人来说，是一次很好的锻炼，同时也显示出他们的卓越才干。

在参加西山地质调查的同时，谭锡畴还调查了直隶（今河北）唐山、宣化等处的煤田。1918 年秋，应龙烟铁矿和农商部矿业顾问安特生（J.G.Andersson）之邀，谭锡畴、朱庭祜等人赴直隶省宣化、涿鹿、怀来等地进行地质矿产调查，测制比例尺为 1∶10 万的地质图，并在此基础上，写成《直隶宣化涿鹿怀来等县地质矿产》一文。1919 年，谭锡畴又随安特生去山东，调查了金岭镇铁矿、章丘煤矿、淄博煤矿及历城、章丘铁矿。1922 年底，他们又一次去山东，调查蒙阴、新泰、莱芜一带的中生代及新生代地层，发现并采集了大量保存完好的恐龙、鱼类、昆虫类、瓣鳃类和植物化石，时代为早白垩纪。1923 年谭锡畴发表了《山东蒙阴、莱芜等县古生代以后的地层》一文。在中国中生代（特别是白垩纪）地层研究方面，这是一次很有价值的发现，不但纠正了外国学者在此问题上的错误（早年，一位德国地质学家误认为这里的地层是石炭纪或二叠纪，一位美国地质学家误认为是二叠纪至中生代），而且为中国白垩纪地层的研究奠定了基础。后来，谭锡畴和李春昱调查四川全省的地质构造时，很容易地将四川白垩纪的地层分为自流井层、嘉定层和蒙山层。

1923 年，谭锡畴来到东北，调查黑龙江汤原县鹤岗煤田、热河朝阳县北票煤田，及辽宁黑山八道壕煤田的地质情况。稍后，他又承担了编制《北京—济南幅地质图（1∶100 万）》的任务。编制此图时，他由一名工人带路，用鸡公车（独轮车）装上行李及工作用品，行进在山间小道上。经过长途跋涉，谭锡畴得到许多第一手资料，再经过详细的整理、编绘，于 1924 年完成了这幅图及其说明书，由农商部地质调查所出版。这是我国学者自编的第一幅按国际分幅要求绘制的 1∶100 万地质图，为后来编制全国整套地质图提供了样板，是中国地质调查史上的一件大事。

编完上述图件后，谭锡畴赴美国威斯康星州立大学地质系学习。学习期间，他参加了美国 1∶6 万区域地质测量和填图工作，1926 年完成了题为《岩石裂痕构造及其他相似构造之研究》的学位论文。通过论文答辩取得理学硕士学位后，他转入约翰·霍普金斯大学继续学习，并于 1927 年获该校地质学硕士学位。

1928 年初，谭锡畴回国后，任农商部地质调查所技正。当年秋季，他与王恒升起去东北进行考察，主要工作地区在黑龙江，重点调查了嫩江、克山诸县的煤田地质情况。1929 年，两人发表了《黑龙江嫩江流域之地质》一文。他们在文中指出，找到煤田的希望不在嫩江平原，而在松花江流域。

1929 年秋，谭锡畴与李春昱来到西南地区，对四川、西康进行大规模的区域地质调查。这次调查是丁文江领导的西南地质大调查的一个组成部分。两人与丁文江、王曰伦、曾世英一起从北平出发，到武汉改乘轮船溯江而上，过三峡至重庆，换乘汽车到成都。五人此次考察，行程上万里，历时两年多，完成了 30 多幅 1∶20 万路线地质图。他们是我国最早穿过大巴山并对其地质构造进行研究的地质学家，因而他们的工作具有开创性。

当时，在西南地区工作的条件十分艰苦，不但没有地形图，连地理底图都没有标绘可靠的经纬度，谭锡畴等在进行地质测量的同时，还得兼做地形测量等一系列工作。为了测量经纬度，他和李春昱按照丁文江的设想，带上一部无线电收音机，晴天晚上用它来测量星斗的位置，计算出当地的时间；再用它收听天文台报出的标准时间，然后用两者的时间差算出当地的经纬度。当时西南地区的治安条件很差，他们在荒郊野外遇到的艰险不知有多少次。

这次考察取得的收获十分可观。回到北平后，经过分析整理，谭锡畴、李春昱先后发表了《西康东部地质矿产志略》（1931）、《四川峨眉山地质》（1933）、《四川石油概论》（1933）、《四川盐业概论》（1933）、《西康东部地质矿产志略》（1934）等论著。这些论著都是研究西南地区地质的开创性文献；直至 1959 年，地质出版社还出版了《四川西康地质矿产志》的文字部分，这说明两人当年的成果对后人有很大的参考价值。

抗战初期，谭锡畴曾在湖南资兴煤矿进行地质调查。他在黄汲清、张兆瑾、路兆洽等人工作的基础上，派人进一步深钻，使得煤田的探明储量有所增加。他还一度担任资兴煤矿的矿长，直接从事煤矿的经营管理工作。1938 年来云南后，他一边在西南联合大学任教授，一边应地方政府之邀请，主持宣威煤矿的勘探和开采工作；1939—1940 年，又兼任云南易门铁矿局局长。主持易门铁矿局期间，他曾先后邀请西南联合大学教师王嘉荫、郭文魁，地质调查所技师王曰伦、边兆祥等前去易门进行地质勘查，进一步查明该矿的地质特征及矿产储量。由于他经营得法，易门铁矿的产量年年上升，缓和了抗战后方缺铁的矛盾。通过实践总结，谭锡畴写出《易门铁矿矿产概要暨 29 年度探采工程计划》（1939）、《云南易门安宁禄丰主要铁矿矿床述要》（1943）、《云南矿产概况及其在全国所占之地位》（1947）等多篇有价值的论文，还于 1948 年出版了专著《世界工业矿产概论》（1948）。

二、从事地质教育 培养大批人才

1933 年离开地质调查所之后，谭锡畴把主要精力用于地质教育，抗战以前，任北平师范大学、北洋大学、北京大学教授；抗战爆发后，任西南联合大学教授；抗战胜利后，任昆明师范学院博物系系主任，同时兼云南大学矿冶系教授。他讲授的课程有：地质学、矿床学、地史学、构造地质学、地质测量、沉积学等，是我国较早开设沉积学课程者之一。他十分注意自己知识的更新，不断接受和运用新的理论和方法，凡国内外新出版的地质学和其他有关书刊，都认真阅读。若在学校图书馆里借不到，他就自己购买，每月薪水的一部分甚至一半被他用于购买书籍了。他热爱教学工作，对学生的学习非常负责，所编讲义内容十分丰富。他常带领学生们去野外实习，注意培养学生的实践能力，还很重视学生毕业论文的写作指导，常去检查他们毕业论文的准备情况，特别是搜集论文资料的情况。因为谭锡畴认为，毕业论文是学生在校学习的总结，马虎不得。他对学生的严格要求使学生们受益良多。

谭锡畴的治学态度谦虚而严谨，他认为，科学是容不得半点虚假的，决不能想当然，所以从不发表不成熟的意见。在带领学生到野外实地考察的过程中，学生们所提出的问题，他能回答的当场就回答，一时回答不了的就等查了书以后再回答，有时老实承认自己还回答不了，从来不马马虎虎、不懂装懂。1939 年夏，他在西南联大带队实习，在一个观察点，地层层序不易确定。学生问他时，他就如实说“不敢确定”。又有一次，他在昆阳的红色板岩地区工作时，想要找到能够确定地层时代的化石，可足足找了两个小时，他一无所获，便不敢妄下结论；后来向西走到安宁，见到上覆岩层是震旦纪灰岩，才确定昆阳板岩是属于不含化石的前震旦纪（即今“昆阳群”）。这种实事求是、一丝不苟的治学态度，是一名地质科学工作者最可贵的品质，给了学生们很深刻的教育。

谭锡畴的严格要求及言传身教使学生们获益匪浅，他的良苦用心及辛勤劳动也得到了回报。他在北京大学、西南联合大学教过的学生，如张炳熹、董申保、关士聪、谷德振、马杏垣、顾知微等，后来都成为中国科学院地学部学部委员（院士）。

三、为新中国地质矿产勘查工作做出贡献

1949 年 12 月，昆明和平解放。谭锡畴这位辛勤正直的老地质学家为国家历经战乱终于迎来了和平而感到欢欣鼓舞。他积极参加新中国的建设，1950 年初被任命为云南省财政经济委员会委员，不久又担任西南地质调查所第二地质调查队队长，主要负责云南地区地质人员的归队及地质矿产勘察工作的开展。由于他的努力，这两方面的工作取得很大成绩。不久，他被调往北京。1950 年 11 月，以李四光为主任委员的中国地质工作计划指导委员会在北京成立，谭锡畴是该委员会的 21 名委员之一。这次大会是新中国成立后地质学家的一次盛大集会，除 21 名委员外，还邀请了其他 74 位地质学家参加。中国地质事业的奠基人之一章鸿钊出席并致开幕词。谭锡畴与当年的老师久别重逢，百感交集，都为祖国地质事业有美好的前途而万分庆幸。会上，大家认真讨论了建国初期地质工作的任务和计划；在组织机构上，决定在委员会的领导下，成立地质研究所、古生物研究所、矿产地质勘探局。谭锡畴负责筹备矿产地质勘探局，该局下设经济地质、工程地质、物理探矿、钻探、化验、测量等部门。谭锡畴苦心筹划，四方奔走，经常向上级领导请示汇报，又广泛征求专业人员的意见，将工作安排得井井有条。1950 年底，他被任命为矿产地质勘探局局长，为新中国矿产资源的勘探和经济建设发挥着他的组织和

领导才能。

谭锡畴身居要职，却平易近人，所以与群众的关系很好，工作上深得大家的支持。他常对人说："做一个正确的领导者，必须有三要：一要认识群众的智慧和能力；二要大胆放手让群众工作；三要自己有度量。"他是这么说的，也是这么做的。

1952年夏，谭锡畴被发现患有肾癌。在北京医学院附属医院诊疗期间，他仍念念不忘祖国地质矿产勘探事业的发展，对来探视的同事们说："中国的地质事业很重要，但我年迈多病，恐难起多少作用了。"同事们安慰他说："中国地质事业很重要，我们有群众，再加上你的领导，会培养出更多的新生干部，也就会有第二个、第三个以至于很多个谭局长出来。那么，祖国和人民的地质矿产勘探事业就会有光辉的成就。"1952年6月4日，病魔无情地夺走了谭锡畴的生命，享年60岁。"出师未捷身先卒，长使英雄泪满襟"，谭锡畴一心想为新中国的建设贡献自己的力量，而就在这大有可为的时候，他却与世长辞了，令人惋惜。

谭锡畴，作为我国早期的地质学家之一，为我国的地质事业做了许多开创性的工作，留给后人的遗产也十分丰富，地质学界的同仁们都深深地怀念他。

谭锡畴简历：

1892年12月28日　生于河北省吴桥县梁集村。

1913年　毕业于保定中学，随后考入农商部地质研究所学习。

1916年夏　毕业于农商部地质研究所，到农商部地质调查所工作，先后任调查员、技师。

1924年　在美国威斯康星州立大学地质系学习，1926年获该校理学硕士学位。

1927年　转入美国约翰·霍普金斯大学学习，获该校地质学硕士学位。

1928年　初回国，任农商部地质调查所技正。

1931—1936年　兼任北平研究院地质研究所研究员。

1933—1937年　先后任北平师范大学地理系、北洋大学矿冶工程学系、北京大学地质学系教授

1937年　赴湖南资兴煤矿工作，一度担任矿长。

1938年　任西南联合大学地质地理气象学系教授。

1939—1940年　兼任云南易门铁矿局局长。

1945年　任昆明师范学院博物系系主任，兼任云南大学矿冶系教授。

1950年　初任云南省财政经济委员会委员。

1950年　任西南地质调查所第二地质调查队队长。

1950年11月　任中国地质工作计划指导委员会委员、矿产地质勘探局局长。

1952年6月4日　病逝于北京。

谭锡畴主要著作：

（1）《山东淄川博山煤田地质》，《地质汇报》，1922年。

（2）《黑龙江汤原县鹤岗煤田地质》，《地质汇报》，1924年。

（3）《北京一济南幅地质图（1∶100万）及其说明书》，1924年。

（4）《奉天黑山区八道壕煤田地质》，《地质汇报》，1926 年。

（5）《北票煤田地质》，《地质汇报》，1926 年。

（6）《直隶宣化涿鹿怀来等县地质矿产》，《地质汇报》，1928 年。

（7）《黑龙江嫩江流域之地质》，《地质汇报》，1929 年。

（8）《南昌至福州沿计划铁路线的沿线地质》，《地质汇报》，1930 年。

（9）《热河东部及辽宁西部地质》，《地质汇报》，1931 年。

（10）《西康东部地质矿产志略》，《地质汇报》，1931 年。

（11）《四川石油概论》，《地质汇报》，1933 年。

（12）《四川盐业概论》，《地质汇报》，1933 年。

（13）《西康东部地质矿产志略》，《康藏前锋》，1934 年。

（14）《四川岩盐及盐水矿床之成因》，《地质论评》，1936 年。

（15）《广东紫金县宝山嶂铁矿》，《地质汇报》，1938 年。

（16）《广东云浮县铁矿》，《地质汇报》，1938 年。

（17）《易门铁矿局地质探矿暨地球物理勘探工作概况》，《资源委员会季刊》，1940 年。

（18）《云南易门安宁禄丰主要铁矿矿床述要》，《地质论评》，1943 年。

（19）《云南矿产概况及其在全国所占之地位》，《地质论评》，1947 年。

（20）《世界工业矿产概论》，《正中书局》，1948 年版。

参 考 文 献

[1] 孙云铸、王曰伦. 追念中国地质矿产勘探工作者谭锡畴先生. 地质学报, 1954 年第 1 期.

[2] 黄汲清、何绍勋. 中国现代地质学家传(第一卷). 长沙: 湖南科学技术出版社, 1990 年版.

[3] 中国科学技术协会. 中国科学技术专家传略・理学编地学卷(1). 石家庄: 河北教育出版社, 1996 年版.

[4] 北京大学档案馆藏有关西南联合大学的档案.

[5] 北京大学地质学系百年历程编委会. 创立・建设・发展——北京大学地质学系百年历程(1909～2009). 北京: 北京大学出版社, 2009 年版.

袁复礼教授在北京大学[①]

于　洸　曹家欣

袁复礼教授是我国著名的老一辈地质学家，在地文学、地层学、古生物学、动力地质学、第四纪地质学诸方面颇有建树。除早年在北平地质调查所任职以外，他一生中绝大部分时间从事地质教育。他知识渊博、循循善诱，我国几代地质学家和地质工作者都曾受教于他，他是一位受人尊敬的地质教育家。他与北京大学有着密切的联系，他离开我们 6 年多了，北京大学地质学系和地理学系的教师们，对他仍然充满着尊敬和怀念之情。在他诞辰 100 周年之际，我们写这篇短文回忆袁老师在北大任教及指导青年教师的一些片断，谨以此表达对袁复礼老师的尊敬和怀念。

据查找到的材料，袁复礼老师 1924 年 10 月就在北大地质学系授课，或许这就是袁先生从事教学工作的开端。20 世纪 20 年代初，北大地质学系有何杰、王烈、李四光、葛利普、李毓尧、朱家骅、王绍瀛、温宗禹、黄福祥等诸位老师。起初教学计划中没有地文学这门课，1924 年起增设，首先就是请袁复礼先生讲授的。1924 年 10 月 16 日《北京大学日刊》[②]刊登消息称：地质学系二年级每周添授地文学讲演及实习各两小时，请袁复礼先生担任，那时袁先生在北平地质调查所任职，在北大兼课。他为北大地质学系二年级学生讲授地文学，一直到 1927 年他参加中瑞合作的西北科学考察团赴西北考察为止。袁先生在北大还讲过经济地质学（相当于现在的矿床学与找矿勘探地质学），那是 1925 年的事情。1924—1925 学年所设经济地质学一课由何杰教授担任，二年级讲金属部分，三年级讲非金属部分。1925 年初，何杰先生有事，请谢家荣先生代授。据 1925 年 4 月 11《北京大学日刊》消息：因谢先生有事，地质学系二、三年级经济地质学下周起请袁复礼先生暂代。虽然袁先生后来很少讲经济地质学这门课，但在北大讲过这门课还是值得记载的。

1932 年袁先生到清华大学任教授，1937 年全面抗日战争爆发，北大、清华、南开三校先迁长沙，后迁昆明，组成西南联合大学，地质、地理、气象三个学科组成地质地理气象学系。袁先生与三校及联大的师生朝夕相处，结下了深厚的情谊。这里想提到两件事：一是袁先生是带领学生从长沙步行到昆明的一位老师，1938 年 2 月中旬学校从长沙向昆明搬迁，人员分为两路，其中一路步行者组成湘、黔、滇旅行团。这一路有学生 244 人，教师 11 人，全体教师组成辅导团，并成立湘黔滇旅行团指导委员会。黄子坚任主席，

---

① 袁复礼教授在北京大学，于洸、曹家欣，《桃李满天下——纪念袁复礼教授百年诞辰》，杨遵仪主编，中国地质大学出版社，1993 年 12 月出版

② 参考文献：1.《北京大学日刊》1932 年 9 月 17 日至 1937 年 7 月 24 日；2.《北京大学周刊》1932 年 9 月 17 日至 1937 年 7 月 24 日；3.北京大学综合档案室文书档案（多种）

李继侗、曾昭抡、袁复礼任委员，地质学组的学生参加旅行团步行的有王鸿祯、张炳熹、曾鼎乾、陈庆宣等 13 人。经 68 天长途跋涉，行程 16632 里，克服重重困难，于 4 月 28 日到达昆明。在步行中，师生沿途做社会考察、地质考察，进行抗日宣传，结下了深厚的友谊。另一件事是，在西南联大地质地理气象学系期间，袁复礼先生授课很多，对学生帮助很大。他主要讲授普通地质学及地文学，还教过地质测量、构造地质、地图投影、制图学、矿床学等多门课程。他教学认真，深受学生欢迎。

1946 年 10 月，西南联合大学撤销，北大、清华两校复员回到北平，袁先生仍在清华大学任教。直到 1952 年院系调整以前，袁先生仍在北大兼授地文学课程。

1954—1956 年期间，北京大学地质地理学系为培养青年教师，选派曹家欣、欧阳青到北京地质学院进修。当时在北京地质学院任教的苏联专家帕甫林诺夫系统地开设第四纪地质学，袁复礼先生负责讲授中国第四纪的内容。袁先生讲课十分生动幽默，给学生们留下了深刻的印象。院系调整以后，北大的几位青年教师直接受教于袁先生，这也是他们学习第四纪地质学的启蒙，为后来多年从事第四纪教学与科研打下了良好的基础。1958 年夏，北大对当时的研究生进行考试（口试），地质地理学系领导和地貌及第四纪教研室主任王乃梁先生亲自请袁复礼先生主考，参加考试研究生有崔之久、王颖、钱宗麟和周慧祥，另有青年教师曹家欣。每人抽到一份试题，曹家欣是关于新构造运动的试题。记得口试中袁先生曾向曹提问："你能说出中国内陆最低的地方在何处?海拔多少?"曹家欣回答："袁先生，我可以不用回答了，我已看到对面墙上挂的中国地形图很清楚地显示出吐鲁番盆地的觉洛浣是-154 米。"袁先生听后和其他几位考官哈哈大笑，袁先生说："我这个问题提得太不合适了。"那次几位年轻人的考试成绩都很好，袁先生很满意。

1965 年在西安人民大厦召开第二次全国第四纪学术大会和陕西蓝田新生界现场会议。在分组会上曹家欣作了"川陕龙门山西段的新断裂活动的研究"的报告，得到与会几位老先生的赞许。记得当时在场的有袁复礼、张伯声、徐煜坚等老前辈，散会后袁先生同曹家欣在大厅中聊天，谈起会上的报告，袁先生说："没想到你一个女同志讲得还真不错哩！"袁先生的鼓励激励着年轻人不断奋进。

60 年代初，记不得在什么场合，袁先生在一个会议上发言，并提出建议，说："现在许多大型水利工程和其他建筑工程挖开了许多好剖面，我们应当集中点人力去研究研究，过去没有这种机会，可是这需要有人去组织，这些第四纪剖面如果不能很好利用太可惜了。我建议应当在北大成立一个新生代地质专业。我们国家新生代地层十分发育，但缺乏人才，应该有计划地培养这方面的人才，北大最合适。"北大虽然没有建立新生代地质专业，但在第四纪地质教学中，按照袁先生的建议也讲授一部分第三系的内容。地质学系和地理学系的毕业生中都有一些人从事新生代地质的工作，并取得了很好的成绩，这也可告慰袁先生。

一代大师　千秋风范

——著名地质学家、地貌及第四纪地质学家、地质教育家袁复礼教授[①]

于　洸

袁复礼，地质学家、地貌及第四纪地质学家、地质教育家，中国地质学会创立会员之一，是我国地貌及第四纪地质学的奠基人之一。他在地质学领域的成就是多方面的：与安特生一起从事仰韶文化的考古研究；在甘肃武威最早发现中国的早石炭纪地层；在西北最早发现大批爬行动物化石；获瑞典皇家科学院授予的“北极星”奖章；从事地质教育60多年，培养了几代地质人才。

袁复礼，1893年12月31日生于北京，祖籍河北省徐水县。九三学社社员。1903年入私塾读书。1908年考入天津南开中学学习，1912年冬毕业。1913年袁复礼考入清华学校高等科学习。1915年以优异的成绩被保送到美国留学，先后在布朗大学、哥伦比亚大学学习、1918年获哥伦比亚大学地质学学士学位，1920年获该校地质学硕士学位，后继续从事研究。1921年夏，因母亲病重提前回国。1921年10月任农商部地质调查所技师，同年冬在河南渑池县仰韶村参加考古发掘工作。1921年底至1922年初参加中国地质学会的筹备工作。1923年5月至1924年8月在甘肃省做地质调查。1925年至1926年两次赴山西省进行考古调查和发掘。1926年9月任清华学校大学部教授。1927年5月至1932年5月参加中国西北科学考察团，赴西北考察，初为南队队长，后为中方代理团长。西北考察归来后继续任清华大学教授，1932年9月兼任地理学系系主任。1932年11月地理学系改称地学系，任地学系系主任。1937年9月至1946年5月任长沙临时大学、西南联合大学地质地理气象学系教授，1945年11月代理系主任。1946年夏清华大学复员回北平后，继续任地学系教授兼系主任。1950年8月清华大学地质学系成立，任该系系主任。1952年夏，全国高等学校院系调整，任北京地质学院教授，后任武汉地质学院北京研究生部教授。

袁复礼曾任中国地质学会评议会评议员、理事会理事、名誉理事，中国地质学会第四纪冰川及第四纪地质专业委员会名誉委员，中国第四纪研究委员会理事，李四光研究会名誉理事长。1950年任国家燃料工业部顾问、河北省第一届各界人民代表会议筹备委员会委员，1951年任河北省第一届政治协商委员会委员，1955年任河北省人民委员会委员。他也是河北省第一、二、三届人民代表大会代表，第三届全国人民代表大会代表。1983年加入九三学社，1984年任九三学社中央名誉顾问。

---

① 载于“西南联大名师”丛书之《地球奥秘的探索者》，云南出版集团公司云南教育出版社，2012年5月第1版

1987 年 5 月 22 日病逝于北京，享年 94 岁。

一、我国近代考古事业的先驱者之一

袁复礼教授本是一位地质学家，但中国考古史上的几项重大成就都与他有关，被考古学界誉为“中国考古事业的先驱者之一”。1920 年秋，在北洋政府农商部任顾问的瑞典学者安特生，派人到河南采集古生物化石时，在渑池县仰韶村向村民买到许多件磨制石器。这引起了安特生的注意，1921 年 10 月 27 日—12 月 1 日，他亲自来到仰韶村进行田野考古。农商部地质调查所的袁复礼等 6 人也参与其事。安特生工作很忙，仅到过现场几次，日常的发掘工作由袁复礼主持。通过发掘，他们收集到带土实物十余箱，其中有许多石器、骨器和陶器。陶器中多是粗陶，也有一些素陶，内外都磨得很光滑，外部饰物十分精美，上面有人兽形的盖纽。仰韶村所出土的精致彩陶与磨制石器的共存，是考古界一个崭新的发现。1923 年，安特生发表《中国的早期文化》（*An Early Chinese Culture*）一文，概述了此次考古方法和发掘成果，并比较了仰韶文化与中亚的安诺和特里波列文化的异同。袁复礼将该文择要译为中文，取名《中国远古文化》。袁复礼除参加发掘外，还兼任测量工作。他所绘制的《仰韶村遗址地形图》是中国近代考古史上最早的一幅遗址地形图，发表在安特生所著《河南的史前遗址》（1947）一文中，是一份宝贵的科学史料。距今有五千多年历史的仰韶文化遗址的发现，使“中国没有新石器时代文化”的说法不攻自破，揭开了我国史前社会研究的序幕及我国新石器时代考古的第一页，推动了国内的田野考古工作，对人类社会发展史的研究有着重要的意义。此后，考古界在黄河流域发现了仰韶文化遗址千余处。

1924 年 3 月 22 日至 4 月 11 日，袁复礼与安特生到甘肃榆中进行考古调查。4 月 23 日至 5 月 28 日，他们又去甘肃洮河流域进行考古调查，并绘制了以辛店墓地为中心的地形图，可惜未能发表，这在科学史上是一项损失。

1925 年底至 1926 年初，袁复礼与清华学校国学研究院李济一起到山西南部的汾河流域考察，发现三处出产彩陶的遗址。1926 年 9 月至 12 月，他们在山西夏县西阴村进行考古发掘，采集出土文物 76 箱，并对出土文物采取“三点记载法”和“层叠法”等先进方法进行登录。袁复礼承担其中的发掘和测量两项工作。李济所著的《西阴村史前遗存》（1927）一书，是世界近代考古学史上由中国人发表的第一份考古报告，书中载有袁复礼所著的“图论”和“山西西南部的地形”两篇附录，书中的“深坑地层剖面图”和“掘后地形图”也为他所绘。属于仰韶文化的山西夏县西阴村遗址，是由中国学者自己主持、用现代考古方法发掘的第一处史前遗址，为仰韶文化的研究提供了新的资料，在中国考古学史上占有重要的地位。学者认为它是考古学中中国传统文化与近代科学方法结合较好的一个实例，推动了近代考古学在中国的发展。

二、西北地区科学考察的先驱者之一

1926 年末，瑞典著名探险家斯文·赫定（Sven Hedin）再次率团来华，准备独自对我国西北进行综合考察。他与有关部门达成协议，其中有两条苛刻的条件：一是“只容中国派地质学家二人伴行，负责与当地各级官厅接洽，到新疆后立即返北京，由瑞典人接替”；二是将来的采集品，“先送瑞典研究，待中国有相当研究机构，再送还”。这一极不平等的协议公布后，引起我国学界反对。北京大学考古学会、历史博物馆、内务部古物陈列所、清华学校国学研究院等十几个学术团体举行了“北京各学术团体联席会议”，有20余名代表参加。会议认为，既不能让珍贵文物流失国外，又要与国际科学界进行合作，并决定成立“中国学术团体协会”。会议制订了保护我国文物的六项原则，发表了《反对外人随意采取古物之宣言》，并派代表与瑞方进行协商。袁复礼教授作为北京大学考古学会的代表，多次参加联席会议。在1927年3月19日的第五次会议上，代表们推选古物陈列所所长周肇祥及刘复（半农）、袁复礼、李济四位代表与斯文·赫定逐条研究《中国学术团体协会为组织西北科学考察团事与瑞典国斯文·赫定博士合作办法》。袁复礼兼任谈判翻译，并与李四光、李济两位先生一起将北大教务长徐炳昶等起草的“合作办法”译为英文。这次会谈期间双方争论激烈。周肇祥先生不同意将有关新疆的气象资料在国外发表。当斯文·赫定进行辩解时，袁复礼指出：“以前美国曾有人欲到加拿大去研究气象，加拿大政府就拒绝了，这种事在外国是常有的。”经反复协商，最后，斯文·赫定与中国学术团体协会签订了《组织西北科学考察团合作办法》。《合作办法》规定：中外学者平等参加考察团工作；采集品中，考古部分全部由中国保存，地质学部分由中国保存，经理事会审查后，可赠斯文·赫定副本一套。这次合作开创了以我为主、同国外科学家平等合作进行科学考察的先河。

在考察团中，瑞方团长为斯文赫定，中方团长由徐炳昶教授担任，中方成员有徐炳昶、袁复礼、詹蕃勋、丁道衡、黄文弼及学生李宪之等十人。1927年5月9日，考察团从北京出发。在由内蒙古至新疆的途中，全团分三路进行考察。袁复礼率领的南分队全由中国团员组成，他们在新疆进行地质调查的区域主要是天山北麓准噶尔盆地南部的阜康、吉木萨尔、奇台至北塔山一带。当时新疆没有地形图，所以团员从地形测绘开始，再进行地质调查和制图，调查该地区的地层、岩石、古生物、构造、矿产、地貌、冰川等。他们先后测制了一幅奇台至北塔山的路线地质图及一幅范围约为150平方千米的1∶1万地形图，并测算了天山及天山雪线的高度、天池的深度及东西剖面。袁复礼成为考察天山冰川的第一人。

1928年底，斯文·赫定、徐炳昶离开新疆返回北京，袁复礼任考察团代理团长。他在考察的同时，组织、管理中瑞双方科学家的各项事务，与新疆当局和外国同行都保持融洽的合作关系，赢得了中国学术团体协会理事会及包括斯文·赫定在内的中外团员的尊敬和赞扬。在进行西北科学考察中，袁复礼的许多工作是开拓性的，收获和贡献是多方面的，对这一地区以后进行地质调查和科学研究具有指导意义和重要参考价值。

一是在古脊椎动物化石的发现和研究方面。袁复礼共发现了4个化石点、5个化石层位、10个相当完整的物种（共72个个体）。

1928年9—11月，袁复礼等人在新疆三台的大龙口一带发现了一套晚二叠纪至早三叠纪的淡水湖沉积物，并在晚二叠世地层中找到了二齿兽类的化石。1934年袁复礼和杨钟健把其命名为新疆二齿兽，后修正为新疆吉木萨尔兽。1973年，杨钟健院士的研究生孙艾玲教授在这批考古材料中发现了一种新型的二齿兽类化石，定名为天山二齿兽。考察团团员们在早三叠纪地层中发现了大批化石，杨钟健、袁复礼和戈定邦等经过研究，认为它们是步氏水龙兽、魏氏水龙兽、袁氏阔口龙和袁氏三台龙。1930 年夏，他们在早三叠纪地层中又发现了赫氏水龙兽。这批化石的问世，震惊了当时的古生物学界。因为二齿兽和水龙兽动物群原是南非的特有品种，如今在中国的新疆有所发现，对当时刚刚问世的“大陆漂移说”乃是有力的支持。在《杨钟健回忆录》一书中，有相当一部分篇幅涉及袁复礼教授的这一重大发现。书中说：“新疆之水龙兽、二齿兽动物群，与南非同层者十分相似，无一新属，故无疑有密切关系。自此动物群见之于世以后，使一般人对于当时动物之迁徙和彼此之关系，以及对于前冈瓦纳古大陆之见解，均有新的认识。”

1930 年 10—11 月，袁复礼等人在奇台县的晚侏罗纪地层中发掘出一具恐龙化石，杨钟健将它定名为奇台天山龙。1931 年 7 月，在乌鲁木齐南部三叠纪的板岩中发现了一具鱼化石，经袁复礼和戈定邦等商定，命名为乌鲁木齐中华半锥鱼。1932 年 3 月，考察团团员在宁夏与内蒙古交界处的阿拉善地区白垩纪地层中，发现了宁夏结节绘龙。

综上所述，五年中考察团共发现了十种有重要科学意义的古脊椎动物化石。1983 年，当袁复礼教授在回忆这段往事时，便自豪地说：“如此众多的完整的爬行动物化石，在当时世界各国是很少见的。这一突出的成就大长了中国人的志气，充分证明有古老文化的中华民族在近代科学工作中曾经做出过高水平的贡献。”

二是在地层、地貌、第四纪地质的考察与研究方面。袁复礼等人建立了新疆二叠纪、三叠纪的“石钱滩组”“大龙口组”“东红山组”“烧房沟组”地层单位；在准噶尔盆地东部建立了第四纪沉积年代表，并编绘了一幅地貌图。他们对侏罗纪奇台天山龙产地的地貌特征的记述也给后人留下了宝贵的科学资料；对博格达山北坡和天池冰川地貌的调查、测绘和记述等，是后人研究气候变化的重要参考文献。他们在测绘天山地形图时，修正了当地许多山峰的高度，对后人研究夷平面、新构造运动、积雪厚度等都是很重要的资料。

三是在考古方面的发现。考察团在内蒙古乌拉特中旗境内发现 7 处细石器、磨制石器及陶器遗址，其中以格齐克较为丰富，共发现石器 700 余件；在内蒙古乌拉特后旗境内发现 3 处遗址，采集到数量众多的细石器及部分磨制石器和陶片；在甘肃四红泥井、民勤三角城等地也发现了石器地点，采集了大量标本；在新疆七角井、东西盐池等地发现细石器地点，在乌鲁木齐附近采集到细石器和陶器等。

四是在矿产方面的发现。1927 年 8 月 5 日，袁复礼等人途经内蒙古喀托克呼都克时，发现铁矿。1932 年 4 月，他们再次到该地考察，发现它与丁道衡在白云鄂博发现的铁矿近似，便在这里细致地勘探、寻找。1951 年，袁复礼提出该处铁矿有进行勘查的必要，还应邀到现场找到当年发现的铁矿，即现今的白云鄂博西矿。

袁复礼等人的采集品先后共运回 100 余箱，新中国成立前送给农商部地质调查所新生代研究室，新中国成立后分别送给中国科学院古脊椎动物与古人类研究所、中国科学院南京地质古生物研究所、中国社会科学院考古研究所等单位的学者进行研究。为表彰袁复礼在西北科学考察中做出的贡献，瑞典皇家科学院于 1934 年授予他一枚“北极星”奖章。在考察的过程中，袁复礼还为当地老百姓做了许多好事。在新疆吉木萨尔县做地质调查时，他为缺水的山村找到了清泉，当地群众为他修了座“复礼庙”。后来他又帮助炼铁的群众改进技术，使铁产量大大提高，人们又为他建了一座“袁公庙”，以纪念他的功德。

三、从事地质教育六十余年培养几代地质学家

袁复礼先生的教学生涯始于 1922 年。当年，他在农商部地质调查所任职，应聘到北京高等师范学校兼课，讲授外国地理；1922 年至 1926 年，在北京大学地质学系兼课，讲授地质测量、经济地质学等课程，并于 1924 年首次开设地文学课。

1926 年 9 月，袁复礼受聘清华学校大学部教授。1928 年 8 月，清华学校改名为国立清华大学，1929 年 9 月成立地理学系。1932 年 5 月，袁复礼从西北考察回校后任该系教授，9 月任系主任。1932 年 11 月 30 日，清华大学地理学系改为地学系，分设地质、地理、气象三组，袁复礼任地学系系主任。地理学系改为地学系，要在原有的基础上有很大的充实，袁先生为此付出了很多的辛劳。他四处奔走，筹集资金，添置图书、仪器、标本，聘请著名学者来系任教。经过他的坚持，在全系师生的共同努力下，清华大学地学系的教学设备初具规模，能基本满足教学的需求。在系实验室的标本中，就有袁复礼采自新疆的大量无脊椎和脊椎动物化石，供教学、参观和研究使用。袁复礼除讲授高等地貌学等基础课外，还结合自己在西北的考察资料和见闻，开了中国西北地质地理课，并多次向学生作西北科学考察的学术报告。袁复礼在传授知识的同时，还以满腔的爱国热情和献身地质事业的豪情，激励青年学生热爱地质事业，献身边疆。

1937 年七七事变后，平、津沦陷，北大、清华、南开三所大学被迫南迁，组成长沙临时大学，袁复礼任地质地理气象学系教授。1937 年 12 月 13 日南京沦陷，不久武汉又告急，于是三校再迁云南昆明，更名为西南联合大学。去昆明的师生分成两路，一路是 200 多名学生组成的“湘黔滇旅行团”，以步行为主，同行的有由 11 位教师组成的辅导团，袁复礼既是成员之一，又是旅行团指导委员会成员。地质地理气象学系有 15 名学生参加步行，他们栉风沐雨、翻山越岭，经受了体力的考验和意志的磨炼，也学到了许多在书本、课堂上学不到的东西。袁教授和学生们一起，每天步行 30 多千米，晚上在阴暗潮湿的农舍睡地铺，中午啃馒头吃咸菜，可他一直都很乐观，且精力充沛。在他的指导下，学生们在途中还观察到地质现象和地层剖面。袁复礼对学生们的路线地质记录与标本采集都提出了严格的要求，到昆明后让他们整理出地质旅行报告。他自己也每天画路线地质图。旅行团历时 68 天，行程达 1671 千米，终于抵达昆明。这在中国教育史上是一次创举。袁复礼曾风趣地说：“年近五十（岁），步行三千（里）。”到昆明后，地质地理气象学系的师生们举办了一次展览，把途中的标本、照片和其他收获品陈列出来。这次旅途让同学们收获了不少，不仅了解了社会，锻炼了意志和体力，而且沿途几乎见到了所有年代的地质剖面，找到不少化石，著名的喀斯特地貌和岩洞，壮观的盘江峡谷和瀑布，都给他们留下了终生难忘的印象，袁老师的身影也永远留在他们的脑海里。

在西南联大期间，袁复礼除长期教授地文学（即地貌学）外，还讲授过普通地质学、构造地质、地质测量、地图投影、制图学、矿床学等多门课程。他学识渊博，讲课内容

丰富多彩，平易近人，经常与同学们在一起谈笑风生。给学生印象最深的是他在讲课时，很自然地贯穿了爱国主义、奋发图强的精神，特别是当他讲到西北科学考察团中的中国学者所取得的丰硕成果时，重申外国人能干的事，我们中国人不但能干而且会干得更好，使学生充满了民族自豪感。

1940 年 7 月，日本侵略者攻占法属安南（今越南），云南亦成为抗战前线，西南联大常委会决定在四川叙永建立分校，一年级新生在那里上课。1941 年 1 月 10 日，叙永分校正式开课，袁复礼讲授普通地质学时，有近百名学生来听课。为了全身心投入工作，他将全家迁到叙永。当年 7 月分校结束教学任务，他一家才迁回昆明。

抗战胜利后，国民党又挑起了大规模的内战。在中国共产党的领导下，昆明高校开展了反内战争民主的群众运动。袁复礼坚决站在进步学生的一边，罢课活动开始时，有的学生还到教室去上课，他亲自去劝导他们离开教室。有一次，他出校门时，把门的特务了解到他的身份，要他表明对学生罢课的态度。他表示坚决支持，遭到特务的辱骂和恐吓。1945 年 12 月 1 日上午 11 时许，特务、暴徒们妄图冲进西南联大校园，有人将一枚手榴弹拉开了引爆线，要往校舍里扔。路过这里的南菁中学年轻老师于再挺身而出，拼命拦阻。手榴弹在他身旁爆炸了，他被炸成重伤。袁复礼正好在场，便跑上去抱住满身是血的于再，结果遭到特务们的毒打。于再因失血过多，经抢救无效，当晚牺牲。当天被特务们杀害的共有 4 位烈士，造成了震惊中外的惨案。这次罢课活动通过声讨反动派的罪行，使全国反内战争民主运动出现了新局面。年过半百的袁复礼教授被打坏了腰，在床上躺了数日才能下地活动。当有学生感谢他对学生运动的支持和对青年的爱护时，他说："我不过做了一点一个中国人、一个大学教授所应该做的小事，比起学生们出生入死为国家的命运而斗争，差得太多了。" 1946 年夏，西南联大的使命结束，清华大学复员回北平，袁复礼继续支持地学系学生参加反蒋爱国活动，为投奔解放区的学生保密。

清华大学复员回北平后，袁复礼继续在地学系任教，并兼任系主任。1950 年 8 月，地质学系成立，他任地质学系系主任，担任此职直至 1952 年全国高校院系调整。他为尽力恢复办学条件、提高办学水平而努力。新中国诞生后，袁复礼拥护党，拥护社会主义，热爱新中国。虽年逾花甲，他仍以饱满的热情积极投入祖国的建设事业。他给海外学生写信，召唤他们回国效力；邀请在国内的学生来清华大学任教。应燃料工业部部长陈郁的要求，他联合北京大学地质学系，积极为新中国培养新型地质人才。

1952 年全国高校院系调整时，袁复礼任北京地质学院筹备委员会委员。在筹委会主任、地质部部长李四光的领导下，他积极参加了学院的筹建工作。此后，他退居二线，由他的学生担任院、系领导。他尽力帮助他们工作，同时在普通教学岗位上为学生讲课，坚持进行科研和培养研究生，默默地奉献，辛勤地耕耘。

袁复礼讲过很多课程，在教学中重视实验室的建设和实地考察，注重培养学生动手解决问题的能力。他一生勤奋好学，积累了许多宝贵的资料，仅矿物岩石卡片就有数千张。他乐于助人，对学生有求必应，解答问题时耐心细致，被师生们誉为"活字典"。他不仅解答来访者提出的问题，还会告诉他们到图书馆什么地方去找哪本书，甚至还能说出在第几页。许多学生在他的启发下，扩大了视野，开阔了思路，学会了治学的方法。他淡泊名利，待人宽厚，处世豁达，气度宏大，不计个人得失，对同事以诚相待，为他们提供资料，与他们交流看法，共同研究工作。20 世纪 50 年代末至 60 年代，他担任北京地质学院教材编审委员会主任时，认真组织编写、审查书稿，出版了几十册教材。每册教材他都亲自审阅、修改，提出意见，保证了教材的质量。在他的影响下，他有三个子女跨进了北京地质学院的大门，毕业后献身边疆，分别在西藏、新疆、陕西等地做出了成绩。他的家庭被地质学界誉为“地质世家”。

袁复礼的学生中，有 30 多人成为中国科学院或中国工程院院士，任教授、高级工程师的不计其数，遍布全国各地。他的品德、学识和学风，教育和影响了几代学子。学生们说袁老师“是我从事地质事业的引路人”“热爱地球科学追求真知的教授”“淡泊名利宽厚待人的长者”“八年教诲，终身受益”“学习希渊师实事求是的科学态度”“学习袁老师的敬业精神”……

“诲人常恨少，九十何曾老？桃李沐春风，新花胜火红。”这是袁复礼的几十位学生祝贺他从事地质教育工作 60 年时的献词，表达了学生们对他的崇敬感激之情。

四、我国地貌学、第四纪地质学、新构造学研究的奠基人

袁复礼在美国留学期间就听过约翰逊（D. W. Johnson）教授关于海岸地貌的讲演。1924 年，他在国内高校首次开设地文学课程，后又开设过地形学、地貌学。他在国内最早介绍戴维斯（W. M. Davis）和约翰逊关于地貌发育过程的学说，使我国地质学界的研究者耳目一新。20 世纪三四十年代，国内许多地质调查报告最后都介绍地形的发展史，可见当时这一学说的影响之深。1952 年，袁复礼首次在国内开设地貌学与第四纪地质学课程；1953 年编写我国第一册第四纪地质学教材，并在书中专门论述了新构造研究问题。他培养的学生中，有很多是从事地貌学、第四纪地质学、新构造学研究的。

袁复礼在地文学课中对戴维斯给予了较高的评价，因为戴维斯比较注意地貌的发展，提出了地文期的理论。研究地貌形态及其成因的学科称为地貌学，袁复礼是国内讲授地貌学的第一人。他发现中国一度在地貌研究中多注意地文期的划分，而忽视了对地貌的真正研究，因此发表了《华北地文期研究的评价及今后地貌研究的新方向》一文，提出国内今后应全面加强地貌发展历史的研究。早在西北考察期间，他对新疆、内蒙古地貌及第四纪地质进行了开拓性的研究，从天山顶部至准噶尔盆地划分了 13 个地貌带，在准噶尔盆地建立了第一个第四纪沉积年代表。在西南联大期间进行的地质考察中，他就注意到河谷地貌及第四纪沉积的研究。1957—1958 年，他又发表文章，指出研究河流的发育史，首先要注意河谷地貌的宏观研究，把握河谷内沉积物的成因分析，了解河流阶地与新构造运动的关系。

袁复礼主编的《中国第四纪地质学》作为大学教材，在我国第四纪研究历史中起着承前启后的作用，对我国第四纪地质分区的划分（特别是淮河区的建立）、第四纪下限的概括和今后工作的途径、新构造运动的总结和工作方向、地文期和冰期的划分及与夷平面的关系、深入进行哺乳动物化石的研究、第四纪砂矿在国民经济发展中占有特殊位置等方面，皆有独到的见解和指导性意见。1955 年，苏联专家帕普林诺夫在北京地质学院主讲第四纪地质学，其中，对中国第四纪地质的内容请袁复礼代为讲授。北京地质学院

1961 年和 1981 年出版的《地貌和第四纪地质学》都引用了袁教授主讲的这部分内容。

在《中国第四纪地质学》一书中，袁复礼列举了 11 项有关新构造运动的表现。1957 年参加中国科学院第一次新构造运动座谈会时，他发表了《秦岭以北的新构造运动》一文。文中特别指出，我国西北地区一些黄土堆积区的坍塌和新石器时代的灰坑大规模坍塌的现象是地震作用的结果，并讨论了地震与断层活动的关系。这是在我国运用地质力学方法研究古地震现象的先声。1954 年，为了解决三门峡水库的水土流失和坝区地质问题，在袁复礼和侯德封的指导下，科学界对三门峡进行了一次多学科的第四纪地质调查研究，把地质、地貌、新构造、矿产、古人类、古脊椎动物、孢粉、古植物学等学科近 10 位专家组织在一起，共同研究第四纪地质问题。这是中国第四纪地质研究方面的一件盛事。1959 年，袁复礼指导研究生和助教编制全国新构造图，首先编绘 1∶500 万的教学用图，再编绘 1∶50 万的实际资料图，为国内以后编制更完善的新构造图打下了基础。

五、在地层研究、矿产探寻和工程建设等领域做出贡献

袁复礼教授对国家经济建设的贡献是多方面的，除前面已提到的以外，再摘要记述如下一些。

1923 年 6 月 24 日至 12 月 6 日在甘肃进行地质调查期间，他在地层研究方面有重要发现。一是在平凉城西南 10 千米的官庄沟发现了奥陶纪含笔石地层，即平凉笔石层。后经葛利普教授研究，该地的笔石有 7 属 12 种，其层位相当于华北东部的珠角石层。二是在武威西南 35 千米的臭牛沟发现了丰富的海相化石，其中有许多新的种属，如袁氏珊瑚（以袁复礼的姓氏命名）、大长身贝等，其时代与西欧的“维宪期”相当，定为“早石炭世臭牛沟组”。这些发现首次确定我国有早石炭纪晚期的地层，为我国南北方石炭纪地层、古生物对比和古地理研究提供了新的资料。

袁复礼于 1938 年考察湖南省平江、桃源、常德等地的金矿，1939 年与苏良赫、任泽雨一起考察云南、西康的金、铁、铜、镍、铅、锌等矿时，分别写出数篇金矿勘查记和铁矿、锌矿调查报告。他提出的金矿分类被后人采用，对金矿的成因及生成条件的推断在新中国成立后的找矿工作中得到印证。他的学生称“袁复礼先生是研究我国金矿地质的先驱者”。袁复礼等人在德昌、米易发现的铁矿是攀枝花铁矿带的一部分，1943—1944 年他们分别对华宁县横格横路铜锌矿，武定、罗次两县境内的铁矿等进行了调查。1952 年，袁复礼率领河北省工业厅的工作人员赴冀东勘察铁矿，初步圈定和评价了迁安铁矿，并预言“迁安铁矿是一个很有前途的铁矿”。该矿后来成为首都钢铁厂的矿山基地之一。

1949 年，袁复礼将在西北考察编绘的十几幅 1∶50 万新疆地形图交给中国人民解放军总参谋部，供进军新疆使用；1950 年 8 月，将在 1946 年收集的 1∶10 万朝鲜中部地形图交给有关部门使用；1951 年，将收藏的经斯文·赫定修订的全套西藏地形图赠给进藏的工作队使用。

1950 年，袁复礼受聘任燃料工业部技术顾问，参与讨论石油、煤矿勘探的原则、重点及工作计划。1954 年 3 月，燃料工业部召开第五次全国石油勘探会议。7 月，袁复礼发表了《新疆吉木萨尔县三台以南大龙口及水西沟一带地质、岩层及构造》一文，以供

燃料工业部参考。文中详述了天山北麓二叠纪、三叠纪、侏罗纪岩层的性质及构造形态，认为二叠纪为生油层，侏罗纪为储油层，并指出探寻石油产地的方向和应注意的问题。经 20 世纪 80 年代以来对吉木萨尔地区的详细勘察，证明袁复礼教授五十多年前对该地区的地质认识基本上是正确的。1985 年，人们在当年袁复礼做过预测的三台断隆首次发现工业油流，此后在北三台构造也获得工业油流。1989 年，北三台油田投入开发；1991 年，三台油田投入开发。

袁复礼教授于 1923 年到甘肃做地质研究时，对煤层地层进行了详细的调查和研究，对臭牛沟煤田、炭山堡煤田、红山窑煤田和李家泉煤田进行了评价。后来他在新疆做科学考察期间，也十分重视与煤田关系密切的中生代地层。他认为："侏罗纪岩层为分布最广的煤系层，新疆全省产煤地点都属于此纪。" 1954 年，应当时的燃料工业部陈郁部长的委托，他写了《新疆煤田地质概况和对今后工作的意见》一文。此后，他在新疆对哈密地区重点进行了煤田勘探。后人经过 40 多年的调查工作，证实在新疆地质历史上有五次聚煤活动，尤以侏罗纪聚煤活动最为强烈，这完全印证了袁复礼当年的预测。到 20 世纪 90 年代，新疆煤田的远景储量已跃居全国首位。

1956 年，袁复礼参加黄河刘家峡水电站地质工作论证会，是中方技术人员负责人。同年，他赴长江三峡地区进行工程地质考察，任中苏地质专家鉴定委员会中方小组组长，代表中方小组提出总结性意见。1959 年，他参加黄河三门峡第四纪地质会议，在会上作了发言。同年，南京长江大桥工程因桥基地质条件复杂、层位混乱，急需解决施工难题，工程负责人前来请教袁复礼。袁教授当即讲解了该处正常地层层序和出现混乱的原因，使问题迎刃而解，南京长江大桥工程得以顺利进行。1964 年，袁复礼参加地质部和上海市联合召开的"上海地面沉降水文地质工程地质会议"，他以渊博的第四纪地质学知识，并结合对冰期、间冰期的研究，讲解了上海第四纪地层层位及岩性，并提出五条建议。

1978 年以后，袁复礼教授已是年逾八旬的高龄老人，但仍关心国家经济建设，及地质事业、地质教育的发展，培养了许多优秀的研究生。他具有渊博的知识，又有深厚的外文功底，晚年还参与编译了《现代科学技术词典》矿物学部分、《韦氏大辞典》，审校了《英汉常用地质词汇》、《英汉地质词典》等工具书，发表了《新疆准噶尔东部火山岩》等论文，回忆、整理了《三十年代中瑞合作的西北科学考察团》等。真是师道长存，功勋永在! 1987 年 5 月 22 日，他不幸于北京与世长辞。

1993 年 12 月 21 日，袁复礼教授诞辰一百周年纪念会在中国地质大学隆重举行。纪念会由中国地质大学、中国地质学会等 19 个单位联合组织。我国地质部门、高等学校及袁老的几代学子 150 余人参加了会议。会上，大家回忆了袁复礼教授献身地质事业、为人师表的感人史实，平易近人、实事求是、不计名利、团结协作的精神，勇于探索、注重实践、治学严谨的优良学风。后来杨遵仪教授主编的纪念文集《桃李满天下》收入了其中的一些纪念文章、论文及袁老部分未发表的遗作共 91 篇；《第四纪研究》杂志 1993 年第 4 期出版了此次纪念会的专辑；《地球科学——中国地质大学学报》特辟纪念专栏。

袁复礼简历：

1893 年 12 月 31 日　生于北京市。

1912 年　毕业于天津南开中学。

1913—1915 年　在清华学校高等科学习。

1915—1917 年　在美国布朗大学学习。

1917—1920 年　在美国哥伦比亚大学学习，1918 年获学士学位，1920 年获硕士学位。

1921 年夏　回国任农商部地质调查所技师

1926 年 9 月　任清华学校大学部教授。

1927—1932 年　参加中国西北科学考察团，1929 年起任中方代理团长。

1932—1937 年　任清华大学地学系教授，1932 年 9 月至 1934 年 8 月任系主任。

1937—1946 年　任长沙临时大学、西南联合大学地质地理气象学系教授。

1946—1950 年　任清华大学地学系教授兼系主任。

1950—1952 年　任清华大学地质学系教授、系主任。

1952—1987 年　任北京地质学院、武汉地质学院北京研究生部教授。

1987 年 5 月 22 日　在北京病逝。

袁复礼主要著作：

（1）《甘肃东部地质略记》，《中国地质学会志》，1925 年。

（2）《甘肃西北部石炭纪地层》，《中国地质学会志》，1925 年。

（3）《水龙兽在新疆的发现》，《中国地质学会志》，1934 年。

（4）《新疆乌鲁木齐南部（十四户）一种鱼化石的发现》《清华大学科学报告》（丙种），1936 年。

（5）《新疆古生代晚期与中生代地层的巨大不整合》，《清华大学科学报告》（丙种），1 936 年。

（6）《蒙新五年行程记（上卷）》，《地学杂刊》，1944 年。

（7）《准噶尔盆地地质（第一部分）》，《清华大学科学报告》（丙种），1948 年。

（8）《云南横格横路铜锌矿》，《清华大学科学报告》（丙种），1948 年。

（9）《中国第四纪地质学》，1953 年。

（10）《新疆吉木萨尔县三台以南大龙口及水西沟一带地质、岩层及构造》，《石油地质》，1955 年。

（11）《新疆天山北部山前坳陷带及准噶尔盆地陆台地质初步报告》，《地质学报》，1956 年。

（12）《新疆准噶尔东部地质报告》，《地质学报》，1956 年。

（13）《中国西南地区第四纪地质的一些资料》，《第四纪地质研究》，1958 年。

（14）《三门峡第四纪地质和其相关的一些地质问题》，《三门峡第四纪地质会议文集》，1959 年。

（15）《地貌及第四纪地质学》，中国工业出版社，1961 年版。

（16）《天山北部中生界兽形类爬行动物化石的发现》，《地球科学》，1981 年。

（17）《新疆准噶尔东部火山岩》，《地球科学》，1983 年。

（18）《三十年代中瑞合作的西北科学考察团》，《中国科技史料》，1983 年。

参考文献

[1] 中国科学技术协会. 中国科学技术专家传略·理学编地学卷(1). 石家庄: 河北教育出版社, 1996 年版.

[2] 杨遵仪. 桃李满天下 纪念袁复礼教授百年诞辰. 武汉: 中国地质大学出版社, 1993 年版.

[3] 钱理群, 严瑞芳. 我的父辈与北京大学. 北京: 北京大学出版社, 2006 年版.

著名地质学家和地质教育家孙云铸教授①

于 洸

孙云铸教授是我国著名古生物学家和地质学家，是我国古生物学和地层学的开拓者和奠基人之一，又是我国老一辈地质教育家。1995 年是孙老师的百年诞辰，他的学生和同事王鸿祯、刘东生、孙殿卿、叶连俊、杨遵仪、董申保、马杏垣、郝诒纯等 8 位中科院院士倡议举行纪念活动。作为在北京大学地质学系学习和工作过的后生，谨以此文缅怀这位为我国地质教育和地质科学事业作出杰出贡献的先驱者。

一、为地质事业奋斗的一生

孙云铸先生字铁仙，江苏高邮人，1895 年农历十月初一生。1906 年 11 岁时离家赴南京，先在元宁小学，后入江宁府中学（毕业时已改为江苏省立第一中学）读书，1914 年 19 岁时考入北京大学预科，在第二部英文班学习，以甲等成绩于 1917 年 6 月毕业，入北洋大学学习采矿。学习期间，孙先生于 1918 年与师生一道发起成立中国矿学会（中国矿冶工程师学会前身），被选为首届书记。1919 年 2 月回北大，在地质学系读二年级，1919 年 10 月被选为北大学生会评议员。1920 年 6 月毕业。北大地质学系创建于 1909 年，1910 年起 7 年没有招生，1917 年恢复招生。孙先生是北大地质学系第二届毕业生，1917 年恢复招生后的第一班毕业生。

孙先生大学毕业后留北大地质学系任教，同时在地质调查所兼职（直至 1933 年），1929 年任北大地质学系教授。1937 年全面抗日战争爆发后，北京大学、清华大学、南开大学南迁长沙。成立长沙临时大学。1938 年再迁昆明，更名为西南联合大学。孙先生从 1937 年起 任地质地理气象学系教授兼主任。1946 年北大复校，仍任地质学系教授兼主任。1949—1952 年仍在北大任原职。1950 年中国地质工作计划指导委员会成立，孙教授是该委员会委员。1952 年地质部成立，1952 年任地质部首任教育司司长。1955 年中国科学院成立学部，任生物地学部委员，后为地学部委员。1956 年地质部地质研究所成立，1956—1960 年任该所副所长。1960 年地质部地质科学研究院成立，任该院副院长。

1922 年中国地质学会成立时，孙先生是 26 位创立会员之一，后来担任过多届理事、常务理事、《中国地质学会志》编辑、《地质论评》编辑，并历任中国地质学会书记（1924、1925、1929、1931—1934、1949—1951）、副会长（1930）、理事长（1943、1952），并多年担任昆明分会、北平分会负责人和北京地质学会理事长。1929 年发起并参加中国古生物学会，任首届理事长，后又任多届。1950 年参加中国海洋湖沼学会，并任首届理事长，

---

① 载于《中国科技史料》1995 年第 6 卷第 2 期，中国科学技术协会主办，中国科学技术出版社，1995 年 6 月出版

1978 年任名誉理事长。1958 年为苏联古生物学会名誉会员。

孙教授 1950 年参加“九三”学社，1952 年起任“九三”学社中央委员。曾任北京市各界人民代表会议第二、三、四届特邀代表，第三届全国人民代表大会代表，中国人民政治协商会议第二、三届全国委员会委员。

1979 年 1 月 6 日于北京病逝，享年 84 岁。

二、发表我国学者第一部古生物学专著

1920 年孙先生在北大地质学系任教时，适值美籍地质学家葛利普（A.W.Grabau）教授应聘来华在北大任教授，并兼地质调查所古生物室主任，孙先生就成为他来华后教学和研究工作的第一位助手。葛利普教授讲授古生物学、地史学、高等古生物学、高等地层学等课程，孙先生给他做助教。与此同时，孙先生 1921—1922 年在北京高等师范博物系兼课，1924—1925 年在北京师范大学研究班也兼过课。

在葛利普教授指导下，与教学工作密切配合，孙先生从 1920 年开始，即进行古生物及地层学的研究工作，并取得显著的成绩。1923 年 1 月，中国地质学会举行第一届年会，作为一名年轻教师，孙先生向大会提出两篇论文：《开平盆地上寒武统》及《奉天晚寒武世化石》，并刊登在《中国地质学会志》（以下简称《会志》）第 2 卷第 1—2 期上。次年 1 月，第二届年会时，孙先生又提交了两篇论文，其摘要刊在《会志》第 3 卷第 1 期上，即《开平盆地奥陶纪地层对比》及《直隶临城寒武纪化石》。特别值得提到的是，孙先生 1924 年在《中国古生物志》乙种第 1 卷第 4 册发表的《中国北部寒武纪动物化石》，是我国学者第一部古生物学专著，得到国内外有关学者的高度重视，葛利普教授对此非常高兴，著文祝贺，并特意在寓所举行集会，庆祝中国学者第一部古生物学专著的出版。1925 年在 *Pan-Amer.Geologists* 第 43 卷上，孙先生还发表了一篇《中国开平盆地晚寒武世动物群》。五年中发表了这么多研究成果，实属难能可贵。

1926 年 5 月 24 日至 31 日，第十四届国际地质大会在西班牙首都马德里召开，孙云铸先生作为中国政府和地质调查所的代表参加会议，并向大会提交《中国的寒武、奥陶、志留系》的论文，孙先生还被选为该次大会的副主席兼第三组（地层组）主席。

经葛利普教授推荐，孙先生于 1926 年赴德国哈勒（Halle）大学，从瓦尔特（J. Walther）教授学习，在很短的时间内取得了很好的研究成果。1927 年，通过了有关三叠纪菊石的博士学位论文，获得科学博士学位。此后，在德、法、比、英、捷、瑞典等国进行野外地质考察，并在英国剑桥大学进行了一段时间的地质研究，与华兹（W. W. Watts）教授及其学生斯塔布菲德（C. J. Stubblefield）等相互切磋，扩展了他与国际学术界的交往，并为以后的研究工作打下了良好的基础。

三、任北京大学研究教授

孙先生留学回国后，1929 年被聘为北京大学教授，这时，他的课程很多，并在我国第一次开设中国标准化石课程，后改为标准化石。经常开设的课程有：古生物学、地史

学、地层学、高等古生物学、高等地层学、标准化石、世界地质等，往往一学期同时上三四门课，还有二三次课外辅导答疑，工作量是很大的。孙教授经常带同学野外实习，每次实习除学生有很大收获外，在地质上往往都有所发现。1931 年下半年至 1934 年还兼任清华大学地学系教授，讲授古生物学、地史学、地层学。1937 年上半年曾在中山大学地质学系任课。

30 年代，北京大学设校务会议，除校系负责人等当然成员外，另由教授、副教授每五人选出一人组成，每年改选一次。孙云铸教授在 1931—1936 年间，除 1935 年出国外，每年都被选为理学院代表之一参加校务会议，并于 1929、1930、1934 年三次担任仪器委员会委员，1931、1932 年两次担任出版委员会委员，还多次担任北大《自然科学季刊》、《北京大学月刊》编辑委员会委员，并有文章发表。

30 年代，北大设研究教授一职，地质学系先后被聘为研究教授的有：葛利普、丁文江、李四光、谢家荣、孙云铸、斯行健等。其研究工作的进展在《北京大学周刊》上均有报道。这一时期，孙教授的研究工作，不仅在三叶虫化石方面有了更深入的研究，在古生物门类方面也广为扩展，并非常注意古生物和地层的综合研究，在《中国古生物志》、《中国地质学会志》等刊物上发表了不少专著或论文。关于三叶虫化石的有：《中国中部叉尾三叶虫的发现》（1930）、《中国含三叶虫地层》（1931）、《中国南部奥陶纪之三叶虫化石》（1931）、《中国北部晚寒武世三叶虫动物群》（1935）、《中国北部上寒武统三叶虫带的特征组合》（1935）、《三叶虫分类之商榷》（1937）等。关于笔石化石的有《中国的笔石带》（1930）、《中国奥陶纪及志留纪之笔石化石》（1933）、《中国北部早奥陶世笔石动物群》（1935）等。在其他门类方面有《贵州十字铺页岩之腕足动物群》（1930）、《贵州奥陶统海林檎动物群》（1930）、《湖南长沙中泥盆世棱菊石的发现》（1935）、《山东角石新种——中国最早的全壳亚目》（1936）等。还研究了中国泥盆纪珊瑚化石。在区域地层方面有《河北石门寨下古生代之研究》（与胡伯素合著）（1931）。此外，还发表了《中国研究古生物之历史》（1929）、《十五年中国古生物学研究之进展》（1937）等论文，概括我国古生物学研究的成就。

1934 年孙教授代表北大参加秦岭考察团。1935—1936 年乘北大安排科学休假之机，孙教授再度出国考察，主要在苏联波罗的海沿岸、芬兰、瑞典、挪威北部，研究地层和构造，并赴美国科迪勒拉山和落基山研究地质，观察了许多典型地层剖面，了解了国际古生物地层学界的情况，并结识了德国卫德肯（R.Wedekind）教授等许多著名学者，讨论生物地层的理论问题。

四、在困难的条件下培养地质人才

1937 年以后，孙云铸教授任北大地质学系主任，并先后兼任长沙临时大学、西南联合大学地质地理气象学系主任，并是联大建筑设计委员会委员。当时有许多著名教授在系任教，孙教授讲授古生物学、地层学、中国地质（区域地质）、标准化石等课程。那时系里对野外实践环节很重视，各种课程都在星期一至星期五安排，星期六及星期日多在附近作野外实习。系里规定，野外实习不及格不能作毕业论文。这样，很好地培养了学生注重野外工作、不畏艰苦、联系实际、勤于思考的优良学风。抗日战争期间，条件非常艰苦，但却培养了不少人才，有相当数量的毕业生成为著名的科学家，其中中科院地学部委员（现称院士）就有20人，孙云铸教授对此作出了重要贡献。

当时的研究工作是结合西南，特别是云南的建设和矿产工作进行的。1938年，当局成立西南经济调查合作委员会，联大请了7位教授代表学校参加，孙云铸教授即为其中之一。1942年，系里与云南建设厅合作，成立云南地质矿产调查委员会，孙云铸教授兼任主任委员。1943—1944年，他任云南大理等五县地质调查队队长。1944—1945年，任横断山脉（保山区）地质调查队队长。这一时期，学校与矿业部门、建设部门合作进行了不少地质工作，例如，易门铁矿、一平浪煤矿、个旧锡矿、东川铜矿、滇中铁矿、富源锑矿、叙昆铁路及滇缅铁路沿线地质调查等。师生们对云南的地层及构造作过大量的调查和研究，对云南的矿产，如煤、铁、铜、锡、铅、汞、磷等资源，都有新的发现。

1938年9月，中国地质学会昆明分会成立，孙云铸教授被推为干事，曾任总干事。昆明分会成立后，至1943年，举行过25次论文报告会，对研究工作起了促进作用，孙教授先后宣读论文4篇。1944年10月14日昆明八科学团体举行联合年会，1945年3月昆明分会在联大举行年会，孙教授都提交了论文。

孙教授非常注意教学与科研相结合，古生物与地层相结合，地层古生物与区域地质构造相结合。这一时期，在学会的年会及各种刊物上发表的文章，除地层古生物的专门论文外，还发表了论述地史时期划分原则和有关云南保山区域地层和构造、中缅地槽大地构造等方面的论文。如《湖南泥盆纪两新种三叶虫》(1938)、《广西二叠系最上部的菊石类及其地层意义》(1939)、《云南西部凤山阶（晚寒武世晚期）三叶虫动物群》(1939)、《云南古杯珊瑚之发现及其地层上之意义》(1941)、《就中国古生代地层论划分地史时代之原则》(1943)、《云南志留纪地层》(1944)、《云南泥盆纪地层》(1944)、《早古生代中缅地槽的范围和特征》(1946)、《云南马龙、曲靖两县之志留纪地层》(与王鸿祯合著)(1947)《滇西保山地区之地层及构造》(与司徒穗卿合著)(1947) 等。

五、主持北大地质学系的恢复和建设工作

1946年5月北大复员回到北平，孙云铸教授仍任地质学系主任，主持系的恢复和建设工作，除按原计划培养学生外，增设了一些新课，如X光结晶学、古植物学、人类古生物学和中国地质问题讨论等。科学研究工作仍很活跃，附设在系的研究所分为三组，即地质组、矿物组、新生代组。对云南的地层古生物材料、云南地质、云南禄丰龙、华南更新世洞穴堆积中的动物群、华南一部分花岗岩、华北大型构造等进行研究。1948年是北大建校50周年，决定出版纪念论文集，孙云铸教授负责地质学卷的编辑工作，他的论文《云南古生代地层问题》也收入该论文集。

1946年4月，王竹泉等发起恢复中国地质学会北平分会，经学会理事会核准。9月举行全体会员大会，推举孙云铸等7人为干事。10月26日至28日在北大地质馆举行第22届年会北平分会，孙云铸致开会辞。并宣读论文《云南横断山脉地质之鸟瞰》。1947年10月，北平六科学团体举行联合年会，地质学会北平分会由孙云铸主持，并宣读论文

《亚洲多房海林檎之地质时期及其在生物学上之位置》《关于中国寒武纪地层界线问题》的重要论文，在 1948 年学会第 25 届年会上报告，并发表于原中央研究院《地质研究所丛刊》第 8 号。

1946 年 3 月葛利普教授去世，中国地质学会理事会决议《中国地质学会志》发刊纪念专号，请孙云铸为编辑主任，孙先生为此付出了很大的精力，《中国地质学会志》第 27 卷（葛利普先生纪念册）于 1947 年 11 月出版，刊载 28 篇文章，共 406 页，孙先生写了葛利普教授传，辑录了葛利普教授 1890—1943 年 291 篇著作目录，孙先生与司徒穗卿合著的《亚洲房海百合种在地层上及生物上的位置》一文也刊在该纪念册中。此外，孙先生还著有《葛利普教授》一文（载于《科学》第 30 卷第 3 期），纪念葛利普教授。

1948 年 8 月 25 日至 9 月 7 日，第十八届国际地质大会在伦敦召开，孙云铸代表北大参加，并代表北大和中国古生物学会参加同时举行的国际古生物协会会议，并当选为国际古生物协会副主席（任期 1948—1952 年）。他提交会议的论文是《太平洋是早期古生代生物的主要扩散中心》，论文着重指出，中国古生代海区和古地中海相沟通，中国古生代地层大致可与西欧标准地区对比，同时也认为笔石群和其他漂游动物群属世界性动物群（可与欧美地层相对比），论述了一些中国古生代古生物种属早出现的实例和意义，以及一些太平洋特有种属的分布及其迁移途径等等。对太平洋是早期古生代生物的主要扩散中心这一问题，在大会上，法国 G.G.戴勒平（Delepine）从东南亚、澳洲和欧洲晚古生代菊石群、蜓类多年的研究也提出了同样的结论。

六、教育和科研工作的新使命

新中国成立以后，孙云铸教授继续担任北大地质学系主任，与全系教职员一起，努力学习党的方针政策，积极进行教学改革，使教学工作努力与国家建设的实际相结合，培养能掌握现代科学技术的地质专门人才。为适应国家建设的需要，招生人数也有较大增加，1951 学年度在校生增至 160 余人，比 1948 学年度的 75 人增加了一倍还多。对教学计划也作了调整，加强了基础课，删除了某些课程之间的重复，加强了野外工作训练，四年级学生除配合课程的野外实习外，1950 年度起增加了三个月的野外工作训练。学生利用暑假，配合工矿部门及地质机构的需要，参加实际工作，如参加东北的矿产勘探工作，燕山地质普查工作，东北、五台山、皖南等地的矿产普查工作等。

1952 年高等学校进行院系调整，北大地质学系及清华大学地质学系等有关系科合并，组建了北京地质学院，孙教授离开北大，就任地质部教育司司长，筹划我国地质教育事业的发展。1952 年起，地质部先后创办了北京、长春、成都三所地质学院，10 所中等地质学校，1958 年又创办了 10 多所中等地质学校，使地质人才的培养达到前所未有的规模，以适应我国大规模经济建设和地质工作发展的需要，孙教授为此付出了大量心血。在组建新学校的同时，他非常重视师资队伍建设、教材建设等基础建设，还亲自主编《古生物地史学》，作为中等专业学校教科书和高等学校参考书。

1952 年暑假以后，孙教授虽然离开了北大，但对北大仍非常关心，1955 年地质专业在北大恢复招生，孙教授为此也出了力。对北大地质学系的建设和发展，孙教授不时提出指导性意见。六十年代，孙老师已年近七旬，还到校给古生物地层学专业的学生讲授三叶虫专题课，并举荐学者到系兼课。

1956 年，孙教授任地质部地质研究所副所长，兼古生物研究室主任，1960 年任地质科学研究院副院长，主要精力转向科学研究工作。新中国成立以后，孙云铸教授的学术工作，除有关门类古生物的研究及各时代的地层划分对比外，根据多年的研究心得，写出一些综合性、概括性、理论性的论文，他从地层学观点阐述古生物学的学科性质，从海水进退论述生物分区，从生物群的混合论证古生代各系的界线，这些论文都走在地层古生物学科发展的前列，具有重要的理论意义。发表的重要论文如《从地层学观点论古生物学》(1951)、《葛氏脉动学说的意义》(1951)、《寒武纪下界问题》(1957)、《论寒武纪下界》(1957)、《中国前寒武纪地层的划分和对比问题》(1959)、《从古生物混合群组合论中国古生代各系间的界线》(1959)、《南岭粤中区里阿斯统地层的划分对比》(与常安之合著，1960)、《中国寒武纪地层划分问题》(1961)、《海南岛中寒武纪 Xystridura 三叶虫的发现及其意义》(1963)、《海侵的基本概念和问题》(着重讨论中国古生代各纪动物群及其分区，1963)、《黔南晚泥盆世后期乌克曼菊石（Wocklumeria）层菊石群及其地层意义》(与沈耀庭合著，1965）等。1958 年，在《中国古生物志》发表了他完成多年而未付印的晚泥盆世珊瑚化石专著。孙教授十分关注《中国标准化石》的编写出版工作，并亲自撰写了“海林檎纲”。1963 年 9 月，孙教授作为中国地质学会代表团的成员，参加了在法国巴黎召开的“第五届石炭纪地层及地质国际会议”，并提出了《中国南部石炭系下界》的论文。孙云铸教授还经常对古生物学和地层学研究提出指导性意见，例如，在《十年来中国地层学的进展》(1959 年）一文中，他指出，“为了更好地发展中国的地层工作，很快地赶上国际水平，必须注意下列四方面。”即“应当加强马列主义哲学理论的学习，学会用辩证唯物的观点来分析问题”“应当开展为生产服务的综合地层研究”“应当开展区域地层的研究”“应当开展古生物学方面薄弱门类的研究”。

七、科研工作取得重大成就

孙云铸教授在长期任教过程中，始终将教学工作与科研工作紧密结合，尔后又以主要精力从事研究工作。从 1920 年开始，孙教授从事古生物学及地层学研究近 60 年，撰写了专著 6 册（三叶虫 3 册，笔石 2 册，珊瑚 1 册），发表论文近百篇，取得了多方面的成就。

在古生物学方面：孙教授是我国研究三叶虫化石的先驱者。1924 年至 1935 年研究了我国北部寒武纪三叶虫，奠定了华北晚寒武世的地层分层和三叶虫化石分带的基础，1935 年描述了华中奥陶纪三叶虫，1962 年研究了海南岛中寒武世三叶虫。1924 年研究中国寒武纪化石时，描述了中国第一种笔石，并于 1933 年开始进行中国笔石化石的系统描述和研究工作。1927 年写出有关三叠纪菊石的论文。在三叶虫、笔石、珊瑚、头足类、腕足类、海林檎等门类化石的研究中做出许多创始性的工作。

在地层划分方面：从三叶虫的研究，将寒武系划分为三个统，上统进行了阶和带的建立，并确定寒武系下界和上界；从三叶虫和头足类化石的研究，修正了前人对华北奥陶系的划分，奠定了我国北部奥陶系划分的基础；从华东和三峡两个标准地点古生物群和沉积相的综合研究，奠定了我国南部志留纪划分的基础；从滇黔湘鄂泥盆系的综合研究，初步建立了我国南部泥盆纪地层和统组的划分；确定了我国南部石炭系下界；根据菊石的研究，确定广东海相侏罗系的下界；从菊石的研究，初步确定西藏侏罗系和白垩系的分界等。

在古地理和古生态方面：确定中国古生代各纪生物区主要属太平洋区；从德国中三叠统齿菊石的住室和口壳的研究，明确了齿菊石的古生态等。

在大地构造和地壳运动方面：确定中国古生代的一些上升运动（如云贵运动，冶里运动，金鸡运动等）及其地层意义；提出了“滇缅古地槽”的概念等。

在区域地质方面：对云南省大理地区六个县和保山地区的地质作了较系统的研究。

孙云铸教授是我国地质学界的元老之一，是我国第一代地层学家和古生物学家，他在古生物学和地层学研究，特别是在无脊椎古生物学和古生代、中生代海相地层研究方面成果丰硕，尤其是在三叶虫、笔石、菊石、珊瑚、海林檎等门类化石的研究、寒武纪地层的划分对比等方面进行了开拓性的工作，奠定了广泛的基础，他的研究成果是我国地质科学和地质事业的宝贵财富。

八、受人尊重的地质教育家

孙云铸教授是一位受人尊敬的地质教育家。从 1914 年入北大读预科，到 1952 年离开北大，除去在北洋大学读书和在中山大学短期任教，在北大学习和工作 36 年，其中任教 32 年，连同六十年代在北大上课，共有 34 届学生听过他的课。从 1937 年至 1952 年担任北大地质学系和长沙临大、西南联大地质地理气象学系主任达 15 年之久，是北大地质学系任职最长的一位系主任。从 1920 年担任教师起，至 1956 年离开地质部教育司，从事地质教育工作 36 年，对我国地质教育事业的发展和地质人才的培养做出了卓有成效的贡献。他治学严谨，诲人不倦，我国现代著名地质学家很多人都受教于他，北大地质学系及联大地质方面的毕业生，听过孙云铸教授课的学生中，有 44 位是中科院地学部委员（现称院士）。连同清华大学、中山大学、北京师范大学、北京高等师范，听过孙教授课的人就更多，在地科院和许多地质部门的地质工作人员受过孙教授指导的也不计其数，可谓桃李满华夏。人们都习惯地尊称他为“孙老师”。

我们衷心地崇敬和怀念孙云铸教授，要学习和发扬他热爱祖国、热爱地质事业、热爱地质教育、热爱地质科学的崇高精神，为我国的地质教育和科学事业的发展努力工作。

参 考 文 献

[1] 于洸. 孙云铸教授在北京大学//中国地质学科发展的回顾(纪念孙云铸教授百年诞辰文集). 北京: 中国地质大学出版社, 1995.

[2] 王钰, 王鸿祯. 纪念我国著名的古生物学家孙云铸教授. 古生物学报, 1980(16), 2.

[3] 夏湘蓉, 王根元. 中国地质学会史. 北京: 地质出版社, 1982.

[4] 孙云铸. 海侵的基本概念和问题. 地质学报, 1963(43), 2.
[5] 于洸. 北京大学地质学系八十年//岩石圈地质科学. 北京: 北京大学出版社, 1989.
[6] 孙云铸等. 中国石炭系论文集. 北京: 科学出版社, 1965.
[7] 孙云铸. 十年来中国地层学的进展. 地质论评, 1959(19), 10.

孙云铸教授在北京大学①

于 洸

孙云铸教授是我国著名的古生物学家和地质学家，是我国古生物学和地层学的开拓者和奠基人之一，又是我国老一辈地质教育家，他 1914 年入北京大学预科学习，1920 年毕业于北京大学地质学系，留校任教，1937—1952 年任地质学系主任，对我国地质人才的培养，对北大地质学系的建设和发展，作出了不可磨灭的贡献。1995 年是孙云铸教授诞辰 100 周年，谨概略地记述孙先生在北大读书、执教、治学、办系等情形，以表达我们对孙云铸教授的崇敬和怀念。

一

孙云铸先生，字铁仙，江苏高邮人，1895 年农历十月初一生。1906 年 11 岁时离家赴南京，先在元宁小学，后入江宁府中学（毕业时已改为江苏省立第一中学）读书，1914 年 19 岁时考入北京大学预科，在第二部英文乙班学习，以甲等成绩于 1917 年 6 月毕业。该班学生毕业 47 人，孙云铸及王绍文、王若怡三君同赴北洋大学学习采矿。学习期间，孙先生于 1918 年曾与师生一起发起成立中国矿学会（中国矿冶工程师学会前身），被选为首届书记。1919 年 2 月，孙云铸及王绍文、王若怡三人又同回北大，在地质学系本科读二年级。读书期间，1919 年 10 月，孙云铸被推选为北京大学学生会评议员。1920 年 6 月毕业，同时毕业的有 8 人。北大地质学系创建于 1909 年，该班学生于 1913 年毕业，但自 1910 年起 7 年没有招生，1917 年恢复招生，孙先生这一班是北大地质学系第二届毕业生，也是 1917 年恢复招生以后的第一班毕业生。孙先生毕业后留校任教，同时在地质调查所兼职（直至 1933 年）。

二

1920 年在北大地质学系发展的历史上是值得记载的一年。这一年，李四光教授和美籍地质学家葛利普教授同时应聘来校任教，对提高师资水平，提高培养学生的质量等，都起了很大的作用。葛利普教授还兼地质调查所古生物室主任。这一年夏天孙云铸留校工作，葛利普教授来校后，孙先生就成为他来华后教学和研究工作的第一位助手。葛利普教授讲古生物学、地史学、高等古生物学、高等地层学等课程，从二年级到四年级都

---

① 载于《中国地质科学发展的回顾》——孙云铸教授百年诞辰纪念文集，王鸿祯主编，中国地质大学出版社，1995 年 10 月出版

有他的课，孙先生给他做助教。与此同时，孙先生1921—1922年在北京高等师范博物系兼课，1924—1925年在北京师范大学研究班也兼过课。

1920年10月，北大地质学系学生杨钟健等发起成立了北京大学地质学会（成立时称地质研究会），葛利普教授多次给学生讲演，孙先生常作翻译。葛利普教授的文章《化石及其生成》，1921年及1923年先后刊登在该学会的《会刊》上，也是孙先生翻译的。1923年孙先生也给学生讲过“古生物学在近代科学上之地位”，尔后发表在《科学》杂志第8卷第4期（1923年）上。

在葛利普教授的指导下，孙先生的科学研究工作取得很大的成绩。1923年1月，中国地质学会举行第一届年会，作为一名年轻教师，孙先生向大会提交了两篇论文：*Upper Cambrian of Kaiping Basin* 及 *Upper Cambrian Fossils From Fengtien*，并刊登在《中国地质学会志》第2卷第1—2期上。1924年1月中国地质学会举行第二届年会时，孙先生又提交了两篇论文摘要：*Relationshipe of the Odovication strate of the Keiping Basin* 及 *Combrian Fossils from Lincheng，Chihli*，刊登在《中国地质学会志》第3卷第1期上。特别值得提到的是，孙先生1924年发表在《中国古生物志》乙种第1卷第4册上的 *Contributions to the Cambrian Fauna of North China*，是我国学者的第一部古生物学专著，得到国内外有关学者的高度重视。1925年在 *Pan-Amer.Geologists* 第43卷上，还发表了一篇 *Late Cambrian Faunas of Kaiping Coal Basin, China*。5年中发表了这么多研究成果，实在不容易。

1926年5月24日至31日，第14届国际地质大会在西班牙首都马德里召开，孙云铸先生作为中国政府和地质调查所的代表参加会议，并向大会提交一篇论文：*Cambrian，Ordovician and Silurian of China*，该文被编入会议论文集。孙先生还被选为该次大会的副主席兼地层组（第三组）主席。

经葛利普教授推荐，孙先生于1926年赴德国哈勒（Halle）大学，从华尔特（J. Walther）教授学习，在很短时间内做出了很好的成果，1927年通过了有关三叠纪菊石的博士学位论文，获得了科学博士学位。旅欧期间，还在德、法、比、英、捷、瑞典等国进行野外地质考察，并在英国剑桥大学进行了一段时间的地质研究。这些都为孙先生后来的研究工作打下了良好的基础。

北大地质学系的化石标本，原多从国外购进，外国商人往往取巧贩卖，从中牟利。孙先生痛感祖国科学落后受人欺凌，他在赴欧留学时在各地注意采集标本，所获甚丰，且多上品，回校后将这些标本赠送给地质学系供教学之用。

三

孙先生留学回国以后，1929年被聘为北京大学地质学系教授。这时，他的课程很多，例如1928—1929学年第二学期，他与葛利普教授共同讲地史学，并上实习课；葛利普教授讲高等地层学，孙教授上实习课；此外，孙教授还讲中国标准化石及世界地质两门课。中国标准化石后改为标准化石，是在我国大学地质学系中第一次开设的一门课程。孙教授经常开设的课程有：古生物学、地史学、地层学、高等古生物学、高等地层学、标准化石、世界地质等。往往一学期同时上三四门课，还有二三次课外辅导答疑，工作量是很大的。孙教授经常带学生野外实习，每次实习除使学生学有收获外，在地质上往往都有所发现。1931 年下半年至 1934 年还兼任清华大学地学系教授，讲授古生物学、地史学、地层学。1937 年上半年曾在中山大学地质学系任课。

30 年代，北京大学设研究教授一职，地质学系先后被聘为研究教授的有：葛利普、丁文江、李四光、谢家荣、孙云铸、斯行健。其研究工作的进展在《北京大学周刊》上均有报道。例如 1935 年 3 月 30 日该刊所载的“国立北京大学研究报告”，报道了 1934 年度上学期的情况，孙云铸教授的研究情况是：（一）最近出版者：①中国南部奥陶纪之三叶虫化石（载《中国古生物志》乙种 7 号第 1 册）；②中国奥陶纪及志留纪之笔石化石（载《中国古生物志》乙种第 14 号第 1 册）。（二）本年研究者：①中国北部晚寒武世地层及化石，约 115 页，图版 10，6 月间可出；②冶里灰岩之下奥陶统笔石，56 页，图版 4，将出版；③西山寒武纪地层及化石，4 页，图版 2，将出版；④中国泥盆纪珊瑚化石，已制成薄片 650 片，正在研究中，明年可望出版。从上述记载可以看出，孙教授的研究工作可谓成果丰硕。

1934 年，孙教授代表北大参加秦岭考察团。1935—1936 年趁北大安排科学休假之机，孙教授再度出国考察，主要在苏联波罗的海沿岸、芬兰、瑞典、挪威北部，研究地层和构造，并赴美国科迪勒拉山和落基山研究地质，并结识了许多学者。

30 年代，北京大学设校务会议，其职权是：①决定学校预算；②决定学院及学系之设立及废止；③决定大学内部各项规程；④校务改进事项；⑤校长交议事项。校务会议由校长、秘书长、课业长、图书馆长、各学院院长、各学系主任为当然成员，另由教授、副教授每 5 人选出代表一人组成之，每年改选一次。孙云铸教授于 1931—1936 年间，除 1935 年出国外，每年都被选为理学院代表之一，参加校务会议，校务会议之下还设若干委员会，孙教授 1929、1930、1934 年三次担任仪器委员会委员，1931、1932 年两次担任出版委员会委员。北大有学术刊物《自然科学季刊》及《北京大学月刊》，孙教授多次担任这两份刊物编辑委员会委员，并有文章发表，如（中国研究古生物之历史》，（载《自然科学季刊》第 1 卷第 1 册，1929 年），《河北石门寨下古生代之研究》（与胡伯素合著，同上，第 3 卷第 1 期，1931 年）等。

四

1937 年 7 月北平、天津沦陷后，北大南迁，与清华大学、南开大学，先在长沙组成长沙临时大学；1938 年 5 月迁昆明，称西南联合大学。这段时间，孙云铸教授任北大地质学系主任，并先后兼长沙临时大学、西南联合大学地质地理气象学系主任，并是学校建筑设计委员会委员。抗日战争期间，条件非常艰苦，但却培养了不少人才，孙云铸教授对此作出了重要贡献。

当时有许多著名学者在系任教，地质学方面，除孙先生外，王烈、袁复礼、冯景兰、张席禔几位教授始终在联大任教，德籍教授米士稍晚一点到校，王恒升、谭锡畴、杨钟健、王炳章、张寿常等都在联大任过课。地理学方面有张印堂、洪绂、鲍觉民、钟道铭、陶绍渊、林超、毛准等。气象学方面有李宪之，赵九章等。孙云铸教授讲古生物学、地层学、中国地质（区域地质）、标准化石等课程。

当时对野外实习和实践环节是很重视的。系里规定，野外实习合格方可做论文。各种课程都在星期一至星期五安排，星期六及星期日多在附近作野外实习。并规定地质测量为必修课。四年级以充分时间作毕业论文，尤注意地质图之绘制、地层之确定及矿产之分布。1941 年 12 月出版的《地质论评》曾有报道："现设备虽无北平时代之完善，但云南各种地层皆甚发达，可谓一理想之天然实验室，足以补室内仪器之缺乏。故目前虽学校经费拮据，而系中对野外实习仍极重视，各班于上学期中均曾多次举行。""如二年级同学除在昆市郊外作地质初步观察多次外，最近由孙云铸先生亲自率领往二村实习，并发现寒武纪之古杯化石。"

当时的研究工作是结合西南，特别是云南的建设和矿产工作进行的。1938 年，当局成立西南经济调查合作委员会，学校请了 7 位教授代表联大参加，孙云铸教授即为其中之一。1942 年，系里与云南建设厅合作，成立云南地质矿产调查委员会，孙云铸教授兼任主任委员。1943—1944 年，他任云南大理等 5 县地质调查队队长，1944—1945 年任横断山脉（保山区）地质调查队队长。那时，学校与矿业部门、建设部门合作开展地质工作，例如，易门铁矿、一平浪煤矿、个旧锡矿、东川铜矿、滇中铁矿、富源锑矿、叙昆铁路及滇缅铁路沿线地质调查等。师生们对云南的地层及构造作过大量调查和研究，对云南矿产的调查，如煤、铁、铜、锡、铅、汞、磷等资源，都有新的发现。教授们还发表了不少论文，如孙云铸的《云南西部之奥陶纪海林檎动物群》《滇西中志留纪地层》，还与张席禔合著《滇西晚寒武统之发现》等。

当时，研究院仍按三校分别设置，北大和清华研究院的地质学部从 1940 年起先后招生，在滇期间先后就读的研究生有 12 人。

1938 年是北京大学建校 40 周年，在纪念论文集中，刊载了孙云铸教授两篇文章：*On the Occurrence of Fengshanian（the Late Upper Cambrian）Trilobite Faunas in Western Yunnan* 及 *The Uppermost Permian Ammonites from Kwangsi and their Stratigraphical Significance*。

1938 年 9 月，中国地质学会昆明分会成立，孙云铸教授被推举为干事，曾任总干事。昆明分会成立以后，至 1941 年 3 月，举行过 13 次论文报告会，共宣读论文 34 篇，至 1943 年，举行过 25 次，对促进研究工作起了积极作用。孙云铸教授宣读论文 4 篇：《滇粤 Cyrtograptus 笔石群之发现及在地层上之意义》（1938 年 12 月 9 日第 1 次）；《中国地层基本根据之讨论》（1939 年 12 月 31 日第 6 次）；《中国地层分层的根据之讨论》（1940 年 3 月 20 日第 7 次）；《云南古杯珊瑚化石之发现及其地层上之意义》（1941 年 3 月 15 日第 13 次）。1944 年 10 月 14 日昆明 8 科学团体举行联合年会，西南联大地质学方面 9 位教师提交了 10 篇论文，孙教授的论文是：《云南大理下古生代两个新地层》。1945 年 3 月昆明分会在西南联大举行年会，宣读论文 5 篇，孙教授的论文是《滇缅古地槽》。

五

1946 年 5 月北京京大学复员回到北平。孙云铸教授仍任地质学系主任，主持系的恢复和建设工作。在系里任教的教授、副教授有：王烈、王竹泉、黄汲清、裴文中、阮维周、杨钟健、潘钟祥、王嘉荫、王鸿祯、徐仁、马杏垣等。复员后系里有地质仪器 349 件，地质机械 2 件，标本 5000 件。教学工作方面，学生仍分为地质古生物组和岩石矿物组两组，除按原来计划培养学生外，增设了一些新课，如 X 光结晶学、古植物学、人类古生物学和中国地质问题讨论等。科学研究工作仍很活跃，附设在系的地质研究所，分为三组，即：地质组、矿物组、新生代组。对云南的地层古生物材料、云南地质、云南禄丰龙、华南更新世洞穴堆积中的动物群、华南一部分花岗岩、华北大型构造等进行研究。孙教授的重要论文《关于中国寒武纪地层界线问题》于 1948 年发表于原中央研究院地质研究所丛刊第 8 号。

1946 年 4 月王竹泉等发起，恢复中国地质学会北平分会，经学会理事会核准。9 月在北平全体会员大会推举孙云铸等 7 人为干事。10 月 26 至 28 日在北大地质馆举行第 22 届年会北平分会，孙云铸致开会辞，大会宣读论文 19 篇，孙云铸宣读的论文是《云南横断山脉地质之鸟瞰》。1947 年 10 月北平 6 科学团体举行联合年会，地质学会北平分会由孙云铸主持，大会宣读论文 8 篇，孙云铸宣读的论文是：《亚洲多房海林檎之地质时期及其在生物学上之位置》。

1948 年北京大学建校 50 周年，决定出版纪念论文集，孙云铸教授负责地质学卷的编辑工作，他的论文 *Problems of the Palaeozoic Stratigraphy of Yunnan* 也收入该论文集。

1948 年 8 月 25 日至 9 月 7 日，第 18 届国际地质大会在伦敦召开，孙云铸和马杏垣代表北大参加，各提交了一篇论文。孙云铸还代表北大和中国古生物学会参加同时举行的国际古生物学协会会议，并当选为国际古生物学协会副主席（任期 1948—1952 年）。他提交会议的论文是：*The Pacific — A Main Center of Dispersal of Early Palaeozoic Life*，其摘要登在该次会议的报告集上，这次会后，孙云铸教授在苏格兰和英格兰各地访问和地质考察 3 个月。

六

新中国成立以后，孙云铸教授继续担任北大地质学系主任，在系任职的教授、副教授有：王烈、潘钟祥、王嘉荫、王鸿祯、马杏垣、张炳熹、董申保等，还有一批年轻教师。孙先生与全系教职员一起，努力学习党的方针政策，积极进行教学改革。鉴于国家建设的需要，使教学工作力求与国家建设的实际相结合，以培养真正能掌握现代科学技术的地质专门人才为目标，并于 1949 学年度开始，接受长春地质调查所的委托，增办了二年制地质专修科一班，学生 32 人；同时，接受中央燃料工业部的委托，增招四年制学生两班，培养煤田及石油地质人才。1950 学年度还新招学生 25 人，与经济系结合，开办矿产贸易专修科。1948 学年度，学生只有 75 人，到 1951 学年度已增至 160 余人。在本科生中，设地质及岩矿两组，前者以培养燃料地质人才为重点，后者以培养金属矿床人才为重点，相应地调整了教学计划，加强了基础课，删除了某些课程间的重复，加强了野外工作的训练，四年级除配合课程的野外实习外，自 1950 年度开始，增加了 3 个月的野外工作训练。二、三年级利用暑假配合工矿部门及地质机构的需要，参加实际工作。例如，1949 年夏，部分师生参加东北的矿产勘探工作；1950 年夏，部分师生参加了燕山地质的普查工作；1951 年夏，参加了东北、五台山和皖南等地的矿产普查工作。系里还加强了教学研究工作，1950 年 10 月，成立了古生物地史教学研究指导组，孙云铸教授兼任主任，其他教研组也相继成立。

还要提到的一件事，就是北京大学博物馆。孙云铸教授是北大博物馆委员会的主委。北大博物馆在我国大学博物馆中是筹备较早的，早在 1947 年 5 月就有设立博物馆之议，1948 年 2 月正式开始筹备，任务有三：①供本校各部门教学及研究之参考；②作修习博物馆学者的实验室；③服务于人民大众。1949 年 4 月 14 日，为扩充馆址，迁到东厂胡同 2 号，先后开辟了 4 个陈列室，11 月间又扩充为 6 个陈列室；计有：①经济植物陈列室；②地质矿产陈列室；③工程模型陈列室；④摆夷文物陈列室；⑤历代陶瓷陈列室：⑥历代漆器陈列室。地质矿产陈列室中有：①地球的构造和地壳；②从猿到人；③中国矿产；④地质图及说明。还有模型两座，一是华北资源模型：一是云南大理区（横断山脉之一部）地质模型（1∶10 万）。1949 年 12 月 1 日又迁回沙滩校本部。孙先生为此操劳很多。

孙云铸教授经许德珩教授介绍，于 1950 年加入九三学社，并兼任北大支社主委，1952 年当选为九三学社中央委员。1950 年任中国地质工作计划指导委员会委员。1952 年院系调整后任中央地质部教育司司长，1960 年任地质科学院副院长。

1952 年以后孙云铸教授虽然离开了北大，但对北大地质学系的建设和发展仍很关心，不时提出指导性意见，60 年代还到校给古生物地层学专业的学生讲授三叶虫专题课，并举荐学者到系兼课。

七

还要特别提到的是，孙先生与葛利普教授的师生情谊。孙先生作为葛利普教授在中国的第一位助手，既在老师的指导下做了很多工作，又很尊敬他的老师，老师对学生也非常关心。除前面已经说到的而外，再举一些事例。1924 年，当孙先生《中国北部寒武纪动物化石》专著出版时，葛利普教授非常高兴，著文祝贺，并特意在寓所举行集会，庆祝中国学者第一部古生物学著作问世。在《中国 10 年来地质研究工作》（载《国立北京大学地质学会会刊》第 4 期，1930 年）一文中，葛利普教授历数了中国学者从事的地质工作自 1920 年以来取得的进展，也高度评价了孙云铸等在地层学和古生物学方面的研究成果。1930 年葛利普教授六秩大寿，中国地质学会刊行《葛利普先生纪念册》，章鸿钊、丁文江等联名写信祝贺，孙先生是 8 位联署人之一。1946 年 3 月葛利普教授去世以后，中国地质学会理事会决议，《中国地质学会志》发刊纪念专号，请孙云铸为编辑主任，孙先生为此付出了很大的精力，《中国地质学会志》第 27 卷（葛利普先生纪念册）于 1947

年 11 月出版，刊有 28 篇文章，共 406 页。孙先生写了葛利普教授传，辑录了葛利普教授 1890—1943 年 291 篇著作目录，孙先生与司德穗卿合著的《Camerocrinus asiaticus 种在地层上及生物上之位置》一文也刊在该《纪念册》中。此外，孙先生还著有《葛利普教授》（载于《科学》第 30 卷第 3 期，1948 年）及《葛利普氏脉动学说的意义》（载于《海洋湖沼学报》第 1 卷第 1 期，1951 年）等文章。

八

孙云铸教授在北大任教期间，积极参加学会活动和工作是他学术活动的一个重要方面。

1922 年中国地质学会成立时，他是 26 位创立会员之一，后担任过多届理事、常务理事、《中国地质学会志》编辑、《地质论评》编辑，并历任中国地质学会书记（1924、1925、1929、1931—1934、1949—1951）、副会长（1930）、理事长（1943、1952），还担任过昆明分会、北平分会的负责人。1929 年发起并参加中国古生物学会，任首届理事长。1950 年参加中国海洋湖沼学会，并任首届理事长。

中国地质学会举行的年会，孙云铸教授大多提交论文或与会报告，据不完全统计，从 1923 年至 1952 年，提交的论文有 24 篇，它们是：*Upper Cambrian of Kaiping Basin* 及 *Upper Cambrian Fossils From Fengtien*（第 1 届年会，1923 年）；*Relationship of the Ordovician Strata of the Kaiping Basin* 及 *Cambrian Fossils from Lincheng，Chihli*（第 2 届年会，1924 年）；*On the Discovery of Dorypyge in Central China*、*Graptolite Zone in China*、*Note on the Brachiopod Fauna from Shitzepu Shale，Kweichow*（第 7 届年会，1930 年）；*Ordovician Cystoid Fauna from Kweichow*（第 10 届年会，1933 年）；*The Characteristic Assemblages of the Upper Cambrian Trilobite Zones of North China* 及 *Note on the Occurrence of the Middle Devonian Goniatites from Changsha，Hunan*（第 11 届年会，1935 年）；《三叶虫分类之商榷》（第 13 届年会，1937 年）；《湖南泥盆纪两新种三叶虫》（第 14 届年会，1938 年）；《滇西上寒武纪化石之新发现》（第 15 届年会，1939 年）；《中国地层基本根据之讨论》（第 16 届年会，1940 年）；《中国二叠纪之分层》及《云南马龙曲靖两县之志留纪地层》（与王鸿祯合著）（第 18 届年会，1942 年）；《云南泥盆纪初期地层》（第 19 届年会，1943 年）；《云南志留纪及泥盆纪地层》（第 20 届年会，理事长演说，1944 年），《云南保山区地层及地质构造》（与司徒穗卿合著）（第 22 届年会，1946 年）；《滇西横斯山脉之地质》（特别会，1946 年）《云南保山之地层及构造》（与司徒穗卿合署）（第 23 届年会，1947 年）；《关于中国寒武纪地层界线问题》（第 25 届年会，1949 年）；《从地层学观点论古生物学》（第 26 届年会 1950 年）《中国地质学会 30 周年回忆》（第 27 届年会，1951 年）。

九

孙云铸教授在长期任教过程中，始终将教学工作与科学研究紧密地结合在一起，在科学研究中做出了突出的成绩，著作宏丰，限于笔者的水平，难以对孙教授的科学成就作出评价，仅就所知，试作概述。从 1920 年开始，孙先生从事古生物学及地层学研究，撰写了专著 6 册（三叶虫 3 册，笔石 2 册，珊瑚 1 册），其他论著近百篇，主要包括无脊椎古生物（三叶虫、笔石、菊石、珊瑚、海林檎等门类）、古生代和中生代海相地层，取得多方面的成就。

在地层划分方面：从三叶虫的研究，将寒武系划分为三个统，上统进行了阶和带的建立，并确定寒武系下界和上界；从三叶虫到头足类化石的研究，修正了前人对华北奥陶系的划分，奠定了我国北部奥陶系划分的基础；从滇东和三峡两个标准地点古生物群和沉积相的综合研究，奠定了我国南部志留系划分的基础；从滇黔湘鄂泥盆系的综合研究，初步建立了我国南部泥盆纪地层系统和统组的划分；确定了我国南部石炭系下界；根据菊石的研究，确定广东海相侏罗系的下界；从菊石的研究，初步确定西藏侏罗系和白垩系的分界等。

在古地理和古生态方面：确定中国古生代各纪生物区主要属太平洋区；从德国中三叠统齿菊石的住室和口壳的研究，明确了齿菊石的古生态等。

在大地构造和地壳运动方面：确定中国古生代的一些上升运动（如云贵运动、冶里运动、金鸡运动等）及其地层意义；提出“滇缅古地槽”的概念等。

在区域地质方面：对云南省大理地区六个县和保山地区的地质作了较系统的研究。

以上叙述肯定是不周全的。众所周知，孙云铸教授是我国地质学界的元老之一，是老一辈的地质和古生物学家，他在古生物学和地层学研究，特别是三叶虫、笔石、珊瑚、海林檎等门类的研究和寒武纪地层的划分和对比等方面，进行了开拓性的工作，奠定了广泛的基础，他的研究成果，是我国地质科学和地质事业的宝贵财富。

十

孙云铸教授从 1914 年入北大预科学习，到 1952 年离开北大，除去在北洋大学读书和在中山大学短期任教，在北京大学学习和工作了 36 年。从 1920 年至 1956 年，从事地质教育工作达 36 年，其中在北大任教 32 年，连同 60 年代在北大上课，共有 34 届学生听过他的课。从 1937 年至 1952 年，担任北大地质学系主任达 15 年之久，是北大地质学系任职最长的一位系主任。他治学严谨，诲人不倦，我国现代著名的地质学家很多人都受教于他。北大地质学系包括西南联大地质方面的毕业生，听过孙先生课的学生中，有 44 位是中国科学院学部委员（现称院士），可谓桃李满华夏。孙云铸教授对北大地质学系，对培养我国的地质人才，对我国的地质事业，做出了巨大的贡献。人们都习惯地尊称他为“孙老师”。我们衷心地崇敬和怀念这位北大地质学系的优秀毕业生，北京大学的优秀教师，我国著名的地质学家、古生物学家和地质教育家。

参 考 文 献

[1] 北京大学日刊, 1920 年 10 月至 1927 年 8 月, 1929 年 4 月至 1932 年 9 月.

[2] 北京大学周刊, 1932 年 9 月至 1937 年 2 月.

[3] 国立北京大学地质学会会刊, 第 1—5 期(1921—1931 年).

[4] 北京大学校史 (1898—1949)增订本. 北京: 北京大学出版社, 1988 年.

[5] 夏湘蓉、王根元. 1982. 中国地质学会史. 北京: 地质出版社.

[6] 地质论评, 第 1—17 卷(1936—1957 年).

[7] 中国地质学会志, 第 1—27 卷(1922—1947 年).

[8] 中国古生物志, 乙种第 1 卷, 1924 年.

[9] 王钰、王鸿祯. 1980. 纪念我国著名的古生物学家孙云铸教授. 古生物学报, 19(2).

[10] 于洸. 1989. 北京大学地质学系 80 年//岩石圈地质科学. 北京: 北京大学出版社.

杨钟健教授在北京大学[①]

于　洸

杨钟健教授是蜚声中外的地质学家、古生物学家，他 1923 年毕业于北京大学地质学系，至今已有 72 个春秋了。他留学德国，于 1928 年回国后，又几度在北大任教。在北大学习期间，他追求进步，思想活跃，参加了许多爱国进步活动，并于 1920 年发起成立了我国第一个研究地质学的学术团体——北京大学地质研究会。在庆祝中国地质学会成立 70 周年之际，回顾杨钟健教授当年在北大学习和工作的情况，缅怀这位受人尊敬的地质学界的老前辈。这对于学习和继承他的优秀品质，进一步促进我国地质事业的发展是很有意义的。

杨钟健于 1917 年入北京大学理预科学习，入学时理预科有 4 个班，杨钟健与田奇瑪、赵亚曾、张席禔同在乙班，侯德封在甲班，王恭睦在丁班。还有一件趣闻，1918 年 9 月 25 日《北京大学日刊》登了一条“杨钟健请改正年龄已准”的消息，称：“陕籍学生杨钟健投考本校时，系托友人报名，至少填二岁，现有该县知事备文来校，证明改正年龄，本校业已照准，并为转告教育部备案。”杨钟健预科结业后，于 1919 年升入地质学系学习，上述几位也同时入地质学系就读。从这个年级开始，大学四年学制。作为过渡，1919 年入学的一部分三年毕业，一部分四年毕业，杨钟健学习四年于 1923 年毕业，同期毕业的有赵亚曾、田奇瑪、侯德封、张席禔、王恭睦等 27 人。毕业后他即赴德国慕尼黑大学攻读古脊椎动物学。因为有的学者对杨钟健在北大入学和毕业的年份有不同的记述，所以根据北京大学保存的文书档案作如上说明。

杨钟健在北大读书期间，正值中国社会经历重大变动的年代。北京大学是中国新文化运动的摇篮，是五四运动的发祥地，是中国最早传播马克思主义的主要阵地之一。在俄国十月革命胜利的影响下，在北大具有初步共产主义理想的先进分子的影响下，面对内忧外患的政治形势，杨钟健追求真理，追求进步，在当时的进步学生运动中发挥了重要的作用。在他预科结业之前，1919 年爆发了轰轰烈烈的五四爱国民主运动，杨钟健积极投身到群众运动中。5 月 4 日那天，他参加天安门集会游行、火烧赵家楼，回校后听说有 32 位同学被捕，他立即参加讲演队，到街上发表激昂慷慨的演说。北大文预科一年级学生郭钦光，不顾身患肺疾，毅然参加游行，在游行中受军警追逼，劳累过度，在曹锟家里又于混乱中被军警和曹家人殴伤吐血，重伤不治，于 5 月 6 日去世，年仅 24 岁。郭钦光是五四运动中为国捐躯的第一人，5 月 18 日在北大举行了隆重的追悼会。同时，上海学生联合会也召开了追悼郭钦光的大会，北大学生代表许德珩、杨钟健参加了会议，

---

① 载于《地质学史论丛》·3·. 中国地质学会地质学史研究会、中国地质大学地质学史研究室合编，中国地质大学出版社，1995 年 10 月出版

在会上，杨钟健介绍了郭钦光与反动派斗争的壮举，许德珩发表了沉痛激昂的演说。五四运动以后，杨钟健作为学生运动的骨干，参加和组织了许多活动，1923 年春，他还作为北大学生代表，赴上海参加全国学生联合会的领导工作，负责编辑会刊。

20 世纪 20 年代，陕西在军阀统治下，人民惨遭涂炭。杨钟健与在北大和在京其他高校的一些陕籍先进同学，于 1919 年 3 月组织旅京陕西学生联合会，并由他主编出版了油印刊物《秦劫痛话》，揭露军阀在陕西的黑暗统治。这个刊物虽然出版时间不长，但不少稿件曾被京、津、沪、汉等地报纸转载。1920 年 1 月，他又主办了《秦钟》月刊，其使命是："（一）唤起陕西人民自觉心；（二）介绍新知识于陕西；（三）宣布陕西状况于外界。"杨钟健曾在《秦钟》上发表了 9 篇文章。这个刊物只出了 6 期就被迫停刊，但对于揭露陕西军阀和传播新文化还是起了推动作用。《秦钟》停刊后，杨钟健又与陕籍进步学生于 1921 年 10 月创办了《共进》半月刊，并任主编，继续同陕西顽固势力进行斗争。又以《共进》半月刊为基础，于 1922 年 7 月，成立了以"提倡文化，改造社会"为宗旨的进步社团——共进社。在中国共产党的影响下，共进社社员最多时达数百人。共进社成立以后，《共进》半月刊作为宣传阵地，进一步把反对封建军阀的斗争与反对帝国主义的斗争联系起来，并开始用马克思主义观点观察社会问题。于 1923 年毕业前，杨钟健为刊物撰写过 70 多篇文章，出国以后还撰写了 40 多篇文章，是该刊最积极的撰稿人。在他任主编期间，该刊登载过 1922 年 6 月 15 日《中国共产党对于时局的主张》，选登过李大钊、陈独秀等共产党人的文章。《共进》半月刊到 1926 年 9 月被军阀张作霖封闭为止，共出版 105 期，对反帝反封建和推动陕西的革命运动都起了很好的促进作用，杨钟健对此做出了重要的贡献。

在蔡元培校长平民教育思想的启示和推动下，北大国文系二年级学生邓中夏等人发起，于 1919 年 3 月 23 日成立了"以教育普及与平等为目的，以露天讲演为方法"的北京大学平民教育讲演团。1919 年 6 月杨钟健参加这个讲演团，并于 1920 年 3 月与邓中夏一起当选为该团总务干事。讲演团开始在市区定点讲演和作街头宣传，1920 年春决定还要深入北京附近的农村和工厂，3 月 25 日邓中夏与杨钟健召集干事会，筹备利用春假去农村讲演，并议决了八项办法。通县讲演组由杨钟健任书记。讲演团在城市、农村、工厂的讲演，内容广泛，包括国内外大事，反日爱国，民主自治，反对封建，破除迷信，普及科学等。讲演团的活动，不时遭到反动军警的破坏，例如，1920 年 5 月 13 日，邓中夏、张国焘、高君宇、杨钟健 4 人去南城虎坊桥模范讲演所讲演，杨钟健的讲题是"个人与社会"，这次活动由于百余警兵一拥上台进行阻挠未能进行。1920 年 5 月 19 日干事书记联席会议确定另组织一"科学讲演组"，由潘云耿、杨钟健负责筹备，地质学系学生汤炳荣、牟谟等都参加过这项活动，讲过开煤矿、土的来历、淘金法等题目。平民教育讲演团从成立至 1925 年 9 月先后有 157 名北大学生参加。他们的活动对于在工人农民中进行宣传和组织工作，促进知识分子与工农结合等方面都发挥了积极作用。1921 年初北京共产主义小组在长辛店建立的劳动补习学校，就是由邓中夏等人用讲演团的名义进行的。

少年中国学会是 1918 年 6 月 30 日由李大钊等 7 人发起，于 1919 年 7 月 1 日正式成立的，其出版物是《少年中国》半月刊。杨钟健经邓中夏介绍于 1920 年入会。少年中国学会是一个同北京大学关系密切、在"五四"时期颇有影响的、带学术性的进步政治团体，经李大钊提议，其宗旨为："本科学的精神为社会的活动，以创造'少年中国'"，并为会员定了四条信条：（一）奋斗；（二）实践；（三）坚忍；（四）俭朴。到1925年停止活动为止，先后有120多人入会，但由于会员的思想、信仰，从成立起就不完全一致，人员逐渐两极分化。共产党人李大钊、邓中夏、高君宇等与曾琦、左舜生等国家主义分子分歧越来越大。1921年2月北京会员在李大钊办公室讨论学会应采取何种主义等问题，6月又召开谈话会交换意见，杨钟健参加了这次会议。1921年7月1日至4日，少年中国学会南京大会期间，邓中夏、高君宇、杨钟健等五位北大学生及穆济波代表北京会员出席，在确立主义与应否参加政治活动两个问题上，与左舜生等展开了激烈的辩论。1921年7月至1923年7月杨钟健担任两届执行部主任，一度担任评议员，主持会务，这时正是两派意见分歧表面化的时期。在他主持会务期间，1922年7月杭州大会上，通过了具有一定进步意义的反帝反封建的决议和宣言，此后分歧更趋扩大。1925年7月改组，由中间分子组成改组委员会，并向会员发调查表征求意见，在德国学习的杨钟健于10月25日在调查表上仍明确表示"不赞成一切开倒车的复辟主义、军阀主义及不大切时病之无政府主义等"，表明了他的政治态度。

杨钟健还是北京大学马克思学说研究会的会员。1919年下半年，在李大钊周围已聚集了一批初步具有共产主义思想的革命青年。李大钊与邓中夏、高君宇等人，经过多次酝酿，于1920年3月组织了北京大学马克思学说研究会（当时译称"马克斯"），秘密进行马克思学说的学习和讨论。1921年7月中国共产党"一大"以后，他们决定将这个研究会公开，以19名会员为发起人，在1921年11月17日《北京大学日刊》上刊登启事，公开征集会员。有的出版物记述杨钟健1917年加入北大马克思主义研究会，这是不确切的，这个研究会不是1917年成立的，杨钟健也不是19名发起人之内的，据罗章龙保存的152名会员名单中有杨钟健的名字，可以说明他的加入应是1921年11月17日以后的事。研究会的主要活动是搜集、采购马克思主义文献，分组进行专题研究；举行定期的讨论会、讲演会和不定期的辩论会。通过这些活动，宣传了马克思主义，提高了群众的觉悟，为革命培养了一批人才。杨钟健年轻时参加了这些活动，对他后来成长为一名共产主义者是不无影响的。

杨钟健不仅积极参加革命的、进步的政治活动，还于1920年首创成立北京大学地质研究会（1929年11月26日改称北京大学地质学会）。当时他是地质学系二年级学生，他与采矿冶金门（当时这样称呼，"门"即是"学系"）二年级学生赵国宾共同邀集这两个系二年级学生田奇瑰、罗运磷、李芳洲、曾钦英、吴国贤等共7人，于9月19日在北大第一院平民教育讲演团事务室，开了一次谈话会。他们都认为"中国地质急待整理，社会上尚无一研究之机关——政府治下之地质调查所不在此例——本校为最高学府，同人学识鄙陋，似应速建一会，互相研究，增长课外之学识。"议决创立地质研究会，以到会7人为发起人，并公推杨钟健拟定公启及简章草案。杨钟健以7人名义拟定的"北京大学地质研究会公启"中，说明发起成立研究会的原因，一是"本共同研究的精神，求地质上的真理"；二是"提倡地质学，引起社会上对地质的注意，补足研究地质学团体不完善的地方"；三是"地质学科，注重实地调查。我们各个调查不易，而且效率很低，所以有结合起来共同去作的必要。"《简章》规定其宗旨是："本共同研究的精神，增进求真理的兴趣，而从事于研究地质学”。入会条件是“凡本校同学，具有地质学识者，均得为本会会员，但须经会员一人以上之介绍及会务进行委员会之可决。”“公启”及《简章草案》在 1920 年 9 月 29 日《北京大学日刊》上发表，第一批会员有 30 人，10 月 10 日举行成立大会，第一期会务进行委员全由 5 人组成，杨钟健任委员长。杨钟健为研究会的活动做了大量工作，敦请学者讲演，征集图书、标本，出版会刊。仅成立之初的半年中，丁文江、葛利普、何杰、王烈、丁格兰（Dr.Tegengren）等就作了 6 次讲演，听众有时多达 200 人，这在当时是相当可观的数字，说明听众不仅是地质学系的，还吸引了其他学科的学生。特别要提到的是《北京大学地质研究会年刊》，于 1921 年 10 月出了第一期，杨钟健是该期编辑委员之一，并写了发刊词。1929 年 11 月 26 日全体会员大会会议改名“北京大学地质学会”。地质学会的活动持续到 30 年代，出版物持续到 1931 年，北大地质学会虽然是一个学生组成的学术团体，但它却是我国第一个研究地质学的学术团体，它的出版物也是我国地质学方面较早的出版物之一，在北大乃至在中国地质学界是起过一定历史作用的，这与杨钟健的发起和奠定的基础是分不开的，这项工作也是他对北京大学和我国地质事业的一项贡献。在他起草的“公启”中曾经写道：“我们中国地质，向来少人调查。即有言及，无非就外人调查的大概而言，这是何等可耻的事?我们力量虽少，却要尽力所到，一洗此耻”。“我们知道，所具有的学识都很少，一刻要达到目的是不行的。不过我们立志，所有可以增加我们求真理的兴趣和可以促进我国地质学进步的方法，无不尽力所及为之”。“世上顶快活的事，更莫有过于达到目的了!也更莫有过于达到求得真理的目的了!”从这些言词中可以使人感受到他爱国主义的思想感情和对社会的责任感。他当时虽然只是二年级学生，但对地质工作的意义和特点却有着深切的了解，对地质科学真理有着执着的追求，这与他一生的追求和品格是一脉相承的。

杨钟健 1928 年自德留学归国，就任前中央地质调查所新生代研究室副主任，同时在北京大学主讲脊椎动物化石，30 年代前期又一直在北大担任教职，例如，1936—1937 学年度他担任两门课程的教学工作，第一学期讲“脊椎动物化石”，第二学期讲“新生代地质”，这两门都是四年级的必修课。脊椎动物化石每周讲课 2 学时，实习 2 学时，先讲通论，说明脊椎动物的一般构造，特别注意骨骼牙齿等硬的部分，近代骨骼与化石的区别，以及采集与修理的方法。然后讲各论，从低等脊椎动物讲起，依系统次序讲至人类，特别注意重要种类的性质、地层的分布以及中国发现的重要种类。“新生代地质”每周讲课 2 学时，实习 2 学时，讲课内容是：新生代地质概论，第三纪初期一般情况及各地之比较，中新统、上新统、三门系、周口店一般情况，黄土期一般情况，中国地文发育史，中国猿人一般情况及石器文化等。杨钟健是古脊椎动物学和新生代地质的专家，工作经验丰富，讲课内容充实，分析入理，启发性强，讲课过程中还带学生到周口店龙骨山和陈列馆参观，很受学生欢迎。

杨钟健教授从 1917 年入北京大学学习起，至 1937 年，20 年间，除留学德国外，先在北大学习，后在北大任教，此后，在西南联大和复员后的北京大学又几度任教。以上所说只是一个侧面，一些片段，但他热爱祖国，热爱人民，热爱科学，追求进步，勇于开拓，奋发向上，不断探索真理的精神，他的经历和活动，在北京大学和北大地质学系的历史上留下了光辉的一页。在今天建设中国特色社会主义的伟大实践中，在推进我国的地质科学和地质事业，以及培养一代又一代地质事业接班人的宏伟任务中，他的优秀品质永远值得我们学习和发扬光大。

注：本文在资料搜集过程中，查阅了北京大学综合档案室的多种文书档案及《北京大学日刊》。

参 考 文 献

[1] 北京大学地质研究会. 1921. 国立北京大学地质研究会年刊, 第 1 期.

[2] 北京大学地质研究会. 1923. 国立北京大学地质研究会年刊, 第 2 期.

[3] 王效挺, 黄文一. 1991. 战斗在北大的共产党人. 1920. 10-1949. 2, 北大地下党概况. 北京: 北京大学出版社.

[4] 萧超然. 1986. 北京大学与五四运动. 北京: 北京大学出版社.

[5] 刘尚达. 1981. 反对封建追求真理的战士//中国科学院古脊椎动物与古人类研究所, 北京自然博物馆编. 大丈夫只能向前——回忆古生物学家杨钟健. 西安: 陕西人民出版社.

[6] 李振民, 张守宽. 1981. 杨钟健同志早期革命活动纪略//中国科学院古脊椎动物与古人类研究所, 北京自然博物馆编. 大丈夫只能向前——回忆古生物学家杨钟健. 西安: 陕西人民出版社.

足迹遍神州　桃李满天下

——著名矿床学家、地貌学家、地质教育家冯景兰教授①

于　洸

冯景兰，著名矿床学家、地貌学家、地质教育家。在两广地质矿产、川康滇铜矿地质、豫西砂矿地质等调查研究方面，进行了大量开创性的工作；在矿床共生、成矿控制及成矿规律研究方面贡献尤大，提出了"封闭成矿学说"，是我国高等学校教材《矿床学原理》的两位主编之一，是我国近代矿床学的奠基者之一。在黄河与黑龙江流域新构造运动和水利建设等方面，进行过大量开创性的工作。提出"丹霞地貌"的概念，在地貌学上有所建树。从事地质教育50多年，善教学，重实践，培养了几代地质人才。

冯景兰，字淮西、怀西，1898年3月9日出生于河南省唐河县祁仪镇；自幼丧父，家境不宽裕，但母教甚严。儿时在家乡读私塾。后就读于县城小学。1913年入开封河南省立第二中学学习。1916年考入北京大学预科。在母亲的影响下，自幼立志探究学问，开发地下资源，振兴中华。1918年考取公费赴美国留学，入科罗拉多矿业学院学习矿山地质，1921年毕业。同年，考入哥伦比亚大学研究院，攻读矿床学、岩石学和地文学，1923年获硕士学位。当年回国，任教于河南中州大学，讲授地质学。不久升任教授，并任地质学系系主任。除教学工作外，他还就开封附近的沙丘分布及成因进行了研究，从此与黄河治理和开发结下不解之缘。

1927年，冯景兰任两广地质调查所技正。后来的三年间，他做了以下工作；一是先后调查了广九铁路沿线地质，粤北地质矿产、粤汉铁路广州至韶关段地质矿产；二是以柳州为中心，对迁江合山、罗城县寺门等地的煤矿进行了研究；三是对桂林、义宁等14个县区进行调查，详细研究了当地的地层、构造和矿产情况；四是对龙山系地层的归属及该区煤矿、银矿、锑矿等进行评价。在上述调查研究的基础上，冯景兰对两广的地质、地层及矿产等方面均有论文发表。1929年，他出席在印尼爪哇特维亚（今雅加达）举行的第四届泛太平洋科学讨论会，宣读了这些论文。回国后，他又著文把国外对火山岩研究的进展情况向国内同行做了介绍。

1929年，冯景兰任北洋大学矿冶工程系教授，主要讲授矿物学、岩石学、矿床学和普通地质学等课程，并在清华大学兼课。其间，他就辽宁沈海铁路沿线的地质、昌平金矿、宣龙铁矿、陕北地质等方面做了研究，并编著了《探矿》一书，该书于1933年出版，1934年再版，发行甚广。

1933年，冯景兰任清华大学地学系教授，次年9月任该系系主任（初为代理系主任），

① 载于"西南联大名师"丛书之《地球奥秘的探索者》，云南出版集团公司云南教育出版社，2012年5月第1版

并兼讲授矿床学、矿物学和岩石学等课程。期间，他先后调查了河北平原，山西大同，山东招远与栖霞的金矿以及泰山等地的地质情况。

1937—1946年，冯景兰先后任长沙临时大学、西南联合大学地质地理气象学系教授；1937—1945年，还同时担任云南大学工学院院长兼采矿系主任。在这近十年的时间内，他主要研究四川、西康、云南三省的铜矿分布情况，1942年完成《川康滇铜矿纪要》一书，书中对上述三省的铜矿富化问题做了研究。1946年5月，西南联合大学结束使命，北大、清华、南开三校分别返回原驻地，冯景兰也回到清华大学地学系任教。

1952年，全国高等学校院系调整时，在北京新建一所专门培养地质人才的地质学院，清华大学地质学系全部调至该院。冯景兰从此任北京地质学院教授。

中华人民共和国成立后，冯景兰积极投入新中国的建设事业中。1949年11月，他应燃料工业部的邀请，调查江西鄱（阳）乐（平）煤田；1950年3月，应水利部邀请，他参加豫西黄河坝址的地质勘查，并提出把三门峡作为坝址的意见；同年7月，应河南省人民政府的邀请，与张伯声教授等进行豫西地质及矿产调查，为随后在这个地区进行大规模地质勘察和资源开发奠定了良好基础。1951年6月，他被任命为中国地质工作计划指导委员会委员，参与新中国地质工作的全面规划；1954年被聘为黄河规划委员会地质组组长，并参加编写了《黄河综合利用规划技术调查报告》一书中的地质部分内容。

1956—1958年，冯景兰参加中苏合作黑龙江综合考察队，为中方负责人。1957年赴苏联参加中苏黑龙江综合考察会议，两国专家共同研究黑龙江流域的开发规划，同年被聘为中国科学院地学部委员（后称院士）。

20世纪50年代，冯景兰对吉林天宝山铜铅矿、辽宁兴城县夹山铜矿、甘肃白银厂铜矿等进行了勘查，对我国主要有色金属矿床的地质特征和成因作了分析研究。60年代初期，冯景兰的学术活动主要集中于金、铜等金属矿床的成因理论及区域成矿规律方面的研究，先后在北京市平谷、冀东、鄂东、豫西、赣北等地进行矿床地质调查。1963年9月，他根据多年的调查结果，提出“封闭成矿”的概念；同年10月，又发表《关于成矿控制及成矿规律的几个重要问题的初步探讨》一文。1965年，他与袁见齐共同主编的《矿床学原理》出版；1972年，他有9篇译文刊载在《岩浆矿床论文集》中。

1976年9月29日，冯景兰因心脏病猝发，与世长辞，享年78岁。

一、我国近代矿床学的奠基者之一

冯景兰幼时偶得一块湖北大冶的铁矿石，如获至宝，由此对大自然的兴趣更加浓厚，因而留学时研读地质学、矿床学等。1923年学成回国后，便一直从事地质矿产的教学与科研工作。他一生中著述百余篇，其中，用英文写作的约20篇；涉及区域地质矿产的有19篇，矿床地质方面的有35篇，铁路沿线地质的有5篇，水文地质和工程地质的有15篇，地文学和新构造运动的有5篇，教材有5种；另外还有在国际学术会议发表的论文与译著等。他于1923年发表的《宣龙式赤铁矿鲕状构造及肾状构造之成因》一文，在详细的实地观测资料的基础上，就矿物的共生关系、矿石化学成分和矿石构造状况等进行分析研究，提出了有关宣龙式赤铁矿沉积环境和过程的看法。其在研究的详细程度和全面性上受到当时学界的普遍称赞。冯景兰对金矿的地质研究颇为重视，著有《昌平县黑山寨分水岭金矿》（1929）和《山东招远金矿纪略》（1936）。1937 年，他通过对地质、地文等特征的研究，提出要注意研究山东栖霞县唐山火山岩流下的沙金，这个观点在当时是很新颖的。

抗日战争期间，冯景兰致力于川、康、滇等省的铜矿地质等工作，以支持抗战。他在 1939 年时写的题为《西康探矿》的一首诗，表达了自己在野外工作时的情怀："探矿南来千百里，晨霜满地秋风起。相岭白雪开玉树，清溪黄尘染征衣。爱妻娇子寄滇南，荒原衰草忆冀北。何时找到斑岩铜？富国裕民壮军旅。"

这一时期冯景兰在野外进行地质矿床的调查工作有很多：1938 年，调查云南省永胜地区铜矿；1939 年，调查西康荥经铜矿和四川彭县铜矿；1940 年，调查西康东部和四川东部各个矿床；1942 年，调查云南东川、落雪、因民、汤丹、白锡蜡、路南铜矿等。每次调查他都写有报告，论述当地的地质、矿床及矿业情况。1942 年，他完成了专著《川康滇铜矿纪要》，"序言"写道："《川康滇铜矿纪要》一书，系统论述四年来野外观测之结果，关于西南铜矿之地理分布，造矿时期，母岩、围岩、产状、构造及矿物成分等，均略作分析，以推论其成因，并估计其储量，研究其产量多寡、矿业盛衰之原因及其将来发展之可能途径……""全书对于川康滇 15 处主要铜矿之交通、地质、矿床、矿业等都有较详之叙述……"该书 1942 年获当时的教育部自然科学类三等奖。在大量野外调查的基础上，冯景兰继以室内研究，著有《康滇铜矿之表生富化问题》（1947），叙述了西南三省铜矿之表生富化现象及其形成的地质地理条件。除铜矿研究外，他还做了不少综合性的地质矿产调查工作：1941 年，调查了西康会理天宝山铅锌矿和滇缅公路西段保山、昌宁、顺宁、蒙化的地质及矿产；1942 年，调查云南路南县的地质矿产分布情况；1944 年，调查云南滇缅铁路沿线的地质；1945 年，调查云南玉溪县地质矿产和云南呈贡县地质等。在这些调查的基础上，他著有《路南县地质矿产报告》（1943）、《云南呈贡县地质》（1945）、《云南玉溪地质矿产》（1947）等；并专门撰文讨论川、康、滇铜业的将来，云南之造矿时期及矿产区域、地质矿产及矿业，分析研究了云南成矿的地质背景，以及云南铜、铁、金、锡、银、铅、锌、汞、铋、钴、铝、磷、煤、石油、膏盐和水资源的成因、产状和分布。

1949 年 11 月，应燃料工业部的邀请，冯景兰调查江西鄱（阳）乐（平）煤田。他亲临鸣山、洪门口、桥头丘、钟家山、竹山里和蔓翠诸区进行调查，对当地煤田地质、煤质、储量及煤田的探采问题，均作了评价与论述。鉴于当时国家对石油的需要，他还探讨了利用鄱乐煤炼油的可能性。

20 世纪 50 年代初期，冯景兰和张伯声等人应河南省人民政府之邀，对豫西的地质矿产进行勘查。通过野外考察与研究，他们肯定了河南平顶山煤矿和巩县铝土矿的经济价值。后来的事实证实了他们的预测，上述两矿是大型甚至是特大型矿床。

20 世纪 60 年代，由于长期的经验积累和知识深化，冯景兰在许多场合对矿床地质理论提出不少新颖的见解。1963 年 9 月，冯景兰提出"封闭成矿"的概念。他认为："成矿涉及物质运移和物质封闭聚积。'成矿封闭'就是指矿质和有用元素聚积成矿起决定性的地质条件而言。封闭成矿的概念是受石油地质学中'油捕'概念的启迪而转引过来的……金属与非金属矿床是固体，但在形成矿床之时，矿质是以气、液的状态搬运、沉淀、富集的，它们是流体，为什么不可以采用封闭成矿的概念？”“我这种封闭成矿概念的形成，远在四年前。1959 年，我调查燕山某地金矿时，见到一个剖面，上为串岭沟页岩和长城石英岩，下有隐伏的花岗岩体，含金石英脉沿石英岩的张节理裂隙生成，而在页岩下面富集。这里一处一人一天采出百斤矿砂，回家淘洗得四十八两六钱黄金，所以现在该矿坑就名为四十八两六。这显然是一种封闭成矿的关系……矿床的形成，必然是要富集，不能分散。”他还结合赣东北铅锌矿床和河北兴隆寿王坟铜矿床等，对封闭成矿作了分析讨论。冯景兰早在 20 世纪 60 年代提出的封闭成矿和矿床定位课题，在七八十年代才成为国际学术界的热门课题。

1963 年 10 月，冯景兰发表重要论文《关于成矿控制及成矿规律的几个重要问题的初步探讨》，该文指出：“所谓成矿规律，就是矿床形成的空间关系、时间关系、物质共生关系及内生成因关系的总和。因此，从空间来说，它可以表现为地理上的分布规律（成矿区域）；从时间来说，它可以表现为地史上的分布规律（成矿时期）；从矿质的分散聚集来说，它还可以表现为矿床、矿体及富矿体的形成及分布规律和矿种及矿床的共生规律。”该文所指的“成矿控制”，就是指控制成矿的条件及其所发生的控制成矿的作用。文章结合中国地质的实际，系统地分析了成矿的构造控制问题、岩浆控制问题、围岩控制问题、地层控制问题和次生富集控制问题；论述了由于这些条件的综合控制或单独控制的结果，表现为五个主要方面的成矿规律：带状分布规律、成矿时代规律、成矿区域规律、富矿体的形成及分布规律，以及矿种的共生和矿床类型的共生规律。他认为：“单一的矿床和单纯的矿床类型的存在，可能只是少数，而多数矿区的矿床，经常是复杂的共生体。”“掌握了这种共生的规律，对于找矿勘探、综合评价及综合利用来说，不会是迷失方向，而会是明确方向；不是不利，而是更有利。”他的这些认识得到同行们的称赞。

冯景兰、袁见齐主编的《矿床学原理》（修订本）于 1965 年出版，该书作为我国高等学校的试用教材。关于金属矿床氧化带的问题，美国的教科书把它作为成矿后的变化，放在各种类型矿床之后另章加以讨论；苏联的教学大纲则把它作为风化矿床的一种来讨论。《矿床学原理》对此内容该如何取舍？冯景兰在对我国铜矿床的研究中，肯定了中国硫化物矿床次生富集作用的意义，经过与他人讨论，他决定将“硫化物矿床的表生变化及表生富集作用”单独列为一章，放在各种矿床成因类型之后。这章由他亲自执笔，阐述了“硫化物矿床的氧化和次生富化”“各种主要金属矿床的氧化和次生富化”“用于评价勘探和普查硫化物矿床的氧化带特征”三个重要问题，颇有新意，也很实用。他在审阅《矿床学原理》原稿前半部分章节时，逐字逐句地斟酌、修改，连标点符号也不放过。这种认真负责、一丝不苟的精神使同事们深受感动。

二、对我国水利建设做出重要贡献

冯景兰一直注重地貌学的研究，关注祖国的水力和水利开发。20 世纪 20 年代，他就发表《开封沙丘的分布和起因》(1923)、《开封附近沙丘堆之成因分布与风力水力风向水向之关系》（1926）等文，探讨黄河岸边沉积物的成因等问题。1927 年，他在广东曲江、仁化、始兴、南雄一带进行考察，对粤北的地形、地层、构造及矿产进行研究，发现粤北第三纪红色砂砾岩层广泛出露地表，在仁化县丹霞山发育最完全，便将这一地层称为“丹霞层”。该地层厚300—500米，起伏平缓，经风化剥蚀后呈悬崖峭壁、奇峰林立，构成奇特的景观，遂被命名为“丹霞地形”或“丹霞地貌”。这种命名至今仍为中外学者沿用。2010年8月2日，“中国丹霞”在第34届世界遗产大会上被列入《世界遗产名录》。

1941年，冯景兰发表《中国水系的不对称特点》一文，论述淮河、海河、辽河、塔里木河、西江、扬子江各水系的不对称特点，并分析了其中的原因。1946年，他发表《云南大理县之地文》一文，认为大理县境及其附近可分为11个地文区域；这些区域存在着分水岭迁移及改流的现象，当地可以利用地文的特点，自甸头开渠，开发水力和水利。

1950年3月，冯景兰应水利部之邀，参加豫西黄河坝址的地质考察，调查了三门峡、八里胡同、小浪底和王家滩等备选坝址的地质情况，写出《黄河陕县孟津间坝址地质勘探初步结论》《豫西黄河坝址地质勘测报告》《黄河陕孟段坝基工程地质》等论文。这些文章可说是治理黄河工程地质基础方面的力作。冯先生提出，三门峡地质条件最好，可优先作为坝址。

1953年，冯景兰发表《黄河的特点和问题》一文，提出“治河必先知河”，应当科学地、充分地了解黄河的基本特点，结合科学知识的探讨和实际工程的应用，才能把历史上对人民闯祸的黄河改变成为人民造福的黄河。他作为黄河规划委员会地质组组长，对黄河水利枢纽建设的复杂性及其必须考虑的天然条件，以及编制河流规划地质报告应注意的问题一一作了论述。他参加并编写了《黄河综合利用规划技术调查报告》一书中的地质部分。这部分内容又分两个小部分内容：第一部分是“黄河流域地质及水文地质概况”，共九章，对黄河水系的特点，以及黄河流域地层的特点、岩石、构造、地史及地震、地形及现代动力地质作用、水文地质条件、矿产、工程地质分区等问题作了详尽的论述。第二部分是“黄河干流及支流各库址及坝址地质概况”，共十二章，讨论了李家峡、刘家峡等十余处库址及坝址的地质特征。冯景兰特别指出，黄河上中游的水土保持工作必须大规模地、积极地推进，否则像三门峡这样巨大的库容，也能在蓄水后数十年内全部或大部被泥沙淤满，而失去应有的效益。

1956—1958年，冯景兰参加中苏合作黑龙江综合考察工作，调查了黑龙江水系的地质背景、水系特点和问题，以及额尔古纳河的11处坝址和黑龙江中上游的13处坝址的地质特点，并研究了黑龙江流域内的矿产资源、黑龙江水系地区的湿地和新构造运动等内容。1957年，他赴苏联参加中苏黑龙江综合考察会议；次年发表了《关于黑龙江流域综合开发的几个与地质有关的问题》一文，对黑龙江流域的矿产资源，坝址库址的基岩及地形，沼泽地的分布、成因及处理，新构造运动和河床覆盖层的厚度，森林采伐与水土保持等问题，均做了分析与讨论。1958年，他还发表论文，专门阐述了黑龙江水系地区新构造运动的八种迹象，并提出现代湿地是由地形、气候和地质等多种原因形成的。

冯景兰积极投入黄河、黑龙江等大江大河的治理工作，发表的许多论著都体现了他对山河伟力的认识，对开发水力的关切。他综合运用地质学、水文学、地貌学等多学科知识所提出的意见和建议，对黄河、黑龙江的水利建设做出了重要的贡献。

三、善教学　重实践　精心育人

“桃李满天下”，是人们对老教师毕生从事教育工作的赞誉。这对冯景兰来说，是当之无愧的。从1923年开始任教至1976年辞世的半个多世纪中，他的学生数以万计，其中不乏知名人士，地质界的许多栋梁之材不少是他的学生。在《冯景兰教授诞辰90周年纪念文集》中，他的一些学生撰文追忆恩师，表示要学习他诚挚的爱国心、高尚的人格、广博的学识和诲人不倦的作风。

冯景兰以身作则，教书先教人，毕生为祖国的地质科学和地质教育事业操劳，一心一意关心祖国的建设事业和人才培养。他信任党，热爱祖国和人民，对祖国的建设事业充满信心。1960年冬，他带领年轻教员、研究生和大学生，在河南栾川铜矿考察。这是一处刚发现不久的矿床，他对当地的地质工作很满意，加上身处壮丽的山河之中，便立即吟诗表达自己当时的心情：“深感东风暖，喜见桃李芳；大好形势下，衰老也坚强。”这是他年逾古稀时写下的诗句，表达了对祖国前途的祝福，并鼓励学生奋进。他坚信“没有共产党就没有新中国”这个真理，即使在“十年浩劫”期间，仍坚信祖国的明天会更好。就在1976年9月下旬，他与自己的学生见面时仍坚定不移地说：“多难兴邦，我们中国是有希望的。”他工作认真、作风正派、为人师表的高尚品格为人们称道。他经常说，环境、条件多有变化，年轻人要能适应；适应是为了工作，要一丝不苟地工作，以便做出成绩。1957年春，北京地质学院举办过一次冯景兰教授、袁复礼教授地质教学、科研和调查工作的实物展览，展品中有冯老师的野外记录簿。这些记录簿内容丰富，图文并茂，有关记述井井有条，且文字清秀，表明冯先生野外观察非常全面、细致。

冯景兰有深厚的理论基础，积累了丰富的资料和经验，讲课时循循善诱，常采用启发式教学，很受学生欢迎。清华大学地学系一位1936级学生回忆说，入学以前他对地质学一窍不通，“冯老师讲授《普通地质学》，他以浓厚的河南口音与极为响亮清晰、抑扬动听的口语，生动通俗、深入浅出地讲授了地质科学的基础概念，使学生们很快对地质学有了初步认识，而且产生了兴趣。”“（冯老师）在教学过程中还不断辅以标本、图片和幻灯片，使教学内容更显生动活泼。他编写了一套用英语写的普通地质学教学提纲，简明系统，最为同学们所津津乐道。”在教学内容上，冯景兰系统地传授专业知识，并及时补充新的内容；在方法上，他讲课认真严谨，逻辑性很强，重点突出，板书很好，一堂课讲完，刚好写满一黑板，给学生们留下很深刻的印象。在给高年级学生讲授“矿床学”时，常指定下节课应该预习的章节，让学生自学，上课时他提出问题，要学生回答。他提出的问题，有些是教材中叙述过的，有些则需由学生自己思考后才能答得出来。当时的大部分学生认为，“这种教学方法，不仅能培养我们独立思考的能力，而且有利于沟通师生之间的思想，是一种非常好的教学方法。”20世纪五六十年代，“矿床工业类型”这门课很不容易讲授，冯景兰勇挑重担，结合自己的经验娓娓道来，深受同学们的欢迎。因为这门课涉及世界和我国有关矿床的成矿、矿业情况、矿床分布等理论和实际资料，使大家听完后很有收获。

学地质专业，野外调查是重要的一环。冯景兰很重视野外实习，一直注重培养学生艰苦朴素、吃苦耐劳和不怕困难的作风。他的学生苏良赫（清华大学地学系 1937 届）写道："在野外他总是大步走在前边，学生们必须紧步才能跟上。他边讲边行，行进速度既快又均匀，在行进途中遇到地质现象，就详细讲解。一段行军之后，同学们虽然感到劳累，但收获却是丰富的。"1937 年春，冯景兰与助教带领 20 多名同学在平绥路（北平—包头）下花园至大同段沿线进行地质实习。冯教授那种艰苦朴素、平易近人、与同学打成一片的作风，给学生们留下难以磨灭的印象。他常说，搞地质就要练会走山路，这是野外地质工作的一项基本功。他还常教导学生在思想上、工作上要能适应野外的各种环境。

从 1957 年算起，冯景兰负责培养了约 20 名研究生。他对研究生的学业要求是很严格的。入学考试时，他要求学生要学好必修课，并有扎实的野外训练经验。他强调学生的基本功要扎实，并以自己研究宣龙式赤铁矿鲕状构造及肾状构造成因的经验，说明化学等基础学科对地质研究的重要意义；研究生的毕业论文选题，放手由学生本人去选择，以充分发挥研究生的主动性。在对待理论与实践的关系上，他告诫学生："一辈子都要深入实际，坚持做实际工作，只有在实践中才能提高理论水平，才有可能创新。"对待科研成果，他认为，论文在一定研究领域有超过前人的地方，即有创新。他鼓励年轻人上进，并坚信青出于蓝而胜于蓝，对年轻教员也是这样要求的。他最喜欢的一句话是："譬如积薪，后来居上。"他常说："后生可畏，年轻人才是中国地质事业的未来。"

1989 年 2 月，黄汲清院士为冯景兰教授 90 周年诞辰纪念题词："百篇论著足迹通神州，一代宗师桃李满天下。"这是冯先生一生的写照。

冯景兰简历：

1898 年 3 月 9 日　出生于河南省唐河县祁仪镇。

1916 年　考入北京大学预科。

1918 年　赴美留学，就读于科罗拉多矿业学院。

1921 年　考入哥伦比亚大学研究院，攻读矿床学、岩石学和地文学。

1923—1927 年　任教于河南中州大学。

1927—1929 年　任两广地质调查所技正。

1929 年　出席第四届泛太平洋科学讨论会。

1929—1933 年　任北洋大学矿冶工程系教授。

1933—1937 年　任清华大学地学系教授。

1937—1946 年　任长沙临时大学、西南联合大学地质地理气象学系教授。

1946—1952 年　先后任清华大学地学系、地质学系教授。

1952 年　任北京地质学院教授。

1954 年　被聘为黄河规划委员会地质组组长。

1957 年　被选聘为中国科学院地学部委员（现称院士）。

1956—1958 年　参加中苏合作黑龙江综合考察队工作，为中方负责人。

1976 年 9 月 29 日　病逝于北京。

冯景兰主要著作：

(1)《开封附近沙丘堆之成因分布与风力水力风向水向之关系》，《科学》，1926 年。

（2）《广东曲江仁化始兴南雄地质矿产》，《两广地质调查所年报》，1928 年。

（3）《广东粤汉铁路沿线地质》，《两广地质调查所年报》，1928 年。

（4）《宣龙式赤铁矿鲕构造及肾状构造之成因》，《北洋大学采冶年刊》，1932 年。

（5）《中国宣龙式铁矿之成因》，《北洋大学矿冶系特刊》，1933 年。

（6）《山东招远金矿纪略》，《地质论评》，1936 年。

（7）《关于中国东南部红色岩层之划分的意见》，《地质论评》，1939 年。

（8）《云南滇缅铁路沿线地质》，《地学集刊》，1944 年。

（9）《云南大理县之地文》，《地学集刊》，1946 年。

（10）《云南之造矿时期及矿产区域（节要）》，《地质论评》，1946 年。

（11）《云南玉溪地质矿产》，《地学集刊》，1947 年。

（12）《豫西地质矿产简报》，1950 年。

（13）《豫西地质矿产调查报告》，1951 年。

（14）《豫西黄河坝址地质勘测报告》，《人民水利》，1951 年。

（15）《黄河的特点和问题》，《科学通报》，1953 年。

（16）《中国新构造运动在地貌及其他方面的证据》，《地质论评》，1957 年。

（17）《黑龙江水系地质及工程地质的初步观察：黑龙江流域综合考察学术报告（第一集）》，科学出版社，1958 年版。

（18）《关于黑龙江流域综合开发的几个与地质有关的问题》，《科学通报》，1958 年。

（19）《成矿封闭的基本概念及其初步探讨（摘要）》，1963 年。

（20）《关于成矿控制及成矿规律的几个重要问题的初步探讨》，科学出版社，1963 年版。

参考文献

[1] 中国科学院学部联合办公室. 中国科学院院士自述. 上海: 上海教育出版社, 1996 年版.

[2] 中国科学技术协会. 中国科学技术专家传略·理学编地学卷(1). 石家庄: 河北教育出版社, 1996 年版.

[3] 中国地质大学校史编撰委员会. 地苑赤子——中国地质大学院士传略. 北京: 中国地质大学出版社, 2001 年版.

[4] 《冯景兰教授诞辰 90 周年纪念文集》编委会. 冯景兰教授诞辰 90 周年纪念文集. 北京: 地质出版社, 1990 年版.

谢家荣教授在北京大学①

于 洸

谢家荣教授是一位著名的地质学家、矿床学家，对地质教育事业也倾注了许多心血，他曾几度在北大地质学系任教，并担任过系主任，对培养地质人才作出过重要贡献。

一

早在20世纪20年代，谢家荣教授即在北大地质学系担任教职。1927年以前，我国培养地质人才的高等学校只有北大地质学系，1925年上半年，谢先生在北大为二年级学生讲授经济地质学（金属），为三年级学生讲授经济地质学（非金属），这两门课原计划每周2小时，谢先生讲授时增加为3小时。1926—1927学年，经济地质学（非金属）改在二年级学习，由黄福祥先生讲授；经济地质学（金属）安排在三年级学习，仍由谢先生讲授。谢先生还为经济地质学门（“门”相当于现在的“专业”）四年级学生讲授中国矿产专论，每周讲演1小时，实习3小时。

二

20世纪30年代，谢先生在北大任教的时间较长，自1932—1937达5个学年之久，并于1936—1937学年任地质学系系主任。谢先主任系主任时，地质学系的课程已有调整。三、四年级不再分设古生物学、矿物岩石学、经济地质学三个学门，只是规定全系的必修课和选修课，此外，还规定学生须修习第一外国文（英文）一年，第二外国文（德文或法文）二年，但此项课程本系不计学分。四年级学生需做论文，学年开始后，即需自行择定或请求给予题目，分别性质，由各教授予以指导。论文提出之期，至迟应在毕业考试开始之一星期之前，逾期不交，且无相当理由者，则不得毕业。足见对学生的要求是严格的。

这几年谢先生主要讲授矿床学，这门课程分量重，分为金属及非金属两部分，两年学完，每一部分每周讲演3小时，实习2小时，金属部分分为总论、各论及专论三篇。

在总论中，除绪论外，阐述矿床与岩浆之关系、矿床与水之关系、矿床之形状构造、矿床之结构、矿床之蚀变及次生富集带之造成、矿床分类等问题。各论分为铁、铜铅锌银、铂金银、锡钨钼铋砷及锰锑汞铝镍钴等五类予以剖析。先生在讲演中，除著名的外国实例，略述其地质、矿床等情形外，皆以本国矿床为教材，使初学者易于领悟。待学

---

① 载于《河北地质学院学报》第17卷第1期，1994年

者于矿床学有了认识之后，再专论几种理论问题，如矿床之地理上及地史上之分布、矿床成因与岩石种别及构造之关系、成矿哲理及矿床学发展史等。在实习中，用显微镜观察、侵蚀研究、反射率测定、显微镜下化学分析、分光镜分析等等方法进行不透明矿物的鉴定，对中国重要矿床标本进行肉眼及显微镜观察。非金属部分讲授煤、石油、建筑石材、黏土、水泥材料、肥料矿产、盐类、研磨材料、宝石及其他非金属矿床等。在实习中，进行煤的肉眼观察、显微镜研究、侵蚀及酸解研究，煤及石油各种物理性质的鉴定等。选用的教科书是：*Mineral Deposits*，4th Edition（W.Lindgren）；*The Geology of the Metalliferous Deposits*（R. H. Rastall）；*Economic Geology*, 4th Edition（H. Ries）；以及 *Non-Metallic Minerals*（Bayley）。为增长学生的实地经验，每年至少举行一星期左右的矿山视察旅行。先生还安排时间为学生答疑，每周两次，每次两小时，从上面简单地叙述中可见先生授课内容之全面，实习内容之丰富，由浅入深的教学安排，考虑非常仔细。

除矿床学外，谢先生在 1936—1937 学年还讲授地文学，每周讲演两小时。先略论地球之形状、大小及与其他天体之关系，次论地面气水陆三界及大型地貌之概况及成因；再论次等或小型地貌，分为山脉、高原、盆地、河谷、平原、海岸等等，分别讨论其发生之程序及成因，而于河流之发育与变迁，尤为注意；最后，论及中国之地文期及地文区域。这个讲授思路至今仍有参考价值。

三

20 世纪 30 年代北京大学设研究教授的职务。除教学工作外，还有研究工作任务，其工作进展在《北京大学周刊》上均有报道，他们的工作报告还辑成专辑付印。谢家荣先生曾被聘为研究教授，以 1933—1934 学年度为例，理学院有研究教授 13 人，其中地质学系有丁文江、李四光、葛利普、谢家荣 4 人。这一学年中，谢先生除任课外，研究工作分为两项。一是野外调查，因继续研究皖南地质，并扩大研究范围至扬子江中部起见，于 1933 年 7 月间，奉地质调查所之命，偕调查员陈恺，程裕淇二君，再度赴南方调查，凡安徽之当涂、繁昌、铜陵，江西之九江各铁矿皆亲往研究；同时又委派陈、程二君赴安徽之庐江调查矾矿，因矾矿之产生与铁矿有成因上的联系。野外工作约 40 日，采得矿物、化石等标本甚多，对于长江下游铁矿之地质及成因获得更可靠的材料，以便编制《长江下游铁矿志》。1934 年 1 月，趁寒假用两周时间，应长兴煤矿公司之约，偕地质调查所计荣森君，赴矿场勘察煤田构造，以备施工计划之参考。顺便又调查了四亩敦矿井内产生之油苗。2 月下旬又偕冀北金矿公司总经理王子文赴遵化县魏进河、马蹄峪等处考察金矿，采得矿石及围岩标本甚多。此外，还带领地质学系的学生赴各地实习，如长辛店、密云之短期实习，春假期间赴山东淄川、博山煤田的实习等。二是实验室工作。专注于煤、铁、金及其他有用矿床的显微镜研究，曾观察煤岩薄片 200 片，矿物及岩石薄片数百片，摄制显微镜照片百余幅。这一年度的研究结果著有已刊及待刊之报告 4 种：①北平西南长辛店坨里一带地质；②江西乐平煤——中国煤之一新种；③浙江长兴煤田地质报告；④浙江长兴煤田内发生油苗之研究。此外，本年度拟刊之报告还有：①*On the discovery of an algaebearing oil shale in shansi*；②*A remarkable occurrence of*

tensional cracks in thin coaly layer. 下年度的研究计划是：就数年来对中国煤田地质的研究作一总结报告，详述煤田分布及煤质分类，名曰《中国煤类及煤田分布之研究》；同时，拟对中国金属矿床作一成因上的分类，（以上引自 1935 年 1 月 12 日、1 月 19 日、2 月 16 日《北京大学周刊》）。从上面简要的叙述中，可以看出谢家荣教授对研究工作抓得很紧，野外调查与室内研究相结合，对所研究的矿床进行综合性的分析，以求得规律性的认识，并且研究成果甚丰。

四

谢先生在北大期间还担任过一些重要工作。20 世纪 30 年代，北大设校务会议，除校长、秘书长、课业长、各系系主任为当然委员外，在文、理、法学院各推选一些教授代表为校务会议委员。校务会议下设若干委员会，由校务会议通过后组成。谢先生 1934—1935 学年被推选为校务会议候补委员，并任图书馆委员会委员。1935—1937 学年任校务会议委员和图书馆、仪器、学生生活辅导三个委员会的委员。

五

新中国成立以后，谢家荣教授在地质部工作，对北大地质学系培养人才的工作仍十分关心。60 年代，北大地质学系为地球化学专业高年级学生开设了一门“矿床学专题”课，邀请谢家荣、孟宪民、涂光炽、郭文魁等著名矿床学家授课。1964 年谢老应邀为地球化学专业六年级（1958 年入学，当时为六年制）学生作讲演。他讲了现代成矿理论的各种学说、中国沉积矿床的综合研究、中国似层状铁锰矿及有色金属硫化物矿床的成因问题、中国大地构造轮廓及矿床分布规律的初步研究四个专题。在讲演中，谢老既广泛介绍国内外各种成矿理论，又详细地进行评述，发表自己的见解。他指出“我们必须分别深层的硅镁层来源的原生岩浆和再熔化的硅铝层来源的次生岩浆，由于岩浆的定义有了新的概念，所以真正的岩浆矿床就显得越来越少了。”“在任何一个旋回中所造成的各种矿化，包括原始的岩浆矿床、沉积矿床以及其他矿化，都可以在以后的各次旋回中产生各种各样的再生矿床，而在多旋回矿区中的所谓矿床的承继性，至少一部分是由于这个因素造成的”。他还指出：“广义的火山作用，包括次火山式的侵入，是真正的也是主要的成矿岩浆作用”。“我们绝不能否认热液在成矿中的意义，但也不能笼统地把它都称为是岩浆热液，因为变质热液和地下水热液同样有着广泛的分布，也同样可以成矿。”并指出：“专门注意火成岩及接触带的找矿方向似乎需要修改了，应同样注意围岩的成分，推断矿源层的存在，更多地研究火山作用与成矿的关系，要详细地研究各种构造模式及可能形成对矿质的圈闭，以发现矿床。在这方面可以看出我们的找矿方向已逐渐接近了石油地质上的找矿方向了”。谢老特别注意中国矿床的成因和分布规律，有三讲专门论述这方面的问题，这可以说是谢老长期从事我国矿床学研究经验总结的一部分。他指出：“我们必须要结合区域地质、大地构造、深大断裂、成矿岩浆体系，详细掌握地质构造、地球物理、地球化学资料，进行区域性的成矿预测，这样才能达到多快好省科学找矿的目的，”谢老的讲演，理论联系实际，使师生学到许多东西。他还不辞辛劳，写了近 12 万字的讲稿，铅印出来供学生学习。这些文字也是谢老留给我们的宝贵的科学论著。

谢家荣教授在北大任教的时间是在 20 世纪二三十年代。他教的主要课程先称经济地质学，后称矿床学。他讲课的一个显著特点是多以本国矿床为实例进行剖析，由个别到一般，再进行理论探讨和分析，使学生易于接受。研究矿床学理论要解决中国实际找矿问题，这是谢老的一贯思想，例如 1964 年讲“矿床专题"时，在评价了现代成矿理论的各种学说以后，着重讲了中国沉积矿床的综合研究、中国似层状铁矿及有色金属硫化物矿床成因、中国大地构造轮廓及矿床分布规律等，找矿实践中提出的理论和实际问题。他总是以中国实际矿床问题为中心进行研究，并多有创见，他的求实创新的治学精神给师生们留下了深刻的印象。

1988 年是谢家荣教授九十周年诞辰，中国地质学会地质学史研究会第六届年会期间，举行了缅怀谢家荣先生的专题学术讨论会，这一年又恰逢北京大学建校九十周年。今谨作此文，概述谢家荣教授在北大地质学系从事教学和科学研究工作的一些片段，以纪念这位著名的地质学家和矿床学家。

参 考 文 献

北京大学日刊. 1917 年 11 月 6 日～1932 年 9 月 16 日.

北京大学周刊. 1932 年 9 月 17 日～1937 年 7 月 24 日.

北京大学综合档案室文书档案多种.

谢家荣矿床专题北京大学地质地理学系铅印讲义, 1964.

谢　家　荣

——我国矿床学的主要奠基人[①]

于　洸

在老一辈地质学家中，谢家荣这个名字是非常突出的。他是中外驰名和大众公认的矿床学巨匠。他发表了专著和论文报告400多种，不但对岩浆矿床和一般沉积矿床做出了重要贡献，而且对煤田地质和石油地质也有精辟的论述和创见。

——黄汲清

谢家荣（1898—1966），上海市人，地质学家，矿床学家，地质教育家，北京大学教授，中国科学院院士。农商部地质研究所毕业，后留学美国，获威斯康星大学地质系硕士学位。曾任北京大学地质学系教授、系主任，中国地质学会理事长，中国地质工作计划指导委员会副主任，地质部地质矿产司总工程师，地质部普查委员会常务委员、总工程师，地质部地质研究所副所长，全国政协委员等职。主要著作有《中国之矿产时代及矿产区域》《石油地质论文集》《中国大地构造问题》等。

我国自己培养的第一批地质工作者

谢家荣先生1913年在上海制造局兵工学堂附属中学毕业，因家境贫寒，初中毕业后就无力升学，当他看到农商部地质研究所在上海招生的消息，就去报考并被录取。京师大学堂于1909年创办的地质学门是我国高等地质教育的肇始，由于办学经费不足、学生太少等原因，1913年6月2名学生毕业后暂时停办，并同时附托农商部开办地质研究所，作为培养地质人才的临时机构。这个地质教育机构的领导者和主要教员都是我国地质事业的奠基人——章鸿钊、丁文江、翁文灏，老师们教学认真，要求严格，使学生们受到地质知识的良好教育和地质基本功的严格训练。谢家荣是同班30人中最年轻者，他天资聪颖，才思敏捷，文笔清晰流畅，成绩一直很优异。1916年地质研究所结业时只剩下22人，其中谢家荣等18人拿到毕业文凭，都进入地质调查所任调查员。虽然京师大学堂地质学门学生之一王烈在毕业之前选送国外留学，回国后从事地质工作，但2名毕业生后来未从事地质工作，所以一般认为地质研究所的毕业生是我国自己培养的第一批地质工作者。谢先生在地质调查所工作一年多，成绩突出，于1917年即被选送留学美国。最初在斯坦福大学地质系学习，1918年转入威斯康星大学地质系作研究生，1920年毕业，获

① 载于《北大的大师们》，杨慕学，郭建荣编著，中国经济出版社，2005年1月出版

硕士学位。他立即回到祖国，仍在地质调查所任职。在甘肃、长江流域，特别是湖北进行地质调查，发表了很多地质和矿产方面的著作。1929 年至 1930 年，赴德国地质调查所及弗莱堡大学从事煤岩学和金属矿床学的研究。谢家荣后来在回忆 1913 年地质研究所应试的动机时说：“一个国家要富强，离不开工业的发达，而搞工业，离不开矿业的开发，因此我选择了地质科学作为我终身的事业。”在这一思想指导下，谢先生毕生贡献于我国的地质事业，成为一位著名的地质学家、矿床学家和地质教育家。

著名的地质教育家

谢先生很早就从事地质教育工作。1924 年，东南大学地学系有专修地质的学生，当时师资不足，谢先生应聘到该系任教，虽时间不长，但对该系地质学科的建立和发展，起了十分积极的作用。谢先生讲普通地质学，深受学生欢迎，讲稿经整理后，由商务印书馆出版，书名《地质学》（上编），这是我国学者编定出版的第一本地质学教科书，对解决当时教材缺乏问题起了积极作用。谢先生除课堂教学外，还十分重视野外实践，带领学生在南京郊区进行野外观察。同时还与学生一起进行科学研究，在谢先生带领下，先后研究了南京钟山地质及地下水问题，南京汤山温泉的成因和南京雨花台砾石层及其时代问题，做到理论与实践相结合，取得了良好的教学效果。1928 年，谢先生被借调到两广地质调查所任职，并兼任中山大学地质学教授。1929 年，清华大学地理系成立，翁文灏任系主任，谢先生应聘为该系兼职教授（1930 年），曾兼代系主任（1931 年），讲授过普通地质学、地文学、矿床学、构造地质学等多门课程。谢先生还兼任过北京师范大学地理系教授（1931 年）。

谢先生任教时间较长的是在北京大学。1925 年上半年，谢先生为北大地质学系二年级学生讲授经济地质学（金属），为三年级学生讲授经济地质学（非金属）。这两门课原计划每周 2 小时，谢先生讲课时增加为 3 小时。1926—1927 学年，为三年级学生讲授经济地质学（金属），还为经济地质学门（“门”相当于现在的“专业”）四年级学生讲授中国矿产专论。以上均是兼职。1932—1937 年任北京大学教授达 5 年之久，并于 1936—1937 学年任地质学系主任。谢先生任系主任时，地质学系的课程已有所调整，三、四年级不再分设古生物学、矿物岩石学、经济地质学三个学门，只是规定全系的必修课和选修课。此外，还规定学生须修第一外国语（英语）一年，第二外国语（德语或法语）二年，但此项课程本系不计学分。四年级学生的毕业论文，学年开始后，即需自行择定或请求给予题目，分别性质，由各教授予以指导，论文提出之期，至迟应在毕业考试开始之一星期之前，逾期不交，且无正当理由者，则不得毕业。从这些规定可以看出，系里重视学生打好宽广的地质学基础，重视学生独立工作能力的培养，对学生的要求是严格的。

这几年，谢先生讲授矿床学、普通地质学、构造地质学等多门课程。1936—1937 学年还讲授过地文学，谢先生是中国较早开设地文学课程的老师之一。矿床学课程分量很重，分金属、非金属两部分两年学完，每周讲演 3 小时，实习 2 小时。谢先生讲课，金属部分分为总论、各论及专论三部分。先生讲课的一个重要特点是，在讲矿床各论时，除世界著名外国矿床实例外，多以本国矿床为实例进行剖析，由个别到一般，再进行理论探讨和分析，这样既使学生便于接受，又可使学生更多地了解我国矿床的情形。待学生于矿床学有了认识之后，再专论几种理论问题，如矿床之地理上及地史上之分布，矿床成因与岩石种别及构造之关系，成矿哲理及矿床学发展史等。在实习中，对中国重要矿床标本进行肉眼观察及显微镜观察，用多种方法进行不透明矿物鉴定。他在德国研修时学到的煤岩学研究的新方法也用于教学中。为了增长学生的实地经验，每年至少举行一星期左右的矿山视察旅行。先生还安排时间为学生答疑，每周 2 次，每次 2 小时。从上述课程安排中可以看出，先生授课内容之全面，实习内容之丰富，由浅入深的教学安排，考虑得非常仔细、周到。

20 世纪 30 年代前期，北京大学设研究教授的职务，除教学工作外，还有研究工作任务。谢先生曾被聘为研究教授。以 1933—1934 学年为例，谢先生除任课外，研究工作分为两项。一是野外调查。继续研究皖南地质，并扩大至长江中、下游。1933 年 7 月，亲往安徽之当涂、繁昌、铜陵，江西之九江各铁矿进行研究，对长江下游铁矿之地质及成因获得更可靠的材料，以便编制《长江下游铁矿志》。1934 年 1 月，利用寒假两周时间，应长兴煤矿公司之邀，赴矿场勘察煤田构造，以备施工计划之参考。乘便又调查了四亩敦矿井内产出之油苗。2 月下旬又赴河北遵化考察金矿。此外，还带领学生赴各地实习，如长辛店、密云之短期实习，春假期间赴山东淄川、博山煤田的实习等。二是实验室工作。专注于煤、铁、金及其他有用矿产的显微镜研究，曾观察煤岩薄片二百片，矿物及岩石薄片数百片，摄制显微镜照片百余幅。这一年度的研究结果，著有已刊及待刊之报告 4 种：《北平西南长辛店坨里一带地质》《江西乐平煤——中国煤之一新种》《浙江长兴煤田地质报告》《浙江长兴煤田内发生油苗之研究》。下年度的研究计划是就数年来对中国煤田地质的研究作一总报告，详述煤田分布及煤质分类，名曰《煤之成因与分类》(1934 年发表)；同时，拟对中国金属矿床作成因上的分类（1936 年发表了《中国之矿产时代及矿产区域》一文)。谢家荣教授对研究工作抓得很紧，野外调查与室内研究相结合，对所研究的矿床进行综合性的分析，以求得规律性的认识，并且研究成果甚丰。

谢先生在北大任教期间，还被推选为校务会议候补委员、图书馆委员会委员（1934—1935 学年)，校务会议委员和图书馆、仪器、学生生活辅导三个委员会的委员（1935—1937 学年)，对学校的建设和发展做出了贡献。1935 年还在《自然》杂志上发表《北大地质系在中国地质研究上之贡献》一文。

谢先生热爱祖国，有强烈的民族自尊心。1937 年“七七事变”爆发后，北平沦陷，谢先生当时没有来得及离开北平。汉奸组织华北政务委员会利用原北京大学的校舍等条件，成立了所谓“国立北京大学”。由于谢先生在学术界的声望，日本占领者和汉奸组织企图聘请这位著名地质学家担任教授和校领导，谢先生拒绝了聘任。翁文灏得知谢先生尚未离开北平后，通知他迅速离开。他想方设法、几经周折离开了北平，表现出中国学者崇高的民族气节，得到地质学界同行的尊敬。当时，地质学系实验室有几十只实验用的白金坩埚，日本人占领北平后，他把白金坩埚藏在家中，后来冒着很大危险分几次带到内地。

全面抗日战争爆发以后，谢先生离开了地质教育岗位，全力投入矿产地质和矿产开发工作，但他在工作中十分注意地质人才的培养。对青年地质工作者非常关心，经常了解他们业务学习和工作情况，对他们写的地质调查报告，亲自过目，提出问题，指导工作，帮助他们成长。特别要提到的是，1949 年 5 月，南京解放不久，他就向当时的军政负责同志曾山等提出建议，在南京办一所地质专科学校，以加速培养地质人才。经领导研究批准后，谢先生担任筹备委员会主任委员。经过紧张的筹备，南京地质探矿专科学校正式成立，谢先生担任校长，于 1950 年 3 月 17 日举行开学典礼。在全国解放前夕，谢先生为什么建议创办这所学校，正如他在该校“开学典礼报告词”中所说：“地质学在中国虽已有 30 多年历史，但到今天，中国的地质工作者还不满 300 人。可是现在大规模建设的高潮即将来到。建设工作的第一步是要寻找和开发地下富源，如果我们没有找到储备极丰的煤铁，我们就无法建立大规模的钢铁工业。如果我们找不着大油田，许多近代工业都无法发展。因此，地下资源不明了，大规模建设等于空谈。”“由上所讲的，诸位就可以看出中国地质的‘人才荒’是多么严重。因此，我觉得我们地质工作者目前负有双重责任，不但要尽自己全力为探寻祖国富源而工作，而且还要把自己的本领教给更多的人，让更多的人能做这种工作。”从这些话语中清楚地看出，谢先生对新中国建设和地质事业的热爱以及高瞻远瞩。谢先生多年来认为地质工作首要的任务是探矿，因此，这所学校设置了矿床、勘探、物探和石油地质 4 个专业，聘请在南京的地质专家授课，谢先生亲自讲授矿床学。当时他办学的指导思想是“必须加速训练实用人才”，在课程设置上力求从实际出发，理论联系实际，注意基础课程，其学制不同于一般高等学校，每年分 3 个学期，没有寒暑假，授课 5 个学期，野外生产实习一个学期。经过两年多的学习，1952 年 6 月学生毕业，共培养学生 116 名，立即奔赴地质工作第一线，后来都成为地质、冶金、石油系统的骨干，有的还为著名的地质学家。这所学校虽然只招了一届学生，但对壮大建国初期的地质工作队伍，作出了开拓性的贡献。“南京矿专”的学生无不缅怀谢家荣教授对他们的辛勤培养和亲切教导。

新中国成立后，谢家荣教授在地质部工作，但对北大地质学系的工作仍十分关心。20 世纪 60 年代地质学系为地球化学专业高年级学生开设了一门矿床学专题课，1964 年，谢老应邀为地球化学专业六年级（1958 年入学，当时为六年制）学生作讲演，他讲了“现代成矿理论的各种学说”“中国沉积矿床的综合研究”“中国似层状铁锰矿床及有色金属硫化物矿床的成因问题”“中国大地构造轮廓及矿床分布规律的初步研究”四个专题。在讲演中，他既广泛介绍国内外成矿理论，又详细地进行评述，发表自己的见解。他强调研究矿床学理论要解决中国实际找矿问题，这是谢老的一贯思想。这次讲演特别注意中国矿床的成因和分布规律，有三讲专门论述这方面的问题。这可以说是谢老长期从事我国矿床学研究经验总结的一部分。他指出：“我们必须要结合区域地质、大地构造、深大断裂、成矿岩浆体系，详细掌握地质构造、地球物理、地球化学资料，进行区域性的成矿预测，这样才能达到多快好省科学找矿的目的。”谢老的讲演以中国实际矿床问题为中心，理论联系实际，并多有创见，他的求实创新的治学精神给师生们留下深刻的印象，使师生学到许多东西。他还不辞辛劳，写了近 12 万字的讲稿，铅印出来供学生学习。这些文字也是谢老留在地质学界宝贵的科学论著。

谢家荣教授为培养我国地质人才作出了重大贡献，他培养的学生中，不少人都成为我国著名的地质学家，他是一位深受尊敬的地质教育家。

我国近代矿床学的开拓者和主要奠基人

在老一辈地质学家中，谢家荣这个名字是非常突出的，他是我国近代矿床学的开拓者和主要奠基人。他发表的专著、论文、报告达400多种，不但对岩浆矿床和一般沉积矿床的研究作出了重要贡献，而且对煤田地质和石油地质更有精辟的论述和创见。他的成就既表现在理论方面，也表现在实践方面，不少重要矿床，或者是由他亲自指挥的地质工作队伍发现的，或者是根据他的理论指导经过野外工作和室内研究发现的。1916年谢先生到地质调查所任职，即较多地从事矿床地质工作，1920年就发表《矿床学大意》，在《自然》杂志连载4期。他早年即开始铁矿的研究工作，1923年发表《中国铁矿之分类与其分布》一文，他提出的铁矿床的分类，长期指导着铁矿床的找矿工作。随后，又发表了《湖北西南部之铁矿床》（与刘季辰合著，1926年）、《安徽南部铁矿之研究》（1931年）《扬子江下游铁矿志》（与孙健初、程裕淇、陈恺合著，1935年）、《贵州西部水城威宁赫章之铁矿》（1943 年）等关于铁矿研究的成果。谢先生在柏林研修期间，结识了金属矿物显微镜研究的重要学者——兰姆多尔，他向兰氏提供了我国东川铜矿等光片研究材料，为兰氏著作所用。此后，他把关于金属矿物鉴定的矿相学引入我国，并发表《近年来显微镜研究不透明矿物之进步》（1931 年）一文，为我国矿相学的发展做了开拓性的工作。

谢先生较早即开始煤矿的研究工作。1916 年即写有《河北滦县赵各庄煤田》《江西丰城县煤田报告书》《江西进贤县东北煤矿报告书》等煤田地质报告。1929—1931 年在德国研修期间，进行煤岩学研究，取得丰硕成果。他是把煤岩学引入中国的第一人，是我国煤岩学的倡导者，在国际上也是煤岩学的先驱者之一。他关于煤岩学方面的一些论文，如《四川石炭显微镜的研究》（1929 年）、《北票煤之煤岩学初步研究》（1930 年）、《煤岩学研究之新方法》（1930年）、《煤的腐蚀结构》（1930年）、《国产煤之显微镜研究》（1931年）、《“华煤”中之植物组织及其在地质上之意义》（1932年）等，都被认为是中国煤岩学研究的经典之作。在煤田地质方面还有许多综合性的研究成果，如《煤之成因与分类》（1934年）、《中国之煤田及煤矿业概况》（1944年）、《煤地质的研究》（1953年）、《勘探中国煤田的若干地质问题》（1954年）、《关于煤田类型》（1955年）等，特别要提出的是，许多重要煤田的发现，谢先生的贡献尤大。诸如江苏贾汪煤田新矿区的发现，云南禄劝志留系的烟煤、云南宜良石炭系的无烟煤、贵州赫章—威宁—水城上二叠统的烟煤、云南祥云三叠系烟煤、云南昭通、开远的褐煤等等的普查勘探，都留下了他的足迹和汗水，都是在他的指导下进行的，赫水已形成一个煤炭钢铁基地，是贵州重要的工业区之一。特别是淮南八公山隐伏煤田的发现，在当时是一个惊人的创举，是谢先生地质理论和应用结合的一个杰出实例，经过1946—1949年的系统勘探，证实了谢先生的预测，不仅解救了当时淮南煤矿等米下锅的燃眉之急，而且大大增加了淮南区的探知煤藏量。新中国成立后，按照谢先生的思路继续勘探，使淮南煤矿发展成为一个现代化的大型矿山，成为沪宁杭工业区主要能源基地之一。

谢先生对我国的石油事业作出了重要贡献。他是我国最早的石油调查者。早在1921

年，他就和翁文灏一起，奔赴大西北，对历代有石油记载的玉门地区，作了实地野外调查。这是我国地质学家最早的石油勘查活动，是对玉门石油的首次调查，通过调查发表《甘肃玉门石油报告》（1922 年），首次提出玉门油田有开采价值。他是我国最早的石油论著的作者。1930 年由商务印书馆出版的《石油》一书，是我国第一部系统的石油地质学专著。它全面论述了石油矿业发展史，石油之应用、成因、积聚、油田构造，油田之测验与分布，石油之研究、运输、制炼、贮藏、世界石油矿业概况等。其中第十章，专门论述中国之石油及求供状况。对于在中国发展石油工业的前景，不少人曾抱有悲观的看法，谢先生在这部著作中指出："我国油田之分布，据众所知，大抵自新疆北部，沿南山北麓，西至玉门、敦煌，复自甘肃东部延入陕西北部，越秦岭山脉而至四川盆地，适绕西藏高原之半。"早在 20 世纪 30 年代谢先生就作出这样的分析是难能可贵的，新中国成立后，石油勘探的丰硕成果证明了谢先生的这一判断是正确的。他是一位孜孜不倦、勇于探索、勇于实践的地质学家。从 1922 年至 1948 年，先后发表有关石油的论文、著作近 20 种，内容涉及甘肃玉门、陕北、四川、山西、浙江、台湾及江南诸省的石油地质和油气矿床。1935 年发表《中国之石油》，第一次绘出中国油田及油页岩分布图，1937 年发表的《中国之石油储量》，进一步阐述中国境内的油田分布和可能含油地区，并提到中国的含油带，初步估算中国的石油储量约为 2 亿吨。1937 年在第 17 届国际地质大会上还宣读了《中国之石油富源》的论文。他是陕北、四川和台湾油田的积极开拓者。1931 年，他和中央地质调查所的杨公兆、北京大学的胡伯素等先后考察了陕北油田。在 1934 年发表的《陕西盆地和四川盆地》一文中，在潘钟祥调查结果的基础上，确认陕北产油地层为陆相。这是中国地质学家第一次指出陆相地层产油的论述。几十年来，中国突破了单纯"海相生油"的论点。在中国陆相地区中找到许多大油田，谢先生对此作出了重要贡献。1946 年，他发表《再谈四川赤盆地中之油气矿床》一文，全面总结了四川 51 个背斜构造的位置、地质时代及其型式，指出三叠系顶部是最好的储层。1945 年底他奉派去台湾作石油天然气考察，是第一位对台湾石油地质进行调查的中国地质学家，著有《台湾之石油及天然气》（1946 年）一文，指出找油希望最大之处在距山较远、受动力作用较弱之平原区，后为几十年台湾之油气勘探所证实。他是新中国第一个石油探矿计划的规划者。该计划是在谢先生主持下，于 1950 年由郭文魁负责编制的。谢先生是注意到在华北和东北平原找油的第一位地质学家。1953 年，在《从中国矿床的若干规律提供今后探矿方面的意见》一文中，在谈到石油时指出，应当"特别注意海相的第三纪或中生代地层。在华北、华东，甚至在东北的广大平原下，已有种种迹象指出有广大海水侵入的可能。如果不谬，那么含油的希望就很大了。所有这些地区应作为可能油区而予以密切注意。"1954 年，他与黄汲清、翁文波一起编制了新中国第一幅"中国含油远景图"，并发表《中国的产油区和可能的含油区》一文，指出"中国肯定是有油的，并且其储量一定是相当丰富的"，并按三大类型预测了中国含油气区。1955 年，他与黄汲清都担任地质部普查委员会常委，兼技术负责人，组织了 1200 多人的石油勘探队伍，为日后大庆、胜利等油田的发现奠定了基础。1957 年，谢先生全面系统地总结了中国石油地质问题，编著了《石油地质论文集》，全面论述了中国油气远景，提出了 22 个含油区和可能含油区。他对中国油气远景区的预测，经过几十年的勘探实践已经成为现实。谢先生对我国石油事业的贡献，已载入石油工业发展史册。

谢先生亲自研究和指导研究的矿产资源，除铁煤、石油外，还有铝、锰、铜、铅、锌、锡、钨、金、银、稀土金属和水泥原料、耐火黏土、瓷土、石墨、膨润土等非金属矿产以及地下水等。他对这么多不同类型不同成因的矿床都有现场工作的经验和体会，并经过研究写出许多论文，从理论与实际的结合上作出阐述。例如，1948 年，他发现和确定了安徽凤台磷矿，同年，还发现和确定了我国第一个三水型铝土矿床福建漳浦铝土矿。他预测并于 1960 年确定了海南岛多处三水型铝土矿床。1950 年初，根据南京栖霞山次生铁帽，发现了一个铅锌银金硫矿床，使该处由一个小的锰矿化点，经过地质工作者几十年的努力，发展成为华东地区第一流的矿床。1951 年，他看到甘肃白银厂的标本时，大胆提出这是一个有价值的铜矿基地，他起草了意见书，初估了储量，列入第一个五年计划重点项目，勘探结果与他初估的储量大体吻合，是一个大型铜矿，证实了谢先生的预测。1958 年在研究长江中下游成矿带时，他指出江西城门山是有价值的铜矿床，并及时告知江西省地质局，经勘探获得极大的成功。

谢先生在矿床学方面有许多综合性的研究成果。1935 年他发表的《扬子江下游铁矿志》，多年来一直是长江下游找矿工作的重要指南。1936 年发表《中国中生代末第三纪初之造山运动火成岩活跃及与矿产造成的关系》《中国之矿产时代及矿产区域》，后文明确指出扬子区与南岭区矿产组合的差异，将中国成矿学向前推进了一大步。1953 年提出“构造岩浆岩的成矿专属性”的论点，认为不同类型的矿产与不同种类的构造岩浆活动有相应的关系。同年发表《从中国矿床的若干规律提供今后探矿方面的意见》一文。这一年，他还论述了矿床的沉淀分带，后来，又提出“花岗岩化”在找矿中的重要性。1963 年他进一步总结了中国的成矿作用，发表《地质历史中成矿作用的新生性、再生性和承继性》（1964）一文。1963 年他着手编写《中国矿床学》，按原计划分为三篇，即总论、各论、各省找矿指南。这是谢先生几十年来在中国从事找矿和矿床学研究的经验总结，是一本中国矿床学的巨著。非常不幸的是，在完成第一篇及第二、三篇的少量章节后，1966 年 8 月 14 日与世长辞。它的遗著《中国矿床学》（总论）经中国地质科学院矿床地质研究所组织专人整理，在纪念谢家荣诞辰 90 周年时，于 1989 年出版。

我国矿产勘查事业的主要开拓者

谢家荣教授博览群书，广泛涉猎文献，勤于野外观察和室内实验，但他的治学不是纯学院式的，他特别重视实用，并有经济眼光。他不称自己是矿床学家，最喜欢称自己是经济地质学家。他常说，一个经济地质学家不仅要熟悉地质学与矿床学的理论，而且还要熟悉矿产勘查的方法、技术、程序，并对钻探工程和开采、冶炼以及矿物原料的价格、用途和市场具备知识。谢先生一贯强调：“地质要面向生产，面向经济，万万不能空谈理论，脱离实际。”谢先生的这一理念与抱负贯穿在他几十年的地质实践之中。

20 世纪初，在地质调查所工作期间，他就历查西北、华北、东北、华中各地多种矿产，为经济建设服务。1937 年下半年，他到湖南江华矿务局任总经理，后来又任经济部资源委员会专门委员，在湖南、广西一带，做了大量锡矿地质的勘查和研究工作。1940

年6月，在云南任叙昆铁路沿线探矿工程处总工程师，同年10月，该机构改名为西南矿产测勘处，谢先生任处长，1942年10月，该处扩大为全国性的矿产测勘机构，称经济部资源委员会矿产测勘处，谢先生任处长。这一时期他身体力行地推动矿产勘查事业。1945年抗日战争胜利后，谢先生率矿产测勘处返回南京。1948年谢先生当选为中央研究院首届院士。南京解放前夕，胡适召集中央研究院院士开会，动员他们去台湾，并说为他们准备好了飞机。谢先生决定不去台湾，并决定不去新西兰参加太平洋国际学术会议，留在南京，组织矿产测勘处职工坚守岗位，保护设备和资料，并亲自参加巡夜，迎接南京的解放。

矿产资源从发现到开采利用，有一个关键环节，就是矿产勘测工作。在中国，这项工作的逐步发展首先要归功于谢家荣先生。解放前，测勘手段不多，在谢先生领导下，矿产测勘处由小到大，由单一专业到多种专业，工作由简单到多样，由基础理论研究到侧重应用学科，逐步发展成为一个初具规模的地质测勘机构，为解放后大规模的地质勘探打下了一定的基础，并且培养了一批骨干人才。谢先生是中国最早应用地质理论找矿并取得成功的老一辈地质学家之一，是近代岩芯钻探的先驱者和倡导者，是现代地球物理、地球化学找矿方法的最早支持者。

谢先生创业上最大的成就之一是推动了全国性的矿产勘查事业。1951年，在政务院下成立了"中国地质工作计划指导委员会"。李四光任主任委员，尹赞勋、谢家荣任副主任委员，谢先生还兼任计划处处长。为了在第一个五年计划期间开始建立中国的重工业体系，必须加强开采与重工业密切联系的金属矿产，特别是铁矿和有色金属矿产。当时，我国已有哪些矿产基地具有重大经济价值，哪些可以立即进行地质勘探，并且可以获得高级储量，地质工作者必须对此心中有数。谢先生以他精湛的学识和丰富的经验，担当布置重点矿区的勘探任务，是当时最合适的人选。1951年前后，我国的地质人员不过300人，谢先生十分了解其中技术骨干的工作能力和专业特长，提出了重点勘探基地和技术负责人人选，经过李四光、尹赞勋同意后，确定重点勘探项目是：湖北大冶铁矿、内蒙古白云鄂博铁矿、河北庞家堡铁矿、贵州水城观音山铁矿、安徽铜官山铜矿、甘肃白银厂铜矿、山西中条山铜矿、陕西渭北煤田。在谢先生指导下，配合苏联专家在钻探方法上的具体帮助，经过五六年时间，这项勘探计划相继完成，提交了高级储量，并移交工业部门开采。这些对中国地质界来说，是"开天辟地"的大事，为第一、二个五年计划的完成提供了矿产资源上的保证。当然，这是地质工作计划指导委员会领导下广大地质工作者共同努力的结果，但谢先生的计划和指导是起了重大作用的，同时，第一个五年计划期间，全国三分之一的省（自治区）地质部门的总工程师，都曾在矿产测勘处工作多年，都是他亲自培养出来的。谢先生不仅是中国第一个矿产勘探专家，而且为国家培养了许多矿产勘探人才。

一专多能的地质学家

谢先生是一位著名矿床学家，虽然他较多地致力于矿产地质工作，但他在地质科学的许多领域都很有建树，确是一位一专多能的地质学家。

在地层古生物学方面，他早年在野外工作中建立了许多区域地层单位，如大冶灰岩、长辛店砾岩等，一直为地质学界采用。他在云南与郭文魁一起确定了昭通褐炭层上泥砂层中的象牙化石是上新统的剑齿象。他与燕树檀一起研究了昭通龙洞泥盆纪剖面，根据化石群详细划分了中泥盆统的层位。在淮南八公山盆地边缘丘陵的灰岩中，他找到䗴，鉴定为中石炭统的䗴科化石，从而决定在盆地内下钻寻找到隐伏的新煤田。

在矿物学方面，他早年对东川铜矿石进行研究，确定其中有电气石的存在。1944 年，他在简陋的条件下，仔细鉴定昆明与贵州息烽石炭系铝土矿为硬水铝石，而福建漳浦的铝土矿为三水铝石，从而给予正确的经济评价。他还对昆明的胶磷矿和宿松磷矿的磷灰石作过对比研究。前面说过，他将矿相学引入中国，是中国矿相学的创始人。在岩石学方面，1937 年，他首先指出北平西山辉绿岩不是侵入岩而是喷出的玄武岩流，后为郭文魁的工作所证实。1936 年，在翁文灏工作的基础上，首先将花岗岩分别命名为“扬子式”与“香港式”。这与后来流行的将花岗岩划分为“I”型与“S”型，或“同熔”型与“重熔”型，“磁铁矿”型与“钛铁矿”型的分布区域完全一致。

在区域地质学方面，他在北京大学、清华大任教时，暑期带领学生填绘北平西郊蓝靛厂、房山、河北涞源等地 1∶5 万地质图，并著有《北平西山地质构造概说》(1937 年)，成为早期关于北平西山地质的一部重要著作。1940～1943 年，他亲自指导编制了滇东、滇西、川西的 1∶10 万路线地质图数十幅，为全国 1∶300 万地质图的编绘出版提供了必不可少的资料。此外，他还主持测制了许多大比例尺的矿区地质图。

在大地构造学方面，他也非常注意，并往往从大地构造观点来讨论矿床分布规律，并发表一些重要论文，如《中国大地构造问题》(1961 年)、《论中国大地构造格局》(1962 年)、《华南主要大地构造特征》(1963 年)。他首次提出“中国地台”这一概念，并在文章中提出许多新认识和新观点，即便在今天也值得认真加以考虑和研讨。

此外，他还进行过陨石、地文、地貌、古地理、水文地质、工程地质等方面的研究。1923 年，他就发表了《有关中国地质调查所所收到的第一块陨石的成分和构造的初步研究》和《中国陨石之研究》两篇论文，开我国近代陨石学研究之先河。1925 年，他与叶良辅合著的《扬子江流域巫山以下之地质构造与地文史》，是我国地文学、地貌学的重要著作。他从古地理研究论证过磷矿的分布与找磷方向，在这方面也是国内第一人。他指导有关人员进行过叙昆、滇缅两条铁路拟定路线的工程地质勘察和湖南资兴东江水坝的坝址地质，为这些工程的建设奠定了基础。

谢家荣教授虽然是 20 世纪二三十年代在北大任教，但他一直保持着与北大地质学系的联系、他对系里工作的关心和指导。他的为人、治学与创业精神，他的教育理念，他的学术思想和科学成就，始终留在北大地质学系师生的记忆中。

古生物学家——乐森璕（1899—1989）[①]

于　洸　齐文同

"仰以观于天文，俯以察于地理"，这句古话启迪了一位勤于思考、喜欢探究自然奥秘的青年，1918 年，19 岁的乐森璕来到了中国的最高学府北京大学，在决定未来人生道路的这一刻，他毫不犹豫地选择了地质专业。

今天，乐森璕在地质科学领域已奋力耕耘了 60 多个春秋，在这片土地上，他流下了辛勤的汗水，他也得到了丰硕的收成。

一

乐森璕 1899 年生于贵州省贵阳市，1918 年考入北京大学。在北京大学地质学系，乐森璕经过 2 年预科和 4 年本科的学习，于 1924 年毕业，获理学学士学位。6 年的校园生活是清苦的，6 年的学习生涯更是充满艰辛，好在一切都已成为过去，走出校门时乐森璕不禁从心底涌出一丝轻松的快意。

然而这仅仅还只是开始，地质工作永远与艰苦二字相连。乐森璕对此是再清楚不过了。这一年，他考入前农商部地质调查所任练习员，在谭锡畴先生的指导下，他到北京郊区的南口进行了 5 万分之 1 比例尺的地形和地质测量，并翻译了安特生和阿尔纳的两篇论文，发表于中国古生物志上。对于一个初出茅庐的年轻人来说，这算得上是一份令人满意的成绩了。

1927—1934 年，乐森璕在两广地质调在所担任技正。为了开发我国丰富的地下资源，他跑遍广西近 20 个县市，进行地质矿产调查工作。广东众多的矿产地区，也留下了他探索的足印，经过多年的野外工作，乐森璕基本上了解了两广地区的地质概况和矿产资源的分布情况，更重要的是，他对广西合山二叠纪煤田、西湾侏罗纪煤田、武宣泥盆纪锰矿，南丹、富川等县的锡矿的地质特征以及广东茂名油页岩、海南岛铁矿的经济价值，作出了科学的判断和阐述，对这一地区的矿产开发，贡献出了自己的一分力量。

1934 年，乐森璕赴德国留学。他先在格廷根大学（Georg August University of Göttingen）著 名古生物学家赫尔曼·斯密特教授的指导下研究泥盆纪腕足动物化石，后在马堡大学（University of Marburg）卫德肯教授指导下研究四射珊瑚及中生代有孔虫。名师的指点使他学业大进，1936 年秋他以最优成绩获得哲学博士学位。其博士论文《华南广西省中泥盆世四射珊瑚群》于 1937 年全文刊载在《德国古生物志》上。

学成回国后乐森璕在中山大学任教，讲授古生物学和地史学等课程，同时，还在两

① 载于《中国现代地质学家传》第一卷，黄汲清，何绍勋主编，湖南科学技术出版社，1990 年 4 月出版

广地质调查所兼做地质矿产调查。1937 年，全面抗日战争爆发，他转赴贵州省，先后担任贵州省矿产测勘团主任、贵州省地质调查所所长，领导地质工作者们，在贵州这一偏僻落后的地区展开了广泛的地质调查工作。当时，贵州的社会环境十分险恶，盗匪横行，给在野外调查的地质工作者造成了生命的威胁。乐森璕的同事许德佑和陈康及马以思就因为在野外遭遇土匪而惨遭杀害，这不能不给地质调查所的地质同仁心头投上阴影，也不能不给乐森璕在贵州的地质勘探计划投上阴影。在空气沉闷得令人窒息的那段日子里，乐森璕也许对整个社会都产生了怀疑，但有一点他始终是坚信不疑的，那就是地质调查工作必须无条件地进行下去，哪怕是以生命为代价。烈士的鲜血证明了这一点，烈士在用他们的生命呼唤同仁们继续前行，决不能有一丝一毫地裹足不前。

怀着满腔的悲愤，乐森璕率领同事们又来到了野外，展开了工作，他们把这些调查看作是烈士们的未竟之业，因而工作得更加认真、更加努力、更加地任劳任怨。

日本侵略军燃起的战火也在分扰地质工作者的心，增加他们心头的苦涩。每次当他们收拾好行囊，走出门外作别家人的时候，他们的心却留了下来。无情未必真豪杰，他们出去虽说是为了与冷冰冰的矿石岩块打交道，但他们的心，却总是一腔炽热的柔情。在野外紧张的工作之余，他们喜欢或坐或躺在地上，任思绪随风飘散，想到家，就会涌起一丝甜蜜；就会多出一份牵挂，而无情的战火，却使这丝甜蜜变得十分苦涩了，使这份牵挂变得格外沉重了。有一次，乐森璕正在贵阳附近的山上勘察地形，突遇日机前来轰炸，一时间，贵阳市内硝烟四起，烈焰冲天，乐森璕的心一下就跳到嗓子眼上。他想到了他的一家老小，他们会躲过这场劫难吗?在这兵荒马乱的年代里，他这个一家之主，应该时时刻刻守在家人的身边，安慰他们，照顾他们，保护他们呀!

是有太多的应该，可作为一个地质工作者，却是无法做到的。想到这一点，乐森璕只好长叹一声，要发生的，都发生了，多想也无益，与其心挂两头，不如一心一意地做自己的工作。乐森璕埋头继续勘测，直到把所有的工作做完，才回家探望亲人。好在大家都还平安无事，他那颗悬着的心，才算落到了实处。可这些天，他是怎么熬过来的呀!

痛定思痛，痛何如哉？回想起来也就算不了什么了，乐森璕告别家人，又去了野外。

然而经费短缺却常常使这位地质调查的组织领导者陷入捉襟见肘的窘迫，巧妇难为无米之炊，这不是主观战斗精神所能解决或克服的困难。在那艰苦的岁月里，从事地质工作真是难上加难。但国家在抗战，人民生活在最低标准上，他确实不能奢求更多的什么了，只有一分钱掰两瓣花，将每一个钱派上最大的用途，争取多搞些调查，也就问心无愧了。

不管怎么说，他始终坚持一个信念，工作总是要做的。就是在那困难重重的环境下，乐森璕走遍了贵州的山山水水，给一处处渺无人烟的荒山野岭，注入了人类文明的气息。他写下的多篇地质调查报告和论文，为以后开发贵州省的矿产资源奠定了最初的基础。

1949 年，在中华大地上持续了多年的枪炮声渐渐平息了下来，中华人民共和国成立了。中国的地质事业，迎来了大发展的新时期。乐森璕于 1950 年至 1953 年担任了西南军政委员会西南地质调查所副所长，担负起领导西南地区的地质调查的重任，从此，他在更广阔的土地上跋涉奔波了。

贵州他渐渐去得少了，但几十年来，他的心却始终为那片土地萦绕。每当听到贵州矿产资源得以开发的新消息他都兴奋不已，就像自己取得了新收获一样。1981 年，应贵州省政府之邀，83 岁高龄的他兴致勃勃地旧地重游，参加了贵州省的“自然科学讲座”并作多场学术报告，为贵州省矿产资源的开发献计献策。他认为，贵州不应该是个穷省，而应该是个富省，因为贵州省的自然资源不是贫乏的，而是富饶的。他的这一思想，是基于在贵州进行了多年地质调查的经验而作出的科学判断，当然，这里面也饱含了他对贵州的一片乡土之情。

二

乐森璕是我国较早研究珊瑚化石的学者之一。早在大学毕业之初，他就和黄汲清合作撰写了《扬子江下游栖霞石灰岩之珊瑚化石》，这是我国第一部系统描述早二叠世的床板珊瑚、四射珊瑚和苔藓虫的古生物学专著，引起了国际古生物界的高度重视。他的博士论文《华南广西省中泥盆世四射珊瑚群》，建立了广西泥盆纪生物地层划分的基本轮廓，接着他又写成《关于华南下泥盆统晚期及中泥盆统早期地层问题》，则进而奠定了广西省泥盆纪海相地层生物地层学研究的基础。关于珊瑚化石的论文新中国成立前他还写成多篇，这些著作大大丰富了我国古生代珊瑚动物群的资料，增加了对于这些动物群的认识，并且为地层的划分对比提供了有力的证据。

此外，乐森璕还创立了不少新的地层名称，被沿用至今。他在贵州遵义以北建立的十字铺页岩，是现在的奥陶纪十字组的前身。他在广西柳城大埔一带建立了燕子系，并将罗城寺门墟的含煤地层称为寺门煤系。以后寺门煤系一词演变成大唐阶的寺门段，为许多地质文献所引用。他将广西贵州和云南等省的上石炭统地层命名为马平群，是为地质学界所熟知的。在贵州西部郎岱县西南茅口河两岸，他创立的茅口灰岩，成为了早二叠世晚期茅口组以及茅口阶的渊薮。

新中国成立后，乐森璕对古生物学和生物地层学的研究又取得了一系列的新成果，1953 年，他应石油工业部之请，赴四川省西北部龙门山区进行了专门的生物地层研究。在别人做的地层划分的基础上，他详细研究了石油管理局野外队所采集的化石，对龙门山区的泥盆系地层进行了精细的分层分带工作。在这次调查过程中，他还在红油县的观雾寺附近发现了节甲鱼化石，后经古脊椎动物学家刘宪亭研究，定名为“乐氏江油鱼”，这是在我国首次发现的胴甲目化石。乐森璕对龙门山地区泥盆系的研究，为川西地区海相泥盆系地层的分层分带工作建立了基础，并为开发四川地区的油气资源提供了地层依据。

1955 年乐森璕被中国科学院延聘为地学部委员兼南京地质古生物研究所的学术委员会委员。在此期间，他积极参加了制订全国 12 年科学技术发展远景规划的工作，提出了开发我国南方二叠系的煤田和广东省茂名的油页岩的规划建议。

1955 年乐森璕参加了编写《中国标准化石》的工作，负责编写第一分册——无脊椎动物。1964 年他与吴望始合著了《珊瑚化石（四射珊瑚）》一书。系统介绍了四射珊期的形态构造、研究方法、分类依据、主要科属特征、地质时代分布和我国四射珊瑚带的划分、古生态及演化趋向等问题，是学习四射珊瑚化石知识和进行初步鉴定的重要参考书，1962 年，乐森璕与侯鸿飞合著的《中国南部泥盆石炭系分界问题的探讨》，首次提出了我国存在与西欧的艾特隆层相当的泥盆—石炭系过渡层问题，对我国学者注意研究系与系之间的界线问题起了促进作用。1978 年，他与白顺良教授合著的《广西象州大乐区泥盆纪地层》提出了将中泥盆世地层界线划在地层连续和化石连续的地层中的原则，这项研究成果得到了国内外地质学界的普遍赞同。

1982 年，在第一次全国珊瑚化石学术会议和中国古生物学会珊瑚学科组的成立大会上，83 岁高龄的乐森璕又提交了《四射珊瑚类的起源问题》的论文，由助手代为宣读。论文介绍了澳大利亚新南威尔士“中寒武世早期”四射珊瑚和床板珊瑚的发现，给我国的研究者在寒武纪地层中继续寻找和研究有盖的特殊四射珊瑚提供了借鉴，引起了与会者的浓厚兴趣。

1964 年，我国登山队在希夏邦马峰采获了丰富的六射珊瑚化石，乐森璕据此写成《西藏南部中生代六射珊瑚的新资料》，填补了藏南地区地质研究的空白。

三

乐森璕将一生中的大部分时间和精力献给了我国的地质教育事业。1927 年到 1934 年在两广地质调查所任职时，他就在中山大学兼任教学工作。1936 年留学回国后，又曾在中山大学任教，直到全面抗日战争爆发。从 1946 年开始，他在担任贵州省矿产测勘团主任和贵州省地质调查所所长期间，又在重庆大学和贵州大学兼课，协助丁道衡教授培养了贵州大学地质系的第一班学生。新中国成立以后，乐森璕教授在地质教育事业中发挥了更大的作用。1950 年，他担任了西南军政委员会的文化教育委员。1953 年，他调任重庆大学地质系教授，兼任古生物学教研室主任，1954 年兼任系主任。1955 年北京大学恢复地质学专业，他又奉调入京，任北京大学地质地理学系教授，先后兼任地质学教研室主任、古生物学教研室主任，1964 年任地质地理学系主任，1978 年任地质学系主任。

1955 年，北京大学恢复地质学专业时，乐森璕和王嘉荫教授一起担负了繁重的开创任务。从制订教学计划，组织教师队伍，开展教学工作到选择实习基地，购置图书仪器，添置标本教具以及建设实验室，一切都从头做起，遇到了很多困难。乐森璕教授一方面亲自授课，一方面延聘各专业的专家学者来系兼职和讲学，同时积极组织培养师资队伍。任教期间，他先后开设了无脊椎古生物学、地史学通论、床板珊瑚、四射珊瑚、古生物学研究法、生物地层学概论和矿产地层学等多种课程，其中古生物研究法、生物地层学及矿产地层学都是当时国内首次开设的课程。

乐森璕经过多年的教学实践，对这些课程的开设可谓轻车熟路，但他并不因此而草率从事。他开的每门课程都有讲义，讲稿写得工工整整，上面还涂满了圈圈点点，足见其严肃认真的治学态度。青年教师第一次开课时，他总是热心辅导，有时还为他们修改讲稿，他还想方设法选送青年教师到有关单位进修或到国外交流，以提高教师队伍的素质。在花甲之年，他还拄着拐杖，带领学生到野外进行教学实习。老人的事必躬亲使每一位青年教师和学生都深受感动，老人的言传身教更为他们提供了学习的榜样。

乐森璕对所带研究生的要求更为严格，对他们的研究方向和论文题目，他都作精心的安排。他还详细审定他们的学习计划，对布置的文献阅读，则要求每周进行书面汇报，他逐字审阅，定期指导答疑。对研究生的论文，他更是逐字逐句地修改，甚至为论文动手贴图版以作示范。年事已高必然精力不济，但他仍坚持伏案工作，翻译了 H. W. 马斯特的《微体古生物学导论》一书，供研究生学习参考。高标准、严要求，是教学质量的保证，乐森璕培养的研究生，已有多人毕业，有的已做出了可喜的成绩。看着充满活力与潜力的年轻一代在迅速追赶和超越他自己，年届九旬的乐森璕感到了平生最大的欣慰。

主要著作目录

1924 Geve rconnaissance of S. Kweichou. *Geol. Surv. China*，2.

1926 奉天直隶石炭纪管状珊期之新属。中国地质学会志，5。

1927 Preliminary report on the geology and mineral resources of Nan Tan Hsien, Ho Chi Hsien, I Shan Hsien and Ma Ping Hsien and Hsiang Hsien, Northern Kwangsi Province. *Ann. Rept. Geol. Surv. Kwangtung and Kwangsi*, 7.

1928 四川重庆至贵州贵阳间地质要略。中国地质志。

1929 广西北部地质和矿产资源。广西细致调查所年报，2 卷下期。

广西马平、宜山、天河、罗城、融县、三江六县地质矿产。两广地质临时报告 10 号。

广西古化、中渡、雒容、柳城四县地质矿产。两广地质临时报告 14 号。广西西地质。中国地质志，12。

贵州南部地质矿产，中央地质调查所地质汇报，12 号。

Notes on the geology of the Dou—Mu—Chung, oilfield near Kueiyang, Kueichou, *Bull. Geol. Surv. China*, 12.

广西北部栖霞层新发现之珊瑚化石，专报，2。

浙江西南志留纪凤竹页岩中之网状珊瑚，专报，2。

与冯景兰合作，广西迁江合山罗城寺门煤田地质，前两广地质调查所年报，上期。

1930 浙江西南煤田地质，前两广地质调查所年报，2 卷上期。

1931 On the occurrence of Gigantopteris flora in Chekiang Province. *Bull. Geol. Soc. China*, 11(1).

1932 广西容县、北流、郁林、兴业四县地质矿产，两广地质临时报告，25 号。

Preliminary report on the geology and mineral resources of Han Chiang region, Eastern Kwangtung. *Ann Rep. Geol. Surv. Kwangtung and Kwangsi*, 4(1).

广东湖汕地区地质矿产，前两广地质调查所年报，4 卷上期。

A beautiful plasmoporoid, coral from the Fengchu shale of lower Silurian in S. W. Chekiang. *Bull. Geol. Soc. China*, 12(1).

与黄汲清合作，The coral fauna of the chihsia limestone of the Lower Yangtze Valley. *Palaeont. Sinica*, Ser. B. 8(1).

1932—1933 Geology of Hsiwan coal field, E. Kwangsi. *Ann. Rep. Geol. Surv. Kwangtung and Kwangsi*, 4(2).

1933 浙江西南志留纪凤竹页岩中之网膜状珊瑚。中国地质学会志，12。

1937 栖霞灰岩是否在两广发育。中国地质学会志，12。

与姚文光合作，广西容县北流、博白、郁林、兴业、花林六属地区地质矿产。两广地质调查所年报，（4）卷下期。

1937 广西合山煤矿之前途。大地，1（5）。

Die Korallenfauna des Mitteldevons aus der Proving Kwangsi, Sudchina. *Palaontographica*, 37, (A).

1939 中国南部海相上下及下中泥盆纪。中国地质学会志，18（1）。

1944 贵州之铁矿。资源委员会季刊，4（4）。

贵阳附近地质构造（节要）。地质论评，9（5—6）。

扬子贝一新种之内部构造。中国地质学会志，24（1—2）。

1947 贵州威宁县铜矿初勘报告。贵州经济建设月刊，1（2—3）。

1955 中国标准化石—无脊椎动物，第 1 分册，地质出版社。

1956 四川龙门山区泥盆纪地层分带及其对比。地质学报，36（4）。

1957 黔东翁项区上泥盆纪早期生物群之发现及其在地层上的意义。自然科学，3（1—4）。

与俞昌民合作，中国泥盆纪拖鞋珊瑚的新资料。科学通报，（8）。

1958 华南古生代几种常见的海绵和珊瑚化石。中国古生物学会会讯，11（14）。

1959 贵州奥陶纪珊瑚化石的新资料。北京大学学报（自然科学），（4）。

1961 中国石炭纪的一些四射珊瑚新种属。古生物学报，9（1）。

1962 与侯鸿飞合作，中国南部泥盆石炭系分界问题的探讨。北京大学学报（自然科学），（3）。

1964 与吴望始合作，珊瑚化石（四射珊瑚），科学出版社。

1978 与白顺良合作，广西象州大乐地区泥盆纪地层，华南泥盆系会议论文集，地质出版社。

1982 西藏南部中生代六射珊瑚的新资料，希夏邦马峰地区科学考察报告，科学出版社。

业绩永在　风范长存

——缅怀尊敬的乐森璕教授[①]

于　洸

1999 年是乐森璕教授诞辰 100 周年，从 1924 年毕业于北京大学地质学系起，他为我国的地质事业奋斗了 65 个春秋，在地质和矿产调查、地质科学研究和培养地质人才等方面都作出了令人称道的业绩，作为一位地质学家、古生物学家和地质教育家深受人们的尊敬。他的为人和学者风范永远值得我们学习。乐森璕教授离开我们已经 10 多年了，他的业绩和风范始终深深地留在我的脑海里。虽然在《乐森璕传略》序言中表达过对乐老的敬意和从乐老那里受到的教育，在纪念乐老诞辰 100 周年的时候，作为他的学生，我想再说些事情以缅怀这位尊敬的师长。

乐森璕教授对我国地质事业的贡献，我的认识主要是 3 个方面。他的高尚情操融化在为我国地质事业发展的奋斗之中。

乐森璕教授做了许多具有奠基性的区域地质和矿产地质的调查研究。1924 年毕业时，即考入前农商部地质调查所任练习员，在谭锡畴先生指导下赴昌平南口进行 1/50000 比例尺的地形地质调查。1927 年至 1934 年在广州两广地质调查所先后任技士、技正，赴广西、浙江、江西、广东等省 30 多个县市进行地质矿产调查。1936 年在德国取得博士学位。回国后在中山大学地质学系任教，同时在两广地质调查所兼做地质矿产调查工作。1937 年全面抗日战争爆发后转赴贵州，直至 1949 年，先后任贵州省地质矿产探测团主任、贵州省地质调查所所长。1950 年至 1953 年任西南军政委员会西南地质调查所副所长，与黄汲清所长一起，组织西南的地质调查工作。在近 30 年的时间内，乐森璕先生奔波于粤、桂、浙、赣、黔、川等省的崇山峻岭之中，克服重重困难，以调查地质矿产资源为己任，多有发现。这些业绩已有许多文献记载，已出版的《中国矿床发现史》（综合卷）中也有不少记述，这里不再赘述。只想提到一点的是，乐森璕先生为什么学地质？他曾经说过，主要有两个原因：一是，1918 年考入北京大学预科后，受“仰以观于天文，俯以察于地理”的启发；二是，他很崇敬他伯父乐采臣先生讲过的一段话：“我们贵州是块宝地，地下矿产丰富，若能开发地下资源，发展经济，就能摆脱贵州贫苦落后的境地，走上富裕之路。”因此，他考虑再三，从数学系转入地质学系。仅从这一点就可看出乐先生年轻时就对家乡建设如此关切。贵州山陡水急，沟壑纵横，雨多雾漫，新中国成立前还常有兵匪为患。每次野外探矿调查，乐夫人总是提心吊胆。有一次所乘的木

---

① 载于《地质学史论丛》·4·. 中国地质学会地质学史研究会、中国地质大学地质学史研究室合编，地质出版社，2002 年 10 月出版

炭车滑到了沟中，车中除乐先生与一小孩外都受到不同程度的挫伤。回家后乐夫人打趣地说："这是邻居（指'万松阁庙'，因日本飞机轰炸贵阳，贵州矿产探测团迁至洛湾'万松阁'古庙）观音菩萨的保佑，你得去谢谢他。"虽然环境条件如此危险，乐先生还是奔波于贵州的东南西北，探测了煤、铁、铝、汞、铜、锰、金等等矿产资源，写出了数十篇调查报告，为这些矿产资源的开发利用打下了良好的基础。当时在黔中地区找到的质优量丰的铝土矿因缺电力而不能利用。1983 年乐老曾对我说道："解放后修文附近的猫跳河水力发电了，火法炼铝成功了，感到由衷的喜悦。贵州的四大矿产应改为煤、锰、铝、汞、磷五大矿产，还有金矿和稀有元素，尚未详查。因此，贵州的自然资源不是贫乏，而是富饶，继续工作，今后不难大量开发。"从年轻时为家乡建设立志学地质，到几十年在贵州的地质调查和找矿实践，直至晚年对家乡建设建言献策，乐老对家乡发展的关切和贡献必将永远留在人们的记忆中，载入贵州建设和发展的史册。

乐森璕教授除了在区域地质和矿产地质方面作了大量调查研究，编写了若干调查报告之外，在无脊椎古生物学及生物地层学方面做了大量的研究工作，在腔肠动物、腕足动物、古生代地层等方面有许多论著，尤其是在四射珊瑚化石及泥盆纪地层的研究方面有很深的造诣，是我国较早研究珊瑚化石的著名学者之一。早在大学毕业不久他就发表了《奉天直隶石炭纪管状珊瑚之新属》的论文。30 年代发表的《华南广西省中泥盆世四射珊瑚化石群》和《关于华南早泥盆世晚期和中泥盆世早期地层的划分》等论文，奠定了广西泥盆纪海相地层生物地层学研究的基础。乐先生对四射珊瑚化石完成了大量种属的鉴定和总结，提出了分类学与系统演化方面的重要认识，被誉为中国珊瑚化石研究的奠基人之一。乐森璕教授 1955 年被中国科学院首批选聘为学部委员（现称院士）。晚年，乐老除指导研究生外，还亲自著述，他 84 岁高龄时还亲撰《四射珊瑚类的起源问题》文稿，由科研助手带到第一届全国珊瑚学术会议上宣读，1988 年还与助手一起发表《云南文山早泥盆世异珊瑚目的发现》的论文。乐老这种对地质科学执着追求的精神，晚生们都深受教育。

乐森璕教授将一生中大部分时间和精力奉献给了我国的地质教育事业。早在 1928 年至 1934 年就在中山大学地质学系兼课，1936 年留学回国后在中山大学地质学系任教，1946 年至 1950 年在贵州大学兼课，并协助丁道衡教授培养该校地质学系第一班学生。1953 年调重庆大学地质学系任教，并任古生物学教研室主任，1954 年任系主任。1955 年，他 56 岁时，又调回北京大学主持地质学专业的恢复工作，先后任地质学教研室主任、古生物学教研室主任，1964 年任地质地理学系主任，1978 年，当北大将地质学与地理学分别设系时，任地质学系主任，直至 1983 年。从中大到贵大，从重大到北大，先后兼课或任教达 47 年。1983 年，乐森璕教授从事地质科学和教育工作 60 年，又恰逢他 84 岁寿辰，北京大学和中国古生物学会为他举办庆祝活动和学术讨论会，我曾以"探宝藏足迹遍西南，育英才桃李满天下"为题献辞，称颂乐老 60 年来为我国地质科学和教育事业所作的贡献。他对以上 4 所学校地质学系所作的贡献不再赘述，只想举几个例子来说明乐老对培养地质人才的一片赤心。

1979 年 9 月 11 日，北大地质学系举行欢迎新同学的集会，乐老已 80 岁高龄了，他不仅参加集会，还亲自写了讲话稿，发表了长篇讲话，讲述地质工作的意义、北大地质学系的历史和现在的任务。他说："我们师生员工要团结在一起，发挥每个同志的主观能动性，大干快上，克服困难，把一个重点综合大学的地质系办好，就是要办一个社会主义现代化的赶上国际水平的地质系。"并且对学生提出要求和希望，他希望学生"要广泛学习其他基础科学的知识"。他说："在自然科学方面，地质学是一门基础学科，有它本身的基础理论。然而，地质学科的发展又同其他学科，如数、理、化、生物、天文、计算科学、电子学等基础学科和技术学科有着广泛而密切的联系。现代科学的发展日新月异，各学科间互相渗透，不断出现新的边缘学科，技术上的重大革新也有求于基础理论的指导。"他还语重心长地教育学生"要德智体全面发展，培养自己成为基础扎实、思路开阔，有创造能力，适应现代科学技术发展的人才"。乐老的这些深刻见解至今仍有指导意义。

1980 年 10 月，北大校刊记者采访乐老，谈话进行了 3 个多小时，已到中午 2 点，但乐老精神很好，毫无倦意。记者说："您这样高龄，身体也不太好，这么长时间说话，恐怕身体累了吧。"乐老则说："不累不累，为四化工作要争分夺秒才行啊！""我今年 80 多岁了，为四化服务的时间不多了，我的最大心愿就是把北大地质系办成全国第一流的地质系；我的最大快乐就是为培养地质科学人才奋斗到生命的最后一息。" 那时，他还指导着 3 名研究生，还为筹备一名研究生的毕业论文答辩而废寝忘食地工作着，并抓紧时间撰写科研专著。

乐老十分关心北大地质学系的师资队伍建设和实验大楼建设，每虑及此，夜不能寐。为此，他多次通过全国政协会议提出提案，利用各种机会向国家有关部门提出建议，他亲自收集国内外实验楼的图纸和资料，供基建设计之用。1982 年组织上安排他到青岛疗养一段时间，10 月 10 日他从青岛写信给我，信中说道"我至今仍有雄心壮志，把北大地质系办成第一流的，**惟靠人和自力更生，多聘贤达，大力兼课和兴建近代化大楼**，前途未可限量，否则，我们这些老校友将成为老北大的罪人！"（注：着重号是乐老加的）从这些字里行间和平时的谈话中，我们深深体会到乐老对办好北大地质系的雄心壮志和倾注的心血。他时刻关注的北大新地学大楼于 1988 年底动工，当把这个消息告诉住在医院里的乐老时，他非常高兴。新大楼于 1992 年初交付使用，万万没想到乐老未能亲眼见到他日夜关注的这座大楼的落成。但可告慰乐老的是，他倾心关注和建设的北大地质学系获得了长足的发展，为我国的地质事业不断输送着新生力量。

乐森璕教授高尚的爱国主义情操，对地质科学和教育事业的执着追求，一丝不苟的治学态度，认真负责的工作精神，始终是我们学习的榜样。在纪念乐老诞辰 100 周年时，有许多话要说，归纳起来一句话就是：业绩永在，风范长存。

参 考 文 献

[1] 于洸. 1983. 探宝藏足迹遍西南有英才桃李满天下——庆祝乐森璕教授从事地质科学及教育工作六十年. 古生物学报, 22(3). 北京: 科学出版社.

[2] 杜松竹, 周永良. 1993. 乐森璕传略. 贵阳: 贵州科技出版社.

生命不息　奋斗不止

——著名区域地质学家、岩石学家、矿床学家王恒升教授①

于　洸

王恒升，区域地质学家、岩石学家、矿床学家，对我国许多地区，尤其对新疆区域的地质矿产调查，以及西北若干重要金属矿的普查勘探做出了重要贡献，对角闪石晶体化学有精深研究。他提出了基性岩、超基性岩岩石化学计算与图解方法及分类方案，是我国成因岩石学研究的先驱；提出铬铁矿床属于晚期岩浆熔离的成因假说，以及层状基性超基性岩侵入体的岩浆液态重力分异模式。他与人合著的《含铬铁矿基性超基性岩岩体类型及铬铁矿成矿规律》对中国铬铁矿资源的开发有重要贡献。

王恒升，字洁秋，1901 年 8 月 4 日出生于河北省定县大礼村一个农民家庭。因家贫，很晚才启蒙。在乡间的私塾念书时，课余还要参与家庭的农业劳动，因多接触农民，养成淳厚、朴实的性格。他深知生活的艰辛，学习很刻苦，12 岁时读完小学。他抱着闯荡大世界的想法远走天津，在贤民中学读书。在那动荡的年代，学生爱国运动风起云涌，王恒升积极投入爱国斗争，在 1919 年的五四爱国运动中表现很活跃。同年中学毕业后，他以优异成绩考入北京大学理预科。1921 年升入本科时，他深知国家矿产资源开发的重要性，毅然选择了地质学系。在何杰、王烈、李四光、葛利普等教授的指导下，王恒升不但学习成绩优秀，在野外实习等活动中表现也很突出。

1925 年，王恒升于北京大学地质学系毕业，考入农商部地质调查所任调查员，后又担任技士、矿物岩石研究室主任等职，并先后赴北京、河北及东北、华东等地进行地质矿产调查工作。工作多年后，他深感直接接受欧美地质科学先进理论与技术的必要性，于是一边工作一边进修有关课程，最后终于获得了河北省公费留学资格，于 1933 车赴瑞士巴塞尔大学留学，不久又转至瑞士苏黎世高等工业学校研究生部，师从著名岩石学、矿床学大师保尔・尼格里（Paul Niggli）教授。1936 年，他以优异成绩获博士学位；1937 年，再度到巴塞尔大学进修，师从莱茵霍教授，专攻费德洛夫旋转台技术。震惊中外的卢沟桥事变发生后，他谢绝了国外的高薪聘请，于 1937 年底回到火难深重的祖国。

王恒升回国后，任南京国民政府经济部地质调查所技正，兼该所桂林办事处主任、滇缅公路沿线地质调查队队长等职。当时，抗日战争急需大量矿产资源，滇缅公路是联系中国战区与东南亚战区的咽喉要道，王恒升率队在公路沿线调查地质矿产，测制路线地质图，取得很大成绩。1939 年，他应聘兼任中央研究院地质研究所研究员；不久应聘

① 载于“西南联大名师”丛书之《地球奥秘的探索者》，云南出版集团公司云南教育出版社，2012 年 5 月第 1 版

任西南联合大学地质地理气象学系教授，讲授岩石学、岩石发生史、地质测量等课程。1944年，他接受南京国民政府经济部部长翁文灏要他组建新疆省地质调查所的任务，携家带眷，率领一批青年工作者同赴艰苦的大西北，进行开创性的地质工作。他到新疆后，创建了新疆省地质调查所，并任所长，兼新疆省贵金属矿务局局长。他和同事们对新疆的地质、矿产、土壤等进行调查，为新疆解放后的地质工作和经济建设提供了一定的基础。

新疆和平解放后，他带领一部分解放军官兵，在乌鲁木齐附近的六道湾寻找煤矿，在估算了当地的煤矿储量后，设计了几种开采方案。按其中的方案，有关部门在30米深处采到了煤，解了新疆军民的燃眉之急。王震将军高兴地说："你们为新疆军民立了大功！"1950年，王恒升任新疆工业厅工程师，为该厅技术总负责人。他的工作不仅是找矿，而且还举办地质矿产培训班，并亲自授课，培养了一批地质研究人员。1953年，王恒升调任西北地质局总工程师。

自1956年底始，王恒升在地质部地质矿产研究所工作，后来先后在地质部地质科学研究院地质研究所、地质矿产部地质研究所、中国地质科学院地质研究所进行研究工作，任一级研究员；1956—1966年和1978—1980年两度出任岩石矿物研究室主任，1964—1966年兼任地质部铬矿指挥部总工程师，1980年当选为中国科学院地学部学部委员（现称院士）。他十分重视对中青年地质科学工作者的扶植，培养了多名硕士生、博士生，他们后来都成为矿床学界的骨干。

王恒升早年参加中国地质学会，曾当选第18—23届理事会理事，1939年任《中国地质学会志》编辑，1943—1945年任《地质论评》编辑；1979年当选地质学会第32届理事，并当选为新成立的中国矿物岩石地球化学学会理事。

一、在区域地质矿产调查上的成就

王恒升对我国许多省、市、自治区进行过地质矿产调查工作，按照成就可分为两个时期。

第一时期是刚参加工作到出国留学前的八年内。他先后在北京、河北、辽宁、吉林、黑龙江、江苏、浙江、福建等省、市的许多地方进行过地质矿产调查，完成了多篇地质矿产调查报告：《吉林省穆陵密山二县地质矿产纪要》（1929）、《黑龙江省嫩江流域之地质》（与谭锡畴合著，1929）、《京粤铁道线地质矿产报告（南京至福建南平段）》（与李春昱合著，1930）、《山东东部地质》（1930）、《辽宁葫芦岛附近锦西锦县一带地质矿产》（与侯德封合著，1931）、《葫芦岛海港概况》（1931）、《安徽南部九华山一带之地质》（与孙健初合著，1933）等。这些著作，对于以上这些地区的地质矿产研究工作来说，都是具有开创意义和实用价值的。

第二时期是在西南、西北工作期间。先是1937年底至1944年，在广西、云南地区进行地质矿产调查工作，在滇缅公路沿线测制路线地质图，调查抗日战争急需的矿产资源分布；后是1944年至1956年，调查新疆地质矿产，与宋叔和、关士聪写成《新疆迪化八道湾煤田》（1945）一文；不久写成《新疆矿产资源》的报告，发表于《矿测近讯》

(1945)上。他还运用施泰因(Stein)的《新疆绿洲图》，估算了新疆的农田面积。1950年，他奉王震将军的指示，负责组织了南疆矿产考察队，在哈什、乌恰地区发现了煤矿、库车的石油以及和田、于田的金矿等。这期间，他还发现了南疆昆仑山上海拔4000米高处的现代火山。1953—1956年，王恒升在任西北地质局总工程师期间，与宋叔和、陈鑫等先后勘探了陕北金堆城钼矿、青海锡铁山铅锌矿、甘肃镜铁山铁矿等，并通过勘探否定了牛山铜矿的存在。

二、在岩石学研究上的成就

早在20世纪20年代，王恒升在研究湖北大冶铁矿时，首次提出花岗闪长岩晚期残余岩浆的挥发组分携带造矿元素与围岩反应形成富铁矿体的观点，其论文《大冶铁矿床》(1926)发表在《中国地质学会志》上。在研究河北宣化中生代火山岩构造时，他发现火山熔岩剖面层序自下而上呈现由基性到酸性的规律性变化，并指出这是由于岩浆层内岩浆分异演化的趋势所引起的，为此，发表了《宣化一带古火山之研究》(1928)一文。他通过对我国大量煤的化学分析资料的研究，发现煤的正水含量变化与其形成时代有关，并以此作为同一地区煤层形成时代的区分标志与对比标志，并写出了《煤炭中的正水含量与其年龄的关系》(1930)一文。

他在瑞士荣膺博士学位的论文是《阿尔卑斯山太辛耨区角闪岩岩石化学的研究》，该文指出，角闪石晶体的构造水必须加热到900℃以上，待晶体构造全部破坏之后，才能完全释放出来，从而解决了当时颇有争议的角闪石全分析总重量达不到百分之百的疑难问题，为角闪石的研究做出了贡献。

20世纪60年代初，为适应基性岩、超基性岩成矿专属性的研究，他与同事们一道，创立了新的岩石化学计算法和图解方法，并将基性岩和超基性岩用岩石化学进行分类。他与白文吉合作发表了《对基性超基性岩岩石化学一种计算方法和图解的建议》(1963)和《基性岩与超基性岩岩石化学计算方法》(1975)，又与白文吉、宛传永合著《基性与超基性岩岩石化学分类》(1978)一文。这些方法为后来多年的实践证明是可行的，被广泛使用。

三、在矿床学研究上的成就

自20世纪50年代中期起，王恒升集中精力于矿床学研究方面，尤其在铬铁矿床的研究方面业绩最为突出，为铬铁矿床的找矿、勘探、评价、开发做出了重要贡献。

20世纪50年代末，由于我国钢铁工业发展的迫切要求，王恒升急国家之所急，承担了国内基性岩、超基性岩及有关铬、镍、钴、铂、金刚石的研究项目，为中苏合作项目的负责人。他组织地质部岩石矿物研究室的人员对内蒙古及西北地区的基性岩、超基性岩和有关矿产进行了大量的调查和研究工作。在他的倡议下，同事们先后几次对国内的基性岩、超基性岩开展编图工作，并借鉴国外同行对铬铁矿成矿规律进行研究的经验，提高了我国在这方面的研究水平。他还非常重视实验室的建设，在他的争取下，通过苏联专家的帮助，20 个世纪 50 年代末我国地质系统成立了第一个同位素绝对年龄实验室。

在任地质部铬矿指挥部总工程师期间，王恒升一方面组织地质矿产研究所的科技力量深入各矿区进行系统研究，另一方面精心组织、指导了对西北、东北等地区含铬超基性岩体的勘探和评价工作，并最终在新疆的萨尔、鲸鱼等矿区发现了具有一定工业储量的铬铁矿。王恒升对新疆及内蒙古含铬基性岩、超基性岩体进行了详细的研究与评价，对我国当时铬矿普查勘探工作有重要的指导意义。通过对全国有关铬矿地质特征、大地构造背景及基性超基性岩的含矿性等方面的综合分析，他明确指出，西藏是我国铬铁矿最有开发前景的地区，并建议组队到那里进行前期工作。地质部采纳了此建议，并组队在藏北、藏南进行普查勘探，事实证明了王恒升推断的科学性。

在理论研究方面，王恒升在 20 世纪 60 年代初就提出有工业价值的铬铁矿床属于晚期岩浆熔离的成因假说，认为残余岩浆中的挥发组分的富集促进了矿浆和岩浆的分熔，所以存在铬铁矿矿浆，由矿浆再结晶成矿石。70 年代，他又提出了层状基性、超基性侵入体的岩浆液态重力分异模式的新观点，认为岩浆结晶重力分异是在这种液态重力分异的基础上进行的；岩浆具有群聚态有序结构，不同群聚体的比重不同，比重较大的群聚体首先沉积在岩浆房的底部，因而导致岩浆液态重力分层构造的形成。他由此解释了岩浆液态重力分异和岩浆成矿专属性的机理。这一学说已为实验所证明。凡经他研究过的含铬岩体，他都能及时做出远景评价，以供有关部门参考。

以王恒升为首的研究集体根据 1954—1973 年在基性岩、超基性岩和铬铁矿工作中取得的成果，引用一些国外有关铬铁矿的资料，发表了专著《含铬铁矿基性超基性岩岩体类型及铬铁矿成矿规律》。该专著指出了铬铁矿矿浆的存在、铬铁矿的成矿规律，并说明了岩浆分异与岩体产状、规模在成矿上的重要意义，即规模越大，出露面积、厚度越大的岩体，成矿规模也越大。

王恒升、白文吉、王炳熙、柴耀楚编著的《中国铬铁矿床及成因》一书于 1983 年出版。该书根据我国当时近三十年有关铬铁矿勘探方面的野外和室内研究的资料，总结了铬铁矿的成矿规律，重点阐述了与铬铁矿有关的成矿理论、控矿因素，铬铁矿床与岩相、岩石、矿物和构造等方面的关系，指出了各种地质环境中铬铁矿的分布规律和找矿方向，另外还介绍中国铬铁矿床的主要类型及铬铁矿床学的基本研究方法。

四、认真教学、精心育人

1939 年秋，王恒升应聘任西南联合大学地质地理气象学系教授，讲授岩石学、岩石发生史、地质测量三门课程，还要指导学生进行地质填图实习，教学任务很重，是当时系里精力充沛的年轻教授之一。当时昆明屡遭日机轰炸，系里将显微镜存放在昆明郊外，学生要到岗头村去看岩石薄片。他是岩石学大师尼格里的门徒，刚从瑞士留学回国，尼格里的岩石分类法是他讲课的重要内容之一。特别是他所介绍的 *Niggli Value* 给学生留下了深刻的印象。他教学要求很严格，出的考试题目很难，总有少数人不及格。据说这是尼格里留下的传统。但他平时对学生悉心爱护，待人接物和蔼可亲，性格开朗，深受学生尊敬。1991 年中国科学院举行学部大会期间，曾经的西南联大学生、当时的地学部委员涂光炽、张炳熹、董申保、池际尚、刘东生、马杏垣、郝诒纯等，热烈地向90岁高龄的恩师王恒升表示感谢，并祝他健康长寿，不断取得新的成就。

王恒升对工作非常执着。20世纪50年代末，他已到花甲之年，仍精力充沛，与青年人一道摸爬滚打，满怀热情地进行野外地质工作和技术指导，在帐篷中忍受着蚊虫叮咬，在内蒙古草原的风沙中吃着小米饭就萝卜丝，使与他共事的年轻人都深受感动。1957年，在西北进行野外地质调查时，他不幸遭遇车祸，从此肩骨上留有伤残。但这次意外，无损于他工作的热情与干劲，后来他还拄着拐杖跟在牦牛队后面，翻越祁连山，跨马奔驰在准噶尔盆地。20世纪80年代，已是耄耋之年的他，仍勤奋地工作，两次去西昌地区调查钒钛磁铁矿的分布情况，对攀枝花铁矿扩大开采量的前景非常乐观，使中青年地质工作者深受鼓舞。90年代，他已是90多岁高龄，但还在为祖国地质科学事业的发展操劳，以"生命不息，奋斗不止"的精神谱写自己的"黄昏颂"。

2003年9月21日，王恒升在北京逝世，享年103岁。

王恒升简历：

1901年8月4日　生于河北省定县大礼村。

1919年　考入北京大学理预科。

1921年　升入北京大学地质学系学习。

1925年　入农商部地质调查所工作，先后任调查员、技士、矿物岩石研究室主任。

1933年　留学瑞士巴塞尔大学、苏黎世高等工业学校研究生部。

1936年　在苏黎世高等工业学校获博士学位。

1937年　赴瑞士巴塞尔大学进修。同年底回国，任中央地质调查所技正，兼桂林办事处主任。

1939年　兼任中央研究院地质研究所研究员。

1939年　任西南联合大学地质地理气象学系教授。

1944年　任新疆省地质调查所所长，兼新疆省贵金属矿务局局长。

1950年　任新疆工业厅工程师、技术总负责人。

1953年　任西北地质局总工程师。

1956年　任地质部地质矿产研究所一级研究员、岩石矿物研究室主任。

1964年　兼任地质部铬矿指挥部总工程师。

1980年　当选为中国科学院地学部学部委员（现称院士）；任国际地科联火成岩委员会委员。

2003年9月21日　病逝于北京。

王恒升主要著作：

（1）The Ta Yeh Iron Deposits. *Bull Geol. Soc. China*, 1926.

（2）《宣化一带古火山之研究》，《地质汇报》，1928年。

（3）《北平西山妙峰山髫髻山一带之火成岩》，《地质汇报》，1928年。

（4）The Rectangular Graphs as applied to the Proximate analyses of the Chinese Coals. *Bull Geol. Soc. China*, 1928.

（5）《吉林省穆陵密山二县地质矿产纪要》，《地质汇报》，1929 年。

（6）《黑龙江省嫩江流域之地质》，《地质汇报》，1929 年。

（7）《京粤铁道线地质矿产报告（南京至福建南平段）》，《地质汇报》，1930 年。

（8）The Geology in Eastern Shantung. *Bull. Geol. Soc. China*,1930.

（9）《辽宁葫芦岛附近锦西锦县一带地质矿产》，《地质汇报》，1931 年。

（10）《葫芦岛海港概况》，《地质汇报》，1931 年。

（11）《新疆矿产资源》，《矿测近讯》，1945 年。

（12）《对铬铁矿床生成若干问题的探讨》，《中国地质》，1962 年。

（13）《对基性超基性岩岩石化学一种计算方法和图解的建议》，《中国地质学会第 32 届年会论文选集（矿物，岩石，地球化学）》，1963 年。

（14）《基性岩与超基性岩岩石化学计算方法》，《地质学报》，1975 年。

（15）《关于铬铁矿的成因问题》，地质出版社，1976 年版

参 考 文 献

[1] 中国科学技术协会. 中国科学技术专家传略，理学编地学卷(1). 石家庄: 河北教育出版社, 1996 年版.

[2] 黄汲清, 何绍勋. 中国现代地质学家传(1). 长沙: 湖南科学技术出版社, 1990 年版.

[3] 王恒升, 白文吉, 王炳熙, 柴耀楚. 中国铬铁矿床及成因. 北京: 科学出版社, 1983 年版.

我国气象学界一代宗师

——著名气象学家、气象教育家李宪之教授[①]

于 洸

李宪之，气象学家、气象教育家，我国近代气象科学研究与气象高等教育的开拓者和奠基人之一，九三学社社员。20 世纪 20 年代，他参加西北科学考察团，开我国野外气象考察之先河；30 年代发表的《东亚寒潮侵袭的研究》《台风的研究》等论著，是世界上研究寒潮和台风的奠基性、经典性著作，在国际气象学界产生广泛而深远的影响；50 年代后，致力于旱涝灾害的气象研究，出版《季节与气候》《论台风》《降水问题》等专著。长期从事气象高等教育工作，先后在清华大学、长沙临时大学、西南联合大学、北京大学任教，培养出大批优秀的气象科学人才。

李宪之，字达三，1904 年 9 月 26 日出生于河北省赵县南解疃。1924 年毕业于保定直隶高等师范附属中学，同年考入北京大学理预科，1926 年升入北京大学物理学系。1927 年考取中国西北科学考察团气象生赴西北考察。1930 年赴德国柏林大学学习，因学习成绩优异，1934 年获哲学博士学位，后进行博士后研究两年。1936 年回国，应聘任清华大学地学系专任讲师，一年后升任教授。1937 年全面抗日战争爆发后，清华大学南迁，与北京大学、南开大学合组长沙临时大学；1938 年 2 月再迁云南昆明，更名为西南联合大学，李宪之任地质地理气象学系教授。抗日战争胜利后，1946 年夏清华大学复员北平，10 月，地学系中的气象组独立出来，设立气象学系，李宪之任气象学系教授、系主任。1952 年全国高等学校院系调整，清华大学气象学系被调整为北京大学物理学系气象专业，李宪之任教授、大气物理教研室主任，逐渐将精力集中于地学类各领域的科学研究。

1950 年，李宪之任北京市气象学会首届理事长；1951—1958 年，任中国气象学会常务理事；1955—1958 年，任《气象学报》编辑委员会主任。

一、踏上科学之路

1927 年春，北伐军攻克了武汉等重镇，北大许多热血青年都向往投入革命战争。李宪之与其他几个同学正酝酿去广州报考黄埔军校，他们认为这样一方面可以投身革命，另一方面亦可解决生活拮据的困境。正在这时，在北京大学贴出一张布告，招考学生去内蒙古、新疆等地参加科学考察，李宪之报了名。在录取的学生中，有 3 人是北大物理

---

① 载于“西南联大名师”丛书之《地球奥秘的探索者》，云南出版集团公司云南教育出版社，2012 年 5 月第 1 版

学系的学生，其中包括李宪之。考上了西北科学考察团，李宪之非常高兴。

中国西北科学考察团是由中国学术界与瑞典探险家斯文·赫定博士合作组织的，是进行地质调查、古生物标本采集、考古发掘，以及地球物理、气象和水文观测等多学科、大范围科学考察的团体，成员除中国人外，还有瑞典人、德国人、丹麦人。外方团长是斯文·赫定，中方团长先由北京大学教务长徐炳昶教授担任，1928 年 12 月起袁复礼任代理团长。考察团出发前，北平文化教育界、地质调查所、北京大学等单位举办了送别宴会。李宪之在考察期间兢兢业业地工作，一心要与团里的德国人、瑞典人和丹麦人比个高低，在列强看不起中国人的情况下为国人争一口气。他的工作也确实受到了考察团其他成员的称赞。

考察团于 1927 年 5 月 9 日从北平出发，乘火车到包头。李宪之从此踏上科学之路，开我国野外气象考察之先河。第一站选点在包头以北的哈纳河畔，李宪之做地面气象观测和高空气球测风等工作。不久，他随徐炳昶团长在内蒙古西北部居延海进行了一次环湖水文、气象考察。当时团内负责气象工作的是德国人郝德（Dr. W. Haude），从 1928 年起，李宪之随他在新疆的哈密、乌鲁木齐、若羌及青海的铁木里克等地建立了多个气象站。郝德工作认真，要求严格。李宪之不怕艰苦，工作与学习都非常努力，每天定时做气象观测，从不间断。郝德对此非常满意。1928 年 6 月，郝德与李宪之来到塔克拉玛干东部的若羌，先在地势平坦的水渠边建了一个气象站，后又在附近的山上建了一个高山气象站。李宪之每天山上山下观测四次，郝德对他的工作很放心，常夸奖说："中国人确实是好样的！"郝德于当年 9 月离开若羌，去青海柴达木盆地西北部的铁木里克建站，将若羌的气象站交给李宪之一人管理。铁木里克的气象台站建成后，郝德又要李宪之去替换他的工作。这期间，李宪之在若羌、铁木里克之间往返四次，四次途经罗布泊，工作异常紧张和艰苦，受到郝德异乎寻常的信任和重用。

1928 年 10 月 23 日，一股强冷空气由北冰洋向南奔驰，25 日开始侵入新疆，26 日越过阿尔泰山、天山、阿尔金山。李宪之在铁木里克观测到地面气温迅速降低，气压大幅升高，高空风向转成北风的高度逐渐降低，从 25 日的 5 千米，变为 27 日的 2 千米，测试气球进入密布的积云层。这时，地面的狂风摧毁了考察团的帐篷和蒙古包，风速仪达到最大值 33 米/秒后被吹坏。观测不能继续，李宪之只好将风暴过程和物品损失情况作为气象实况记录下来。这场狂风袭击，坚定了李宪之后来从事寒潮研究的决心。

考察团成员经常骑着骆驼行走在戈壁、沙漠之中，在人迹罕至的荒漠中进行地质、测量、天文、考古、古生物、气象、水文等多学科综合考察，一路经受饥饿、干渴、严寒或酷暑以及狂风、暴雪、冰雹等恶劣天气的困扰；有时骆驼因饥饿、劳累而倒毙，考察团员只能徒步前行，每到一处，他们要自己架设帐篷，砍树制作木筏漂浮于河中进行水文、气象观测。途中经常遇到土匪抢劫或地方官兵的阻挠、袭击。起初外国团员看不起中国人，经常用侮辱性的言辞刺痛中国团员的心。面对这种情况，以李宪之为代表的中国年轻团员振作精神，知难而进，处处要比欧洲人做得好，工作效果都非常不错，打消了外国团员的傲气。外国团员普遍称赞中国团员的工作精神和学习热情。李宪之一生所具备的奋发图强的爱国主义精神、勇于探索的科学精神、锲而不舍的敬业精神，以及与同行相处精诚无间的协作精神，都与在考察团中经历的艰苦磨炼有关。

二、写出世界气象学史上的名著

在西北夜以继日工作了三年以后，李宪之于1930年经郝德博士推荐，赴德国柏林大学深造。在回忆参加西北科学考察团和在国外学习和工作的往事时，李宪之后来写道："从二十二岁起，我就立下了'埋头苦干和外国人竞赛'的志愿。（在新疆）与外国人一起工作三年，在德国学习工作六年多，一直抱着这种志愿，和德国人进行默默无闻的和平竞赛……"正是由于立下了这样的志愿，在德国期间，他学习非常勤奋刻苦，休息时间很少去看电影或参加晚会，把时间都用在学习和工作上。他不但听气象学课程，也学习海洋、地质、天文等各方面的知识。当时的德国正处于第一次世界大战后的发展时期，云集着众多世界一流的科学家，李宪之在柏林大学听过著名物理学家爱因斯坦等教授的讲课或讲演，这为他后来的科学研究打下了坚实而广阔的理论和实践基础。他整理研究在西北考察时收集到的资料，发表了多篇有价值的学术论文，其中包括《塔克拉玛干沙漠对若羌天气的影响》一文。该文指出了沙漠对风向、风速的影响以及冷空气活动对天气的影响，修正了前人所谓的中亚没有一般气旋的看法。

由于学习成绩优异，李宪之的科学研究很快取得成果。1934年，他出色地完成博士论文《东亚寒潮侵袭的研究》。该文揭示了寒潮的发源、入侵路径、展布范围等诸多活动规律，给出了几条寒潮侵袭东亚的主要路线，为我国后来的寒潮路径预报奠定了根基。由于国内气象资料缺乏，李宪之在文中采用欧洲、亚洲、大洋洲和太平洋的高空探测资料，依据稀少的实测记录作深入分析，指出侵袭东亚的强烈空气，一直可以从北极地区越过亚洲，穿过赤道，到达印度尼西亚的雅加达和澳大利亚的达尔文港，造成暴雨和大风等恶劣天气。这一论断突破了当时流行的"赤道无风带不可穿越"的气候概念。李宪之的导师冯·费卡（V. Ficker）当面给予他"是突破性的，超过了我和邵斯塔考维赤的工作"的高度评价。李宪之的这一发现，有人赞叹、惊讶，有人怀疑、反对，当时美国和日本的有关气象书籍引用了《东亚寒潮侵袭的研究》一文的主要章节。20世纪30年代，李宪之所给出的东亚寒潮侵袭我国的几条主要路径，一直为我国气象预报员沿用。

1936年，李宪之的另一篇具有独创性的论文《台风的研究》在德国柏林大学《气象集刊》上发表，这是他做博士后研究时撰写的文章。在当时气象记录十分稀少的情况下，他巧妙而又令人信服地利用天气及各种气象要素的变化，指出北半球西太平洋上台风的生成和发展与来自南半球强冷空气的侵袭有关，它也是东亚诸国夏季台风的主要成因；依照同样原理，北半球强烈寒潮的侵袭也应该在南半球激发台风的生成。这一论点为后来日益丰富的观测资料所证实，并开拓了南、北半球间天气系统相互作用的新领域。这篇论文发表后在国际气象学界产生了广泛的影响，好几位著名气象学家或深入钻研并进一步发展了李宪之的论述，或以实例论证李宪之观点的正确性，如日本荒川秀俊的《南北太平洋热带飓风的发生与另一半球寒潮的关系》（1940）。1958年，上海中心气象台陈锡璋等人根据李宪之的理论，利用南半球冷空气的爆发，预测西北太平洋台风的生成及其移动路径，结果取得了可喜的成绩。20世纪60年代末卫星云图的出现，完全证实了李宪之教授这一发现的正确性。在《台风的研究》一文中，李宪之还从观测到的气象资料中综合出台风有“眼”，并给出了气象学史上第一张台风眼结构图。1940 年，德国气象学家诺特（Nothe）称之为“李氏台风眼结构模式”。

《东亚寒潮侵袭的研究》和《台风的研究》，提出了预报寒潮和台风的理论依据，是气象科学史上两篇划时代的著作，是后人研究寒潮和台风的奠基性、经典性的著作。一些学者将李宪之所创建的理论写入自己所编的教科书中，如美国 B. Haurwitz 的 *Dynamic Meteorotogy*（1941），日本荒川秀俊的《天气分析》（1944），中国朱炳海的《气象学》（1946），德国 R. Schechag 的 *Wetter Analyse und Vorhersage*（1947）等。李宪之为中国的气象科学赢得了世界性的声誉，他是载入外国气象教科书的第一位中国人。上述两篇文章原以德文发表，中译文刊载于中华人民共和国成立初出版的《中国近代科学论著丛刊—气象学（1919—1949）》一书中。

70 多年来，李宪之所发现的寒潮、台风的活动规律不断被日益增多的地面、高空气象资料和气象卫星观测资料所证实，并且在天气和气候的实际工作中得到广泛应用。

三、学高德劭的气象教育家

九一八事变后，日本帝国主义加紧了对我国东北和华北等地区的侵略活动，当时在德国的留学生中展开了如何为国效力、拯救祖国的讨论，有人主张立即回国拿起武器参加战斗，有人主张要抓紧时间学好本领，早日回国以现代科学技术来振兴祖国。在这样的背景下，1936 年李宪之婉言谢绝了德国朋友的好心挽留与高薪聘请，毅然回到灾难深重的祖国。

回国后，李宪之任清华大学地学系专任讲师，讲授内容截然不同的三门课程：气象学、理论气象和天气预报。次年升为教授。全面抗日战争爆发后，李宪之随清华大学南迁，任长沙临时大学、西南联合大学地质地理气象学系教授。他的教学任务很重，开设的必修课有气象学、理论气象、气象观测、天气预报，选修课有气候学、世界气候、航空气象、海洋气象、农业气象、地球物理、天气图实习、中国天气等课程。每学期都有五六门课程，另外还应云南大学之聘，到该校农学院讲授气象学。抗日战争胜利后，他到成都为空军气象训练班第七期学员授课，并开出新课程——热带气象学。在中华民族遭受深重灾难的时期，西南联合大学的教授们生活极其清苦，但李宪之胸怀民族大义，毫无怨言，把艰难困苦当作对自己的锻炼。他承担着超负荷的工作，克服物资匮乏等不利因素，坚持完成气象教育事业。

李宪之授课善于联系实际，喜欢从自然界的许多现象中找出其内在联系，提出新观点。课堂内外，他总是强调要“广联系，深思考”。他平易近人，对学生谆谆教诲，循循善诱。他重视实践，安排学生到气象台、测候所去参观和实习，并把它作为必修课。由于在西北科学考察时积累了丰富的野外工作经验，遇到教学仪器缺乏时，他善于教导学生用“土法”观测。他指导学生做论文时，常亲自带领他们去找资料，向他们讲解怎样查阅和引证文献，并对论文初稿逐字逐句地斟酌。在教学任务极其繁重的情况下，他还与袁复礼、赵九章、张席禔等教授一起讨论地学方面的科研规划问题，先后完成了《几个地学问题的研究》《气压年变型》等论文。

1946 年夏清华大学迁回北平，并成立了气象学系，李宪之任该系教授、系主任。他除了承担繁重的教学任务外，还要统筹气象学系的全局工作，首先要抓教师队伍的建设，克服当时师资力量不足的困难。他安排三位讲师、助教相继出国深造，每年在优秀毕业生中选留新助教，为的是气象学系师资队伍的长远建设。其次是设法改善系里的教学条件，增加仪器设备和图书资料。他建立了气象观测、天气学和气象仪器三个实验室。为便于理论联系实际，在他的努力下，当局恢复了清华大学气象台的观测工作，学生可利用它制作天气图，发布华北地区的天气预报。

李宪之洁身自好，安贫乐业，不计个人名利，又富有正义感。新中国成立前夕，清华大学气象学系的工友张文治被怀疑是中共地下党员而被捕，李先生面对白色恐怖，不顾自身安危，多次到国民党特刑庭要求保释张文治，并到监狱探监。当时，他已准备好去瑞士作科研访问，为了做好营救工作，他一再延迟行期。直至北平解放，张文治出狱，可李先生的出国行期也被取消。为了迎接北平的解放，他积极参加了清华大学师生的护校工作。1948 年 12 月 13 日晚，国民党军队强行冲入清华园，一个炮兵营长来到学校气象台，要求在其顶上架设大炮，准备轰击解放军，负隅顽抗。李宪之挺身而出，以无畏的气概拒绝炮兵营长的要求，并严肃指出：“教育重地，决不可作军事设施来架大炮；气象台有许多贵重仪器，决不能被战争破坏。”炮兵营长纠缠了很长时间，最后见李宪之态度坚决，便无奈地走了。李宪之还不放心，就与两位年轻教师一起守卫气象台到深夜。两天后，中国人民解放军进驻海淀，清华园解放。

新中国成立后，李宪之更加积极地工作，使清华大学气象学系不断发展壮大。1950 年，他聘请刚获美国博士学位的谢义炳到系任教；为了使教学、科研与气象服务工作紧密结合，他邀请联合天气分析预报中心主任顾震潮、中央气象局局长涂长望到系内兼课。1952 年全国高等学校院系调整，清华大学气象学系撤销，在北京大学物理学系建立气象专业。当年，为适应国家建设之急需，北京大学气象专业招收新生 100 名，是以往清华大学气象学系招生数量的 10 倍，其中 50 人读四年制本科，50 人读两年制专修科。承担这么艰巨的任务，全赖李宪之在清华大学气象学系奠定的坚实基础。当时他还不满 50 岁，可为了让年轻人成长起来，他决定退居二线，并推荐年轻有为的谢义炳担任物理学系副系主任兼气象专业主任，自己担任大气物理教研室主任，并讲授气象学、气候学等课程。

早在西南联合大学期间，学生就把李宪之教授比作“慈母”。因为他对自己的学子和系里的工作人员无不宽厚慈蔼，关怀备至，对患病或有困难的同志更是体贴入微，亲自到宿舍或医院去探望。李宪之奖掖后进，诲人不倦，对登门求教的学者、教师总是耐心指点。他鼓励同事和学生：“只要锲而不舍，一定会有成就。”他把教研室各位成员的科研方向记在心上，去北京图书馆时，看到与哪位同志的科研项目有关的最新资料，回校后立即告知。他帮助学习外文有困难的同志翻译德文、英文资料，还负责难点释疑。他的关怀如春风雨露，滋润满园桃李。他既为业师，又为人师，用丰富的知识教书，更以完善的人格育人。他培养出众多杰出的气象科学家、教授、高级工程师，从 1940 年毕业的叶笃正、谢义炳起，毕业生中有中科院院士（学部委员）10 余人、工程院院士 2 人。所以，气象学界公认他是我国近代高等气象教育事业的开拓者和奠基人之一，尊称他是

“一代气象宗师”。

1986 年 9 月 6 日，北大举行了“李宪之教授执教五十周年庆祝会”，当他在人们的搀扶下走上讲台时，到会人员全体起立，长时间热烈鼓掌，达数分钟之久。师生们踊跃发言，不但赞扬李先生钻研科学的精神、认真教学的态度，还赞扬他关心、爱护学生的高贵品质。

四、潜心研究奋斗不息

李宪之治学严谨，分析精辟，思维纵横驰骋，博大精深，常有独到的见解。1952 年全国高校院系调整后，他得以抽出较多时间进行地学类多领域的科学研究工作。他的第一本专著《季节与气候》于 1957 年由科学出版社出版。在早期台风研究的基础上，1956 年他在《气象学报》发表《台风生成的综合学说》一文；又经多年潜心研究，第二本专著《论台风》于 1983 年由气象出版社出版。他的家乡河北省赵县在历史上有许多抵御洪水的故事，所以治理洪水成了他幼年时的一个志向。1954 年我国长江流域发生了罕见的大洪水，1963 年华北又发生了特大洪涝灾害，于是他把精力集中到降水问题的研究上。他利用探空资料作了大量的剖面图，分析来自我国东南方向及西南方向低纬度地区的天气系统，综合了来自世界各地的资料与信息，完成了专著《降水问题》，1987 年由海洋出版社出版。该书中提出了“宏观系统”的概念。所谓“宏观系统”，又可称为“宏观天气系统”或“宏观气流系统”，它是指气流自“冬半球”出发后，穿过赤道，到达另一半球（“夏半球”），沿途产生一系列重大的天气系统与灾害。他分别给出了从南、北两个半球出发的冷空气活动的八条主要路径。他认为这些“宏观气流系统”的强、弱以及它们移动路径的不同，造成我国不同地区出现洪涝或干旱及其他自然灾害。20 世纪 70 年代中期，李宪之从卫星云图和环球暴雨区连续几个月的变化中，发现一种从未被人发现过的南、北半球间的宏观气流系统——呈 S 型的宏观云带。这个发现在他后来的文章中常被深入论及，并用来说明多种灾害现象，如他发表论文用它分析 1991 年我国严重洪涝灾害的主要成因，又撰文用它分析 1993 年美国特大暴雨的成因。他认为，这种宏观气流系统能把全球范围内许多重大灾害现象有序地、有机地联系起来；进一步搞清楚这种宏观现象，对于短期天气预报会起很大的推动作用。

李宪之的学术研究视野很广，他关心地学类的许多问题，如 20 世纪 50 年代发表的《大陆起源和地球面貌发展的综合假说》，70 年代完成的《关于地球磁场起源问题》、《龙卷风发生问题》，80 年代完成的《试论“板块构造学说”与地震主要原因》等。他对天文学中的某些问题也有独到的见解，如把极光结构同大气运动相对照，综合分析近百年来国际上极光研究中的分歧，提出上、下层离子流相结合而形成极光的理论，并用六个方面的实际资料来证实这一理论。他从台风结构与星系结构的相似性出发，用内旋与等角速度解释了天文学上一直未解决的难题——棒旋星系的成因问题。他的预测，有的已得到事实的证实，有的由于没有资料而尚难证实。但他对宏观天气系统动力作用的认识，对天、地、气统一规律的认识，拓宽了科学研究的视野，给后学者以深刻的启迪。他对不同地区的暴雨、地震、火山等很多地球科学方面的灾害现象，也提出了不少新观点。

李宪之教授勤奋终身，虽年逾古稀还常去校、系的图书馆，甚至乘公共汽车到北京图书馆查阅最新资料。直到96岁高龄，他自知重病在身，仍笔耕不辍，完成学术论文《1998年夏季长江流域大范围持续性强烈降水发生与发展的机理》。他对学术成果持“勤研究，慎发表”的态度，他的许多论文在《寒潮 台风 灾害——庆贺李宪之教授九十五华诞文集》（2001）中才面世。

2001年3月21日，李宪之教授走完了他的人生旅程。4月28日，北京大学、中国气象学会、九三学社北京市委员会联合在北京大学图书馆会议厅隆重举行李宪之教授追思会。《李宪之教授纪念文集》于2004年8月出版，其中刊登了李教授13篇未发表过的学术论文及1篇2001年初草拟的写作提纲，27篇未发表的散文、诗歌及杂感，以及追思会上各方面人士的发言、少量的纪念文章等。

李宪之简历：

1904年9月26日　出生于河北省赵县南解瞳。

1924年　考入北京大学理预科。

1926年　升入北京大学物理学系。

1927—1930年　参加中国西北科学考察团，在内蒙古、青海、新疆等地进行气象和水文观测。

1930—1934年　赴德国柏林大学深造，获哲学博士学位。

1934—1936年　在柏林大学作博士后研究工作。

1936年　任清华大学地学系专任讲师。

1937年　任清华大学地学系教授。

1937年8月　任长沙临时大学地质地理气象学系教授。

1938—1946年　任西南联合大学地质地理气象学系教授。

1946—1952年　任清华大学气象学系教授、系主任。

1952—1958年　任北京大学物理学系教授、大气物理教研室主任。

1956年　加入九三学社。

1958—2001年　任北京大学地球物理学系教授。

2001年3月21日　病逝于北京。

李宪之主要著作：

（1）Bemerkungen uber den EinfluB der Wuste Taklamakan auf die witterung in Tjarchlik. *Meteorologischen Zeitschrift*, 1934.

（2）《东亚寒潮侵袭的研究》，科学出版社，1955年版。

（3）Die Typen Ostasiatischer Kaltewellen. *Gerlands Beitrage zur Geophysik*,1936。

（4）Uber Analogien zwischen atmospharischer und ozeanischer Zirkulation. *Gerlands Beitrage zur Geophysik*, 1936.

（5）*Untersuchungen Uber Taifune*, Veroffentlichungen des meteorologischen Instituts der Universitat Berlin, 1936.

（6）《台风的研究》，科学出版社，1955年版。

（7）《气压年变型》，《地学集刊》，1943 年。

（8）*On the solution of some geographical and geological problems*, The science reports series C Vol l, No. 2 of the National University of TsingHua,1949.

（9）《现阶段的中国气象教育工作和将来的展望》，《气象学报》，1951 年。

（10）《台风生成的综合学说》，《气象学报》，1956 年。

（11）《大陆起源和地球面貌发展的综合假说》，《北京大学学报》（自然科学版），1956 年。

（12）《季节与气候》，科学出版社，1957 年版。

（13）《论台风》，气象出版社, 1983 年版。

（14）《降水问题》，海洋出版社，1987 年版。

（15）《关于气候变化和环境恶化的两个问题》，《气候变化与环境问题全国学术讨论会论文汇编》（二十二），1991 年。

（16）《1991 年中国严重洪涝灾害主要成因》，《灾害学》，1993 年。

（17）《1993 年美国特大暴雨成因问题》，《北京大学学报》（自然科学版），1997 年。

参 考 文 献

[1] 中国科学技术协会. 中国科学技术专家传略, 理学编地学卷(3). 北京: 中国科学技术出版社, 2004 年版.

[2] 钱理群、严瑞芳. 我的父辈与北京大学. 北京: 北京大学出版社, 2006 年版.

[3] 沈克琦、赵凯华. 北大物理九十年(修订版). 北京: 北京大学出版社, 2003 年版.

[4] 杨遵仪. 桃李满天下——纪念袁复礼教授百年诞辰. 北京: 中国地质大学出版社, 1993 年版.

高振西教授在北京大学[①]

于 洸

高振西教授是我国地质学界的前辈，著名的地质地层学家。大家熟知他对我国北方晚前寒武纪地层研究作出的杰出贡献，在区域地质矿产调查方面也多有建树，他是我国地质博物馆事业和地质科普事业的一位开拓者。他倡导进行地质学史的研究，中国地质学会地质学史研究会于 1980 年成立时，他当选为第一届名誉会长。高先生出生于河南荥阳，1931 年毕业于北京大学地质学系，留校任教至 1937 年。本文谨概略记叙高先生在北京大学求学、执教的情形及对北大地质学系的建设和发展所作的贡献，以表达对高振西教授的尊敬和怀念。

一

高振西先生 1925 年考入北京大学理学院预科，两年后入地质学系学习，1931 年毕业。同期毕业的有胡伯素、潘钟祥、李贤诚共 4 人。当时，北大地质学系主任先后为王绍瀛教授（1927-1928）及王烈教授（1928-1931）。王烈教授讲地质学、矿物学，岩石学、高等岩石学等；孙云铸教授讲古生物学、世界地质，葛利普教授讲地史学、高等古生物学、高等地层学；何杰教授讲经济地质学；刘季辰先生讲地质测量及构造地质；翁文灏先生讲中国地质构造；杨钟健先生讲脊椎动物化石；赵亚曾先生讲中国标准化石；王绍瀛教授讲采矿大意、采矿工程学、试金术。师资阵容强大，学习风气很好，在这样的环境下，学生学习努力，并注重研究。高振西先生在学习期间就发表了三篇文章。

第一篇文章是《Sinian 之意义在中国地质学上之变迁》，发表于《国立北京大学地质学会会刊》第 4 期（1930 年），该文作于 1929 年，当时他还是三年级学生。他在阅读地质书籍时发现，外国学者在中国调查地质时，“Sinian”一词，自创始起，六十年间，其含义几经变迁，“同一字也，各有所指，迥不相同”，给初学者带来很多不便。因此，他将朋派莱（R. Pumpelly）、李希霍芬（F. V. Richthofen.）、威里斯（B. Willis）、勃来克威尔得（Blackwelder）及葛利普（A. W. Grabau）等不同学者所用的“Sinian”一词的含义，作了系统的整理与分析，区分异同，并发表了自己的见解。这篇文章虽然是一份读书报告，但是可以反映出这位青年学子热爱祖国、热爱科学的精神、实事求是的学风，以及综合对比分析的能力。文中不少段落被我国尔后的“地史学”等教科书所引用。潘江教授认为该文“也是中国地质学界关于早期地质学史方面的著述”。

第二篇文章是《地层内之结核》，发表于《国立北京大学地质学会会刊》第 5 期（1931

① 载于《地球》杂志 1994 年第 6 期，中国地质学会科普委员会、中国地质博物馆主办，地质出版社

年）上。这也是一篇读书报告，他“查阅有关此问题之书报杂志十有数种”，透过这篇文章，我认为有两点应该特别提及：一是高先生做学问的态度。当时他虽然还是四年级学生，但他不放过一些貌似细小的地质现象，孜孜以求。地层内之结核，似乎没有什么重大意义，但高先生认为“若细考之，则此等结核之化学成分，内部构造，以及生产状态等均各不相同，显然有不同之成因，可分类别；而其与围岩之性质及分布之情形，亦有一定的关系，可资探者，亦地质上之一重要且有趣味之问题也，岂可轻而忽之。”二是文章本身的学术价值。该文对结核的定义、形状及大小、内部构造、化学成分、生产状态、生长情形、结核之岩石、成因、分类、地质上之分布等均有详细之说明。许多见解为后学者所沿用。六十多年前，我国地质工作尚处于初创阶段。王英华教授认为“作者所倡导的根据结核体的成分和成因，分为硅、铁、灰质等类结核，并进而分为原生结核和后生结核等论点，迄今仍具有实用价值。这在学科发展史上，也是难能可贵的。”

第三篇是与潘钟祥合写的《江南地质旅行记略》，载于《北大学生》月刊1931年五、六期合刊。当年四、五月份，北大地质学系三、四年级学生13人，在孙云铸教授带领下，在南京、镇江及山东泰山一带作地质旅行，这次旅行的缘由是“中国地质，以秦岭山脉为界，南北殊异，而以古生代为尤”，“对南方地质之研究，尚未若北方之详尽也，问题尚多，悬案累累。亦正地质学用武之地也。”这次野外工作，除了解该区地质特征，采集了5箱化石标本，记述了该区“地层系统”，“地质构造”，论述了“江南海陆消长略史”外，还有两点重要收获。一是在南京汤水镇西之青龙山，疑为晚二叠纪或早三叠纪地层的薄层灰岩的页岩夹层中，采集到菊石类化石，详细鉴定后可以确定时代；二是该地志留纪上部之砂岩及石英岩，由于过去未见化石，丁文江先生意为泥盆纪，葛利普教授认为如为连续沉积，亦有晚志留纪之可能。这次他们着力找寻化石，终于发现了原始的植物化石，虽待详细鉴定，但他们认为“已可确定属泥盆纪了”，“数十年来未决之问题，于此决矣。”这正是他们“对未决之问题，亦须努力考求，以图贡献”的丰硕成果。

20世纪30年代，北平研究院设有地质矿产研究奖金。1930年3月成立了审查委员会，请求奖金的论文，于每年10月底截止，翌年2月颁奖。高振西先生1932年曾获此项奖金。

高先生在学习期间还参加了许多学生活动。例如，1927年他就是北大国语演说会的演说员。那时，常举行演说辩论会，1930年11月28日第24次演说辩论会上，高振西演说的是《青年修养之标准谈》。他是北大地质学会的会员，1929年北大31周年校庆期间，学会筹办了地质展览会，高振西协助教师展览本系师生的著作及采矿选矿模型。次年校庆期间高振西负责整理学会图书，并与潘钟祥一起协助孙云铸教授筹备地质陈列馆。高先生后来致力于地质博物馆事业，当与此不无关系。

二

高先生1931年北大地质学系毕业后，留校任教，直至1937年。这段时间，在北大地质学系的历史上是一个重要的阶段，是一个发展较快的时期。1931年中华教育文化基金董事会与北京大学合作，双方各提20万元，成立合作研究特款，一部分设立研究讲座，另一部分为图书、仪器、设备之用。用这笔基金，北京大学设立了研究教授（Research Professor）一职。1931 年起，李四光先生从中央研究院回北大任研究教授；同年，丁文江先生也应聘来校任研究教授。李先生讲岩石学、构造地质学，高等岩石学，地壳构造等课程。丁先生讲地质学、地质测量、中国矿业等课程。高先生是丁文江先生的助教，协助做上课的准备。辅导答疑等，助力颇多。高先生还根据系里的安排，经常带同学野外实习和执行野外考察任务。例如，1936 年，高先生协助王烈教授，带一年级学生 25 人赴南口、门头沟、三家店、香山、长辛店等处实习。这一年还与北大谢家荣教授、清华张席禔教授一起，赴青龙桥、妙峰山、清水、斋堂、百花山、大安山等处，复勘地质，以便编印西山地质新志。1937 年高先生应地质调查所矿产测勘室之邀，与王植先生同赴广西桂平、武鸣、武定等地调查锰矿及金矿。

李四光教授 1931—1936 年任地质学系主任。高振西先生曾告诉我，丁先生提议上述基金，除聘请研究教授外，分到系里的设备费，可暂时不用于购置设备，积累三年有四万多元，再想点别的办法集资，盖一幢楼。李先生采纳了此建议，并请梁思成先生设计。1935 年在沙滩嵩公府夹道，落成了一座三层楼的地质馆。一个系单独有一幢教学楼，这在北大当时是没有先例的。李先生因在中央研究院还有工作，系里包括建楼在内的各种事务，高先生协助操持不少。地质馆建成以后，原有的地质陈列室、扩充为地质陈列馆，高先生为此付出了不少精力和时间。应该说，北大地质馆的建成和地质陈列馆的扩充，高先生是作出了贡献的。

如前所说，高先生在学生时代就初露才华。留校任教以后，一面从事教学工作，一面进行科学研究。1931 年，他同当时四年级学生熊永先、高平，赴河北蓟县（今属天津市）、兴隆县进行地质调查，发现并研究了该地区的震旦系剖面，结合其他地区的资料，写成《中国北方震旦纪地层的初步研究》一文，1934 年以英文发表于《中国地质学会志》第 13 卷。该文以大量的实际资料，对蓟县、兴隆及我国北方震旦系剖面作了详细的描述和对比，并作出总结和分类，还附有震旦系划分表。这篇文章是高先生早年的成名之作，虽然发表在三十年代，距今已超过半个世纪，但其岩石地层序列仍被广泛应用。正如黄汲清教授所述“这一研究成果，经过长时间的考验，被证明是一个划时代的、有国际影响的基础研究性质的重大贡献。尽管后来对震旦系的命名和归属有所变化，但高先生等奠定的蓟县剖面岩石地层单位的基本格局，则为中外地质学家所认同。1984 年经国务院批准，蓟县剖面被列为我国第一个国家级地质自然保护区，这是值得永远纪念的。”

另一篇文章是《喀斯特地形论略》，发表于 1936 年《地质论评》第 7 卷第 4 期。丁文江先生费几年时间调查西南地质时，对喀斯特地形亦有所观察，虽未著专文，但平日教课及零星散记之中，亦有所述及，且常以此问题之研究责勉诸后学。为此，高先生写了这篇文章，作为对老师的纪念。该文概述了喀斯特地形的一般特征，并对其成因作了分析，对我国典型的喀斯特地区（滇、黔、桂三省区）及华北燕山、太行山等部分地区的地貌景观作了概略的论述。在这类地形的成因上，作者注重气候及新构造运动的影响，他指出“气候湿润及雨量较大诸条件为之功成也”，“真正之喀斯特地形，每为上升之高原”。此外，作者还进行“喀斯特地形与人生”的讨论，涉及环境地质、生态平衡等问题。袁道先教授认为“这篇论文提出了岩溶发育的成因、条件、区域分布规律及生态环境问题，用现代岩溶学的观点来衡量，十分精辟而具有指导意义，为重要的历史性文献。”

在北大任教期间，高先生还积极参加了中国地质学会的活动和工作。学会第九届年会于 1932 年 10 月在北京地质调查所举行，会议期间组织了地质旅行，10 月 8 日第二组 23 人由高振西先生领导赴南口居庸关。1936 年度，第十届理事会期间，高先生任《中国地质学会志》助理编辑。

三

1937 年暑假以后，高振西先生到中央地质调查所任职。此后，虽不在北大工作了，但对北大地质学系，及系里的老师仍非常关心。兹举数例。

葛利普教授是高先生的老师。1937 年全面抗日战争爆发后，北大南迁。葛氏因身体状况不能南行。日本侵略者占领北平后，他拒绝任教，闭门著书。太平洋战争爆发后，被日本侵略者关进集中营，身心遭到极大摧残。1945 年日寇投降后，他的学生高振西等把他从集中营接出来，他第一句话就是问“你是我的学生吗？”可见师生情深。1946 年葛利普教授逝世，根据他生前的愿望，北大教授会通过决议，在沙滩地质馆前修墓立碑，高振西先生在这一过程中做了不少工作。

王烈教授是北大地质学系的一位老教授，他 1909 年入系学习，后在北大任教，除留学德国外，未离开过北大，1957 年病故。高先生作为他的学生，写了一篇《王烈（霖之）先生小传》发表于《地质论评》第 17 卷 2 期，以纪念王老先生。文章称赞王烈教授热爱祖国、热爱教育事业的高尚品德，写道“在先生 70 年的生活中，教书达 45 年之久。可谓毕生献身于地质教育事业，鞠躬尽瘁，中外能有几人？现在中国的地质工作者，大多数都是先生的学生或是他学生的学生”。“确有人以‘教育界清苦’劝他改行，他丝毫不为所动，宁愿多劳动维持生活，不肯离开教育岗位”，1937 年日本帝国主义侵入北平，北大南迁，“先生以衰老之年，离别了家庭，从日本宪兵的刺刀下逃出北平，先到长沙，后至昆明，在祖国的后方为培养地质青年而努力，决不与敌伪同流。爱国热诚，民族气节，闻者感佩。沦陷在北平的教育界知识分子，在先生的感召之下相率走向大后方的，大有人在”。作者还以“老成凋谢，哀悼同深，桃李满门，万古长春”的诗句表示悼念，尊敬师长之情溢于言表。

1982 年为研究北大地质学系的历史，我曾访问高振西先生，他在地质博物馆他的办公室热情接待了我，从地质学系的创立、沿革，到早期的教师、教学、科研等情况，向我作了系统的介绍。一次没有谈完，又谈了一次，使我对系的历史、建设过程的艰辛有了更具体的了解。在几个小时的长谈中，高先生滔滔不绝，但从没有提到他自己对系的建设所做的工作，这种虚怀若谷的精神，也是值得我们晚辈学习的。

高振西先生在北京大学度过了十二个春秋，从求学到从教，当他还是一名青年学生和青年教师时，在地质学的研究上就作出了突出的成就，对我国的地质事业作出了有价值的贡献，成为我国地层学学科发展史上的一位著名学者，他是北大地质学系的一位优秀的毕业生，一位优秀的教师。

1991 年 12 月 9 日尊敬的高老师与世长辞，北大地质学系的教师无限悲痛，写了挽联敬送在高老灵前。挽联上写着：

地质工作六十年，蓟县剖面建功勋。
北大教学栽桃李，辛苦耕耘育新人。
学史研究成绩著，地质博物建奇功。
暮年壮志犹未已，德高望重传神州。

一位开拓创新的科学家

——著名气象学家、地球物理学家、空间物理学家赵九章教授[①]

于　洸

赵九章，著名气象学家、地球物理学家、空间物理学家。我国动力气象学的创始人，我国现代气象学的奠基人之一，我国宇航事业的开创奠基人之一。他毕生致力于大气科学、地球科学和空间科学的研究和教育，在相关领域取得重要成果，推动了我国动力气象、大气环境、数值天气预报、空间科学技术、大气物理、高空大气物理和海洋物理等多学科的发展。培养了一大批科研人才、专业技术人才，其中不少人是中外知名的学者。

赵九章，又名诚斋，1907 年 10 月 15 日生于河南开封，祖籍浙江吴兴（今湖州）。幼时家庭经济困难，生活日艰，他常以“天行健，君子以自强不息”自勉，发奋读书；15 岁时到商店当学徒，但繁重的学徒生活并没有束缚住他的志向，1922 年以优异成绩考入河南留学欧美预备学校。他在青少年时代就向往真理，在中学读书时，便满腔热情地投入五卅运动。1925 年，他考入浙江工业专科学校（浙江大学工学院前身）电机系学习，学习期间加入了中国共产主义青年团，积极参加革命活动。1927 年大革命失败后，赵九章被捕入狱，在敌人威胁利诱下，他没有改变自己的信念，最后由于病重，身体不支，被保外就医。

1929 年，赵九章考入清华大学物理学系，依靠姑母和吴岫霞女士（即他后来的妻子）资助才上得起学。在叶企孙和吴有训两位教授的培育下，他努力学习，奠定了扎实的数学、物理学基础，得到科学实验能力的锻炼。1933 年，赵九章毕业留校任物理学系助教；次年 10 月，考取庚款公费留学。出国前，在竺可桢先生的指导下，他到中央研究院气象研究所做气象实习和初步研究工作。

1935 年 7 月，赵九章赴德国柏林大学，在 H. Von Ficker 和 A. Defent 教授的指导下，研究动力气象学、高空气象学和动力海洋学。1938 年获博士学位后，返回祖国，先后任清华大学地学系教授、西南联合大学地质地理气象学系教授、清华大学航空研究所高空气象台台长。在抗日战争时期，他一家四口人住在昆明一间半既旧又破的民舍内，生活十分艰苦，所得工资只能糊口。即使如此，他仍努力工作，以期为祖国的气象事业做出贡献。1941 年，他兼任中央研究院气象研究所（在今重庆北碚）研究员；1944 年，经竺可桢推荐，任气象研究所代理所长，同时担任中央大学理学院气象系教授；1945 年赴美国讲学。1946 年，气象研究所迁回南京。1947 年 1 月，赵九章就任气象研究所所长。他

---

① 载于“西南联大名师”丛书之《地球奥秘的探索者》，云南出版集团公司云南教育出版社，2012 年 5 月第 1 版

多方延聘人才，开展工作。1948 年，惶惶不可终日的国民党当局下令将中央研究院各研究所先迁至上海，准备迁往台湾。赵九章坚定地表示："只要有我在，气象研究所就搬不动。"他冒着生命危险，团结全所同事，拒绝迁往台湾，并将一批优秀的气象学家和十分珍贵的气象资料、气象器材保留下来，迎接新中国的诞生。

新中国成立后，赵九章担任中国科学院地球物理研究所所长，他怀着十分激动的心情，将全部心血倾注到科学研究事业上。他强调，要将科学研究与国民经济建设及国防建设相结合。新中国成立之初，全国只有 72 个设备极不齐全的气象站，赵九章考虑到气象台站必须在全国大发展，就亲自动手制作仪器，然后把技术和设备完整地移交给中国人民解放军军委气象局。他还主动关注军事气象的保障和服务工作。在国外气象资料被严密封锁的情况下，他设想用近海海浪的性质和变化来预告台风的位置和强度，于是着手进行海洋学和海洋动力学的研究，开拓了海浪观测与预报等新领域。他胸怀全局，在他的建议下，由地球物理研究所与军委气象局合作，建立了"联合天气分析与预报中心"、"联合气象资料中心"，从而使我国天气分析预报和气象资料服务工作得到迅速发展，并在抗美援朝和收复沿海岛屿，经济建设及防灾、抗灾中做出了很大贡献。

赵九章是我国宇航事业的开创奠基人之一。1957 年 10 月苏联第一颗人造卫星上天之后，他便建议我国也应考虑研制卫星的规划设想。在中央的直接领导下，他带领科技队伍为我国人造卫星做了大量预研和基础工作。1966 年 1 月，中国科学院卫星设计院成立，他担任院长。

1958—1966 年，赵九章亲自创建研究组，开展空间物理学科领域的开拓性工作，开创了我国磁暴、磁层、辐射带太阳风等课题的研究。1966 年 1 月，中国科学院应用地球物理研究所成立，他兼任所长。

由于赵九章有坚实的理论基础、不断创新的开拓精神，他先后创建了我国动力气象、大气环流、数值天气预报、大气物理、高空大气物理、空间科学技术、海洋物理等分支学科。他的学术成果推动了这些学科向纵深发展，为我国现代科学事业做出了杰出贡献。

赵九章不仅是一位科学家，也是一位教育家。他先后在清华大学、西南联合大学、中央大学、中国科学技术大学任教，培养了一批在学术上颇有造诣的科技人才。

赵九章曾任中国地球物理学会理事长、中国气象学会理事长，第二届全国人大代表、第三届全国人大常委会委员，第二届全国政协委员、第三届全国政协常委。

一、我国现代气象学的奠基人之一

早在清华大学读书与工作时，赵九章就与气象科学结下了不解之缘。我国物理学的一代大师——叶企孙教授很早就看到气象学与物理学的紧密关系，他说："气象是国家非常重要的学科，世界上气象学发展很快，要有学物理的人去学气象。"1934 年，他决定让赵九章报考留美公费生，后赵九章改派去德国柏林大学专攻气象学。出国前，赵九章在中央研究院竺可桢先生的指导下，做气象实习和初步研究工作，写出《中国东部空气团之分析》一文，这是我国分析东亚气团的第一篇论文。赵九章就是这样在恩师的指引下，一步一步地向气象科学的殿堂迈进。

20 世纪 30 年代的欧洲是世界气象科学发展最快的地区。柏林大学在气象学研究方面非常有特色，学术气氛很浓。赵九章在国外导师的指导下，攻读动力气象学和高空气象学专业。1937 年，他发表了一篇著名的学术论文，题为《信风带主流之热力学》，将物理学与数学引入气象学，定量地讨论了热带高压至赤道途中信风主流得到的水汽和热量的多少，使气象科学从描述性、定性化进入定量化。这立即引起国际气象学界的重视。后来竺可桢评价这篇论文是“新中国成立以前理论气象研究方面最主要的收获”。赵九章是我国动力气象学的创始人之一。

1938 年 9 月，刚刚获得博士学位的赵九章离开了德国，他急于回到祖国贡献自己的力量。当时，清华大学已内迁到昆明，与北京大学、南开大学联合组成西南联合大学，他任该校地质地理气象学系教授，先后开设理论气象学、航空气象学、高空气象学、大气物理学、海洋学等课程，编写了我国第一部《动力气象学》教学讲义。当时在这里学气象学的叶笃正、谢义炳、顾震潮等人，后来都成为我国著名的气象学家。

随着抗日战争的发展，中央研究院气象研究所也内迁到重庆的北碚，所长竺可桢需要在贵州遵义主持浙江大学的校务，便力推赵九章来主持气象研究所的工作。1941 年 1 月，赵九章担任气象研究所代理所长。他不得不离开心爱的教学岗位，来到北碚。当时，气象研究所的条件非常简陋，人才奇缺。赵九章一方面对外广招人才，一方面对内加强年轻人的培养，严格管理。在短短 9 个多月的时间，该所的工作就取得很大进展。竺可桢在日记中写道：“赵九章到所十月，做事极精明，余喜托付得人……故赵代所长主持，将来希望自无量。”在此期间，赵九章发表了《非恒态吹流之理论》等论文。1946 年，气象研究所回迁南京北极阁；1947 年 1 月，赵九章就任所长。他多方延聘人才，集中了一批地震、地磁方面的研究专家，进行了关于东亚气团、锋面、天气系统、东亚大气环境等方面的研究。1948 年，国民党当局下令将中央研究院各所迁往台湾，赵九章团结全所同事，坚决抵制去台湾，以迎接新中国的到来。

赵九章对新鲜事物十分敏锐，在研究工作中始终密切关注世界气象科学发展的动态。20 世纪 30 年代，瑞典科学家罗斯贝等揭示大气长波的存在是世界气象科学发展史上的一项重大事件，但他不能解释大气长波何以能够发展。赵九章首先从理论上推导得到大气长波的临界波长，指出由于水平温度梯度的存在，当大气长波的波长大于临界波长时，其波动是不稳定的，即大气长波得到了发展。他的这一研究成果，使大气长波理论在罗斯贝理论的基础上前进了一步，受到国际气象学界的重视。

赵九章是中国气象学界，也是世界气象学界最早把数学、物理学的方法、概念、手段引进气象科学的人，推进了气象科学的定量化研究。1943 年，他发表的《讨论摩擦层中风随高度变化的规律》一文，也是用数学物理方程方法进行研究的。他还引导他的学生和后辈们沿着这个方向发展。

20 世纪 50 年代，新中国的气象事业需要大量人才。赵九章把自己对新中国的认知和亲身感受写信介绍给在国外留学的朋友、学生，动员他们回国。在他的召唤下，叶笃正、谢义炳、朱和周、顾震潮等一大批气象学者先后回国，一时间地球物理研究所人才济济。

理论联系实际，学以致用，是赵九章一贯倡导和遵循的原则。1937 年，他在《现代气象学研究与天气预报》一文中写道："理论气象学的最后目的，不外利用物理之定理，以现在观测所得气象要素之分布为出发点，推测未来此种要素之变化，因而预报短时期或长时期之天气。"1950 年 10 月，抗美援朝战争对气象服务的要求迫在眉睫。赵九章主动给军委气象局局长涂长望写信，建议成立"联合天气分析预报中心"和"联合气象资料中心"。他还派出所内 80%的专家到这两个中心工作，使这两个机构可以与发达国家的气象台相媲美。当年赵九章这种以国家利益为重的风范，一直为气象学界所称颂。

大规模经济建设的开展，对新中国气象工作者提出了更高、更紧迫的要求，赵九章不失时机地提出在我国开展动力气象、数值天气预报、云雾物理、人工影响天气、中小尺度观测试验分析和臭氧观测等科学研究课题，使我国的数值天气预报工作迅速接近国际水平。在他的指导和参与下，我国自主分析的第一张北半球天气图得以诞生。为了发展我国的气象站，赵九章主持研制成了水银气压表、浮杆目测仪、测波望远镜、海浪波谱分析仪等设备，组织领导了黄山、泰山云雾观测站的建设，开辟了我国云雾物理和人工影响天气研究的新领域。

20 世纪 50 年代初，国际上开始采用计算机进行数值天气预报，可我国当时还很少有计算机。赵九章预见到我国的天气预报也必将走这条客观、定量化的道路，便全力支持顾震潮等人进行这项研究，举办训练班，开展计算机技术应用于数值天气预报的前期准备工作。在赵九章的努力下，地球物理研究所及时引进和开发新技术，使遥感、遥测与计算机技术逐渐成为支撑我国大气科学迅猛发展的两大支柱。

1956 年，国务院成立十人领导小组，研究和制订 1956—1967 年我国科学技术发展远景规划纲要。赵九章任气象组组长，他与专家们一起，为制订十二年气象科学技术发展规划纲要做出了重要贡献。

二、开创我国海浪研究的先河

海洋中有本海区大风形成的海浪，有远海区台风产生的巨浪传播到本海区的涌浪，有海底强烈地震引发的海啸构成的津浪。不同波高和波长的大型海浪，可能掀翻或折断船舰，冲毁海岸设施，对渔业捕捞、航海、海上勘探作业、海上和登陆作战、海港和防波堤建设等都有很大影响。为了适应国民经济和国防建设的需要，赵九章于 1952 年在中国科学院地球物理研究所组建了海浪组，与海军、民用部门合作，进行海浪和台风中心的预报研究，开辟了我国海洋研究的一个新领域。海浪组进行了以下两个方面的工作：

一是开展海浪预报研究。为了培训科技人员，赵九章花了很大精力，亲自讲授海浪和流体动力学等理论，以及风浪、涌浪、拍岸浪的预报原理，并具体指导研究工作：领导海浪自记仪的制作和建立标定实验室，与有关部门合作，成功研制海底波浪自记仪、波谱分析仪、岸用光学测波仪、表面波自记仪，开始研制海洋自动遥测漂浮站；与海军协商，在当时还是海防前线的青岛的一个小岛上，建立了海浪观测台，进行海底和海面的波浪观测，测量未受阻碍的由西太平洋台风引发并传到本海区的涌浪先头波；在舟山群岛朱家尖建立海浪观测台；在目测试验的基础上，编制出我国第一套海浪目测规范标准，利用多年目测数据，制订了适合我国广阔大陆架的海浪预报图表；研究了海浪生成、传播、预报理论，绘制了中国沿海的海浪折射图，统计、研究了海浪大小分布结构，提供了海浪和台风中心预报的基本条件等。至1958年，海浪组已获得多方面的研究成果，为日后的海洋环境预报打下了基础。

二是开展台风中心和移动路径的预报研究。新中国成立初期，国外对我国封锁有关海洋气象信息，影响我国台风预报的及时性和准确性。为了打破封锁，提高台风预报精度，根据当时美国、苏联海浪研究的最新进展，1953年海浪组与海军合作，选定青岛地区小麦岛海面宽阔的地方，在海底几十米深处安装海浪自记仪，测量涌浪的先头波。这种先头波比风暴产生的涌浪波幅低很多，是周期很大的长波，目测看不见，传播速度也比涌浪快两倍。用海浪自记仪观测的资料和波谱分析的结果，可在台风产生的涌浪到达海岸前的一昼夜的时间内预报出风暴中心。这既是海上台风预报新方法的研究，也是一种有重要意义的探索。

1956年，国务院研究和制订1956—1967年我国科学技术发展远景规划纲要时，赵九章还任海洋组组长，他组织海洋学家拟订了海洋科学规划及1956年和1957年同步观测计划。他还兼任同步观测组组长，对我国海洋科学发展和海洋普查起了先导作用。

三、我国宇航事业的奠基人之一

1957年10月4日，苏联第一颗人造卫星上天之后，竺可桢、赵九章、钱学森等纷纷发表讲话、写文章，阐述发射人造卫星的重要意义，建议我国也应考虑研制卫星的规划设想，并及早做些准备。中科院党组书记张劲夫将科学家的建议反映到中央。1958年5月17日。毛泽东主席在中共八大二次会议上说："我们也要搞人造卫星。"随之，主管科技的聂荣臻副总理责成张劲夫等进行研制人造卫星的规划设想安排。为此，1958年8月，中科院成立581组，组长为钱学森，副组长为赵九章、卫一清，负责实施我国的空间科学发展规划；下设技术组，由赵九章主持，成员包括陆元九、杨嘉墀、陈芳允、马大猷、贝时璋等十多位专家。1958年10月，赵九章率领中科院高空大气物理代表团去苏联考察访问。在当时中、苏关系的背景下，他们想参观的东西大部分没有看到。在考察总结报告中，代表团提出："我国发展人造卫星一定要走自力更生的道路，要由小到大，由低级到高级。"随后，赵九章带领科技队伍进行探空火箭探测及遥测、跟踪定位技术研究，开展卫星的探索和预研，研制环境模拟设备和建立实验室，为我国人造卫星做了大量预研和基础工作。

当赵九章了解到我国运载火箭研制已有一定基础、空间环境模拟实验室已初具规模、主要几项卫星预研课题已有较好的进展、空间科学研究也有了良好开端时，1958年12月23日，赵九章给周恩来总理写信，建议国家立项正式开展人造卫星研制工作，这一建议受到了重视。1965年，中央批准了中科院《关于发展我国人造卫星的工作规划》。1965年10月20日至11月30日，中科院受国防科委委托，召开了我国第一颗人造卫星方案论证会，赵九章作为科学技术的总体负责人，在会上作了主要的论证报告。会议集思广益，最后归结的目标是1970年我国正式发射卫星。要求是："上得去，抓得住，听得到，看得见。1966年1月，中科院成立卫星设计院，赵九章被任命为院长。他除了抓第一颗卫星的研制工作外，还注意到我国卫星型号发展的问题。1966 年 5 月，中科院召开卫星系列规划设想讨论会，赵九章在会上报告了我国卫星系列的规划设想。会议经过讨论，确认卫星系列的重点与排序是：测地、通信、气象、载人飞船、导航。

1968 年 1 月，赵九章、钱骥主持的我国第一颗卫星的初样星已经完成。1970 年 4 月 24 日，我国第一颗人造地球卫星——“东方红-1 号”发射成功。这是我国科技历史上的一件大事，是在党中央和国务院的领导下，十多年来先后参加卫星研制工作的全体人员的智慧、心血的结晶。遗憾的是，赵九章在“文化大革命”中惨遭迫害，于 1968 年 10 月含冤去世，未能见到卫星的成功发射，但他对我国宇航事业的贡献，人们是永远铭记的。1985 年，赵九章等人的研究成果获国家科学技术进步特等奖；1999 年 9 月，赵九章被追授“两弹一星”功勋奖章。

四、开拓我国空间物理和地球物理多分支学科研究

赵九章是我国空间物理和空间探测的开创者和奠基者之一，除上文提到人造地球卫星的研制工作外，1959 年他在中科院组建磁暴研究组，根据空间物理研究的特点，提出进行理论研究、地面观测、空间探测和模拟试验“四条腿”走路的方法。在国际上磁层物理和太阳风研究刚起步时，他提出磁暴研究组主要的研究方向是：磁暴分析和理论研究，地球辐射带研究，太阳风向磁层传输过程研究，模拟试验。在他的指导下，磁暴研究组取得一些重要的研究成果：磁暴期间辐射带变化的理论研究，磁暴期间捕获区变化的计算和模拟实验，太阳光粒子向磁层中传输和数值模拟等。1965 年，赵九章以“磁暴组”之名，在《中国科学》（英文版）发表了题为《磁暴期间辐射结构及其变化的理论研究与模拟试验》的文章，对上述成果作了概括。这标志着我国空间物理研究已有良好的开始，并取得了一些进展。

赵九章与地球物理研究所原副所长陈宗器先生一起，建立了一批先进的空间物理地面观测站，如上海和北京的地磁台，武汉和河北廊坊的电离层台，北京、广州和云南的宇宙线台等；组装了中高层大气观测设备，开始了臭氧、气辉、夜天光的观测；引进了当时比较先进的紫外光谱仪和红外光谱仪，开展了高层大气光学研究。这些工作，为我国空间物理地面观测奠定了基础。

赵九章认为，我国空间探测应分为两个步骤：第一步先开展火箭探空，研究高空物理；第二步开展卫星探测。在他的积极倡导和组织下，我国于 1959 年开始 T7 型火箭的研制工作，建立“601”火箭发射基地。从 1960 年至 1965 年，“601”火箭发射基地先后发射火箭 20 多次，取得 60 千米以下的气象数据，并进行了电离层、宇宙线和生物项目的试验，为我国气象火箭和探空火箭的发展奠定了很好的基础。1965 年，赵九章等人正式开始了我国第一颗人造地球卫星“东方红-1 号”的研制工作；同时，他积极组织“实践一号”卫星探测器的研制，包括宇宙线粒子、空间磁场、高空大气密度等方面的研究。

赵九章十分重视应用卫星的发展，20 世纪 60 年代初，他就倡议在我国发展气象卫星，并组织人力、物力对气象卫星进行全面调研，还主持成立红外实验室，为我国发展气象卫星起了推动作用。他主持制订了我国地球物理研究十年发展规划，发挥中科院地

球物理所的科研优势，积极同其他单位合作，开展了地磁、地震烈度、地震预报、地下核侦察、资源勘探等方面的研究，还进行了反导弹课题中的导弹飞行现象的研究。在他的指导下，进行了我国核爆炸试验的地震观测和弱冲击波传播规律的观测研究和气象预报服务，为我国核试验任务做出了贡献。

五、重才善教 教书育人

赵九章先后在清华大学、西南联合大学、中央大学、中国科学技术大学任教，无论是在这些高等院校里，还是在中科院研究所，他都非常关心青年学生、青年教师和科技人员的成长，循循善诱地培养人才，不拘一格地选拔人才。他的学生和他带领培养的科技人员，日后大多成了国内科研骨干和学术带头人，其中学部委员（院士）就有十几位。

赵九章有一个重要的教育理念：教育要为国家建设的迫切需要服务。1950 年，他就任中科院地球物理研究所所长，便殚精竭虑地与北京地质学院、北京大学等单位合作，培养国家急需的地球物理方面的人才。1953 年，他请傅承义研究员去北京地质学院筹建地球物理探矿教研室。他自己不仅给学生上课，还要负责培训教师。1956 年，地球物理研究所与北大商定，在北大物理系设立地球物理专业，聘请傅承义研究员为该专业的地球物理教研室主任。1958 年，中国科学技术大学成立，赵九章兼任该校应用地球物理系首任系主任和高空大气物理教研室主任。在与他人探讨地球物理学的生长点时，他说，中国科大注意到地球物理科学新的生命力，注意到这门科学在今后祖国社会主义建设中所起的作用。为了及早培养一批有高深的数理及新技术基础，并掌握现代高空物理与人工控制天气的发展情况以及本国在这些方面工作的研究骨干，特在校内设立应用地球物理系来开展这两方面的科研工作。

赵九章一直关注科学前沿，培养青年。叶笃正是他在西南联大时期的学生。20 世纪 30 年代，国际上刚出现一种新的天气分析方法——等熵分析。1939 年，赵九章就安排叶笃正作该方向的毕业论文。1959 年，他亲自主持了高空大气物理学学术讨论班，讲授气体分子运动论和稀薄气体动力学。1964 年，他提出，将各种类型的无线电波、声波和激光技术用到大气探测方面来，并亲自主持气象卫星探测理论与方法的学术讨论班，带领一批年轻人开展了对大气遥感理论的研究工作。至 1966 年，中科院地球物理研究所的激光探测大气要素的实验研究工作已接近当时的国际水平。从 20 世纪 40 年代至 60 年代，赵九章站在大气科学的前沿，及时抓住国家建设发展对气象科学提出的新问题和科学技术发展的新动向，开创科研新领域，培养了一批又一批人才，促进和加速了我国气象事业的发展。

赵九章十分重视研究生的培养。新中国成立后，我国建立起来的研究生制度，在 20 世纪 50 年代末期受到“左”的思潮的冲击，他顶住压力，把地球物理研究所的研究生培养工作坚持下来，让他们正式毕业。1960 年 10 月，《光明日报》头版头条介绍赵九章、叶笃正两位导师培养研究生的经验。1960 年底，赵九章给周恩来总理写信，建议恢复招收研究生的工作。1962—1963 年，赵九章给中科院副院长张劲夫等人写信，提出中国科技大学应成立研究生院，以加强研究生的培养工作，并对研究生的培养思路和方法提出中肯的建议。1964 年 5 月，中国科技大学在空间物理专业开始招收研究生，研究方向为磁暴及日地空间相关现象的理论研究。后来由于“文化大革命”的干扰，中国科大研究生院创办工作被迫中断，但赵九章前期开展的工作为该校在 1978 年创办中国第一个研究生院奠定了基础。

赵九章惜才、爱才，一生孜孜不倦地选拔和培养优秀人才。他嘱咐年轻教师要经常接近学生，尤其是优秀学生，更进一步了解这些学生的思维方法与解决问题的能力。他亲自阅读同学们的毕业论文，并对优秀论文进行细致地评审和修改。1951 年，中科院地球物理研究所招收了一批高中毕业生为实验员，赵九章以极大的热情培养他们，周秀骥就是其中的一位。在赵先生的安排下，周秀骥先后赴北大和苏联进修、深造，一步步成长起来，后来成为中科院院士。1962 年，王水从南京大学毕业，到中国科大应用地球物理系任助教。赵九章在自己原有教学讲义的基础上，组织编写《高空大气物理学》教材，要王水协助他参加高空大气结构部分的编写工作。王水在图书馆查阅资料，并将外文译成中文，赵先生帮他修改。王水在赵先生耳提面命之下成长起来，在空间科学方面取得了优异的成绩。

对赵九章的治学态度和学术思想，熟悉他的人是有口皆碑的。他在科研工作中坚持“三严”的作风，提倡学术面前人人平等，从不以学术权威自居；对自己不熟悉的学术领域，总是向名师请教。他钦佩那些学术上有独到见解的同仁，更赞赏那些在学术上能驳倒自己的学生。在他主持的学术讨论会上，总是鼓励年轻人大胆发表自己的学术见解，对正确的给予鼓励，对不正确的给予善意的引导。正是这样，他为祖国培养造就一大批优秀的科技人才。

1968 年 10 月 26 日，这位对中国大气科学、地球科学、空间科学做出杰出贡献的著名科学家与世长辞，享年 61 岁。为了纪念这位杰出科学家，1988 年 10 月，由中国科学院大气物理研究所、地球物理研究所、空间物理应用研究中心和国家地震局地球物理研究所共同倡议，设立了“赵九章优秀中青年科学奖”，以褒奖为科学事业做出突出贡献的中青年科研人员，实现赵九章未竟之宏愿，推动科研事业的发展和进步。自 1990 年以来，共有 70 多位优秀中青年科技人才获此殊荣。

2007 年 10 月 29 日，在北京友谊宾馆科学会堂举行了“赵九章百年诞辰纪念大会”，时任全国人大常委会副委员长、中科院院长路甬祥及王大珩、叶笃正等 40 多位院士到会并发表讲话。会议同时举行了“赵九章星”命名仪式。该小行星是 1982 年 2 月 23 日发现的，编号 7811 号，2007 年 6 月国际小行星中心和国际小行星命名委员会正式将它命名为“赵九章星”，以彰显赵先生的丰功伟绩。该行星介于火星与木星之间，永不止息地在太空运行着。中国科学院空间科学与应用研究中心吴季主任介绍了中国科学院“COS-PAR 赵九章奖”的有关情况，这是以中国科学家命名的第一个重要国际奖项，是为世界空间科学界所公认和推荐的。2007 年 10 月 16 日，由中国科学院、中国工程院、国家自然科学基金委员会主办的《科学时报》以纪念赵九章先生为专题，刊发两大版的纪念文章。

赵九章简历：

1907 年 10 月 15 日　出生于河南省开封市。

1925—1928 年　考入浙江工业专科学校电机系学习。

1929—1933 年　在清华大学物理学系学习，获学士学位。

1933—1934 年　任清华大学物理学系助教。

1934—1935 年　1934 年 10 月考取庚款公费留学。

1935—1938 年　在德国柏林大学攻读动力气象学、高空气象学和动力海洋学，获博士学位。

1938—1944 年　任清华大学地学系、西南联合大学地质地理气象学系教授，清华大学航空研究所研究员。

1941—1949 年　兼任中央研究院气象研究所研究员、代理所长、所长。

1950—1968 年　任中国科学院地球物理研究所研究员、所长。

1951 年　任中国气象学会常务理事。

1955 年　选聘为中国科学院学部委员（现称院士）。

1958 年　任地球物理学会理事长。

1959 年　任中国气象学会理事长。

1966 年 1 月　任中国科学院卫星设计院院长，兼任中国科学院应用地球物理研究所所长。

1968 年 10 月 26 日　在北京逝世。

赵九章主要著作：

（1）《中国东部空气团之分析》，《气象研究所集刊》，1935 年。

（2）《现代气象学之研究与天气预报》，《气象杂志》，1937 年。

（3）《非恒态吹流之理论》，《气象学报》，1944 年。

（4）《活动中心的形成与力管之关系》，《中国近代科学论著丛刊》，1947 年。

（5）《大气环流的稳定度》，《气象学报》，1949 年。

（6）《中纬度大气环流之稳定度》，《中国地球物理学报》，1951 年。

（7）《大气环流的统计研究》，《气象学报》，1949 年。

（8）《中国气象学研究的回顾与前瞻》，《气象学报》，1951 年。

（9）《中国地球物理学十年来的进展》，《科学通报》，1959 年。

（10）《太阳风、外空磁场及低能带电粒子探测的进展》，《科学通报》，1963 年。

（11）《带电粒子穿入地磁场的一种机制（一）》，《地球物理学报》，1964 年。

（12）《地球高层大气及外空间的几个问题》，《第二次星际航行座谈会资料》，1964 年。

（13）《高空大气物理学》（上册），科学出版社，1964 年版。

参考文献

[1] 中国科学技术协会. 中国科学技术专家传略.理学编地学卷(2). 北京：中国科学技术出版社，2001 年版.

[2] 西南联大北京校友会简讯辑. 中科院举行赵九章院士百年诞辰纪念大会. 2008 年第 43 期.

[3] 赵九章优秀中青年科学奖理事会. 赵九章与中国卫星. 科学时报. 2007 年 10 月 16 日.

[4] 中国气象学会. 纪念我国近代气象科学奠基人赵九章先生. 科学时报, 2007 年 10 月 16 日.

[5] 清华大学. 重才善教教书育人——学习赵九章先生的教育思想. 科学时报, 2007 年 10 月 16 日.

[6] 空间天气学国家重点实验室. 我国空间物理和空间探测的奠基者赵九章先生. 科学时报, 2007 年 10 月 1 6 日.

[7] 谢毓寿. 赵九章先生对推进我国地震科学事业的贡献. 科学时报, 2007 年 10 月 16 日.

[8] 中国科学技术大学. 赵九章先生与中国科学技术大学. 科学时报, 2007 年 10 月 16 日.

[9] 杨俊文. 赵九章先生开创中国海浪研究. 科学时报, 2007 年 10 月 16 日.

王嘉荫（1911—1976）①

于　洸　刘瑞珣

王嘉荫，别名王荫之，痴公，河北省永年县人，我国著名岩石学家。

王嘉荫1935年毕业于北京大学地质学系并留校任教。1937年全面抗日战争爆发后，在西南联合大学地质地理气象学系任助教、讲师。后曾在中央研究院地质研究所任助理研究员、副研究员。1946年后任北京大学副教授、教授。1952年任北京地质勘探学院教授、岩石教研室主任、图书馆馆长。1955年回北大地质地理学系，参加地质专业恢复招生工作，又先后任地球化学教研室、岩矿教研室主任。曾任中国地质学会助理会计、《地质评论》编辑等职。

王嘉荫在地质教育战线辛勤耕耘了40个春秋。其间1955年以后为北大地质学系的恢复与建设做出了重大的贡献。他精心制订了培养方案，编写教材，培养青年教师，建设实验室和野外教学实习基地。他讲授过《普通地质学》《结晶学》《矿物学》《晶体光学》《岩石学》《交代作用》等课程，有的年级从入学到毕业，几乎每年都在学习他的课程。他撰写的《普通地质学》（与马杏垣合著）《普通矿物学鉴定》《矿物学纲要》《油浸法透明矿物鉴定》《火成岩》等专著，受到师生们的热烈欢迎，被许多学校选为教材或教学参考书。

王嘉荫擅长疑难岩石的鉴定和理论研究。他在50年代末就赞成有些花岗岩不是岩浆侵入的，而是交代变质的。他把交代作用的意义从矿脉与围岩的范围引申到区域花岗岩基的范围。这些思想在花岗岩火成成因占优势的年代，具有创新精神。

王嘉荫善于独立思考，注意发现新事物。在他青年时代就注意到有二轴晶的石英，但不是简单地解释为“光性异常”，而是系统地收集这种异常的现象，终于用受力变形给以合理的解释，在此基础上说明了矿物的光性与变形的关系。他强调，不仅应力作用所生成的矿物是应力矿物，而且因应力作用发生变化的矿物也是应力矿物。1957年他写出了《石英》专著。晚年他更致力于地质力学与矿物学结合的研究工作，完成了《应力矿物概论》专著，成为我国应力矿物和显微构造领域的奠基人。

王嘉荫工作刻苦，知识面广，思路开阔。他一生虽侧重于矿物学、岩石学和地球化学研究，但对第四纪冰川学、黄土学、地震地质学、地质力学、地质学史等也有许多研究和论著。他利用我国古代丰富的地震资料，研究地震发生的时间与空间位置的关系，早在50年代就提出“地震线”的概念，这实际上是地震序列和地震带的早期概念之一。他研究过中国地质学发展史，著有《本草纲目的矿物史料》《中国地质史料》等专著，他

---

① 载于《中国地质》1990年4期，中华人民共和国地质矿产部主办，地质出版社

认为古代所称的“地知学”，就是中国早期的地质学概念。他解释了《山海经》和《水经注》中的地质学问题。

王嘉荫治学严谨，诲人不倦，生活俭朴，平易近人。正当教学、科研、著书立说的鼎盛时代，癌症夺去了他年仅 65 岁的生命。在与癌症作斗争的生命最后阶段，他还留下了《应力矿物概论》一书的全部纲要、资料以及大部分草稿和少部分清稿。他逝世后经人整理出版。这是他留给后人的最后著作，是对地质学所做的最后贡献。

黄劭显在北京大学地质学系的学习时光[①]

于　洸

黄劭显，地质学家，矿床学家。1914 年 7 月 1 日出生于山东省即墨县（现属青岛市）。1934 年秋入北京大学地质学系学习，1937 年“七・七”事变后停学两年，1939 年秋在西南联合大学地质地理气象学系复学，1940 年夏毕业。黄劭显先生从事地质工作近 50 年，早年在西南、西北多地进行地质矿产调查与研究工作，1955 年起主要从事铀矿地质普查勘探和科研管理工作，是我国铀矿地质事业的创建人之一，在铀矿成矿方面提出了一系列新的看法，对发展铀矿成矿理论、铀矿普查找矿，为铀矿地质人才的培养，为我国第一颗原子弹爆炸的原料供应做出了重要贡献。1980 年当选为中国科学院学部委员（现称院士）。

2014 年是黄劭显院士诞辰 100 周年。黄劭显院士是北京大学地质学系的杰出校友之一，兹简记黄劭显在北京大学地质学系的学习时光，以表达对黄劭显院士的深切怀念。

北京大学地质学系创建于 1909 年，是我国培养高等地质人才的第一个教学单位，也是我国最早的地质学术机构，是我国地质人才的摇篮和地质科学研究的中心之一。北京大学地质学系、西南联合大学地质学方面的毕业生和曾在北京大学地质学系学习过的人士中有中国科学院院士 51 人，中国工程院院士 3 人（其中 1 人是两院院士）。

20 世纪 20—30 年代是早期地质学系迅速发展的 20 年。1934 年黄劭显入学时，李四光教授任地质学系系主任，师资队伍优良，李四光、葛利普（美籍）、谢家荣、孙云铸、斯行健等五位老师都是北京大学聘任的研究教授，教师们倾心教学，尽心培养人才。1934—1937 年，黄劭显学习了初等微积分、普通物理学、普通化学、定性分析、定量分析、普通动物学、普通植物学等自然科学基础课程。地质学方面的课程都是知名教授授课：谢家荣教授讲授普通地质学、构造地质学、矿床学；王烈教授讲授普通矿物学，李四光教授讲授岩石学，葛利普教授、孙云铸教授讲授古生物学，斯行健教授讲授古植物学，葛利普教授讲授地史学等。老师们教学内容丰富，注意培养学生独立思考的能力，既严格要求，又热情关心。系里很重视野外实习，当日往返，有一次一个星期的实习，去张家口、汉诺坝、宣化、下花园及南口一带考察地质；二年级有两次在北京郊区的实习，当日往返，一次去山东济南、炒米店、张夏及大汶口一带观察地层，两天时间，一次在北平西山门头沟、九龙山一带实习，一周时间；三年级除在北平郊区短期实习外，6 月在河北省平山县地质实习。这些课程学习和野外实习，给黄劭显打下了很好的地质学理论和实践的基础。

---

① 载于《黄劭显院士与中国铀矿地质——纪念黄劭显院士诞辰 100 周年暨逝世 25 周年》，核工业部地质研究院编，科学出版社，2014 年 11 月

1939年秋季，黄劭显在昆明西南联合大学地质地理气象学系复学，系主任是孙云铸教授。当时，学习、工作生活条件非常艰苦，敌机不断轰炸，物价恶性上涨，正是在这样恶劣的条件下，教师认真教学，学生认真学习。系里十分重视学生的毕业实习和毕业论文写作，用3个月左右时间，在滇池周边，系统地研究矿物岩石，采集化石，确定地层时代与层序，观察分析地质构造，弄清矿产的类型与埋藏情况，进行地质填图，并采集标本带回室内作鉴定、化验分析。这一套训练对黄劭显今后从事地质工作打下了很坚实的基础。1940年夏。黄劭显毕业，考入谢家荣先生领导的资源委员会西南矿产测勘处工作。

黄劭显在北平学习期间，认定“天下兴亡，匹夫有责”，在政治上追求进步，积极参加抗日救亡运动。1935年由同班同学金明介绍加入共青团，1936年4月转为中国共产党党员。1931年日本帝国主义侵占中国东北三省以后，步步紧逼，加紧向中国内地进攻，1935年6月初，日本帝国主义与国民党政府签订“何梅协定”，迫使国民党中央军撤出平津和河北，接着又策划华北五省“自治”运动，企图不费一枪一弹将华北五省变成日本的殖民地，计划1935年12月9日在北平成立“冀察政务委员会”，实行变相“自治”。在中共北平临时工作委员会领导下，北平学生在12月9日举行了声势浩大的抗日救亡大游行，抵制“冀察政务委员会”的成立。“打倒日本帝国主义！”“打倒汉奸卖国贼！”“反对冀察政务委员会！”“停止内战，一致对外！”等雄壮的口号声震撼着古城，吹响了抗日民族解放斗争的号角。北京大学数学系学生、中共党员黄敬是北平学联的负责人之一，“一二・九”运动领导人之一，“一二・九”运动期间，黄劭显担任黄敬的交通员，发挥了很好的作用。

黄劭显在北京大学地质学系学习生活了4年，时间虽然不长，但这是一段值得回忆的岁月。北京大学地质学系1940届毕业生有12人，涌现出一批杰出的地质学家，当选中国科学院院士的有黄劭显、关士聪、董申保、张炳熹4人，他们是北京大学地质学系的骄傲，是后辈们学习的榜样。

王鸿祯教授在北京大学[①]

于　洸　杨光荣　何国琦

王鸿祯教授是我国著名的古生物学家、地质学家和地质教育家，中国科学院院士。1939 年毕业于西南联合大学地质地理气象学系，1947 年获英国剑桥大学哲学博士学位。历任北京大学教授兼秘书长，北京地质学院教授兼副院长，武汉地质学院教授兼院长，中国地质大学教授。研究领域包括古生物学、地层学、古地理学、前寒武纪地质学、大地构造学和地质学史等诸多学科，发表论文 180 余篇，出版专著、教材 20 余部，建立了四射珊瑚的系统分类和演化阶段理论，出版了《中国古地理图集》，提出构造阶段的观点，形成了全球活动构造论和历史发展阶段论相结合的地球史观，提出了地球史上不同级别的节律及其可能的天文控制因素，以及地球演化中可能发生阶段性有限尺度膨胀的设想。王鸿祯院士是一位博学广识、学术上不断开拓的地质学家。

1935 年，王鸿祯先生考入北京大学地质学系，这是他立志从事地质事业的起点；1939 年大学毕业后留校任教，这是他从事地质科学和教育事业的肇始；他几十年从事地质教育与地质科学研究，成绩卓著，他的学术思想的形成与发展，在北京大学任职期间奠定了基础；1952 年高等学校院系调整时他离开了北京大学，但与北京大学的联系从未中断，北大地质学系的教师都很尊敬王鸿祯老师，常向他请教，得到他的关心、指导和帮助。2006 年适逢王鸿祯教授 90 华诞，我们写了《王鸿祯教授在北京大学》这篇短文，虽然很不全面，但我们的心愿是：谨以此文表达对王鸿祯教授 90 华诞的祝贺，表达对王鸿祯院士的崇高敬意。

一

在进入北京大学学习以前，王鸿祯在各方面都已打下了很好的基础。1916 年 11 月 18 日，他出生在山东省苍山县卞庄镇，父亲是前清秀才，工书法，喜文辞。受父亲的影响，他自幼就喜欢背诵古诗词。从读初中起，除努力学习课程外，还大量阅读课外书籍，积极参加读书会、写生组等社团活动，负责出版壁报，参加反日爱国宣传活动。1933 年，他随哥哥到北平求学，置身于北平这个全国文化、教育和科学的中心，他有机会阅读各种书报杂志，受“科学救国”思想的影响，决心学习自然科学。1935 年他报考了北京大学、清华大学、北洋大学三所名校。由于在杂志上读过丁文江、翁文灏等地质科学家的文章，又听说北大地质学系很有特色，于是便选择了北京大学学习地质学。

① 载于《地质学史论丛》·5·. 中国地质学会地质学史专业委员会、中国地质大学地质学史研究所合编，地质出版社，2009 年 10 月出版

1935 年 9 月，他到北京大学地质学系系主任办公室报到。北大地质学系主任李四光教授因同时主持南京中央研究院地质研究所的工作，当时系主任的工作由谢家荣教授代为主持。谢先生看了他的入学考试成绩单，对高振西老师说，他的英文不错，但物理、化学刚刚及格，便对王鸿祯讲了数理化知识对学习地质学的重要性，并说："你英文好是好事，但数理化基础要打好。"这次谈话给他留下了深刻的印象。后来他曾自谦地说，可惜我在大学阶段并未能读好数理化课程，终生受到限制，有愧师门。

谢先生给一年级学生讲授普通地质学，他才华横溢，讲课给人启发很大，把学生引入地学之门。而谢先生对实际资料的一丝不苟，给王鸿祯印象更深。他读了谢先生所著《地质学》（上编）（1924 年出版），这是我国学者撰写的第一部地质学教材，特别是读了丁文江先生写的序和谢先生的自序，深佩其内容和图片的取材，不少取自谢先生的实际工作，加深了他对地质科学实践性的认识。王烈教授讲地质测量课，并带学生在景山用经纬仪测地形图。系里对实习抓得很紧，1936 年夏，王烈教授带一年级学生在南口一带、温泉、八大处等地野外实习了一个星期。各年级野外实习结束后，系里举行实习成果汇报会，王鸿祯代表一年级学生发言。开会前一天，谢先生让他说说准备怎么讲法，并检查了他的标本实物。他用英文写了一份地质报告，但标本整理不够。谢先生指出标本太少，他连忙回三院宿舍去补充标本。谢先生对标本、实际资料的严格要求，他始终铭记，对他以后在工作中重视实践、珍视标本很有教益。

美籍地质、古生物学家葛利普（A. W. Grabau）教授 1920 年应聘来华在北京大学任教，1936—1937 学年是他在华最后一次讲地史学，王鸿祯有幸听到他的讲课。葛利普教授用英语讲课，内容丰富而系统，讲地球脉动论和极控论，把他研究的新成果、新理论融入讲课中，滔滔雄辩，令人折服。讲到概念、观点时，溯本穷源，广征博引，细数师承，妙绪泉涌，引人入胜。王鸿祯用心地阅读葛利普的名著《地质学教程》第二册（1921 年版），这一册是历史地质学，是美国教材中第一次系统阐述地质学的发展史，也是第一次全面地总结了全球地质史。通过听课和阅读，他对葛利普教授渊博的学识十分敬佩，也被地质学内容的丰富和奥秘深深吸引，对地质科学的实践性、全球性和历史性有了初步的认识，暗暗下决心：要学好各门地质课，不断拓宽知识面，使自己成为一个博学广识的地质学家。

北大地质学系经常举行学术活动，作为一、二年级学生的王鸿祯经常参加。由此知道大学里的学术活动是怎么回事。1936 年 3 月 27 日，中国地质学会北平分会在北京大学地质馆举行会议，谢家荣教授主持，并请地质调查所名誉顾问德日进（Teihard de Chardin）作题为《印度北部之地质》的学术讲演，葛利普、杨钟健、冯景兰等教授都参加了这次会议。他们交谈的地质问题，工鸿祯能听懂一些，感到很有兴趣。北京大学常有各学科知名人士讲演，他也常去听讲。

北大各种中外书刊很多，虽然当时课程很重，但他还是经常借阅，强烈的求知欲促使他更好地掌握了外语，阅读了一些西方地质书刊，开阔了眼界，并开始写书评。美国地质学会志 47 卷 10 期，有一篇古登堡著的《地质构造与大陆分布》，引起了他的兴趣。1937 年 1 月，他写了一篇对该文的述评，经高振西老师的推荐，在 1937 年 4 月出版的《地质论评》第二卷第 2 期的"书报述评"栏目发表，该文不仅介绍了古登堡文章的主要内容和观点，还对魏格纳的“大陆漂移说”和作者提倡的“大陆熔流说”进行了评述。对于一位二年级学生来说，能读懂地质构造方面的论著并进行评述，确实是很优秀的。文章的发表使他受到鼓舞，成为他撰写学术文章的起点。

日本侵略者从1931年“九一八”事变后，不停步地向中国进攻，企图独占中国，引起中国人民的强烈愤怒，1935年12月，著名的“一二·九”运动爆发了。12月9日，北平学生举行抗日救国请愿大游行，王鸿祯与北大同学一起，积极参加了“一二·九”、“一二·一六”大游行，学生们高呼“打倒日本帝国主义”“停止内战，一致对外”等口号，并提出反对所谓防共自治运动；公开宣布对日交涉经过；不得任意捕人；保障地方领土安全；停止一切内战；要求言论、集会、结社、出版自由等6项要求。

二

1937年7月7日夜，日本侵略军在北平西南卢沟桥附近，以军事演习为名，突然向当地中国驻军发起进攻，第二十九军奋起抵抗，中国人民全面抗日民族解放战争从此开始。7月29日北平沦陷，北京大学奉国民党政府教育部之命，南迁湖南长沙，与清华大学、南开大学合组新校，定名为长沙国立临时大学。学校设地质地理气象学系，系主任是孙云铸教授，11月11日正式上课。国家民族处在危险之中，刚到临大读书的王鸿祯心情难以平静，凭着质朴的爱国热忱，他从国外报刊上选择能鼓舞人心的有关评述中日战争和世界形势的文章，翻译出来，在《力报》上发表，以图增强国人抗战胜利的信念。

1937年底南京沦陷，临大又奉命西迁云南昆明，定名为西南联合大学。1938年2月开始搬迁，分两路西行。其中一路是步行入滇的湘黔滇旅行团，学生244人，教师11人，袁复礼教授是旅行团指导委员会4位委员之一，地质地理气象学系有王鸿祯、张炳熹、陈庆宣、杨起等13人参加步行。2月20日出发，4月28日抵昆明，历时68天，全程1671千米，其中步行1300千米。他们沿途进行抗日宣传，瞻仰了一些名胜古迹，领略了幽美壮丽的风光，访问了侗家村落和苗民、彝民的山寨，亲身接触了各地的风土人情，亲眼见到国民党统治下的人民特别是少数民族人民的痛苦生活。在原清华大学地学系主任袁复礼教授的指导下，王鸿祯等学地学的同学还观察了地质现象和地层剖面。袁老师给他印象最深的是渊博的知识和广泛的兴趣，对地质、地理、气候，以至文物、历史、风土人物知识丰富。袁老师指导学生作路线地质观察，结合实际情况进行讲解，在湘西、黔东，讲河流、地貌和岩层的构造变形。湘西板溪群沿新开的公路和受河流切割暴露出的构造剖面形态，至今他还历历在目。到了黔西，袁老师就讲岩溶地貌和地文发育。当时的行程和条件不允许他们作规范的地质观察，但袁老师对路线地质记录和标本采集还是提出了严格的要求。袁老师还讲了地学前辈刘基磐等在湘西，丁文江、王曰伦在贵州和滇东进行地质工作的情况，使他进一步认识到地质文献的重要性，激发了他对地学人物的兴趣。由此还使他感到：所谓“教育”，绝不限于课堂上的“授业”“解惑”，为人师者的一言一行，其涵养和启发的作用，有时是更为重要的。到昆明以后，学生们整理出地质旅行报告，他的报告、剖面图和素描图受到老师和同学们的好评。这是一次使他终生难忘的旅行，在思想、意志、体力、地质观测等方面受到一次锻炼，对以后在野外做地质工作，应对各种情况能力的提高也有很大帮助。

全面抗日战争期间，西南联大的教学条件十分困难，设备差，仪器也少，岩石学、矿床学实习用的仪器是向云南大学借用的。但系里教师阵容很强，孙云铸、袁复礼、王烈、冯景兰、杨钟健、谭锡畴、米士、王恒升等教授授课，使他很受教益。他还利用学校的有利条件学习德语和法语。1938—1939 年学校购置了一批西文新书，地质调查所和中国地质学会又提供了他们出版的全套出版物。王鸿祯抓紧时间阅读了德文原著凯塞（Em. Kayser）四卷本《地质学教程》第三卷（1933 年版），卫德肯（R.Wedekind）《地质学基础》（1937 年版）。有人认为这些书读起来比较枯燥，他将书中具体材料同地理位置结合起来读，这样就帮助他了解欧洲及全球的地质历史。他还阅读了葛利普著两卷本《中国地层（中国地质史）》（1924、1928 年版），是关于中国古生代、中生代地质史的巨著。1939 年《地质论评》第四卷连续发表了他关于地文学和大地构造学的 4 篇书评、《复叠侵蚀面之认识及其涵义》（里士著）（4 卷 1 期）、《山脉基底部分与基底山》（布勃诺夫著）（4 卷 2 期）、《地壳之格状构造》（布勃诺夫著）（4 卷 3—4 期）、《大规模地壳构造之成因》（诺克著）（4 卷 5 期）。阅读这么多英、德文地质文献，并在一年中发表了 4 篇书评，对一位四年级学生来说是很少见的。在昆明期间，王鸿祯在室内学习与野外工作，读书与写作等方面都得到坚实的锻炼。地质调查所辗转内迁时，1938 年曾在昆明设办事处，杨钟健任主任。1938 年，王鸿祯、钱尚志等到该处随边兆祥（北大地质学系 1936 年毕业生），在云南宜良填 1∶50000 地质图，还进行褐煤田 1∶10000 地形地质测量，使用望远镜、平板仪直接测量地形及地质，使他受到一次基本的野外地质工作的训练。1939 年做毕业论文时，孙云铸、谭锡畴教授安排他在昆明附近作 1∶25000 地质填图，张炳熹陪他在黑龙潭一带做野外工作，工作结束后，他用英文写了一份区域地质论文，对填图区的地层、构造等作了阐述。

系主任孙云铸教授对他加以培养，在他尚未毕业时，就让他协助编辑《北京大学 40 周年纪念论文集》（地质学卷）（英文），对打字、绘图、编辑等他都做了不少工作，该文集于 1939 年在香港出版。这是他第一次参加编辑工作，在孙老师指导下，又受到一次全面的锻炼。他用英文写成的毕业论文《昆明附近地质》也刊登在这本文集中，这是他发表的第一篇地质专题论文。

三

1939 年夏，王鸿祯大学毕业，留校任助教。他是北京大学地质学系的毕业生，也是西南联合大学地质地理气象学系的毕业生，因为他是在北京大学入学的。学号是“P”字号。1942 年 8 月起任研究助教。他先后担任了多门课程的教学工作。古生物学是二年级必修课，一直由孙云铸教授讲授，王鸿祯上实习课；地史学也是二年级必修课，先后由孙云铸、张席禔教授讲授，王鸿祯上实习课；地形测量由土木工程系派教师讲课，王鸿祯带过一年实习；地层学是三、四年级必修课，孙云铸教授讲授，王鸿祯上实习课。1944 年，王鸿祯还为高年级学生开设选修课标准化石。此外，还为土木工程系二年级学生讲授工程地质学。为了教学工作需要，他经常在寒风扑面、尘土满案的铁皮房内，对从各地采集的、自北平运来的以及国外新购进的地层、古生物标本，进行系统整理和分类鉴定工作，不仅充实了教学标本，也大大巩固和提高了他在地层、古生物方面的知识和鉴定能力。他曾回忆说："做这些平凡琐碎的工作，当时好像看不出什么成果，后来才体会到它对练好基本功有极大的作用。"

为了搞好教学和研究工作，他还下了很大功夫系统阅读国内各地区带总结性的地质文献，地质调查所、中国地质学会等的学术刊物，国外重要的经典著作以及当代关于全球构造的文章。学生们对这位年轻教师能了解那么多文献感到钦佩。当时在西南联大任教的德籍教授米士（P.Misch）要了解和查询中国地质资料，王鸿祯向他作了一些介绍，米士对王鸿祯广记博闻和这样熟悉中国区域地质资料感到惊异。王鸿祯认为，一个人的修养应该是多方面的，因此，他常听一些文史方面的课，主要是名教授讲诗词以及外语方面，如吴宓、冯至、闻家驷等先生的讲课，有关国际问题的讲座他也有选择地听一些。

王鸿祯的科学研究工作是结合云南省的地质矿产工作进行的。1940 年夏，谢家荣先生时任叙昆铁路沿线矿产测勘工作的领导人，请孙云铸先生大力支援，孙先生笃怀厚谊，北大地质系 4 名青年教师去了 3 人，但言明王鸿祯是短期借用。短短几个月时间里，他们在谢先生指导下，查阅外文资料，制订野外路线测绘方案，王鸿祯与董申保带一个队，在无正规地形图的情况下，用 Brunton 罗盘及多种步测法测绘，完成了 1∶1 万地质填图任务，也提高了做路线地质工作的能力。其后，谢先生以协作方式，要王鸿祯测绘昆明大板桥铝土矿 1∶1 万地形地质图，幸好他在大学三年级暑期曾随边兆祥学长测绘过可保村褐煤田地形地质图，所以较快完成了任务，得到谢先生的好评。这一年，他还随谢先生短期调查昆阳磷矿，在磷矿层采到软舌螺化石，并写了一篇《云南昆阳中邑村磷矿述略》（英文），征求谢先生意见，拟投送《中国地质学会志》发表，谢先生予以鼓励，并要他自行署名，文章于 1941 年在《会志》21 卷 1 期刊出。大约在 1942 年，谢先生还亲笔写信给王鸿祯，征询关于在滇西探寻寒武纪磷矿的可能性，并提出该地区并非早寒武世海侵区，似无希望。他当时并不太理解，谢先生已在用古地理分析方法推导矿产的分布，学术见解是很先进的，在学术思想上他深受启迪，更敬仰谢先生学术上平等待人的优良学风。

1942 年，地质地理气象学系与云南省建设厅合作，成立云南地质矿产调查委员会，孙云铸教授兼任主任委员。由孙云铸教授安排，1943 年王鸿祯参加了滇缅铁路沿线地质调查，与宋叔和随同冯景兰教授，起自一平浪，经大理，跨过澜沧江，直到怒江边，用 Brunton 罗盘定方向，用步测定距离，与地质观测相结合，坚持完成了几段 1∶10 万路线地质图；野外工作结束后，又查阅了前人已有资料，最后形成 1∶20 万一平浪至保山路线地质图，并写成《云南西部保山至弥渡路线地质》（英文）一文，刊登在《北京大学地质研究录》12 号上。这一年《地质论评》8 卷 1—6 期上，还发表了王鸿祯与李广源合著的《滇东弥勒之区域地质》（节要）。

在长沙和昆明读书期间，孙云铸教授的讲课给他留下了深刻的印象。孙老师出国考察期间（1935—1936 年），在欧美结识了不少世界闻名的地质古生物学家，参观了许多地层标准剖面。孙老师经常在课上课下向学生作具体介绍，使王鸿祯对国际地层古生物学界的情况、国际地质学术组织、重要的学术会议等，有了更多的了解，对地层古生物学也有了进一步的兴趣，萌发了成为一名地层古生物学家的理想。

王鸿祯任教以后，学习仍然十分勤奋，注意在野外工作中认真搜集实际资料，在室内对名家著述悉心研读。孙老师个人关于古生物方面的丰富藏书也是他获取知识的宝贵资源。著名地质学家黄汲清教授关于中国二叠纪地层和二叠纪珊瑚、腕足类的著述对他很有启发。在孙老师指导下，他在从事区域地质研究的同时，开始更多地进行地层古生物方面的研究工作，并指导学生写作有关古生物方面的毕业论文。特别是他精读了有关珊瑚方面的大量文献，在当时极为简陋的条件下，采集和磨制了近 500 片珊瑚化石薄片，着重进行四射珊瑚的研究工作，取得不少成果。1942—1946 年，在地层古生物方面先后发表了 8 篇论文:《云南东部泥盆系含鱼化石层位并论湖南中部跳马涧组的时代》(英文)(中国地质学会志 22 卷 3 期，1942 年)、《云南婆兮及曲靖之中泥盆纪四射珊瑚及其分带》(节要)(地质论评 8 卷 1—6 期，1943 年)、《云南北部及东部志留纪四射珊瑚》(节要)(前中央研究院科学记录 1 卷 3—4 期，1945 年)、《云南石炭纪地层概论》(英文)(中国地质学会志 25 卷 1—4 期，1945 年)；《论中国西南部之威宁系》(地质论评 10 卷 3—4 期，1945 年)、《云南东部马龙曲靖之志留纪地层》(与孙云铸合著)(英文)(中国地质学会志 26 卷 1—4 期，1946 年)。此外，还在 1943 年出版的《地质论评》8 卷 10 期上发表了两篇书评，一篇是评李特曼著《火山活动之来源与矽镁层之生成》，一篇是评卞美年著《云南新生代地质之初步观察》，在后一篇书评中提出四点尚有商讨之余地。

王鸿祯在任教两年后，还负责安排学生实习和野外工作，协助系主任处理系里的一些事务，协调地质、地理、气象三个组之间的关系，使他较多地接触到管理工作。他有很强的事业心，不仅在业务上刻苦钻研，向着做一个古生物学家的目标努力，而且要协助系主任努力把地质地理气象学系办好，在学习和工作都有一种奋发向上的精神。1939 年大学毕业后，他成为中国地质学会会员，还协助主持昆明分会工作的孙云铸教授积极组织学会活动，先后举行过 13 次论文会，王鸿祯还宣读过《云南路南一带地质》《曲靖宣石间地质观察》等论文，此外，还邀请丁道衡、俞建章、程裕淇等从国外回来的学者讲演。在老一辈地质学家的关怀下，未到而立之年的王鸿祯在学术上已崭露头角。1944 年 4 月，中国地质学会在贵阳召开第 20 届年会，王鸿祯虽未到会，仍被推荐为《地质论评》编辑，时年 28 岁，是 12 位编辑中最年轻的一位。

王鸿祯勤奋好学和锐意进取，优异的教学能力和科研水平，使他在青年时期就得到老一辈地质学家的器重。孙云铸、袁复礼教授都积极推荐他出国深造，1943—1944 年春，先后向美国耶鲁大学、普林斯顿大学发出推荐信，耶鲁大学地质系同意授予他新设立的 Charlec Scherchert 研究基金，因无法取得外汇，未能成行。1945 年参加教育部主持的英国留学考试，以优异的成绩获英国文化委员会的奖学金，赴英留学，开始了他学术生涯的一个新阶段。

四

1945 年 10 月，王鸿祯到达伦敦，11 月中旬到剑桥大学注册。他的导师是年轻的皇家学会会员布尔曼（D. M. Bulman）博士，当时尚非教授，研究笔石和哺乳类。王鸿祯从国内带去数百片骨骼构造保存极佳的珊瑚薄片和丰富的实际资料，向导师提出拟研究四射珊瑚结构和分类的意向。布尔曼博士虽然不研究珊瑚，但在研究思路和途径方面给王鸿祯以启示。他建议访问两个人，一是英国研究珊瑚的权威施密斯（B. Smith），一是大英博物馆的托马斯（D. Thomas）博士，他们给予了王鸿祯具体的启发和帮助，建议将19世纪末戈登夫人研究六射珊瑚细微构造的方法试用于研究四射珊瑚。由于王鸿祯已发表了不少著作，导师创造条件让他尽早从事研究工作，推荐减免听课，直接做博士论文。在此后的一段时间里，他以带去的中国资料为基础，又收集了剑桥薛知微博物馆、大英地质调查所及英国许多大学和博物馆所藏的珊瑚薄片，包括1947年刚恢复的巴黎自然历史博物馆的珍贵资料，观察了2000余片珊瑚化石薄片。还利用馆藏杂志特别丰富的剑桥哲学图书馆，查阅了上千种文献，在查阅古生物文献时，不只是掌握化石名称和时代，还注意层位、产地、地理位置和可能的构造位置等，对苏联、中亚、南美、大洋洲等平时很少接触的地层的情况有了进一步的了解，为在论文中讲四射珊瑚的演化阶段、地理位置的差异和演化，把动物群的历史发展和地理分布结合起来，打下了基础。他用一年半的时间进行研究，于1947年4月写成了《从骨骼微细构造观点论四射珊瑚分类》的博士论文。该文对四射珊瑚的研究作了历史的回顾，以两种基本的骨骼类型为依据，对其系统分类作了修订，也涉及生物软体外壁分泌骨骼的可能方式。同时，还总结了四射珊瑚的时间和空间分布，由此提出了古地理变迁和演化阶段的认识。该文将古生物的系统研究同时空分布和古地理演变相结合，在当时是一个特色，是一个创新。学位论文获得通过后，1947年6月，王鸿祯被授予哲学博士学位。这项开拓性的科研成果，1950年在伦敦皇家学会哲学丛刊发表后，引起国际珊瑚古生物学界的注意，长期得到较广泛的引用。

1945年出国前，王鸿祯在重庆见到他崇拜的黄汲清先生，黄先生嘉许他在研究珊瑚古生物之外，还注意地质构造理论；嘱咐他在国外学习就要有广阔的视野。这对他有重要的启示。在剑桥大学期间，他的另一件工作，就是了解地质科学的整体动态，特别是对全球构造总是感兴趣。剑桥大学有一批地球科学不同学科的优秀青年学者，他们思想活跃，重视交流。王鸿祯在剑桥大学期间，流风遗韵还在，虽然专业方向不同，但在一起交流，相互启发，很有好处。王鸿祯耳濡目染，他参加学术活动时，印象最深的是J. H. F. Umbgrove关于印度尼西亚海域海平面剧烈升降和E. C. Bullard关于东非拉伸裂谷构造的讲演。当时，在地质构造方面“固定论”尚定于一尊，他则广泛阅读不同构造学派的主要著作。在研读处于主导地位的施蒂勒（H. Stille）、布勃诺夫（S.V. Bubnoff）、奥格（E. Haug）等名家著作的同时，魏格纳（E. Wegener）的大陆漂移说和杜多瓦（A. L. Du Toit）等人的重要著作他也阅读，注意固定论和活动论之间的大争论。他十分欣赏我国著名地质学家李四光教授的创造精神，精读了李先生1939年在伦敦出版的名著《中国地质学》。李先生优美的文字、开阔的思路，深入根本问题，又涉及全球构造的研究方向和指导思想，使他深深崇仰。1945年冬，在剑桥大学地质系图书馆他见到刚出版的黄汲清先生名著《中国主要地质构造单位》，挤时间读完全书，深佩其博大精深，言简意赅。发现书中还用了他1943年发表的滇西地质报告的材料，深受鼓舞。他当时正注意花岗岩的问题，便就书中第11章的有关花岗岩的问题，写信向黄先生请教，也谈了对其他问题的体会，不久收到黄先生复函作答，黄先生高兴地指出，这是此书出版后第一封提出学术讨论的函件。名著的启迪、名家的鼓励，使他进一步思考并明确了自己应当选择的学术道路。

博士论文写成后，王鸿祯正好有机会参加了剑桥大学与法国巴黎里尔大学合组的旅行团，随 W. B. King 教授、Pruvost 教授、Guillaume 教授等，考察了法国西北海岸和比利时西部地质，并有幸在法国见到了德日进、李约瑟等著名学术大师，也引起他对地质学史更大的兴趣。

当时，他还关心和思考的一个问题是如何为北京大学地质学系及中国的地质教育尽力。参加授学位典礼后，他用了近 20 天时间，访问了英国几所大学的地质系，了解他们的教学情况和教学方法。剑桥大学布尔曼讲课只讲要点，指出问题；布莱克讲课提纲挈领，重视实验操作等，给他留下了极深的印象。在布利斯托尔大学，通过孙云铸教授的老友，为北京大学争取到赠送全套的英国古生物志、地质学杂志和英国地质学会志等英国三大历史悠久的历史文献。

由北京大学资助，王鸿祯 1947 年夏转道赴美国访问，在华盛顿国家自然博物馆做了短期工作，并横穿大陆，访问了哈佛、耶鲁、普林斯顿、芝加哥、密歇根、康奈尔、堪萨斯、斯坦福等大学地质系和知名学者，建立了学术上的联系，在耶鲁、普林斯顿、堪萨斯三所大学做了学术讲演，报告了他关于四射珊瑚的研究工作。在康奈尔大学、芝加哥大学向一些学者介绍了葛利普在中国工作的情况，以澄清一些传说，清除一些人对葛利普的误解。在斯坦福大学见到年逾九旬的威理士（B.Willis）博士。在美期间，还见到一些中国学者，如吴景祯、赵景德等北大和西南联大地质学系的毕业生。当时，北大地质学系教师张炳熹正在哈佛大学攻读博士学位，他的一位读矿物学研究生的美国同学，对中国很友好，赠送北大地质学系一套 X 光照相机和当时很先进的具有 4 个窗口的 X 光管，请王鸿祯带回系里，这使北大地质学系的图书和仪器有所改善。

五

1947 年冬，王鸿祯回到国内，先在南京停留了一些时间，会见了经济部中央地质调查所、中央研究院地质研究所和资源委员会矿产测勘处的谢家荣、杨钟健、俞建章、尹赞勋、黄汲清、李春昱等前辈地质学家，向他们简报在国外的情况，了解国内地质工作现状。在同谢先生交谈时，王鸿祯说到剑桥大学 W. B. King 教授和荷兰 J. H E. Umbgrove 教授关于西北欧与印度尼西亚地区第四纪海平面变化尺度的巨大差异，谢先生兴趣盎然，殷殷询问。谢先生对地质科学广泛领域的问题，无不关心，无不知晓，更加深了他对谢先生博学广识的崇敬。

1948 年春，王鸿祯回到北京大学任地质学系副教授，立即投入新的教学工作，主要讲授地史学。系主任孙云铸教授还要他给高年级学生开 W. B. King 教授讲的一些短课，他就讲了标准化石和地文学两门课。地文学他没有教过，在剑桥大学听 W. B. King 教授讲第四纪地质，有感于欧洲与中国构造背景迥异，升降幅度悬殊，因此，整理了在昆明时袁复礼教授讲地文学、杨钟健教授讲第四纪地质的笔记，补充了新的资料，对照欧洲情况，予以比较分析，完成了孙老师交给的任务。此外，还指导学生野外实习和毕业论文。1948 年，孙老师还要他到唐山铁道学院和北京师范大学兼课，讲授地史学。

在科学研究方面，他继续进行志留纪、泥盆纪、二叠纪四射珊瑚的研究，还涉及中国前寒武纪和古地理方面的工作。1947—1951 年发表论文 8 篇：《云南志留纪四射珊瑚之新材料》(英文)(中国地质学会志 27 卷 1—4 期，1947 年)、《帝汶岛二叠纪四射珊瑚》(英文)(英国地质学杂志 84 卷 6 期，1947 年)、*Notes of Some Rugose Corals in the Gray Collection from Girvan*[England, Geol. Mag. 85 (2)，1948]、《云南东部中泥盆纪四射珊瑚》(英文)(北京大学地质研究录 33 号，1948 年)、《论云南北部会泽志留纪 Phizophyllum 新种》(中国古生物学会会刊 2 期，1948 年)、《贵州都匀泥盆纪四射珊瑚》(与李广源合著)(英文)(北京大学 50 周年纪念论文集，1948 年)、《中国北部及南部前寒武纪主要地层对比》(与高之杕合著)(英文)(前中央研究院地质研究所丛刊 8 号，1948 年)、《从骨骼微细构造观点论四射珊瑚分类》(英文)(伦敦皇家学会哲学丛刊乙种 611 号，1950 年)。此外，还发表了两篇论文节要刊登在《地质论评》上：《吕梁运动后加里东运动前之中国古地理》(15 卷 1—3 期，1950 年)、《加里东运动后东吴运动前之古地理》(16 卷 1 期，1951 年)。

葛利普教授 1946 年 3 月 20 日在北平逝世，由孙云铸教授编辑《地质论评》葛氏纪念卷（27 卷，1947 年)。1948 年北京大学建校 50 周年，出版纪念论文集，王鸿祯协助孙云铸编辑地质学卷。当时，孙教授适有欧洲之行，嘱王鸿祯在卷中要明确纪念葛利普教授。王鸿祯遵此意在“前言”中特别指明葛利普最忠诚于北京大学，最忠诚于中国地质事业，表达了北京大学地质学系师生对葛利普教授的崇高敬意。

1950 年初，王鸿祯晋升教授。4 月，任北京大学校务委员会常委、北京大学秘书长。此后，除教学、科研工作外，还要从事学校的部分管理工作。9 月校务委员会常委会推定教务长、秘书长、各院院长、图书馆馆长及文科研究所所长起草北大三年计划，由秘书长王鸿祯主持。9 月，北京大学工会举行第二届代表大会，校务委员会主席、教务长、秘书长（王鸿祯）分别报告了学校工作。11 月，“中国人民保卫世界和平反对美国侵略北京大学委员会”成立，王鸿祯任安全部部长。1951 年夏，教育部、中国科学院、铁道部、卫生部、中国地质工作计划指导委员会联合组织科学仪器购置团，王鸿祯是这个 7 人购置团成员之一，在德意志民主共和国工作了半年，他们采购的大学教学仪器在以后多年的教学中发挥了很好的作用。采购工作完成后，他还在东德参观了一些大学，与地质方面的学者进行了交流，年底回国。在 1952 年全国高等学校院系大调整中，他参加了一些工作。1952 年 6 月，“京津高等学校院系调整北京大学筹备委员会办公室”成立，王鸿祯参加设备校舍组工作。

王鸿祯还参加了中国地质学会的不少工作。1947 年底回国后即积极参加中国地质学会北平分会的活动。1948 年、1950 年、1951 年被选为《中国地质学会志》编辑。1949 年 12 月 25—26 日，中国地质学会第 25 届年会北京区会议在北京大学举行。北京分会书记王鸿祯宣读了经集体讨论由他执笔的年会报告，题为“地质学的新方向和新任务”，指出要使地质学成为民族的、中国的科学；成为大众的、人民的科学；要求中国地质工作者建立科学的工作方法，实事求是的工作精神；提倡发扬集体主义。并就人才训练、地质课程的内容、教育计划和教育方法改进方面提出建议（载《地质论评》15 卷 1—3 期)。1949 年冬，王鸿祯代表中国地质学会北京分会参加全国自然科学工作者代表大会的筹备工作，并作为特邀代表参加了1950年8月召开的全国第一次自然科学工作者代表大会。1950年12月24—26日，中国地质学会北京区会议在北京大学举行，王鸿祯协助中国地质学会书记孙云铸进行筹备，组织北大地质学系同学参加会务工作，并听了李四光理事长“在毛泽东旗帜下的中国地质工作者”的开幕词和“受了歪曲的亚洲大陆”的学术讲演，同学们受到启发和锻炼，开阔了眼界。1952年，王鸿祯当选为中国地质学会理事、书记。

六

1952年高等学校院系调整中，北京大学地质学系调出，是新成立的北京地质学院的组成单位之一。王鸿祯从1935年入学到1952年离开，在北京大学学习、工作、生活了17 个年头，有很深的北大情结。他曾回忆说：“在北大的经历对我个人的学术生涯有很大影响，逐步形成了在地质科学研究中，以大地构造为主线，与古生物、地层、沉积等多学科相互联系的思想认识和研究方向。”1952年以来的50多年时间里，王鸿祯老师与北大的联系不断，关心依旧。地质学系担负领导工作的中年同志和中年教师常去向他请教，他也常参加系里组织的较大型的学术活动。他还倡议和组织了多次老一辈地质学家的纪念活动，这些专家都与北大地质学系有着密切的关系，北大地质学系也参加了这些活动的筹备工作。

美籍地质学家和古生物学家葛利普教授1920年应聘来华，任北京大学地质学系教授和农商部地质调查所古生物室主任，对中国的地质事业作出了重大贡献，是中国地层古生物方面研究和教育事业的奠基人之一。早在20世纪30年代北京大学地质馆建成不久，他就对一部分师生说过，我死后能葬在这里就太好了。葛利普教授逝世后，根据他生前的愿望，北京大学教授会一致通过决议，为葛利普教授建墓立石于北京大学地质馆前。1952年北大迁址海淀燕园，原址为其他单位所用，葛氏墓碑在十年动乱中被毁。70年代中期以后，美欧著名地质学者来访，多次提出要瞻仰葛氏墓地。为此，北京大学与中国地质学会商得主管部门支持，于1982年中国地质学会成立60周年之际，将葛氏墓迁入北京大学现校园，坐落在西校门内苍松翠柏之中，大理石葛氏墓碑正面镌有葛利普教授头像，背面刻有葛志铭。1982年8月13日举行了迁墓仪式。王鸿祯教授在这次迁墓过程中做了热情筹划和促成的工作。

丁文江和章鸿钊是我国地质事业的创始人和奠基人，对我国早期的地质事业做出了重大贡献。章鸿钊1911年任京师大学堂农科地质学讲师，是我国第一位地质学教师，以后又多次在北大地质学系授课。丁文江1931—1934年任北京大学研究教授。“纪念丁文江100周年、章鸿钊110周年诞辰——中国地质事业早期史讨论会”于1987年10月5—7日在北京大学举行。这次会议是由北京大学与中国地质学会地质学史研究会具体筹备的。地质学史研究会会长王鸿祯教授任筹备小组组长，并作“以史为鉴，继往开来”的开幕词，北大校长丁石孙教授作“北京大学与中国地质”的讲话。会后由北大出版社出版《中国地质事业早期史》一书，王鸿祯教授是该书主编。

1989年，北京大学地质学系庆祝建系80周年，王鸿祯教授著文《弦歌八纪 功颂千秋》表示祝贺。文中说道“吾1935年入系，至1952年院系调整，前后凡十有七年。其后心萦启蒙，情系植根，无时或忘。今者我母系逢时际会，英才郁葱，庆慰之余，辄思数纪以来，学术教事，困而不殆，危然后安，其历久不替者，究以何精神、何传统为之支柱？窃谓一曰创新，一曰求实。前者非易，后者弥艰。”“愿母系兴盛维新，愿地质界繁荣昌盛！”

1995 年 10 月 1 日，是著名地质学家、地质教育家、中国地质学和古生物学奠基人孙云铸教授百年诞辰。孙云铸老师在北大学习和工作 36 年，其中任教 32 年。他的学生杨遵仪、孙殿卿、叶连俊、王鸿祯、董申保、刘东生、马杏垣、郝诒纯等 8 位中科院院士，倡议出版纪念文集，并成立了由 8 位发起人和地质矿产部教育司、中国地质科学院、北京大学地质学系、中国地质大学等单位组成的编委会，委托中国地质大学地质学史研究室自 1994 年起进行征稿及组织编辑出版工作。由王鸿祯教授主编的《中国地质学科发展的回顾——孙云铸教授百年诞辰纪念文集》于 1995 年 10 月出版。这是一本回顾和评述中国地质科学发展中有关学科建设及重要地质问题的专著，共收入 46 篇论文及专稿，其中回顾中国地质教育及缅怀孙云铸教授的文章 14 篇。作者中有中科院院士 25 人。1998 年 10 月 16—18 日，“纪念孙云铸教授诞辰 100 周年暨中国地质学史研究会第 10 届年会”在中国地质大学（北京）举行。

王鸿祯教授在北京大学学习和工作 17 年，时间虽然不算太长，但他对北京大学地质学系的深厚感情，对中国地质科学和教育事业的热爱，强烈的事业心，对教学工作认真负责的敬业精神，在教学、科研工作中的开拓创新，地质基础广博，知识面广，执着地追求新知识等方面，都是后学者学习的榜样。王鸿祯教授九十高龄仍笔耕不辍，为我国的地质科学和地质事业奋斗不懈，让我们再一次祝福王鸿祯教授精神矍铄，学术生涯长青。

参考文献

[1] 王鸿祯. 中国科学院院士自述. 中国科学院学部联合办公室编(主编张玉台, 葛能全, 郭传杰). 上海: 上海教育出版社, 1996, 506-507.

[2] 刘本培. 杨光荣. 地质古生物学家, 地质教育家王鸿祯//黄汲清, 何绍勋. 中国现代地质学家传. 第一卷. 长沙: 湖南科学技术出版社, 1990, 495-506.

[3] 杨光荣. 王鸿祯//中国科学技术协会编(主编刘东生). 中国科学技术专家传略. 理学编.地学卷(2). 北京: 中国科学技术出版社, 2001, 401-405.

[4] 杨光荣. 拓宽追远, 综合创新——地质学家王鸿祯院士传略//中国地质大学校史编撰委员会编(主任赵克让). 地苑赤子一中国地质大学院士传略. 武汉: 中国地质大学出版社, 2001, 52-62.

[5] 王鸿祯. 葛利普教授——中国地质界的良师益友//王鸿祯. 中国地质事业早期史. 北京: 北京大学出版社, 1990, 81-93.

[6] 王鸿祯. 敬怀谢家荣先生//郭文魁, 殷维翰, 谢学锦, 张以诚. 谢家荣与矿产测勘处——纪念谢家荣教授诞辰 100 周年. 北京: 石油工业出版社. 2004, 100-101.

[7] 王鸿祯. 师道长存 功勋永在//杨遵仪. 桃李满天下——纪念袁复礼教授百年诞辰. 武汉: 中国地质大学出版社, 1993, 28-29.

[8] 王学珍等. 北京大学纪事(1898～1997)(上册). 北京: 北京大学出版社, 1998, 402-468.

[9] 王弭力. 中国地质学会 80 周年记事. 北京: 地质出版社, 2002, 14-37.

王鸿祯教授与中国地质学史研究[①]

于 洸

中国地质学会地质学史研究会成立于1980年4月11日，这是我国以地质学史研究为主旨的第一个学术团体，首任会长夏湘蓉先生。在夏湘蓉会长领导下，地质学史研究会开展了多方面的活动，出版了学术刊物，取得不少成绩。1986年，夏湘蓉会长因年迈提出辞去会长职务。经中国地质学会批准，1986年4月，王鸿祯教授接任会长。地质学史研究会在王鸿祯会长领导下，继往开来，开拓创新，开创了地质学史研究的新局面。2004年王鸿祯会长提出辞去会长职务。当年，按照中国地质学会的意见，地质学史研究会改称地质学史专业委员会。经中国地质学会批准，翟裕生教授任主任委员，王鸿祯教授任顾问。王鸿祯教授担任地质学史研究会会长18年，任顾问以后，仍继续关心和支持地质学史专业委员会的工作。

王鸿祯教授早年就很关注地质学史研究，1947年在法国考察时，有幸见到德日进、李约瑟等学术大师，通过交谈，引起了他对地质学史更大的兴趣。1986年，他主持地质学史研究会的工作后，对地质学史研究的指导思想、研究内容、研究方法、学术活动、出版物、学风等方面，提出了许多指导性意见，与同事们切磋，取得共识，团结大家一道，开展了丰富多彩的学术活动，推动我国地质学史研究深入发展。地质学史研究会的工作得到中国地质学会的肯定，被中国地质学会先后授予“学会工作先进集体”（1989、1992）、“学会工作优秀集体”（1997）、“先进集体”（2006）、“2006—2007年度学术活动先进单位”（2008）、“2009年度学术活动先进单位、社会服务工作先进单位、科普工作先进单位”称号（2010）。1986年以来，中国地质学史研究取得很大进展，王鸿祯教授对此做出重大贡献。

一、对地质学史研究的指导思想、内容、方法等提出许多指导性意见

1987年10月5日，地质学史研究会举行第五届年会，主题是“中国地质事业早期史暨纪念丁文江先生100周年、章鸿钊先生110周年诞辰”。王鸿祯会长发表了“以史为鉴，继往开来”的开幕词。他说：“随着我们科学事业的发展，对科学技术史的研究日益受到重视，同时也提出了更高的要求。”“科学技术史的研究应该做到‘以史为鉴，继往开来’，研究事物的本末和始终，达到为当前和今后的工作借鉴的目的。”他“衷心地希

① 载于《地质学史论丛》·6·. 中国地质学会地质学史专业委员会、中国地质大学地质学史研究所合编、地质出版社，2014年10月

望通过这次纪念活动和学术活动，能够通过‘缅怀前贤，激励后进’，做到以史为鉴，联系当前；通过回顾过去，探讨事业的盛衰和得失，追溯学术上的本末和源流，做到对我们当前的工作有所启发、有所借鉴，从而对我国地质事业的前进和发展，对我国地质科学的前进和发展，尽一份绵薄之力，起一份推动作用，这就是我们的衷心愿望。”王鸿祯教授的讲话对地质学史研究的意义、目的、指导思想等作了很好的阐述，研究会始终本着“以史为鉴，继往开来”的指导思想组织开展学术活动。

在地质学史研究的内容、方法等方面，王鸿祯会长提出许多重要意见，他提倡以地质科学发展史及学术思想史为主，进行研究和开展学术活动。

1988 年 10 月 31 日，他在第六届年会开幕词中说：“地质学史的研究涉及所有地质分支学科，它的兴旺发达有赖于广大地质学人共同关心和有关部门的广泛支持。我们竭诚欢迎中国地质学者，特别是中青年地质学者，能够以适当的时间参加学科史的研究实践。”

1991 年 3 月 5 日，在地质学史研究会举行的工作会议上，他说：“地质学史研究会的活动，应以研究整个地质科学发展史及学术思想发展史为主，同时兼顾中国古代及当代的研究。应以 19 世纪以来地质学史研究中经常遇到的一些难题（如对重要人物或重要史实的评价）研究为途径之一。只有这样，才能比较客观公正地撰写地质事业发展史和评价历史人物。”

1992 年 9 月，王鸿祯会长著文《重视学科历史 服务祖国建设》庆祝中国地质学会成立 70 周年。他写道：“今年是中国地质学会成立 70 周年。1982 年庆祝学会成立 60 周年时，曾全面回顾了我国地质科学的发展。近十年来，地质学中不少学科在国际国内又有了新的发展，在促进经济发展，服务祖国建设方面，将会发挥更大的作用。因此，我们当前更应重视研究学科发展历史，促使其更好地服务于祖国的经济建设事业。”“近十年来，科学技术史的研究受到普遍的重视，这是由于科学技术史的研究能够起到‘以史为鉴，继往开来’的作用，具有总结过去、指导现在和预测未来的重要意义。”“为了推动学科发展，更好地服务于经济建设，地质学史研究会应在以下三方面开展工作：①继续发掘研究我国古代地质及矿业史料。②开展地质学术史的研究，分别不同学科分支加以系统研讨。③回顾我国近代地质事业发展的进程，分别地质、石油、冶金、煤炭等不同界别，汇集史料和资料，并就其相互渗透和相互促进的整体关系方面予以研究总结。”

1992 年 12 月 18 日，在第八届年会开幕式上，王鸿祯会长说：“科学技术史的任务是回顾、总结、研究过去学科发展、事业发展的基本情况和客观规律，对地质科学的发展有很大的意义，对当前的地质事业也有现实意义，其主导思想是‘以史为鉴，继往开来’。它包含的内容有两个方面，即事业史和学术史（学科史）。”“要进一步开展学科史、学术思想史的研究。我们常讲，最重要的突破是理论上的突破，最深刻的变革是概念的变革。因为这些突破和变革，可使我们的学科整个面目有所改变。因此，我们从事学科史的研究应着重在指导思想、理论概念、方法论等方面，进而提到哲学的高度。”“我们应该考虑今后学史研究怎么做。我想把学科史研究作为近期的重点。另外，同时也要开展古代史、事业史的研究，这两方面也不可偏废。”“我想我们应当试用辩证的、正确的哲学思想来指导我们的研究。在学科方面，我想以沉积地质或构造地质作为重点，在时间方面有很大跨度的前寒武纪地质早期史也是重要的方面。”

1994 年 4 月 20—22 日第九届年会期间，4 月 22 日，王鸿祯会长就地质学史研究做了发言。他说：“通过这次学术报告，明确了以学科史研究为主线，把它同事业史和人物的研究很好地结合起来。事业史的研究非常重要，但要看到当时政治环境的影响。讲事业的成败兴衰，应历史地看问题，并应把研究的重点摆在学术方面。研究事业史、学科史都要涉及人物。研究人物，也应以学科史为主线，着重搞清史实，从学术方面指出他们的贡献，研究他们的学术道路、学术思想和对学科发展的贡献，不宜过多联系政治上或生活上的问题。应提倡多摆事实，少作评价，更不要匆忙下结论，要避免简单化或片面性。”

1996 年 8 月，他提出：“今后在国内和国际上除一般史料外，开展学科发展史、学术思想史研究，上升到哲学概念的高度，应是一个重要的方向。”

1997 年 1 月，他又指出：“我们在前一段时期，较多强调学科史，取得了较好的效果。学科史反映了地质科学的发展过程，可以吸引地质界许多感兴趣的同志参加研究，同时也有可能吸引年轻同志参加，因为研究学科史对他们的专业发展有好处，对有关部门的领导同志也有启发，可供他们制定学术研究规划和培养人才参考。”“今后一段时间，我们可以将学科史作为基础，全面开展包括事业史、人物史、教育史和古代矿业开发史的研究，推动结合，有所前进。”

王鸿祯教授十分重视要搞清史实，发扬百家争鸣的学风。他说（1988 年 10 月 31 日）：“对历史人物的评价本来是见仁见智，有不同的见解是正常的现象。涉及中外交流和外国学者，因素就更为复杂。我们希望在学术讨论中做到各抒己见，百家争鸣。希望我们地质学史的学术讨论能够对整个地质界发扬百家争鸣的学风有所促进。”他又指出（1997 年 1 月 27 日）：“研究科学史，史实是第一位的，研究会一贯重视搞清史实，这也是治史的起码要求，搞事业史、人物史和学科史，都要建立在史料准确可靠的基础上。”

王鸿祯教授在辞去会长职务后，仍关心研究会的工作。2004 年 12 月，他又指出，在新世纪，研究会要“与时俱进”，要贯彻“以人为本”。他说：“地质学是地球科学的一部分，地球科学系统更为广泛，它的各个方面有个协调和融合的问题，特别是 20 世纪 90 年代以来，科学与文化，自然科学与社会科学的交流，引起学术界的关注。我们要与时俱进，学术思想具有哲学因素，学史研究与哲学联系也应更为紧密。”“贯彻以人为本，特别是正确对待历史人物的评价。”

王鸿祯教授提出的“以史为鉴，继往开来”的主张；学科史与学术思想史研究相结合的思想；以学科史研究为主线，要同事业史、人物史研究相结合的思想；开展学科史与学术思想研究要升到哲学高度的思想；地球科学系统的协调和融合的思想等。这些指导思想都具有前瞻性，指导着地质学史研究会（地质学史专业委员会）的学术活动沿着正确的方向不断前进。

二、统筹规划，举办丰富多彩的学术活动，出版了许多专著和论文集

1986—2010 年，在王鸿祯教授领导和关心指导下，地质学史研究会（地质学史专业

委员会）共举办了19届学术年会，出席会议的有1639人次，收到论文921篇。其中有8次学术年会是分别与北京大学、中国地质大学（北京）、中国地质学会水文地质专业委员会、中国石油学史研究会、河南省地质学会、中国地质调查局发展研究中心、中国地质调查局科技外事部、中国地质图书馆等单位联合主办的。这段时间里，还举办了专题学术研讨会12次，出席会议的有482人次，收到论文172篇。其中5次学术研讨会是分别与中国地质大学（北京）、河北省石油学会、河北省保定市地矿局、石家庄经济学院联合主办的。1996年8月，第30届国际地质大会在北京举行期间，地质学史研究会与国际地质科学史委员会共同主持了地质学史、地学哲学等主题的学术讨论会，出席会议的有180多人次，宣读论文32篇。

1989—2009年期间，由地质学史研究会（地质学史专业委员会）组织出版了14部专著和论文集。学者们出版的专著更多。

每届学术年会都有一定的主要议题，同时，关于古代地学思想史、地质事业史、地质教育史、地质人物史、地质学科史和学术思想史、中外地学交流史等方面，在学术年会上都有所涉及和安排。

1. 古代地学思想史研究

历届学术年会上，大都有古代地学思想研究的论文，在《地质学史论丛》上也有这方面的论文刊出。学者们出版的专著有：夏湘蓉、李仲均、王根元《中国古代矿业发展史》（1980年出版，1986年第二次印刷）、霍有光《中国古代矿冶成就及其他》（1995）、李仲均、王恒礼、石宝珩、王子贤《中国古代科技史钩沉》（1998）、李仲均《中国古代地质科学史研究》（1999）等。

2. 地质事业史研究

丁文江先生和章鸿钊先生是我国地质事业的创始人和奠基人，对中国早期的地质事业做出了重大贡献。对中国早期的地质事业如何认识？对中国地质事业奠基人如何确定？对丁文江先生如何评价？学界有不同的看法。王鸿祯教授与有关学者、专家交换意见，做了许多工作，确定在1987年10月5—7日，地质学史研究会与北京大学联合召开中国地质事业早期史讨论会，纪念丁文江先生100周年、章鸿钊先生110周年诞辰。我国科学技术界的前辈、丁文江先生生前好友、全国政协副主席钱昌照先生，丁先生生前好友、河海大学教授郑肇经先生，黄汲清、李春昱、程裕淇、贾兰坡、秦馨菱、王鸿祯等22位院士出席，到会学者113人，老中青三代地质学者聚集一堂，共议中国地质事业创业奠基史。会议收到论文72篇，87人次在会议上发言。这次会议对章鸿钊、丁文江、翁文灏、李四光4位中国地质事业奠基人的地位取得共识。地质学界认为，这次会议对研究中国地质事业早期史，对正确评丁文江先生很有意义。会后，由王鸿祯主编出版了《中国地质事业早期史》论文专辑，文章作者许多是老一辈的科学家，他们从诸多方面和不同角度，回顾了中国地质事业发展初期的史实，且为亲身经历，许多史料是第一次总结发表。

地质事业史研究在每届学术年会和每期《地质学史论丛》上，都是重要内容之一，包括地质事业发展、地质机构史、地质学会史等。在此期间还出版了一些专著。

石油学史研究是许多学者关注的一个课题。1989 年 9 月 28 日，地质学史研究会与河北省石油学会联合召开了中国石油史学术讨论会。在我国召开全国性的石油史学术讨论会，这是第一次。王鸿祯会长致开幕词，第一个宣读论文的是黄汲清。黄先生在他的长篇论文中，详细地论述了他从 1935 年至 1959 年从事石油地质勘查工作的过程，文中所提到的许多史料，都是鲜为人知的。地质学史研究会第八届年会、中国石油学史研究会第二届年会于 1992 年 12 月 18—20 日举行。地质学史研究会王鸿祯会长作“中国地质学发展史”的报告，石油学史研究会田在艺会长作“中国石油工业与石油地质学的发展”（与康一孑合著）的报告。

2006 年、2007 年、2008 年，地质学史研究会举行的第十八、十九、二十届学术年会，主题之一都是区域地质调查史。第十九、二十届年会是由地质学史研究会、中国地质调查局科技外事部、中国地质大学（北京）地质调查研究院共同主办的。《地质学史论丛》（5）刊载了 26 篇区域地质调查史研究的论文。

3. 地质人物史研究

研究地质学史必然要研究地质人物。学者们在研究地质事业史、地质教育史、地质学科史和学术思想史、中外地学交流史时，都结合研究地质人物。此外，还有地质人物研究的专文和专著。研究会每届学术年会都有地质人物研究论文。研究会组织或参加组织有关地质人物史的研讨会主要有：1987 年 10 月“纪念丁文江 100 周年、章鸿钊先生 110 周年诞辰”、1988 年 11 月“纪念谢家荣先生诞辰九十周年”、1989 年 12 月参加“李四光学术思想研讨会—纪念李四光诞辰一百周年”、1993 年 12 月“纪念袁复礼教授百年诞辰”、1995 年 10 月“纪念孙云铸教授诞辰 100 周年”。2003 年 11 月举行的第十六届学术年会是一次以“地质人物研究”为主要议题的学术年会，时逢袁复礼诞辰 110 周年、谢家荣诞辰 105 周年、冯景兰诞辰 105 年、喻德渊诞辰 100 周年、王曰伦诞辰 100 周年等。刘东生、王鸿祯、翟裕生、张咸恭等作了主题报告。

在《地质学史论丛》上发表了许多文章，缅怀地质学界前辈，阐述他们对我国地质事业和地质科学做出的贡献。王鸿祯教授也发表了许多文章，表达对地质学前辈的崇高敬意和高度评价。例如，他写道：

“丁文江先生和章鸿钊先生是我国地质事业的创始人和奠基人，对中国早期的地质事业作出了重大的贡献。”“今天缅怀前辈们在困难的条件下，筚路蓝缕、艰难创业的历程，必将引起我们的高度崇敬；怀念丁先生、章先生和他们的同辈李四光先生及其他几位先生们一起，披荆斩棘、合作无间的精神，也必将给我们巨大的鼓舞和激励。”他还恭撰联语，敬谨表达他对丁先生的无限崇仰之情：

地学宗师　政论新声
科坛巨子　文化先锋
士林崇仰　桑梓同荣
忝属晚辈　共颂事功

“李四光教授是我国地质事业的奠基人之一，是新中国地质事业的主要领导，是中国科学界、知识界的一面旗帜。他的科学活动和社会活动具有广泛的影响。”“李四光教授从事直接教学工作的时间并不算很长，但是他是中国正规地质教育的主要奠基人。”“李四光教授地质科学上的巨大建树是尽人皆知的。”“李老可能是第三世界地质学家中以创造性思维探讨全球地质理论问题第一人。他的科学创新精神和民族自尊的节操永远值得我们崇敬。”“我在读李老的学术著作时，又深深感到他总是立论严谨，从无武断之语、过甚之词。李老的学风和文风为我们树立了光辉的典范，是我们应该继承和发扬的宝贵财富。因此，我们特别要学习李老的献身精神和民族气节，学习李老严谨的科学态度和高尚的学风文风。这样，我们就能推动地质科学和地质事业的健康发展，在社会主义的四化建设中作出应有的贡献。”

“谢家荣先生是著名的老一辈地质学家。他学识渊博，著述颇多，对中国地质事业作出了重大的贡献。”“谢家荣先生不仅在内生和外生矿床方面取得了杰出的成就，对石油地质和煤田地质有精辟的见解，对大地构造也有重要的创见。”“他毕生致力于资源、能源的找矿勘探实践，是把地质理论与应用密切结合起来的典范。”“谢家荣先生是中国地质界的一代宗师，矿床学的罕见巨匠，矿产勘查事业的杰出领导人。”“谢先生知识渊博，非常重视实践，又具有敏锐超前的思维。”

“孙云铸教授是中国著名的古生物学家和地质学家，是中国古生物学和地层学的奠基人之一，同时又是一位影响深远的地质教育家。”“孙云铸教授在学术上的主要贡献是在古生物学和地层学方面。他长期从事教学和科研活动。他总是把教学和科研两个方面很好地结合起来，做到既出成果，又出人才。”“在科研方面，孙云铸教授治学的特点是善于把点上的深入同面上的扩展很好地结合起来，又善于从总体上把握科学的现状和发展及其与相关学科之间的关系。”“孙云铸教授堪称中国地质古生物学界的一代宗师，也是中国地质学界的一位良师长者，他待人以诚，平易近人，对后进者关切备至，数十年如一日，凡曾亲受教诲的学生无不深志不忘。”

4. 地质教育史研究

地质教育在地质事业和地质科学的发展中具有基础性、先导性、全局性的地位和作用。地质教育史研究是学者们关注的研究课题之一。我国早期的地质教育机构：北京大学地质学系、农商部地质研究所、南京大学地质学系、清华大学地学系、北洋大学地质学系及地质工程系、山东大学地质矿物学系、西南联合大学地质地理气象学系等的历史都有研究文章或专著发表。1992 年 5 月 23 日，地质学史研究会与中国地质大学联合召开“中国地质教育史研讨会”，杨遵仪教授及当年在西南联大任教或学习、仍在为地质事业尽心竭力的王鸿祯、董申保等老教授及中国地质大学领导、地质学史研究会部分在京委员出席，会议回顾和探讨了西南联合大学地质地理气象学系的办学特色和优良传统，对办好地质教育提出了一些建议和希望。

著名地质教育家教书育人的事迹令人难以忘怀，也是地质教育史研究的一个重要方面。1993 年 12 月 31 日，是著名地质学家、考古学家和地质教育家袁复礼教授诞辰 100 周年，中国地质大学、中国地质学会、地质学史研究会等 19 个单位和学术团体举办纪念会，并在会前出版了纪念专辑，收入纪念文章 85 篇，袁老的未刊著作 4 篇。王鸿祯写道：

"袁渊（袁复礼）老师早年留学美国，回国之后虽然从事过地质调查工作，特别是在西北科学考察期间，作出了开创新型的贡献，取得了卓越的成就。但就袁老师的一生来看，他的主要贡献还在于长期坚守地质教育岗位。他长期主持清华大学地学系，师道长存，功勋永在。""我们现在敬怀前贤，缅怀师德，更应以此自勉，以求无愧于前辈师长，无愧于当前的时代。"

1995 年 11 月 17 日，是著名地质学家、地质教育家、中国地层学和古生物学奠基人孙云铸教授百年诞辰。孙云铸教授的学生杨遵仪、王鸿祯等 8 位院士倡议，出版孙云铸教授百年诞辰纪念文集。1995 年 1 月 3 日，以"孙云铸教授对中国地质教育的贡献"为题进行了研讨。1995 年 5 月 19 日，地质学史研究会与地矿部教育司联合召开了"孙云铸教授教育思想研讨会。"1995 年 10 月 16—18 日，举行纪念孙云铸教授诞辰 100 周年暨地质学史研究会第十届年会。到会嘉宾及学者 135 人，孙老师的学生杨遵仪、王鸿祯等 21 位院士出席，在纪念会和学术报告会上，大家追忆孙云铸教授在地质学、古生物学、地层学、地质教育等方面的贡献。由王鸿祯主编的《中国地质学科发展的回顾——孙云铸教授百年诞辰纪念文集》，也于 1995 年 10 月出版。文集包括两部分：纪念—缅怀；学科史及专题评述。在"纪念—缅怀"部分 14 篇文章中，有：王鸿祯写的《孙云铸教授生平》、地质矿产部教育司著文《孙云铸教授对中国地质教育的贡献》。孙老师的学生中 8 位院士分别著文缅怀《治学严谨的恩师学科之林的先驱》，讲述了《孙老师对青年的关怀使我终生难忘》，《孙云铸教授的杰出贡献及对我的教诲和培养》，表示《学习孙老师的教育思想和优良学风》。

2009 年是中国高等地质教育 100 周年，10 月 20—21 日举行的第二十一届年会，中国高等地质教育百年是会议的主题之一，宣读了许多论文，有：赵鹏大、胡轩魁《中国高等地质教育百年变化及其理性思考》、毕孔彰《时代的要求永远是教育改革的动力》、刘瑞珣、于洸《继承和发扬中国地质教育的优良传统》、于洸、潘懋、宋振清《百年奋进再创辉煌——北京大学地质学系建系一百周年》（1909—2009）、于洸《李四光教授与北京大学地质学系》等。

关于地质学科史和学术思想史、中外地学交流史的研究和学术交流的情况下文分别叙述。

三、突出重点，在地质学科史和学术思想史研究方面取得一批重要成果

王鸿祯教授多次倡导要加强地质学学科史的研究，以便追溯学术上的本末和渊源，提高学科研究水平，更好地为经济建设和社会发展服务。历届年会上都有学科史研究的论文。1992 年 10 月 18—20 日召开的地质学史研究会第八届年会上，王鸿祯会长作了题为《中国地质学简史》的报告，他讲了 4 个问题，①西方地质科学发展略述，分为 5 个时期或阶段，即：地质学的萌芽阶段，远古至 15 世纪中叶；地质学的准备阶段，15 世纪中叶至 18 世纪中叶；地质学的奠基和建立阶段，1750—1840 年；地质学的发展阶段，1840—1910 年；现代地质学的形成阶段，1910—1950 年。②中国地质科学发展分期简述，

初步认为，自1840年鸦片战争至1966年，可分为4个阶段，即：准备阶段（1840—1912）；奠基阶段（1912—1937）；过渡阶段（1937—1949）；发展阶段（1949—1966）。③20世纪70年代以来中国地质学发展的新时期。④一些思考和展望。

1994年4月20—24日举行的“中国地质科学史学术讨论会暨地质学史研究会第九届年会”，以研讨中国地质学史和分支学科史为重点，收到论文及摘要57篇。翟裕生副会长受王鸿祯会长委托，作“关于开展地质学科史研究的几点意见”的报告。王鸿祯会长作了“关于东亚地区地质科学发展史的一些思考”的报告。他首先简述了地质科学史的分期及其标志，作为了解和研究东亚地区地质科学发展史的背景。回顾了中国地质科学的发展，指出了各发展时期的重要事件、代表人物及中外交流的情况。同时分析了日本和东亚地区其他国家地质学发展的情况。指出：地质教育对发展本国的地质科学起着重要作用；重视国际合作，开展国际交流，才能推动学科发展和学科间的交叉渗透，做到与世界学术发展同步，取得国际性的研究成果。

在王鸿祯主编的《中国地质学科发展的回顾——孙云铸教授百年诞辰纪念文集》（1995）一书中，收入地质学科史及专题评述论文32篇，包括古生物学、沉积学、地层学、矿物学、岩石学、矿床学、地球化学、数学地质学、地球动力学、石油地质学、煤地质学、水文地质学、地震地质学、矿田构造学、地球动力学等方面的学科史，以史为鉴，总结学术研究成果和研究经验，探索学科发展规律，以提高地质科学研究水平，促进学科发展，服务经济发展和社会建设。比较全面地综述中国地质学科的发展及重要地质问题，这在我国尚属首次。本书作者大多为我国地质学科的著名学者，其中两院院士18人。

1999年9月9—11日举行的“新中国地质科学50年回顾与展望”学术研讨会暨第十三届年会上，会长王鸿祯院士作了“50年来中国地质科学发展简要回顾”的学术报告（刊登于《地质论评》，2001年，第1期），王鸿祯主编的《中国地质科学五十年》于1999年8月出版。51位学者（其中两院院士17人）撰写论文38篇，反映50年来中国地质科学各分支学科的发展历程、主要成就及经验，向新中国成立50周年大庆献礼。第一篇是基础地质学，第二篇是应用地质学。书中有王鸿祯院士著《五十年来中国地层学研究的进展》。

2000年11月21—22日举行的第十四届年会上，王鸿祯会长发表了“地质学史研究新阶段的一些特点”演讲，32位学者作了学术报告，董申保“地质科学中物质组分的地球化学行为的前瞻”、翟裕生“矿床学学术思想的思考”等报告，为深入研究地质学科史，特别是学术思想史进行了新的探索。会议期间，特意安排了一次以“地球科学学术思想史”为主题的研讨会，这次研讨会的召开，标志着地质学史研究会关于学科史的研究，进入了一个深入研究学术思想史的新领域。

2001年11月11—12日举行的第十五届年会，以“地质科学中物质学科史”为主线，交流的论文中有40%是关于矿床发现、矿床学发展及学科思想探索等。王鸿祯会长就“开拓创新”作了重要讲话，提出：“新千年我们研究会的学术活动要有新思维，要在事业史、学科史的基础上，研究学术思想史；同时，要服务于主战场，开拓地质学史研究的新阶段。”

2002 年迎来了中国地质学会成立 80 周年。王鸿祯、翟裕生、游振东、石宝珩、籍传茂、杨巍然、杨光荣代表地质学史研究会撰写了《20 世纪中国地质科学发展的回顾》长文，载于《地质学史论丛》（4）。《地质学史论丛》（4）主编是王鸿祯会长，他在“序”中写道：“当前我们面对着地质科学和地球科学的新的世纪和新的阶段，面对着地球系统科学的新框架。我们的学史研究任重道远，也必须有新的面貌和新的思维，在资料取材和思想方面，都要有所前进，有所创新。地质学科的内容将不断更新，学科之间的界线和划分方法也将不断更新。我想学史中划分学科研究的基本方法是不会改变的。但是研究的内容应当从学科史进一步深入到学科思想史和学术思想史。学科的交叉、融合和发展是通过学术思想的交流和贯通来实现的。只有研究分析学科思想的来龙去脉，才能理解学科发展的趋势，从而指出引导和推动学科的发展以及整个地质科学前进的途径。使人高兴的是在本期中，这个研究方向已经初露端倪。我衷心祝愿我们的研究会在新的时代里与时俱进，更上一层楼。”

中国科学技术协会于 2008 年选择 4 个学科首批启动了学科史研究试点，其中之一是“中国地质学学科史的研究”。“中国地质学学科史”研究工作，在中国科协的领导下，得到了国土资源部的支持和指导，中国地质学会组织了以地质学史专业委员会和徐霞客研究分会研究人员为主体的研究集体开展此项研究。《中国地质学学科史》一书于 2010 年 4 月出版。本书在编写过程中，编写组多次向王鸿祯院士汇报、请教。在审阅书稿后，王鸿祯院士题词：“因史知人　以人记史　寓深于信　由信入深。”

四、进一步开展地质学史研究的国际交流

地质学史研究会一经成立，就参加了国际地质科学史委员会（INHIGEO）的工作和活动，1980 年夏湘蓉会长当选为该委员会委员。1986 年王鸿祯教授接任会长后，于 1989 年 7 月接替夏湘蓉任国际地质学史委员会委员。1990 年 10 月，王鸿祯教授当选为该委员会副主席。1996 年 8 月，再次当选为副主席。2008 年张九辰研究员当选为副主席。自 1980 年起。我国先后还有 13 位学者为该委员会委员。

1986 年以后，在王鸿祯会长领导下，研究会加强了与国际同行的交往，扩大了国际交流。自 1985 年起，国际地质科学史委员会多次向夏湘蓉会长表达了希望在中国举行一次学术会议的意向。1988 年 3 月，地质学史研究会挂靠在中国地质大学（北京）后，王鸿祯会长将上述情况向学校领导汇报，学校领导表示愿意承担会议的组织工作，经报请中国地质学会同意并上报地质矿产部批准后，王鸿祯会长向该委员会作了肯定的答复。1988 年 9 月，该委员会秘书长 Dudich 博士来华会见了王鸿祯会长，达成了 1990 年秋季在北京召开国际地质科学史委员会第 15 届学术年会的初步协议，会议的主题为“东西方地质科学思想的交流”。

1988 年 10 月 31 日—11 月 2 日，地质学史研究会举行第六届学术年会，中心议题是“中外地质学术交流史”。学者们对外国学者在中国的地质工作如何正确评价等涉及近代地质学发展史的重要问题，报告了研究成果，展开了热烈的讨论。

1989 年 7 月，王鸿祯会长赴美国华盛顿出席第 28 届国际地质大会，向大会提交了

王鸿祯、夏湘蓉、陶世龙著《中国地质学简史》(英文版),同时参加了国际地质科学史委员会第14届学术年会及该委员会的全体会议,会上正式通过决议,第15届学术年会1990年在中国北京举行。

第15届国际地质科学史学术讨论会暨中国地质学史研究会第七届年会,1990年10月25—31日在中国地质大学(北京)举行。中外学者120余人出席了会议,其中有国际地质科学联合会副主席张炳熹、国际地质科学史委员会主席M.冈涛、副主席V. V齐霍米洛夫和秘书长U.B.马尔文、国际古生物学者联合会副主席周明镇、国家地震局局长方樟顺、中国科学院地学部主任涂光炽、国家自然科学基金委员会地球科学部主任孙枢、中国地质学会副理事长夏国治、中国地质学会地质学史研究会前任会长夏湘蓉、现任会长王鸿祯、中国地质大学(北京)校长程业勋,以及许多地质学界前辈和著名学者。

学术讨论会以“东西方地质科学思想交流史”为主题,收到论文83篇,涉及中国和欧美间的地质科学交流史,产生东西方地质思想相互交流的重要事件,主要地质学分支(地层学、古生物学、构造地质学、矿物学、岩石学、矿床学、地质力学、石油地质学、水文地质学和地震地质学等)的地质思想交流史,以及对东西方地质科学交流作出重要贡献的学者或记事。国际地质科学史委员会几位领导人对首次在中国召开国际地质科学史讨论会的丰富内容和盛况十分满意。主席M. 冈涛教授说:“过去对中国地质科学史的研究情况和研究成果了解得很少,这次到中国来,见到那么多学者从事地质科学史的研究,提出那么多高水平的论文,出了那么多的书,给国际上研究一个伟大国家——中国的地质科学史提供了丰富的第一手资料。”“过去国际地质科学史的研究圈主要限于欧美,现在中国已经进入到这个研究圈内,国际地质科学史委员会的活动扩展到了历史悠久的亚洲,这是一个重要的进展,这是一次有重要意义的会议。”讨论会认为,中国地质事业虽然起步较欧美晚,但地质学在中国发展很快;中国的地质科学之所以能够达到比较高的水平,中国地质学界从一开始就重视国际交流与合作是一个重要因素。

这次学术讨论会后,王鸿祯、杨光荣、杨静一主编的第15届国际地质科学史讨论会论文集《东西方地质学术思想的交流》(英文版),于1991年出版;王鸿祯、李鄂荣、石宝珩、杨光荣主编的《中外地质科学交流史》,于1992年出版。

第30届国际地质大会定于1996年在中国召开,中国地质学会地质学史研究会将参加组织地质学中外交流史、学术发展史以及地质理论、思想和哲学等的讨论会。为做好会议的准备工作,在1994年4月研究会第九届学术年会上,王鸿祯会长讲:“这是一次很好的机遇,希望大家共同努力,把地质学史研究更加推进一步。”

1996年8月4—14日,第30届国际地质大会在北京举行,地质学史研究会与国际地质科学史委员会共同主持了下列科学讨论会:地质学发展与国际地学交流,宣读论文10篇;地质学的概念、思想和哲学,宣读论文8篇,同时举行葛利普教授逝世50周年纪念会,宣读论文3篇;19世纪以来地质学分支学科的发展,宣读论文11篇。地质学史研究会还在第30届国际地质大会的参观单位之一的中国地质大学(北京)举办了“中外地质事业早期史”(奠基时期)的图片展览。会议的活动得到了国内外学者的一致好评。王鸿祯、翟裕生、石宝珩、王灿生编的《中国地质学科的发展》(英文版)于1996年出版,提交给本次大会。会后,王鸿祯、D. F. Branagan、欧阳自远、王训练编的《比较行星学、地质教育及地质学史》(第 30 届国际地质大会论文集，第 26 卷)(英文版) 于 1997 年出版。

2000 年在巴西举行第 31 届国际地质大会。由王鸿祯会长等编写的介绍《中国地质学史研究会 1980 年以来的学术活动及出版著作》的英文小册子，由翟裕生副会长带往会议展厅散发，受到与会代表的重视。会后，国际地质科学史委员会秘书长特致函王鸿祯会长要求再寄 200 册，由他向国际上有关团体和个人散发。这表明中国地质学史研究越来越受到国际上的重视。

王鸿祯教授离开我们已经两年多了，他对中国地质学史研究的重大贡献我们矢志不忘；他关于地质学史研究的许多论述我们铭记在心。我们要弘扬传统，继往开来，不辜负王鸿祯教授的厚望，将中国地质学史研究不断推进向前。

池际尚——岩石学家、地质教育家①

于 洸　杨光荣

我同池先生早年相识，又同在一所学校工作多年。我对她的博大胸怀和高风亮节非常敬佩，对她的严谨学风和奉献精神十分敬仰。她的卓越的学术成就和高尚的道德是紧密结合在一起的。我常常想：她的为学处世之所以能达到高度的完善，好像有一条红线贯穿其间。这条红线就是爱国主义的精神和共产主义的理想。具体的成果和业绩是会受到客观条件制约的，但这种精神和理想是更为本质的，它们闪烁的光辉永远激励着人们向前。

——王鸿祯

池际尚（1917—1994），女，湖北省安陆县人。岩石学家、地质教育家。中国科学院院士。1941 年毕业于西南联合大学地质地理气象学系。1946 年赴美国留学，1949 年获宾夕法尼亚州布伦茂大学博士学位。曾任西南联合大学地质地理气象学系助教、清华大学地质系副教授、北京地质学院教授、武汉地质学院教授、副院长、中国地质大学（北京）教授。1980 年当选为中国科学院地学部委员（院士）。曾任国家学位委员会和国家自然科学基金委员会学科评议组成员，地质矿产部学位委员会副主任，联合国教科文组织和国际地科联所属的国际地质合作计划（IGCP）执行局委员，中国矿物岩石地球化学学会副理事长，北京市第三届人民代表大会代表，湖北省第七届人民代表大会代表，中国民主同盟中央常务委员，第六届全国政协委员，第七届全国政协委员。曾被评为全国三八红旗手，地质矿产部劳动模范。著有《岩浆岩岩石学》（与苏良赫共同主编）、《构造岩岩组分析入门》、《费德洛夫法》（与吴国忠合著）、《岩浆作用及岩浆岩概述》、《中国东部新生代玄武岩及上地幔研究（附金伯利岩）》（主编）等。

祖国解放了，我要赶快回去为她服务

池际尚，1917 年 6 月 25 日生于湖北省安陆县，4 岁时随父母到北京，因家庭生活困难，到入学年龄还未能上学，她便自觉地跟着上学的哥哥、姐姐念英语，做算术。她的好学精神感动了父母，在 7 岁时让她上了北师大二附小。她努力把各门功课都学好，从二年级起一直当班长。1930 年考入北师大附中，她习惯超前学习，提前做作业，初中二年级时每次数学考试都得 100 分。她很喜欢英语，常到北平图书馆借托尔斯泰、屠格涅夫等作家的英文小说阅读。她爱好体育，是学校排球队主力队员。中学阶段她在各方面

① 载于《北大的才女们》，郭建荣主编，北京大学出版社，2009 年 7 月

都打下了良好的基础。

1936 年夏高中毕业后，她以优异的成绩考取清华大学物理系。那时正是国难当头，她积极参加爱国学生运动。耽误的功课，靠自学补上，仍然取得好的学习成绩。1937 年 7 月 7 日，日本帝国主义在北平制造了卢沟桥事变，发动了全面侵华战争，中国人民全面抗日民族解放战争从此开始。北平、天津沦陷后，北京大学、清华大学、南开大学南迁，组成长沙临时大学。池际尚随校南迁，在长沙临时大学，她响应进步的学生会号召，报名参加了战地服务团，被派到国民革命军第一军胡宗南部做抗日救亡工作。她参加过救护伤员，在街头演出宣传抗日救亡的活报剧，深入到胡宗南的部队鼓励士兵英勇杀敌。1938 年池际尚加入了中国共产党。她经常到八路军办事处联系工作，有幸见到董必武等党中央领导同志，聆听过他们的教诲，坚定了抗战一定能胜利的信心。后来，战地服务团从武汉转到陕西凤翔，她被分配到西北干部训练团做政治指导员。后因身份暴露，从西北到西南，入西南联合大学继续学习。

在西南联合大学，她改学地质。当时学习条件十分艰苦，但她非常珍惜这个学习的机会，靠着英语基础好和自学能力强，努力钻研了大量英文参考书，受到教师和同学们的称赞。她不畏艰险，在土匪横行、人迹稀少的大山里与男同学一样进行野外考察。野外实习时，自己做饭，一块咸菜或一点盐水下饭，她也吃得很香。在个旧锡矿一尺多高的矿洞里匍匐前进，浑身都是泥水。由于经常光着脚工作，脚上被划了一道道血口，但她没叫过一声痛。从事地质工作，虽然艰苦，但很适合她的理想和性格，艰苦和困难没有动摇她学习地质的决心。三年级时，因父亲失业，母亲、哥哥、姐姐先后去世，家里不能再寄给她生活费用了。但她热爱地质事业，不愿半途而废。同学们的接济，老师们的帮助，激励她更加用功地学习，完成学业。中国地质学会为奖励地质学生努力研究工作，于 1940 年 7 月设立学生奖学金。池际尚、刘庄、高之杕撰写的地质报告《云南嵩明兔耳关与昆明县大板桥间地质》，于 1941 年获首次发给的学生奖学金。袁复礼老师非常关心晚辈的成长。袁老师说："写好地质报告很重要，这是自己踏踏实实做工作得出的结论，给教学科研提供了可靠的依据。好的地质报告，就是一篇好的科学论文。"袁老师的教诲，给学生们指出了努力的方向。

1941 年夏大学毕业后，池际尚留校任助教，担任岩石学、矿床学等课程实习课的教学工作，教学工作实践也给她打下了深厚的岩石学、矿床学基础。为了纪念为地质事业遇匪被戕的许德佑、陈康、马以思三位地质学人，中国地质学会于 1944 年设立许德佑先生、陈康先生、马以思女士纪念奖金，从 1945 年开始赠予。1945 年，池际尚获第一届马以思女士纪念奖金。

经袁复礼教授推荐，1946 年，池际尚获得美国宾夕法尼亚布伦茂大学研究生奖学金。新婚才 20 多天，她就只身远涉重洋赴美深造。1947 年在地质系获硕士学位后，在魏克福教授指导下攻读博士学位。1949 年，她以出色的研究成果通过了博士论文答辩。授予学位的那一天，校长念到池际尚名字时说道："我们学校为有池际尚这样优秀的毕业生感到骄傲!"因为她的博士论文讨论了当时地质学界热烈争论的"花岗岩化"问题，她不仅阐明了它的成因机理，改正了构造岩石学权威所提出的成因观点，还提出了一个变形—组构的统一模型。论文发表后，受到美国著名岩石学家特涅尔（F.J.Turner）的好评，被推荐到著名的加州大学伯克利分校地质系做特涅尔的科研助理，在不到一年的时间里，就合作发表了几篇具有开拓性研究成果的论文。

当新中国成立的消息传到美国之后，她分别给清华大学地质学系主任袁复礼教授和北京大学地质学系王鸿祯教授写信，希望回国工作。很快收到了“祖国需要人”的回信，她决定尽快返回祖国。她要回国的消息很快传开，周围的人都很难理解，一个正向科学巅峰攀登的人，怎么突然要离开有利的环境。特涅尔教授很赏识她的才华，以自己是新西兰人为例说明“科学是没有国界的”，劝说她留居美国，要同她签订七年合同，给她增加工资。但她想：外国条件再好，总是当客人。祖国解放了，我要赶快回去为她服务。

1950 年 8 月，浩瀚无际的太平洋上，由美国驶往中国的“威尔逊”客轮上，乘坐着几十名中国留学生和科学家，其中就有 33 岁的女博士池际尚。他们的坚定信念是：“为了抉择真理，我们应当回去；为了国家、民族，我们应当回去；为了为人民服务，我们应当回去……”（华罗庚的公开信）

一切从祖国的需要出发

1997 年 6 月，池先生的同事和学生以中国地质大学岩石教研室的名义，编辑出版了一本《池际尚论文选集》。谨以此书的出版纪念池际尚院士八十诞辰，献给她无限热爱并为之奉献了一生的祖国。王鸿祯教授应邀作序，他深情地写了这样一段话：“我常常想：她的为学处世之所以能达到高度的完善，像有一条红线贯穿其间，这条红线就是爱国主义的精神和共产主义的理想。她在 1950 年放弃在美国优越的科研条件，选择返回祖国从事教学的道路，是爱国主义；在长年累月中，她把服务于矿产资源的工作看得重于基础理论的研究，还是爱国主义。她在毕生从事的教育工作中，把培育后进放在自身的科学积累之前，是共产主义的理想；在不利的大气候和艰难的条件下，勇于负起像‘七二一’专业培育这样艰辛的任务，还是共产主义的理想。具体的成果和业绩是会受到客观条件制约的，但这种精神和理想是更为本质的，它们闪烁的光辉永远激励着人们向前。”池际尚教授曾深情地说：“几十年来，我感受最深的一点是，作为一个教育、科技工作者，一切从祖国的需要出发，就能发挥自己的作用。”几十年来，她就是这样，通过扎实的工作，把自己的一生奉献给祖国。

1950 年 8 月回国后，她受聘任清华大学地质学系副教授。她的到来，使地质学系增添了生气和活力。她把在国外的研究获得的最新成果引入教学，编写了内容丰富、新颖的费德洛夫法讲义，引进了岩组学分析方法。在岩石学教学中，以相律、相图等新的岩石物理化学理论体系更新了教学内容，使青年教师和学生既掌握岩石学的基本知识，又了解了当时学科的动向。当时没有现成的教材，她便自己刻蜡版，油印教材。新颖的教学内容和精心育人的精神，给学生们留下难忘的印象，鼓舞着学生们勤奋上进。

1952 年高等学校院系调整，池际尚到新成立的北京地质学院任教授，并担任地质矿产专修科主任，这是为当时地质战线的急需而开办的，培养出的人才在地质勘探第一线发挥了积极作用。建国初期，为了改变我国贫油的状况，学校急需开出与找寻石油有关的课程，池际尚教授服从需要，改变了专业方向，担任石油教研室主任，在国内率先开出一门新型的沉积岩石学课，还应西北找油的需要，指导一位教师开设含盐量分析等有实用价值的实验课。1954 年 12 月，她任可燃性矿产地质及勘探系副系主任，协助系主任王鸿祯教授领导培养石油及煤田地质勘探人才工作。1957 年 9 月，她又根据需要，改任地质测量及找矿系副系主任，协助系主任杨遵仪教授主持教学科研工作，特别是在培养师资方面倾注了大量心血。多年来，她先后讲授过沉积岩岩石学、变质岩岩石学、晶体光学及造岩矿物、岩浆岩岩石学、构造岩组学、费德洛夫法等课程，编写过《岩石学》《沉积岩岩石学》等多种教材。1958 年她参考当时国外的先进理论和方法，结合我国大量实际材料，主编了我国第一本《岩浆岩岩石学》高校统编教材，于 1959 年出版，后又编著了《费德洛夫法简明教程》，于 1962 年出版。

为了迅速找到矿产资源，1956 年及 1957 年，她参加中苏联合组成的祁连山综合地质考察队，先后两次横跨祁连山，进行地质构造及矿产调查。她指导助手刘宝珺完成了青海茶卡地区地形—构造岩相图。这幅图后来被编入《岩浆岩岩石学》中。祁连山地区工作条件十分艰苦，早晨 9 时出工，要到晚上 10 时才能回到帐篷。1957 年 9 月，助手的脚被冻坏，不能走路，只有她一个人跑路线，也坚持完成了任务。

1958 年，北京地质学院二百多名师生参加山东中、西部 1∶20 万区域地质填图和普查找矿工作，池先生任山东大队大队长兼总技术负责。历经四年的工作，该队提交了 14 幅地质图（面积 89600 平方公里）及图幅报告，经过验收，均由国家正式出版，为山东沂沭断裂以西地区的找矿勘探工作打下了一个很好的基础，特别是该队在我国东部首次认识到沂沭大断裂带（今称郯庐断裂带）的存在，在指导找矿和构造理论研究方面都有重要意义。

20 世纪 60 年代初，她领导专题科研组开展对北京八达岭一带燕山期花岗岩的研究，1962 年，与李兆乃、李文祥等发表《燕山西段南口花岗岩（主要涉及岩浆分异作用、同化作用和成矿专属性）》论文，在我国首次深入详细地研究和划分了一个大型岩浆杂岩体的不同期次，在研究方法和理论方面，都为当时国内岩石学界树立了一个范例。

我国经济建设急需金刚石资源。1965 年，地质部组织中国地质科学院、北京地质学院、山东 809 队派人共同组成山东 613 科研队，进行找寻金刚石的工作。池先生任该队技术负责人，她暂时放下擅长的花岗岩基础研究课题，领导这个教学、科研和生产相结合的科研队，经过一年多的艰苦努力，完成了我国第一批山东含金刚石矿金伯利岩的研究成果。该成果 1978 年在全国科学大会上获集体奖。

“文化大革命”中，她身陷逆境，但仍然参加教改小分队，在河北、福建、湖北等省地质队举办培训班，帮助建立实验室。还到湖北、辽宁、河南等省，对金伯利岩及其相似岩石进行考察，在极困难的条件下，继续为找寻金刚石资源做出贡献。

1975 年，武汉地质学院成立。池际尚教授先后担任地质系副系主任和武汉地质学院常务副院长。还主持与湖北省地矿局合办的“七二一”大学。当时，在迁校过程中办学，困难特别多，她决心把全部心血都用在教学和管理工作上，全力以赴地全面主持工作，以自己的行动影响师生去克服一个个困难，在人员不稳定、设备和教材十分缺乏的条件下，使全校的教学工作逐步走上正轨。党的十一届三中全会后，迎来了科学、教育的春天，她主持申请世界银行贷款，筹建了具有现代化设备和高层次研究能力的测试中心。

为加强师资队伍建设，她费尽心血，主持选派了一批教师出国进修。她总想，要做一个好教师，就要全心扑在教学上。因此，她一直坚持担任着岩组学的教学任务，还编著出版了《构造岩岩组分析入门》（1977）和《费德洛夫法》（与吴国忠合著）（1983）等教材和专著。

从领导岗位上退下来以后，她有更多的精力主持国家自然科学基金、地质矿产部重点课题、国家教委科技基金等多项科研项目，指导研究生。虽然年已古稀，还多次出野外，参加解决北方找磷的难题，主持研究中国东部新生代火山岩及有关矿产。

几十年来，池际尚教授研究的课题，涉及岩石学的各个领域和地质学的许多学科，她野外工作的足迹遍及包括西藏在内的 20 多个省、市、自治区，这一切，都是因为祖国的需要。

面向学科前沿　锐意开拓创新

池际尚教授始终站在教学、科研第一线，面向学科前沿，锐意开拓创新。王鸿祯教授曾说："池先生的科研选题，几十年来，一直处于当时的学科前沿。她的教学选材，又一直是深思透见，包容了最新的科研成果。更难能的是：她的科研活动总是急国家所需，与矿产资源紧密结合。""长期以来，池先生始终站在岩石学的学科前沿，与地质科学整体发展的步伐是完全相合的。"正因为如此，池先生在学术上做出了突出的成就与贡献。1980 年，池先生当选为中国科学院地学部学部委员（现称院士）。

在构造岩石学、变质岩石学与流变学方面。她 20 世纪 40 年代末在美国的工作涉及构造岩石学及岩石变形实验。这些都是当时岩石学科的前沿内容，也展示了深部地质的研究方向。构造岩石学是构造地质学与岩石学之间的一门交叉边缘学科。岩组分析可以看作是构造岩石学的同义语。池先生在这一领域的贡献集中表现在她在美国发表的四篇论文和 1977 年发表的《构造岩岩组分析入门》中。她于 1950 年发表的《Wissahickon 片岩与花岗岩化作用的构造岩石学》一文，改正了 E. Cloos 等人将 S_2 定义为流劈理或轴面劈理的传统观念；论证了 S_2 是沿着拖曳褶曲的皱纹细褶的一翼滑动和重结晶的结果；通过岩组分析，把变质作用、花岗岩化作用与区域构造形成演化史有机地结合起来；基于质量平衡原理，对片岩的花岗岩化作用建立了两个精细的化学反应式；详细地划分了变形结构面 $S_1S_2S_3S_4$ 及其形成演化史，绘制了一张表现组构要素的构造图。这篇论文不仅是当时开创性的研究成果，从现代构造地质学来看，也是具有很高水平的论文。岩石变形实验是研究岩石圈流变学的最重要的支柱之一。池先生关于大理岩变形实验的论文，是一项开拓性的前沿研究。除发表论文外，她还专门培养这方面的硕士生、博士生、博士后，编写讲义，给研究生、教师和研究人员讲课，为我国构造岩石学和流变学的发展做出了贡献。

在花岗岩研究方面，20 世纪 60 年代初，池先生领导专题科研队，开展对北京西山八达岭一带燕山期花岗岩的研究，这是一个大面积花岗岩连续出露区，如何进行填图与研究是当时国内外的一个难题。池先生带领大家在野外从如何识别和圈出单个侵入体开始，进行岩浆侵入期次的划分，明确提出"旋回、阶、期、次、岩体"五级划分的方案，进而建立了侵入岩标准序列。通过野外工作和填图，证明“岩基”不是一个均匀的地质体，而是一个按一定规律依次侵入形成的“杂岩体”。在地质图上不是通常表现的一片红色，而是由多种颜色的小区镶嵌在一起，具有时代、构造含义的构图。1962 年在中国地质学会第 32 届学术年会上，池先生报告了《燕山西段南口花岗岩（主要涉及岩浆分异作用、风化作用和成矿专属性）》的论文，提出了两个重要的概念，即：同源岩浆系列与深部和就地岩浆分异、同化作用，从理论高度解释了该区侵入岩多样性的原因，并讨论了花岗岩的成矿专属性。她提出的侵入岩标准序列的概念是花岗岩体划分单元见解的先声，也是后来我国在岩浆岩区进行地质填图的重要依据。

在金伯利岩、钾镁煌斑岩与金刚石研究方面。我国于 1960 年开始寻找原生金刚石矿。1965 年继贵州之后又在山东蒙阴找到原生金刚石矿。为了指导全国金刚石找矿工作，地质部宋应副部长亲自委任池际尚教授组织并主持一百多人的 613 科研队，在蒙阴开展多学科综合研究，总结成矿规律与找矿标志，同时举办培训班，指导二十多个省市寻找金刚石。池先生提出“对比思想”，专门成立研究组进行国内外金伯利岩与金刚石矿对比工作；总结了金刚石伴生矿物的组合和特征，作为最重要的找矿标志；总结了控制金伯利岩与金刚石分布的地质构造特征；提出了我国金伯利岩的分类命名、填图单位及岩石特征，该分类命名方案沿用至今；提出了识别金伯利岩金刚石含矿性的公式；指出含矿金伯利岩的产状，除岩筒外，呈脉状产出的也可能含有高品位的金刚石，拓宽了找金刚石的远景范围。70 年代中期，国家开展第二轮金刚石找矿工作时，池先生又从金伯利岩岩浆不同的温压上升机制对保存金刚石与金刚石石墨化的制约，提出研究深部岩石圈的新思路以指导找矿。这是当今地球科学的前沿之一，也是金刚石及其母岩成因的关键科学问题。池先生在许多省区讲述她的思想，进行现场考察，为第二轮金刚石找矿工作提供了理论指导。20 世纪 80 年代中期，在澳大利亚发现了第二类含金刚石的母岩—钾镁煌斑岩。尽管此时池先生已近 70 高龄，但仍努力探索，结合中国实际指导找寻钾镁煌斑岩的工作。80 年代后期，在我国也先后发现了钾镁煌斑岩，为寻找金刚石开辟了新的远景。池先生领导的科研集体完成了一系列重要成果，对寻找金刚石矿具有指导意义，其中关于华北和全国金刚石成矿问题的专著于 1996 年出版，并获地质矿产部科技成果二等奖。

在火成岩构造组合与壳—幔深部过程研究方面。20 世纪 70 年代后期，板块构造理论日趋成熟，80 年代又转入探讨大陆岩石圈。池先生组织和领导科研集体，在结合国家经济建设需要的同时，瞄准上述学科前沿，先后开展了许多大型课题的研究，如中国东部新生代玄武岩及上地幔；西部三江与西藏特提斯造山带火山岩、花岗岩、蛇绿岩与成矿作用；下扬子中生代火山岩深部过程与盆地形成；华北、扬子与中国金伯利岩—钾镁煌斑岩与金刚石；华北含磷岩体岩石学与磷灰石矿床的构造岩浆控矿研究；华北中生代火山岩、花岗岩类与成矿作用；苏鲁含柯石英榴辉岩类与石榴石橄榄岩类的超高压变质作用；等等。池先生一生坚持前沿研究与找矿事业相结合，招收的研究生的专业方向一直是“岩浆岩与成矿”。1987 年发表的《岩浆作用与岩浆岩概念》一文，是她当时对我国在岩浆岩研究方面的最新总结与愿望。她主编的专著《中国东部新生代玄武岩及上地幔研究（附金伯利岩）》，1989 年获地质矿产部科技成果一等奖。池先生的研究实践代表了岩浆岩岩石学走向区域研究和深部研究的正确方向。

精心育人　提携后进

池际尚教授有这样一个理念:“要做一个好教师，就要全心扑在教学上，教书一定要负责，不能让学生无所收获；要鼓励、支持助手和学生超越老师的学科方向去开拓新的领域，更应要求学生一丝不苟，严谨治学，使获得的数据经得起任何人的检查，完成的研究成果，至少经得起二十年的检验。”

池先生在教学科研工作中重视出成果，更重视出人才。言传身教，是她培养人才的主要方法。理论联系实际是池先生教育思想的一个显著特点。早在20世纪40年代留美期间，她已接触到不少有关花岗岩化的问题和新理论，回国后即应用于教学和科研中。她非常重视学生实际工作能力的培养。她主张将学校自组实践队的岩石鉴定工作组织在岩石实验课中，改变了过去只让学生看现成的教学薄片、脱离实际的教学方法，大大提高了师生的实际工作能力。她还主张岩石实验课不必面面俱到，应着重培养观察能力、鉴定方法。她检查学生野外工作时，对每个重要的观测点都要亲自核实，重要的接触界线都要亲自追索，有些地方山高且陡，并需多次翻越，她都坚持进行，直到找到确凿的证据为止。她重视科研工作中的实践性环节及实验室工作，要求年轻教师和学生认真对待每一个测试检验。60年代，测试矿物固溶体的方法主要依靠费氏台和油浸法。费氏台测定矿物光性方位难度大，也很麻烦，她花费很多时间教学生如何准确地摆正消光位。测定矿物折光率时，往往要找寻数十个颗粒才能达到要求。她常说:“不要怕麻烦，也不要怕花时间，数据准确心里才踏实，才能保证成果的准确性，即使观点不同或有所改变，但提供出可靠的实践资料，也是对学科的贡献。”60年代初，中科院刚刚建立起我国第一个同位素地质年代实验室。1962年，池先生与他们合作，进行岩石学与同位素地质学跨学科研究，以检验八达岭-南口花岗岩野外确定的侵入顺序与期次划分是否正确。进行年龄间隔如此小的同位素年代学研究，当时不仅在国内没有人做过，在国外也属先进思路。野外采样是一个关键，她与科研助手完成了前四期花岗岩的取样后，助手提出找一位年轻人与她一起采第五期花岗岩样品，因为这一期花岗岩云母含量少，所需样品量大，山较高。池先生坚持要去，她说:“这是第一次进行这类研究，取样是关键，这一步做不好，可能会导致全盘失败。”她与助手穿越了整个岩体，后在岩体中心最高处取了样，两人分别背了标本返回基地。经过单矿物分离挑选，年龄测定的结果令人十分满意，这五期花岗岩的K-Ar同位素年龄依次排列与野外观察完全吻合。1986年，池先生已近古稀之年，还坚持到野外检查研究生的工作，核对学生测试的每个数据，一丝不苟，严格把关。身教重于言教，池先生的身教使她的学生和助手受到深刻的教育，终身受益。

求实与创新相结合，是池先生治学的一个显著特点。在教学中，她不囿于已有的教学内容和教学经验，不断进行充实与改进。早在50年代她就在清华大学讲授费德洛夫法课程；在岩石学课程中，介绍了许多成因岩石学的新资料、新观点。在北京地质学院建院初期，她领导大家创建岩石学教学与研究系统，她总是奋斗在第一线，完成一件工作后，留给年轻人去继续，她又去创建另一项工作。晶体光学、岩浆岩岩石学等课程，她先进行示范性教学。她是周口店地质教学实习队的第一任队长，至今周口店仍是中国地质大学（北京）一个重要的实习基地，北大地质学系学生也多次在这里实习。研究侵入岩体的工作方法，岩浆分异与同化作用的野外识别、接触分带研究等等，都是她在这里教给年轻教员的。池先生主编的《岩浆岩岩石学》（1959 年版）是我国第一本岩浆岩石学教材，她撰写了前言及第一章绪论，她强调不要只有岩石概念而忽视岩体的概念，要从地质体观点出发研究岩浆岩体和构成岩体的岩石；强调岩石学工作要结合中国实际，为寻找矿产资源作出贡献；还指出了岩浆岩岩石学发展的几个方向。池先生正是按照她所主张的“重视地质体”“重视矿产资源”“重视前沿研究”，言传身教地领导大家从事岩石学的教学与研究工作。在科学研究与找矿实践中，她不满足于前人已有的结论和总结，力求有所创新，有所前进。但是，她一贯坚持认为，任何新观点、新结论，都必须有可靠的证据。因此，在研究工作中十分重视收集第一手资料，不轻易作结论，提倡多看，多积累事实。她常对大家说：“研究生、科研助手只完成了导师布置的任务，那仅仅是达到二流水平，要在质量和数量上超额，要有新的发现，要有所创造，那才算是第一流水平。”

池先生要求大家工作上不能有半点马虎和虚假，但又真诚地关心着他人。她知道谁家有困难，便主动借钱给这些同志，从不要求偿还，而自己的生活却很俭朴，一套出国穿的西服用了十多年。对几位 1957 年被错划为右派的教师，她尽力顶住压力，坚持让他们留校上课，从而挽救了他们的科学生命。对周围的同志，她都平等对待，包括在“文化大革命”期间对她有过激行为的人，也不计前嫌，热情地为她们解决困难。她十分注意对年轻人在品德方面的要求，对一些只考虑自己，对工作不负责任的行为，都进行严肃的批评，在她所领导的教学科研团队里培育出一种团结一致、同舟共济、严谨治学、不图虚名、开拓创新的良好学风。对学生她也是十分关心和爱护。80 年代，她和一位女研究生出野外工作，研究生去大队收集资料，到晚上还未返回，她不放心，就在路边等。研究生回来见到年逾花甲的老师在凉风袭人的秋夜等着她，感动得热泪盈眶。

池先生十分重视培养接班人。她很有远见地看到助手们的潜在能力，提前为他们脱颖而出创造前提条件。她让年轻教师独立主持课题，推荐他们到重要的学术会议上报告由她主持的集体研究成果，推荐他们的论文在知名度较高的学术刊物上发表，在对外学术交流中将优秀的骨干教师介绍给国际上有影响的学者。尤其可贵的是，她以宽广的胸怀，鼓励和支持助手超越自己擅长的学术范畴，开拓新的领域。对思想活跃、钻研精神强的年轻人，具体帮助提高业务和克服困难，使他们迅速成长。她认为：“老一辈地质学家的力量是有限的，我们要把主要精力放在发现和培养人才上，要使每个层次都后继有人。”池先生长期工作的岩石教研室已经培养出三个层次的接班人队伍，他们不仅继承了她开创的业务方向，也继承了她热爱祖国、严谨治学的优秀品格和学风。50 年代初作为池际尚教授的研究生和助手的刘宝珺，1991 年当选为中国科学院院士后给母校来信说：“池老师对我的教育关心是全面的，她是我的楷模，对于我的成长有深刻的影响。我从她那里学到了如何做一个合格的地质学家，如何对待自己的工作，为祖国做出更大的贡献。”

1991 年 3 月初，池际尚教授因患肺癌住进医院。全国各地曾受业于她的学生们闻讯后心情十分沉重，以各种方式慰问老师，帮助她早日恢复健康。他们心疼自己的老师几十年如一日，只知道关心别人，不知道关心自己；只知道为学校为国家多做工作，无暇顾及家庭和孩子。但是，敬爱的池际尚教授终因医治无效，于 1994 年 1 月 1 日 8 时 55 分，走完了她光辉的人生旅程。

1994 年 3 月 4 日，中共中央统战部、中国科协、全国妇联和地质矿产部联合召开了有首都各界人士一千多人参加的池际尚院士生前事迹报告会。同年 3 月 11 日，中共中央统战部、中国科协、全国妇联和地质矿产部共同发出通知，号召全国科技界、教育界、妇女界、地矿界和各行各业的知识分子开展向池际尚学习的活动。学习她一贯热爱祖国、矢志报国的爱国主义精神；鞠躬尽瘁、全心全意为人民服务的优良品质；热爱科学、顽强拼搏、勇攀地质科学高峰的献身精神；严谨求实、精心育人的治学思想；淡泊名利、助人为乐、甘为人梯的高尚情操。

董申保教授在北京大学[①]

于 洸 张立飞 魏春景

70多年来，董申保老师一直从事地质学研究与教育工作，为我国地质行业发展与教育事业做出了巨大贡献，其中在北京大学学习、工作将近40年。2007年9月17日恭逢董先生九十华诞，我们将他在北大学习、工作、生活的情况作了一些梳理，写成这篇短文，谨以此向董先生九十华诞表示衷心的祝贺，祝先生身体健康，精神矍铄，学术工作再创佳绩！

（一）大学生活与西南联大

1936年夏，董申保考入北京大学理学院，当时地质学系对入学考生一条重要要求是入学考试的英文成绩必须及格，董申保符合了这个要求。据董老师回忆，原本他想读化学系，但最后选择地质学系，主要考虑两方面因素：一是从课程表上看化学系与地质系开设的课程相似。二是当时北大地质学系在国内声望很高，教师阵容强大，课程设置的综合性强，很多毕业生在工作上做出了很好的成绩。由此，他开始了地学之旅。他入学那年，地质学系系主任是谢家荣教授。一年级的课程有：普通地质学（谭锡畴教授授课）、普通矿物学（王烈教授授课）、普通化学、初等微积分、定性分析、英文等6门必修课。第一年课程刚刚结束，1937年7月7日，侵华日军向北平卢沟桥中国驻军发动进攻，并炮轰宛平县城，大规模的侵华战争开始。7月29日，北平沦陷。8月，国民政府教育部令北京大学、清华大学、南开大学迁长沙，组成国立长沙临时大学，11月1日正式上课。1938年2月长沙临时大学西迁入滇，4月抵昆明，奉命更名为国立西南联合大学。董申保于1937年11月离开北平，抵天津后在租界办好手续，买船票到青岛，但日本人已打到济南，只好转道上海，由水路从上海到香港、乘滇粤线火车，于1938年3月到达昆明，注册为二年级学生。西南联大1937—1938学年第二学期于5月2日开学，5月4日开始上课。

西南联大先是借用昆明其他学校的校舍办学，1939年下半年新校舍竣工后，地质地理气象学系在南区西北角占用4幢铁皮顶、土坯墙的平房作为教室、实验室和教师备课之用。学生宿舍是茅草顶、土坯墙，30人一间。教授的住房也很挤，一家几口人住一间房。刚迁昆明时，教学设备差，仪器也少，只能借用云南大学矿冶系的实验室进行矿物、岩石实习，仅有6台偏光显微镜，上课时学生轮流观察，一个学生只能看5分钟。后来略有改善，添置了一些教学设备和标本。当时，很多学生家庭经济来源断绝了，申请到

① 载于《高校地质学报》第13卷第3期，庆贺董申保院士九十华诞专辑，2007年9月

的资金只够吃饭，董申保还教过一阵家馆，挣些零花钱。学习和生活条件虽然艰苦，但师生们的精神面貌很好，大家想的是如何抗日，早日把日本侵略军打败。

西南联大集三校优良传统于一身，学术空气非常活跃。师资力量雄厚，地质学方面的教授有孙云铸、王烈、冯景兰、袁复礼、张席禔、王恒升、米士（P.Misch）等，曾在联大任教的教授还有谭锡畴、王炳章、张寿常等。孙云铸教授任系主任。那时教师们讲课认真，旁征博引，注意启发学生的思路。孙云铸教授教古生物学和地史学，他讲课时，常带来一大包参考书和论文，教室里放满标本，每讲到一种化石时，讲明该化石的特征后，便给同学们传阅观看，然后把该化石的特征扼要地写在黑板上，使学生一目了然。他善于启发学生的思路，吸引学生对地质、古生物学的热爱，喜欢介绍著名学者的情况及学术经历，使学生像听故事一样，既获得了丰富的知识，又学习了科学的思想方法和工作方法。米士教授讲授构造地质学、岩石学和区域变质作用等课程，他对喜马拉雅山、大理点苍山和昆明附近的地质做过深入的研究工作，讲课时能够把地质学的最新理论和他的研究心得介绍给学生。每年两次的野外实习教授们都亲自带队，言传身教。

当时系里的科学研究是结合云南的建设和矿产开发工作进行的。董申保的毕业论文是在孙云铸教授指导下，在云南中部杨林地区进行区域地质测量，他用了两个月的时间在野外用步测方法填绘图件、采集标本。四年级时，他边上课边整理野外资料、鉴定标本、绘制图件、撰写论文。1940 年夏毕业获学士学位。

1940 年 6 月，谢家荣先生任新成立的西南探矿工程处总工程师，急需人手，便向孙云铸教授求援。于是，地质地理气象学系董申保等 6 名毕业生便到该处工作。系里几位助教也去支援了一段时间。当年 10 月，该机构改名为西南矿产测勘处，谢先生任处长。在一年多的时间里，董申保主要是调查叙昆铁路沿线地质矿产，并著有《昭通、鲁甸、威宁间的地质矿产》（与郭宗山、谭飞合著）及《云南龙陵、镇康两县地质矿产》（与边兆祥合著），载于 1941 年刊印的西南矿产测勘处临时报告第 13 号及第 15 号上。

1941 年底，董申保重返西南联大，读硕士研究生。考研究生时，地层古生物的成绩最好，孙云铸教授建议他学地层古生物，但他表示想学岩石学，孙老师尊重他的志愿，并大力支持。指导教师是王恒升教授和米士教授。第一年学习课程。论文是关于云南易门地区昆阳群变质岩的专题研究。易门地区变质岩有千枚岩、板岩、大理岩等，露头不好，地层不易划分。通过仔细工作，董申保分出两套不同的变质岩。岩石薄片都是自己磨的，磨制的薄片请米士教授检查，米士教授风趣地说，这像个太平洋（意思是太大了）。于是再磨，直到米士教授什么话也不说了，就是可以了。工作告一段落后请导师进行检查，那时，王恒升教授去新疆工作了，米士、袁复礼两位教授与董申保一起在野外跑了两个星期，把他工作区的大体轮廓圈定了，对他分出的一套千枚岩和一套板岩加以肯定，但指出小的背斜、向斜构造的轴向没有搞清楚。在读研究生期间，每星期五晚上都有一次 seminar，研究生、助教参加。1944 年 7 月研究生毕业，留校任研究助教。董申保回忆说，研究生这段经历，不仅在变质岩研究上打下了一个很好的基础，而且导师的精心指导使他一辈子都忘不了。

董申保在西南联大期间还积极参加当时的反孔（孔祥熙）游行、“一二·一”运动等爱国民主运动。1941 年 12 月 7 日，日本侵略军偷袭珍珠港，爆发了太平洋战争，英美对日宣战。不久日军攻占香港，滞留香港的不少著名人士如何香凝等无法及时撤离。而国民党政府的行政院副院长兼财政部部长孔祥熙等达官贵人，却垄断中航公司的飞机，专事运输私人财物，孔家甚至把洋狗也用飞机运至重庆。这些丑行被媒体揭露后，引起了民众极大愤慨，1942 年 1 月 6 日，西南联大、云南大学和中法大学等学生一起举行倒孔大游行，上千人整队走出校门，他们高喊“打倒孔祥熙！”“打倒贪官污吏！”“打倒日本帝国主义!”等口号。这是一次震动大后方的行动。

1945 年 8 月抗日战争胜利后，国民党统治集团坚持反共反人民的内战政策，西南联大爆发了一场群众性的反内战运动。12 月 1 日，国民党云南当局组织大批特务和军人闯入西南联大、云南大学等校，捣毁校舍、殴打师生，并投掷手榴弹，致使四名师生遇难，受伤者数十人，酿成了震惊全国的“一二·一”惨案。当天中午，董申保等年轻教师正在学生食堂吃饭，听到有人攻打校门，丢下饭碗就去支援。12 月 1 日学生继续罢课，董申保写了一份大字报，主张罢课。他还是讲助联合会的成员，经常在学生与教授之间进行沟通。1946 年 3 月 17 日举行了隆重的四烈士出殡仪式。持续了四个月的“一二·一”运动胜利结束。

（二）留学法国

1946 年 5 月 4 日，西南联合大学举行结业典礼。组成西南联大的三校复员北返。董申保随北京大学返回北平，任地质学系研究助教，担任光性矿物学、岩石学等实习课的教学工作。

系主任孙云铸教授早就想送董申保出国学习。1946 年，董申保参加了一次中法政府交换生的考试，被录取。原计划先在国内学习法文，但因为学校刚回北平、各项工作千头万绪，一直没有机会学习法文，直到 1948 年夏季，法国驻华使馆来信催促，孙云铸老师也让他不要错过机会，就先去法国吧。于是，便于当年 8 月启程赴法攻读博士学位，10 月上旬到达巴黎。北大还晋升他为讲师，并补发了一年的工资差额。

到法国后先入巴黎大学地质系，指导教师是 J.Jung 教授。除学习法文外，还多方了解法国岩石学方面研究的情况，在实验室观察一些岩石标本和薄片。因为董申保想研究变质岩，于是便转到克莱蒙非朗大学地质系，在 M. Roques 教授指导下，研究法国中部高原的变质岩系。M. Roques 教授是当时法国最年轻的教授，专长变质岩石学。董申保的研究题目于 1949 年 3 月中旬确定，导师带着他跑路线，看剖面。他工作了一段时间以后，导师去野外检查他的工作。当时，这座城市和这所大学只有他一个中国人。导师对他非常友好，董申保抓紧时间努力工作，星期天也不休息。室内测试，除做偏光显微镜及费氏台鉴定测试外，还要自己做岩石成分的化学分析。董申保只用了一年半时间完成了学位论文。有人说，这些工作如果法国人做大约要三年时间，足见他工作的勤奋和效率。克莱蒙非郎大学地质系把他做论文的地区作为学生进行岩石学实习的野外基地，董申保两次为实习学生做现场讲解。并接待来自荷兰和比利时的地质学家考察这一地区的变质岩。

董申保把论文交给导师后便回巴黎了，后又给导师寄过信，但没有约定答辩的时间，直到他回国，也没有进行论文答辩。后来才知道，在巴黎大学也是可以进行论文答辩的。董申保的论文与 M. Roques 教授另一位研究生 J. Maissoneuoe 合著的论文 *La Serie Cristallophylliene de I'Allagnon dans le Cantal et la Haute Loire*，1952 年刊载于 *Revue des Sciences Naturelles d' Auvergne* [Tom.18，Fasc，1-2-3-4]。其摘要由克莱蒙非郎大学地质系出了单行本。1978 年以后，直至 2000 年，董申保与克莱蒙非郎大学地质系的学者都保持着联系，年轻的教授常给他来信，董申保也将自己的论文寄给他们。还与有的学者在中国见过面。

董申保于 1950 年 9 月中旬回到巴黎，当时在巴黎的华侨组织、中国留法学生会等已经比较健全了，正组织庆祝新中国成立一周年的活动，董申保参加了这些活动。当时侨联出版了一个《侨联》刊物，请董申保担任总编辑。这个刊物完全用新华社的电讯，结合在法国的华侨、留学生的情况选用适当的电讯稿，手刻钢板，油印，一个星期出一次，寄出一二百份。这个刊物对法国华侨和留学生及时了解新中国的情况发挥了很好的作用。

（三）赤子之心、报效祖国

北大地质学系主任孙云铸教授，非常重视教师队伍建设，新中国成立后，对当时尚在国外留学的董申保等三位年轻教师，除保持经常联系外，曾多次将他们列入拟聘教师名单上报学校，争取编制，以使他们学成后能回系任教。董申保于 1951 年 2 月回到北京，任地质学系副教授。新中国建设迫切需要地质方面的人才，从 1949 年至 1952 年，地质系的招生人数逐步增加，有关单位又纷纷委托招收代培生，教师的教学任务都很重。东北地质调查所委托北大办了一个地质专修班，董申保为这个班的学生讲授岩石学。恰巧在那时，清华大学一位教岩石学的教师休产假，向北大求援。天津大学一位教岩石学的教师身体不适，也向北大求援。这两个任务都交给了董申保。因此，他星期二在天津讲课，星期三在北大讲课，星期四在清华讲课。同时，他还与张炳熹副教授共同主持一个讨论班，每星期三晚上组织年轻教师学习、讨论有关岩石学、费氏台、矿床学的有关问题，向他们介绍有关的新知识。此外，他还要带学生野外实习，接受东北地质调查所的任务，带学生在哈尔滨南部进行地质填图。1952 年夏，董申保晋升为教授。

董申保的社会工作和社会活动也很多。回国不久，就接替唐敖庆教授任北京大学工会组织委员会主任委员。根据中共北京市委和北京市高等学校节约检查委员会的指示和部署，1952 年 1 月 3 日，北大成立了“北京大学节约检查委员会”，负责领导学校的反贪污、反浪费、反官僚主义（“三反”）运动，董申保作为校工会的代表之一是这个委员会的成员。董申保 1951 年加入中国民主同盟，并担任民盟北大支部组织委员。1952 年 9 月，加入中国共产党。

新中国成立后，在长春新成立了东北地质调查所，所长佟城（北大地质学系 1936 年毕业生）曾邀请董申保去该所工作。1951 年秋，东北工业部在长春办一个东北地质专科学校，也请董申保到该校工作。1952 年全国高等学校院系调整时，由原东北地质专科学校、山东大学地矿系、东北工学院地质系及物理系的一部分合并组成东北地质学院（后改称长春地质学院），地质部副部长宋应（北大地质学系 1936 年毕业生）找董申保谈话，让他去东北地质学院工作一年，带几个搞变质岩的徒弟再回来。这样，董申保就于1952年10月离开北京大学地质学系，去了东北地质学院。后来，地质部副部长何长工让董申保留在长春，这样，他就在长春地质学院工作了32年。

（四）重返北大、再创辉煌

1984年，董先生从长春地质学院院长的领导岗位上退了下来，又回到了阔别三十多年的北京大学，当时，虽然董先生已经年近古稀，但是他仍以饱满的热情、勤奋的工作，创造了教学与科研事业的又一高峰。

董先生回到北大时，北大地质系岩石学专业还没有博士点，董申保开始组织力量，积极申报国家教委博士点。经过认真的准备，1986年，北大岩石学专业博士授予点被正式批准下来，并于1987年开始招生，先后招收的博士研究生有张立飞、刘军（1987）、魏春景、陈斌（1988）、马军、王晓燕（1990）、王长秋（1991）、常宗广（1992）和田伟（1999），招收的硕士研究生有尹玉军（1985）、李华峰（1987）、吴宏海（1988），指导的博士后有刘树文（1991—1993）、王河锦（1995—1996）、刘永顺（1996—1997）。在每个学生的毕业论文中，都凝结着先生的汗水和智慧，从选题到野外工作，从显微镜下观察到对实验数据的讨论，董先生都亲自过问，细心指导。他那诲人不倦、认真负责的精神使我们每一位学生都受益匪浅。到目前为止，董先生指导的学生大部分都晋升为教授，有3人获得国家自然科学基金杰出青年基金项目，1人被聘为长江教授。

从1985—1999年间，董先生在北大为研究生讲授“岩石学进展”课程，虽然他学识渊博、经验丰富，有着几十年的授课经历，但每次讲课之前他都认真备课，讲课前一天拒绝一切社交活动。每次讲课3学时，如果学生不提醒，他经常是一气呵成。董先生讲课条理清晰、旁征博引、声音洪亮、引人入胜，听过董先生讲课的同学，对此都有深刻印象。为了学生学习方便，董先生积极编写讲义，1991年与张立飞合作完成了《结晶岩石学的进展》，100页，油印后发给同学阅读。

在科研方面，董先生回北大后就开始着手组建、培养变质作用方面的研究队伍和人才，并以扬子克拉通北缘蓝片岩和有关的榴辉岩为主要研究内容，连续两次（1986、1990）得到了国家自然科学基金项目的资助，先后多次到苏、鲁、皖、鄂、豫、陕、滇、桂、粤等省区考察蓝闪石片岩、榴辉岩和花岗质岩石，回来后又亲自观察和描述了数以千计的岩石薄片。为了增进国际学术交流，培养研究生和青年教师，董先生领导的课题组与美国斯坦福大学地学院院长Gary Ernst教授和J.G.Liou教授进行了合作研究，在北大召开了中美双边高压变质作用讨论会。1996年出版了研究专著 *The Proterozoic Glaucophane-Schist Belt and Some Eclogites* 科学出版社，在国内外产生了相当的影响。这一成果获得1998年度教育部科技进步奖一等奖。近年来，董先生又致力于花岗质岩石的研究，在系统总结国内外对花岗质岩石研究的基础上，提出了“花岗岩拓扑学”的理论。强调以地质环境为前提，通过对花岗岩系列中与侵位及其演化密切相关的岩石、矿物、及地球化学元素的共生组合特征的综合研究，从整体上反演花岗岩自然体系的源区状态及演化过程，揭示花岗岩形成时大地构造环境。

1991 年末，董先生患病动手术后，身体受到很大影响。并且由于患白内障，左眼基本失明，右眼视力也不到 0.1，但这些并未使董先生停止工作。每天，董先生如果不去医院，都步行来办公室上班或到图书馆查阅资料，用一台比他自己年龄还老的英文打字机完成了 50 多万字的英文论著。为了解决长期视力衰退的问题，董先生于 2006 年初接受了人工晶体植入手术，以前的高度近视得到治疗，但却由于晶体的植入而转化为远视。现在，董先生又需要戴上老花镜，把文献扩印后阅读。但即便在这么艰难的条件下，董先生依然每天坚持工作。

自 1987 年来，亲自撰写发表论文 40 余篇，出版专著 3 部，内部教材 1 部，现在董先生正在撰写有关花岗岩拓扑学的书稿，并已经完成十余万字。

祝董先生身体健康，学术上再创辉煌!

严谨治学　勇于创新　献身地质科学与教育事业

——深切缅怀董申保教授[①]

于　洸

敬爱的董申保教授离开我们一年多了，他的同事和学生一直怀念他，决定出版一册文集以资纪念。董申保教授这位著名的岩石学家我早就听说了。1963 年夏在辽宁杨家杖子钼矿带同学实习时，巧遇长春地质学院张贻侠教授，他说了一些董老师关心和培养青年教师的情况，很令人敬佩。20 世纪 70 年代初期董老师曾来北大地质学系交流教学工作的情况，那是我与董老师第一次见面，见到老校友非常高兴。1984 年夏，董老师从长春地质学院院长的岗位上退了下来，他来北大找我说“想回母校做点工作”。系里的同志听了都非常高兴，非常欢迎。于是我向学校领导汇报，向教育部、人事部请示，获得批准，董老师重返母校工作了。以后与董老师的接触就多了一点。2007 年是董老师九十寿辰，我曾与董老师访谈过 3 次，并与张立飞、魏春景写成《董申保教授在北京大学》一文，以表祝贺。在董老师逝世周年之际，正要著文缅怀，寿曼丽老师也希望我将董老师的经历整理记述一下，因此，通过多方面了解的情况写成此文，以深切缅怀董申保教授。

董申保，北京大学地质学系教授，中国共产党党员，中国民主同盟盟员，著名地质学家、岩石学家、地质教育家，中国科学院院士。

董申保，1917 年 9 月 17 日出生于北京的一个书香门第，祖籍江苏常州。早年就读于上海东吴第二中学和浦东中学。1936 年夏考入北京大学理学院地质学系，1937 年 7 月全面抗日战争爆发后，转入昆明西南联合大学地质地理气象学系学习，1940 年夏毕业，获学士学位。毕业后任资源委员会西南矿产测勘处技术员。1941 年夏，返回西南联合大学，在北京大学研究院理科研究所地质学部攻读硕士学位，1944 年毕业后留校任研究助教。1946 年考取公费留法生，1948 年赴法国巴黎大学，后转入克莱蒙费朗大学攻读博士学位。1951 年 2 月回国，先后任北京大学地质学系副教授、教授。1952 年全国高等学校院系调整时到北京地质学院工作，不久调任东北地质学院（后改名为长春地质学院）教授，先后任地质勘探系副主任、主任、长春地质学院院长助理、院长、党委常委。1980 年当选为中国科学院地学部委员（现称院士）。1984 年返回北京大学，任地质学系教授，兼长春地质学院（后改名为吉林大学地球科学学院）教授。

董申保曾任国务院学位委员会第一届评议组成员（1979—1983），民盟中央科技委员会委员，吉林省地质学会理事长（1980—1984），中国地质学会理事（1979—1988），中国矿物岩石地球化学学会常务理事（1979—1988）等职。

---

① 载于《董申保院士纪念文集》，董申保院士纪念文集编委会编，北京大学出版社，2012 年 9 月

董申保 1964 年被中共长春地质学院委员会表彰为优秀共产党员；1978 年全国科学大会授予先进工作者称号；1989 年中国科学院授予他为中国科学事业做出的贡献荣誉章；1990 年被国家教育委员会授予全国高等学校先进工作者称号；1992 年被中共北京大学委员会表彰为优秀共产党员；1995 年获“李四光地质科学奖荣誉奖”；2007 年获北京大学第二届“蔡元培奖”。

董申保 2010 年 2 月 19 日 18 时 10 分逝世于北京，享年 93 岁。

开始了地学之旅

1936 年夏，董申保考入北京大学理学院，当时地质学系对入系考生的一条重要要求是入学考试的英语成绩必须及格。董申保符合这个要求。据董老师回忆，当时他对什么是地质学和出去做什么工作，知之甚少。原来他想读化学系，但最后选择了地质学系。主要考虑了两方面的因素：一是从课程表上看，化学系开设的许多课程地质学系也开设；二是当时北大地质学系在国内声望很高，教师阵容强大，课程设置综合性强，很多毕业生在工作上做出了很好的成绩。由此，他开始了地学之旅。

他入学那一年，地质学系主任是谢家荣教授。一年级的课程有普通地质学（谭锡畴教授授课）、普通矿物学（王烈教授授课）、初等微积分、普通化学、定性分析、英文 6 门必修课。第一学年课程刚刚结束，1937 年 7 月 7 日，侵华日军向北平卢沟桥中国驻军发动进攻，并炮轰宛平城，大规模的侵华战争开始。7 月 29 日，北平沦陷。8 月，国民政府教育部令北京大学、清华大学、南开大学迁至湖南长沙，组成国立长沙临时大学，11 月 1 日正式上课。1938 年 2 月，长沙临时大学西迁入滇，4 月抵昆明，更名为国立西南联合大学。董申保于 1937 年 11 月离开北平，当时日本兵在车站盘查很严，看见知识分子和当兵的就抓起来。董申保穿长衫、戴礼帽，装扮成商人登上火车，到天津租界后坐船至青岛，但日军已打到济南，津浦线走不了，只好再坐船到上海，由水路从上海至香港转至越南海防，通过法国人设的边卡，后乘滇越铁路的小火车，于 1938 年 3 月到达昆明。从北到南，一路逃难，除了行李什么都没有带，绕了大半个中国。他曾回忆说：“我们这一辈子求学的经历是后代人难以想象的。”董申保到西南联大后，注册为地质地理气象学系二年级学生。西南联大 1937—1938 学年第二学期于 5 月 2 日开学，5 月 4 日开始上课。

西南联大当时是借用昆明其他学校的校舍办学，1939 年下半年新校舍竣工后，地质地理气象学系在南区西北角，用四栋铁皮顶、土坯墙的平房作为教室、实验室和教师备课之用。学生宿舍是茅草顶，土坯墙，30 人一间。教授的住房也很挤，一家几口人住一间房。刚迁昆明时，教学设备差，仪器少，只能借用云南大学矿冶系的实验室进行矿物、岩石学实习，仅有 6 台偏光显微镜，上课时学生轮流观察，一个学生只能观察五分钟。后来略有改善，添置了一些教学设备和标本。当时很多学生家庭经济来源断绝了，申请到的资金只够吃饭，董申保也教过一段时间家馆（相当于现在的家教），挣点零花钱。董老师说，那时学习和生活条件很艰苦，但师生们的精神面貌很好，大家想的是早日把日本侵略军打败，努力教学，努力学习，学好本领，建设家园。

西南联大集三校优良传统于一身，学术空气非常活跃。师资力量雄厚，地质学方面的教授有孙云铸、王烈、冯景兰、袁复礼、张席褆、王恒升、米士（Misch）等，杨钟健、谭锡畴、张寿常等教授也曾一度在联大任教。孙云铸教授任系主任。教授们讲课认真，旁征博引，注意启发学生的思路。孙云铸教授教古生物学和地史学，讲课时，常带来一大包参考书和论文，讲台上放满标本，每讲到一种化石时，讲明该化石的特征后，便给同学们传看，然后把该化石的特征扼要写在黑板上，使学生一目了然。他善于启发学生的思路，吸引学生对地质学、古生物学的兴趣。他喜欢介绍著名学者的学术经历，使学生像听故事一样，既获得了丰富的知识，又学习到了科学的思想和工作方法。米士教授讲授构造地质学、岩石学和区域变质作用等课程，他对喜马拉雅山、大理点苍山和昆明附近的地质做过较深入的研究工作，讲课时能将地质学的新理论和他的研究心得介绍给学生。每年两次的野外实习，教授们都亲自带队，言传身教。正是在这样的环境下，董申保打下了良好的地质学基础。

董申保曾选修了不少数、理、化课程，特别是吴有训教授的普通物理学，张文裕教授的物性论，饶毓泰教授的光学以及高崇熙教授的定量分析实验，黄子卿教授的理论化学等，老师们的严格要求给予他深刻影响，老师不仅传授基础知识，并且以小喻大，兼及科学的严谨和思维方法。他记得一次理论化学小考时，黄子卿教授在他的考卷上加了眉批，批评他对小数点后的数字漠不关心（董申保只写到小数点后一位），说他“足下算数太差……科学界无此办法也。”董申保回忆说：“这一批语，成为我工作中的鞭策，时或不敢言忘。”

当时系里的科学研究是结合云南的建设和矿产开发工作进行的。董申保的毕业论文在孙云铸教授指导下在云南中部杨林地区进行区域地质测量。三年级时，他用了两个月时间用步测法测绘地形图，采集标本。四年级时，他边上课边整理野外资料，鉴定标本，绘制图件，撰写论文。1940 年夏毕业，获学士学位。

1940 年 6 月，谢家荣先生任新成立的西南探矿工程处总工程师，急需人才，便向孙云铸教授求援。于是，地质地理气象学系董申保等 6 名应届毕业生便到该处工作。系里几位助教也去支援了一段时间。当年 10 月，该机构改名为资源委员会西南矿产测勘处，谢先生任处长。在一年多的时间里，董申保主要是调查叙昆铁路沿线地质矿产，并著有《昭通、鲁甸、咸宁间的地质矿产》（与郭宗山、谭飞合著）及《云南龙陵、镇康两县地质矿产》（与边兆祥合著），载于 1941 年刊印的《西南矿产测勘处临时报告》第 13 号及 15 号上。

1941 年底，董申保返回西南联大，在北京大学研究院理科研究所地质学部攻读硕士研究生。考研究生时，他地层古生物的成绩最好，孙云铸教授建议他学地层古生物，但他表示想学岩石学，孙老师尊重他的志愿，并大力支持。指导教授是王恒升、米士教授。第一年学习课程，他的论文是关于云南易门地区昆阳群变质岩的专题研究。易门地区变质岩有千枚岩、板岩、大理岩等，露头不好，地层不易划分。通过仔细工作，董申保分出两套不同的变质岩。岩石薄片是自己磨制的，请米士教授检查，米士教授风趣地说，这像个太平洋（意思是太大了）。于是再磨，直到米士教授什么话也不说，就是可以了。工作告一段落后请导师检查，那时，王恒升教授调新疆工作了，米士、袁复礼教授与董申保一起在野外工作了两个星期，把他工作区的大体轮廓圈定了，对他分出的一套千枚岩和一套板岩加以肯定，但指出小的背斜、向斜的轴向没有搞清楚，他便继续进行工作；并且每星期五晚上都参加一次 Seminar。1944 年 7 月，董申保顺利获得硕士学位。董申保曾回忆说，研究生这段经历，不仅在变质岩研究上打下了一个很好的基础，而且导师们的精心指导使他一辈子都忘不了。

董申保研究生毕业后留校任研究助教。1946 年 5 月 4 日，西南联合大学举行结业典礼。组成西南联大的三校复员北返，董申保随北京大学返回北平，任地质学系研究助教，担任普通矿物学、光性矿物学、岩石学等实习课的教学工作。

董申保具有强烈的爱国主义思想。1940 年至 1941 年在西南矿产测勘处工作期间，曾到过红军长征经过的一些地方，接触过不少红军战士的家属，听他们讲了许多毛泽东、朱德和红军长征英勇作战，以及北上抗日的壮烈事迹和故事；亲眼看到农民处在水深火热中的悲惨景象。耳闻目睹，使他思想上受到很大触动，对国民党腐败无能、倒行逆施十分不满。在联大、北大期间，他参加了讲师助教联合会，在党的领导下，开展各项革命活动，积极参加了反孔（孔祥熙）大游行、“一二・一”运动、反美抗日、抗议美军暴行、反饥饿反迫害反内战等爱国民主运动。1945 年 12 月 1 日，国民党云南当局组织大批特务和军人闯入西南联大，捣毁校舍殴打学生，并投掷手榴弹，致使四名师生遇难，受伤者数十人，酿成了震惊全国的“一二・一”惨案。当天中午，董申保等年轻教师正在学生食堂吃饭，听到有人攻打校门，丢下饭碗就去支援。他带头写了一份大字报，发动教师签名支援学生运动，反对内战。1946 年 3 月 17 日参加为四烈士出殡的几万人的游行示威，董申保与陈光远共同举着白布做成的巨大横幅走在“联大校友会”队伍的前面。1947 年，董申保多次奔波于北大、清华之间，征集教授在宣言上签名反饥饿、反迫害、反内战。最多一次有 70 多位教授包括一些知名教授签了名。这些宣言都在当时《大公报》上发表，伸张了正义，给美帝国主义和国民党以沉重的打击。

赴法国留学　从事变质岩研究

北京大学地质学系主任孙云铸教授早就想送董申保出国学习。1946 年董申保参加中法政府交换生考试被录取，原计划在国内学习法文，但因学校刚回北平，各项工作千头万绪，一直没有机会学习法文，直到 1948 年夏季，法国驻华使馆来信催促，孙云铸教授让他不要错过机会，就先去法国吧。于是，他于当年 8 月启程去法国攻读博士学位，10 月上旬到达巴黎。北大晋升他为讲师，并补发了一年的工资差额。

董申保研究方向的确定与米士教授的教学有关。米士关于区域变质作用的讲授，把他早年在阿尔卑斯山的工作和喜马拉雅山，滇西和云南大理点苍山等变质岩地区的研究融在一起，深深地吸引了董申保，决定了他的区域变质作用的研究方向。他认为，他的真正区域变质作用的研究是从在法国留学期间开始的。

到法国以后，他先入巴黎大学地质系，指导教师是 J. Jung 教授。除学习法文外，还多方了解法国的岩石学研究的情况，在实验室观察一些岩石标本和薄片。因为他想研究变质岩，于是便转到克莱蒙费朗大学地质系，在 M. Roques 教授指导下，研究法国中部高原的变质岩系，M.Roques 教授是当时法国最年轻的教授，专长变质岩石学。董申保的研究题目于 1949 年 3 月确定，导师带着他在野外跑路线，看剖面。他工作了一段时间后，导师去野外检查他的工作。当时，这座城市和这所大学只有他一个中国人。导师对他非常友好。董申保抓紧时间努力工作，星期天也不休息。室内测试，除做偏光显微镜及费氏台鉴定和测试外，还要自己做岩石成分的化学分析。董申保只用了一年半的时间便完成了学位论文。有人说，这些工作如果是法国人做大约需要三年时间，足见他工作的勤奋和效率。克莱蒙费朗大学地质系把他做论文的地区作为学生进行岩石学实习的野外基地，董申保两次为实习学生作现场讲解，还接待过来自荷兰和比利时的地质专家来这一地区考察变质岩。

法国中部高原是岩石学研究的发源地之一，许多变质岩和岩浆岩研究的开拓性和先驱性工作都是从这里开始的。通过这一时期的工作，使董申保初步认识到自然界中的变质作用的特殊性（uniqueness），没有对一个典型地区反复和细致全面地野外观察，光想走捷径、抄短路，是不可能了解地质作用和基本法则的；同时，若没有与地质作用相适应的物理化学原理为指导，辅以相应的实验技术方法的应用，对地质作用的认识也只能停留在质朴的总体认识上，不可能由表及里去揭示其中的本质，成为一门完整的学科。二者之间的联系，即在某一地质作用的控制下如何用与之相适应的物理化学作用来解释其形成和演化过程，成为他以后教学和研究中的一个主要方向。

董申保把论文交给导师后便回巴黎了，后来又给导师写过信，但没有约定答辩的时间，直到他回国，也没有进行论文答辩。后来才知道，在巴黎大学也是可以进行论文答辩的。董申保的论文与 M.Roques 教授另一位研究生 J.Maissoneuoe 合著的论文 *La Serie CristalIohylliene de I'Allagnon，dans le Cantal et la Haute Loire* 于 1952 年刊载在 *Revue des Sciences Naturelles d'Auvergn*[Tom.18，Fasc，1-2-3-4]上。其摘要由克莱蒙费朗大学地质系出了单行本。

1978 年以后，直至 2000 年，董申保与克莱蒙费朗大学地质系的学者们都一直保持着联系，年轻的教授常给他来信，他也将自己的论文寄给他们，还与有的学者在北京见过面。

董申保去法国前曾帮助地下党的同志传递信息。1948 年暑假，北大地质学系王宗周等同学在浙江杭州、余杭一带实习。董申保离开北平前夕，孙树梓交给他一封信，请他到杭州后亲自交给王宗周。王宗周打开一看，是他女朋友写的："情况十分紧急，组织通知我立即转移到解放区。到解放区以后要改名字，为了以后联系到，我改名方生，你叫郑直。"寥寥数语，恰是晴天霹雳，使他十分震惊。董申保安慰他说："不要着急，继续安心工作，根据事态发展，再作打算。"第二天，董申保还与三位同学一起观察了他们工作区的地质剖面，随后就去上海赶赴法国了。因为"方生"这名字有人用了，故改名为"方靳"，王宗周到解放区后改名为"郑直"。改名的事与董申保专程带去的这封信有关，所以郑直一直将这件事铭记在心。

董申保在法国克莱蒙费朗大学完成论文后，于 1950 年 9 月中旬回到巴黎，他积极参加中共地下党组织领导的革命工作和活动。当时，巴黎的华侨联合会、中国留法学生会等正组织庆祝新中国成立一周年的活动，国民党特务砸了筹备庆祝活动的侨联办公室，董申保和其他同志一起，坚持大会的筹备工作，使他们破坏大会的阴谋未能得逞。侨联还出版了一个《侨联》刊物，请董申保担任总编辑。这个刊物完全用新华社的电讯，结合在法国的华侨、留学生情况，用适当的电讯稿，手刻钢版，油印，一个星期出一次，寄出一二百份。这个刊物对法国华侨和留学生及时了解新中国的情况发挥了很好的作用。

赤子之心　报效祖国

北大地质学系主任孙云铸教授非常重视教师队伍建设。新中国成立后，对当时尚在国外留学的董申保等三位年轻教师，除保持经常联系外，还多次将他们列入拟聘教师名单上报学校，争取编制，使他们学成后能回系任教。董申保于 1951 年 2 月回到北大，任地质系副教授。新中国建设迫切需要地质方面的人才，1949—1952 年，地质学系招生人数逐年增加，有关单位又纷纷委托招收代培生，教师的教学任务都很重。东北地质调查所委托北大办了一个地质专修班，董申保为这个班的学生讲授岩石学。恰巧在那时，清华大学一位教岩石学的教师休产假，向北大求援；天津大学一位教岩石学的教师身体不好，也向北大求援。这两项任务系里都交给了董申保，因此，他星期二在天津讲课，星期三在北大讲课，星期四在清华讲课。同时，他还与张炳熹教授共同主持一个讨论班，每星期三晚上组织年轻教师学习，讨论有关岩石学、费氏台、矿床学的有关问题，向他们介绍有关的新知识。此外，还要带学生野外实习，接受东北地质调查所的任务，带学生在哈尔滨南部进行地质填图。1952 年夏董申保晋升为教授。

董申保的社会工作和社会活动也很多。回国不久，就接替唐敖庆教授任北京大学工会组织委员会主任委员。根据中共北京市委和北京市高等学校节约检查委员会的部署，北大成立了“北京大学节约检查委员会”、负责领导学校的反贪污、反浪费、反官僚主义（“三反”）运动，董申保作为校工会的代表之一，是这个委员会的成员。董申保 1951 年加入中国民主同盟，并担任民盟北大支部组织委员。1952 年 9 月加入中国共产党。

新中国成立后，在长春成立了东北地质调查所，所长佟城（北大地质学系 1933 级学生）曾邀请董申保去该所工作。1951 年 8 月，中国地质工作计划指导委员会在长春办了一所东北地质专科学校，也请董申保到该校工作。1952 年 10 月，全国高等学校院系调整时北京大学地质学系与清华大学地质学系等合组为北京地质学院，董申保调入北京地质学院。同年，由原东北地质专科学校、山东大学地质矿物学系、东北工学院长春分院地质系和物理系的一部分、大连工学院部分基础课教师合并组成东北地质学院（1958 年 12 月改名为长春地质学院）。地质部副部长宋应（北大地质学系 1933 级学生）找董申保谈话，让他去东北地质学院工作一年，带几个搞变质岩的徒弟再回来，这样董申保就去了东北地质学院。

倾心致力于长春地质学院的建设

1952 年的秋天，年仅 35 岁的董申保教授服从党和国家的需要，毅然离开了北京大学，先到北京地质学院工作，后到长春，参加东北（长春）地质学院的建设工作。组织上原决定借调他在长春工作一年。一年后，组织上征求他的意见，他说："我没有意见，组织上决定我在哪里就在哪里。"地质部党组书记、副部长何长工让董申保留在长春。何长工副部长曾开玩笑说："我们就这一个'宝'，送给你们东北了。"这个"宝"指的是董申"保"。这样，董申保就在长春地质学院工作了32年，奉献了人生最美好的年华。

董申保在长春地质学院工作期间，先后任地质勘探系副主任、主任（1952—1959），院长助理（1959—1966），院长（1978—1984），党委委员（1955—1964），党委常委（1978—1984），对长春地质学院的建设与发展作出了重要贡献。

董申保十分重视青年教师的培养。他深知，一所学校的建设只有培养和建设好一支高水平、高素质的教师队伍才有希望。建院初期，百业待举，师资短缺尤为突出。董老师主动承担培养青年教师的重任。当年，一批北大、清华、南大、山大及东工等校的年轻人，一毕业就投身到东北地质学院的建设中，董老师对他们的成长十分关心，每个时期都有培养青年教师的计划。他认为，根深才能叶茂。专业课教师有了坚实的理论基础，才能在专业上有所作为。因此，为他们补数学、讲量子力学，开设物质结构课程等，用与地质学相关的基础理论武装他们；同时，还为他们开设地质专业课，强化他们的专业基础。董老师还亲自为青年教师讲课。这一切都为他们的成长和成才打下了坚实的基础。

他十分关注国际上地质学的发展，改革开放以后，提高中青年教师的外语水平的任务更加迫切，他决定派青年教师出国进修；在校内组织中青年教师的外语培训，对教学的每一个细节，包括单词记忆、造句、语法、会话……他都认真研究，亲自督办，营造了良好的学习外语的氛围，以达到更好的学习效果。教师们回忆起这段经历，对董老师在自己成长过程中倾注的心血都深怀无限敬仰之情。

"变质地质学"科研集体的教师更是得天独厚，他们是董老师的助手与学生，又是董老师的同志和朋友，从平日的耳濡目染，工作中的言传身教，变质岩方面的主题讲座，到具体科学问题的深入探讨，他们在董老师的带领下迅速成长，培养出一支高素质的变质岩研究的专业梯队。

国家的需要是办学的第一个出发点。建国初期，国家急需地质人才，当时的长春地质学院以专科教育为主以尽快培养出国家急需的地质人才，后来扩展为以本科为主。国家缺少地球物理人才，长春地质学院率先办了物探专业；为适应石油工业发展的需要，20世纪50年代末办起了石油海洋系；为适应国家对高层次人才的需求，20世纪60年代初开始培养研究生。科学研究方面也是如此，50—60年代，全国开展1∶20万区调工作，长春地质学院承担了难度很大的变质岩地区的区调工作；70年代，全国进行铁矿大会战，长春地质学院参加了山西、冀东、辽东等铁矿基地的建设工作；大庆油田的会战，吉林油田的开发等都有长春地质学院师生的直接参加……董申保深知，只有把学校的建设同国家的需求紧密地联系在一起，才能使学校更好地发展与提高。

董申保科学的办学理念、求实的办学精神、严格的质量要求，是办学的三大法宝。他重视基础理论的教学，强调基础理论与专业的结合；他重视野外实践，注重野外地质与实验、物理化学的结合；他重视课堂的理论教学，也重视实验室建设与实验教学。为此，他狠抓基础部的建设，保证基础课的门类和学时；他抓岩化系的建设，强调岩矿与化学测试在教学与研究中的结合；他十分重视并亲自抓野外实习基地的建设，以保证学生实践能力的培养；他重视抓生产实习和毕业实习，让学生早日进入地质科研领域，提高分析与解决问题的能力；他抓数学地质教研室的建设、高温高压实验室的建设，这既是基础科学与地质学的结合，又是跟踪地质科学的前沿；他抓各系、所的建设，帮助他们办出自己的特色，他不仅有想法，更有思路，他身体力行，以自己的实际行动率先垂范。当然，日常的教学管理、教学计划、教学大纲的制定等等，耗费他多少心血，更无法记述。

在全院师生员工的共同努力下，1979 年，长春地质学院进入国家重点大学行列。经过三十多年的办学实践，长春地质学院建设成为一所学科专业齐全、基础理论厚实、专业基础扎实、人才培养质量不断提高的国家重点大学。长春地质学院的毕业生遍布祖国各地，许多人成为高校、科研院所及企事业单位的优秀人才。董申保和他的同事们对此所作出的贡献功不可没。

回母校做点工作

1984 年，董申保从长春地质学院院长的领导岗位上退了下来。“我是北大培养出来的，但在北大工作的时间不多，总觉得没有完成在北大的工作。”“我想回母校做点工作。”这样他又回到了阔别了 32 年的北京大学。当时，他已年近古稀，但仍以饱满的热情勤奋工作，创造了教学与科研事业的又一高峰。

董申保回到北大时，地质学系还没有岩石学专业博士点，他立即组织力量积极申报，经过认真的准备，1986 年，北大岩石学专业博士授予点被正式批准，1987 年开始招生。1990 年，北京大学又获准设立地质学一级学科博士后流动站。董老师先后指导了 11 名博士生、2 名硕士生和 3 名博士后研究人员。每一位学生的毕业论文和博士后出站报告中都凝结着董老师的智慧和心血，从选题到野外工作，从显微镜下观察到对实验数据的讨论，董老师都亲自过问，细心指导。他那诲人不倦、认真负责的精神，使他的每一位学生都受益匪浅。他指导的学生绝大多数都已晋升为教授，在北大地质学系任教的教授中，有 1 人被聘为长江学者，3 人获得自然科学基金杰出青年基金项目。

1985—1999 年间，董申保老师为研究生讲授“岩石学进展”课程，虽然他学识渊博，经验丰富，有着几十年的授课经历，但每次讲课之前他都认真备课，讲课前一天拒绝一切社交活动。每次讲课 3 学时，如果学生不提醒，他还是一气呵成讲下去。董老师讲课条理清晰，旁征博引，声音洪亮，引人入胜。听过董老师讲课的同学对此都有深刻印象。为了学生学习方便，董老师还编写讲义，1991 年与张立飞合作完成了《结晶岩石学的进展》讲义，共 100 页，油印后发给同学阅读。

在科研方面，董老师回北大后就着手组建、培养变质作用的研究队伍，并以“扬子克拉通北缘蓝片岩和有关的榴辉岩”为主要研究内容，连续两次（1986、1996）得到国家自然科学基金项目的支持，先后多次到苏、鲁、皖、鄂、豫、陕、滇、桂、粤等省、自治区考察蓝闪石片岩、榴辉岩和花岗质岩石，回校后又亲自观察和描述了数以千计的岩石薄片。在他的领导下，北京大学“变质作用与造山带演化”团队成为国家创新研究群体。

董老师喜欢用蚕宝宝吐丝来比喻学习知识。他说："知识学得过多了，就会成为书呆子，就成了作茧自缚了。""一个人搞学术，做研究，要深入搞一门专业，这样，积累越多，成就也越大，但是你会发现束缚也越大，不光有自身的，还有来自外界的。慢慢地自己的思维就跳不出固有的圈子，成就只能限于一个方面。"他说："搞研究，还要能举一反三，结合其他知识，开阔思路。""蚕应该变成飞蛾，能够破茧而出，学以致用，那才是达到了新的、较高的境界。"董老师深含哲理的治学之道，是几十年学术生涯的深刻体会，并且以此来影响他的助手、学生，使他们获益良多。

1991年末董老师因病手术治疗之后身体受到很大影响。由于患白内障，左眼基本失明，右眼视力也不到0.1。但这些并未使董老师停止工作，如果不去医院，他每天都步行到办公室工作或到图书馆查阅资料。还用一台比他年龄还大的英文打字机完成了50多万字的英文论著。为了解决长期视力衰退的问题，2006年初做了人工晶体植入手术，以前的高度近视得到治疗，但却由于人工晶体的植入而转化为远视，又需要戴上老花镜，把文献扩印后阅读。董老师就是在这么艰难的条件下坚持工作。1987年以来，他亲自撰写发表论文40余篇，出版专著3部，内部教材1部。

科学研究　成就卓著

董申保教授是我国著名的地质学家、岩石学家，在变质岩、岩浆岩岩石学研究方面取得了突出的成就，特别是在变质岩岩石学方面学术造诣精深，是我国变质岩岩石学学科的开拓者之一，当前国内的变质岩岩石学学者，相当一部分直接或间接出自其门下。

董申保教授一生都在与变质岩打交道。在北京大学攻读硕士学位时，他研究昆阳群浅变质岩；在法国攻读博士学位时，他研究法国中部高原的变质岩系；此后，他依然以变质地质学为主要研究方向。

20世纪50—60年代，董申保教授组织长春地质学院师生在胶东、辽东、吉南、燕山等四个大面积早前寒武纪变质岩分布区，开展1∶20万区域地质调查工作。当时国内还没有在这类地区开展区调工作的经验，也没有这类地区填图工作的方法和规范可循，必须独自创新加以解决。为此，成立了"变质岩和变质矿床研究组"，他亲任组长。通过实地考察和研究，提出了一套适用于1∶20万区测的变质岩研究和填图工作方法—《前震旦纪变质岩区的几个基本问题和工作方法》，该成果以专辑形式公开发表，对整个华北陆台变质岩区第一轮1∶20万区测工作起到了有益的指导作用。通过区测和专题研究，首次建立了四个地区早前寒武纪区域变质地质构造框架，为后来的区域地质研究和矿产普查勘探工作奠定了良好的基础，得到有关单位的好评。同时，确立了"变质地质学"这一研究方向。这一阶段的成果，除编制了四个地区50余幅1∶20万地质图和相应的地质研究报告外，还编制了1∶50万辽东半岛前寒武纪成矿规律图和专题报告。在此基础上，提出了"变质建造"和"混合岩化成矿作用"两个新的论点。他认为，变质建造是地壳发展的一定阶段一定地区内的变质岩石的有规律的共生组合，是原岩建造和变质作用的综合产物，通过变质建造研究可以反映地质环境和地壳演化特点。在经典地质学里没有混合岩化成矿的概念，在混合岩化地区一般不部署找矿工作。董申保教授等提出混合岩化可以成矿的论点，引起有关部门和学术界的重视。

20 世纪 70 年代，他组织长春地质学院师生在华北陆台许多地区开展了早前寒武纪变质地质作用和成矿规律研究，对全区前寒武纪地质演化历史及铅、铁、硼等矿产的成矿规律等方面，都有重大的理论创新，并在此基础上，第一次对中国早前寒武纪地质及成矿作用进行了系统总结。其间，还在华北陆台以外的各时代变质岩区，如华南加里东变质带、滇西康定杂岩和鄂西崆岭群等，进行了大量变质地质学研究，并取得了重要成果。1985 年，在长春地质学院成功地召开了有 13 个国家、190 多人参加的“国际早前寒武纪成矿作用学术讨论会”。

中国第一代变质地质图的编制。70 年代中后期，国际上变质岩地区编图工作发展迅速，欧洲和苏联等地区变质地质图的编制工作相继完成。为了填补我国在这一领域的空白，董申保教授 1981 年发起和组织了“中国变质地质图的编制与研究”课题，全国 22 个省、自治区 26 个单位的 200 多位专业人士参加，历时 5 年，出版了《中国变质地质图（1:400 万）及其说明书》（中英文两种版本）（1986），30 余万字的专著《中国变质作用及其与地壳演化的关系》（1986），以及数十万字的研究论文集（1987、1988），系统提出中国区域变质作用类型及其时空分布，区分了变质域（domain）和变质巨旋回（megacycle）其与大地构造的联系，并从演化角度说明各类型分布的特征，每一巨旋回既有其周期性的二元性（dualety），同时又有其标志第一次出现的类型，也提出了变质矿床的划分特征。世界地质图编图委员会变质图分会主席 H.J. Zwart（兹瓦特）教授认为该图优于国际上同类图件的水平，本图的出版使人们对变质作用的理解前进了一大步，在国际上产生了深远的影响。国内专家认为该图的出版对我国变质岩研究具有重要的里程碑意义。董申保、沈其韩、孙大中、卢良兆主编的《中国变质地质图（1：400 万）及中国变质作用及其与地壳演化的关系》获地质矿产部科技成果奖一等奖（1987），第四届全国优秀科技图书奖一等奖（1988），国家自然科学奖二等奖（1989）。1988 年在长春地质学院举办了一次“变质作用与地壳演化”国际学术研讨会后，在国际变质地质学杂志（Journal of Metamorphic Geology，1993）上出版了论文专辑，使中国变质地质学研究进一步走向国际舞台。

蓝闪石片岩带研究。80 年代中期至 90 年代中期，董申保教授较系统地研究了分布于扬子地台北缘长约 2000 公里的元古代蓝闪石片岩带，主要研究以蓝闪石片岩相为特征的低温高压变质作用。在国际上他较早注意到蓝闪石片岩的成因不局限于洋壳俯冲的构造环境，也可能出现在与陆壳俯冲有关的板内环境中。指出洋壳俯冲性蓝闪石片岩以硬柱石蓝闪石片岩为主，而陆壳俯冲型蓝闪石片岩则以蓝闪—绿片岩相为特征。他所著《中国蓝闪石片岩带的一般特征及其分布》发表于《地质学报》（1989）及其英文版（1990），并被译成俄文，引起国际同行的广泛关注。在国家自然科学基金的资助下，董申保教授领导的课题组对“扬子北缘前寒武纪蓝片岩及有关榴辉岩”进行了较系统的研究，提出这一地区的高压变质岩石具有明显的系列变化，从绿纤石—阳起石相→蓝闪绿片岩相→蓝闪石—黝帘石组合→榴辉岩相。相当于都城秋穗提出的高压过渡型，建立了陆壳俯冲型高压变质作用的一个典型实例。这一重要成果集中展示于英文版研究专著 *The Proterozoic Glaucophane-schist-Belt and some Ecologites of North Yangtze Craton, Central China*（董申保，崔文元，张立飞等），由科学出版社出版（1996）。该项研究获教育部科技进步奖一等奖（1998）。

花岗质岩石的研究。90 年代以后，董申保教授又致力于花岗质岩石的研究，在阅读大量文献的基础上，总结了 70 年代以来的花岗质岩石研究的主要进展，概括了花岗质尤其是英云闪长质岩石实验岩石学研究的成果，阐述了花岗质岩石研究中的“残留体”假说和“混熔”假说之争，指出了 Pitcher 花岗岩成因分类的意义与存在的问题，其论文发表于《高校地质学报》（1995）。其后，在分析中外学者花岗岩研究成果的基础上，提出了“花岗岩拓扑学”理论，即在《花岗岩拓扑学的研究展望》（《地质论评》，2001）和《花岗岩拓扑学的反思》（《地学前缘》，2003）等文章中强调以地质环境为前提，通过对花岗岩系列中，与侵位及其演化密切相关的岩石、矿物及地球化学元素的共生组合特征的综合研究，从整体反演花岗岩自然体系的源区状态及演化过程，揭示花岗岩形成时的大地构造环境。他提出的花岗岩与大地构造特定发展阶段联系的观点，从理论上发展了花岗岩与构造环境关系的理念。针对国内埃达克岩研究热潮，董申保教授系统评述了埃达克岩的原意与综合特征，并针对其与英云闪长岩、奥长花岗岩、花岗闪长岩之间的区别和联系及当时研究埃达克岩的现状，提出自己的见解，强调埃达克岩总体上说是地壳镁铁质岩石和地幔橄榄岩相互作用的产物，埃达克岩系的确定应该依赖于对岩石、矿物、化学成分的综合研究，并要与实验研究成果和地质构造背景密切结合（《地学前缘》，2004）。

此外，董申保教授以数十年来对地质科学的理解和体会，从哲学角度反思地质科学的方法和理论演变过程，认为地质作用是自然界永恒的物质运动形态，它以不同的形式存在于无限的时间和空间中，并有着特定的运动历史，属于自然界中较高的物质运动形态，不应等同于简单的初级的物理和化学的物质运动形态。地质运动过程表现为不同物质形式组成的一系列有规律和有层次的共生组合。岩石共生组合主要反映出其形成的地质环境及其大地构造位置。矿物共生组合基本上体现了自然界中所固有的热力学体系，并可用以探讨其形成时深部热流传递的机理。元素共生组合以元素的地球化学行为为基础，反映出地质作用中各源区的特征及经受作用后的迁移行为。同位素共生组合则以元素中的核子行为为基础，用以计年和跟踪其源区。它们之中虽各有不同，但又相互联系，形成了一个有机整体，并成为近代地壳动力学研究的一个重要领域（《地学前缘》，1998）。他认为，地质科学方法主要是外延法，是在认识过程中，通过归纳或演绎推理找出最佳解释。在地质科学理论发展过程中，争论是揭示地质作用内在矛盾及其转化的重要方式（《地质科学研究的方法论》载于《世界科技研究与发展》，《院士论坛》，1996）。

进入耄耋之年的董申保教授仍然孜孜不倦潜心研究，并不断推陈出新，在视力非常困难的情况下发表了十余篇科技论文，完成了 20 余万字有关花岗岩拓扑学的文稿。即便在病重住院期间，也常和有关人员起讨论研究课题和学科进展。

艰苦奋斗　无私奉献

董申保教授一生都在为祖国的地质科学事业和教育事业艰苦奋斗、无私奉献着。

作为地质学系的学生，野外地质实习是学习生活中的重要一环，出野外，很苦很累。20 世纪 40 年代，许多地方还是无人区，交通极不方便，地质人背个背包，带着罗盘、铁锤就进山里去了。他说："晚上裹个被单睡在农家是常事，但心中却培养了对祖国和大自然的情感，知道了老百姓的痛苦。"从这时开始，董申保就养成了艰苦奋斗的作风，这种作风一直伴随着他。

80年代，为了完成编制中国变质地质图的艰巨任务，董申保教授除了坚持抓教学、科研工作，指导博士生，硕士生等繁重工作外，每年都要用4个月的时间到野外实地考察，从祖国西北的阿尔泰山到东南沿海的闽浙丘陵，从华北平原到西南澜沧江盆地，踏上过除台湾、西藏以外的所有省、自治区。行程两万多千米。他登上5000多米的巴颜喀拉山，在海拔4500米的地区连续工作了半个月。与他同去的中年同志常常头疼难受，呼吸困难，夜晚睡不着觉，靠药物入睡。年逾花甲的董申保教授更是忍受着高山反应带来的痛苦坚持工作。他每到一个省、自治区或地质队，都婉言谢绝住高级宾馆和高级招待所，坚持住一般招待所，谢绝单独为他做饭，而在食堂排队打饭。遇到在高处的露头，他不听同志们的劝阻、要跑上去仔细看。在大西北荒漠的戈壁滩上，他往往一天连续工作十几个小时，深夜回到住地，第二天一早又连续工作。有时赶不到住宿地，就在公路养护段的窝棚里过夜，与同事们挤在一张破床上，连被褥都没有，只是和衣休息。

作为一名学者，无私奉献的高贵品质主要表现在对待自己的学术成果的态度上。中共长春地质学院委员会关于命名董申保同志为优秀共产党员的文件中说：最为大家佩服的是他在学术研究方面不计名利和共产主义风格。远在1950年的法国，为了地下党工作的需要毅然决然放弃了博士学位论文的答辩，因而未获得博士学位。1958年以来，他科研班子里的同事发表了十几篇论文，可以说篇篇都有他的论点和得到他的帮助，但篇篇都没有他的名字，人们写上得到董申保教授的指导，有的也被他钩掉了。变质岩全国通用教材的编写，他付出了一定的精力和劳动，但没有署他的名字，他的科研心得、最新体会、贵重资料没有发表以前，可以向别人讲，供别人用。他说："只要对党、对科学发展有利，别人写出来还不好吗？"

董申保教授长期从事变质岩和花岗质岩石的研究，在这一领域有许多创新性的认识和理论成果，这些认识和成果，他总是希望能及时指导基层工作的实践。他每到一处，在野外实地考察和听取当地地质科技工作者汇报之后，不顾劳累，连夜赶写讲稿给地质人员讲课，有时一天讲七八个小时，把实地考察所得的第一手资料、对这些资料的分析以及理论知识和自己丰富的经验，都毫无保留地传授给大家。

他视个人名利淡如水，对国家建设甘愿多做贡献。"文革"前他曾把节省下来的7000元交给党组织，支援国家建设。组织上考虑到他除工资外没有其他收入，做了说服工作，把钱退给了他。50年代，他兼任中国地质科学院东北地质研究所研究员两年多，按规定每月应付给50元津贴，但他从不领取，组织上帮他领来10个月的津贴500元，他全部交给了党组织。

董申保教授一心扑在工作上，家庭生活十分简朴。在长春地质学院32年，就住在几家同住的一座小楼里，两间房屋仅33平方米。他对个人和家庭生活很少考虑，但对他人，特别是家庭困难和遭到不幸的同志，情深谊长，慷慨资助。在三年困难时期，他把节省的粮票定量供应的白糖、肉、蛋等实物和票证，大都赠送给婴幼儿和患肝炎、浮肿病的同志。"文革"期间有两名职工先后病故了，一家留下3个、一个留下4个很小的孩子，妻子都是家庭妇女，生活十分困难，董申保给两家各送去300元。原学院党委的一位干部，后调到别的单位工作，1964年不幸病故，董申保得知他家庭非常困难，给他家属寄去500元。据不完全统计，在长春地质学院工作期间无偿资助他人约七八千元。

董申保教授还资助几位贫困地区的孩子上学，这是在翻阅他的相册时才知道的，因为相册里有几位孩子的照片。还看到贵州省紫云县松山镇白云小学六年级学生罗天猛写给董爷爷的一封信，信上说："今年我已是六年级学生了，过了这个学期就要升入初中了，我一定要加倍努力学好各门功课，以此来感谢您老人家对我的关怀。我长高了，身高已有一米五，身体很健康。""我经常在梦中看见你们，但我还是希望有一天能真的见到你们。谢谢！"谈起这些事，董老师总是说，"'科教兴国'是我们的国策，教育和国民素质的重要性人们都知道，不需要多说，关键是要把它落实。资助孩子上学，只是想为希望工程尽一份力。""看孩子们寄来的照片和书信，知道他们在成长，是一件让人特别开心的事。说实话，自己付出的只是一点点，而孩子们却给了我很多的快乐。"

北京大学、中国地质调查局、吉林大学、中国地质科学院地质研究所联合主办的"变质作用与造山带演化学术讨论会——暨祝贺董申保院士90寿辰庆祝会"于2007年9月17—18日在北京大学举行。沈其韩、王德滋、叶大年、刘嘉麒院士出席，国土资源部徐绍史部长到会致辞，中国科学院路甬祥院长发来贺信，北京大学、吉林大学、中国地质大学（北京）及一些地质院系、科研院所领导致辞。董申保院士作了"花岗岩研究问题和进展"的学术报告，专家学者们作了24篇学术报告，并举行了"变质地质编图学术讨论会"。《高校地质学报》第13卷第3期（2007年9月）出版了"庆祝董申保院士科学人生七十年暨九十华诞——变质岩与火成岩研究专辑"，刊登了董申保院士简介，王鸿祯院士题词，王德滋院士贺信，北京大学地质学系《老骥伏枥，壮心不已——祝贺董申保教授九十诞辰》及《董申保教授在北京大学》、《董老，您好》、《董申保教授在长春地质学院》等文，刊登了董申保、田伟的《花岗岩研究的反思》等24篇学术论文。王鸿祯院士申保教授学长九十华诞之庆的题词是：

三纪建业长春，实验创新名一世
念年传薪母校，研求开放足千秋

参考文献

[1] 董申保. 中国科学院院士自述. 中国科学院学部联合办公室编. 上海: 上海教育出版社, 1996.
[2] 黄仁. 无私奉献的人——记中国科学院学部委员原长春地质学院院长董申保教授. 长春地质学院院报, 第563期, 1992年8月30日.
[3] 董申保、田伟. 花岗岩拓扑学的反思. 地学前缘, 第十卷第三期, 2003年.
[4] 谢家荣与矿产勘查处. 纪念谢家荣先生百周年华诞. 北京: 石油工业出版社, 1998.
[5] 董申保. 地壳物质组分的共生组合法则. 地学前缘, 第五卷第三期, 1998年.
[6] 赵为民. 精神的魅力——追忆在北京大学学习二三事. 北京: 北京大学出版社, 2008年4月.
[7] 卢嘉锡. 院士思维——地质思维的双重约束和方法. 合肥: 安徽地质出版社 2003年11月.
[8] 王鸿祯. 申保教授学长九十华诞之庆. 高校地质学报, 第13卷第3期, 2007年9月.

[9] 王德滋. 祝贺董申保院士九十华诞. 高校地质学报, 第 13 卷第 3 期, 2007 年 9 月.
[10] 北京大学地质学系. 老骥伏枥, 壮心不已——祝贺董申保教授九十诞辰. 高校地质学报, 第 13 卷第 3 期, 2007 年 9 月.
[11] 于洸, 张立飞, 魏春景. 董申保教授在北京大学. 高校地质学报, 第 13 卷第 3 期, 2007 年 9 月.
[12] 张贻侠. 董老, 您好. 高校地质学报, 第 13 卷第 3 期, 2007 年 9 月.
[13] 马志红, 金巍, 王群. 董申保教授在长春地质学院. 高校地质学报, 第 13 卷第 3 期, 2007 年 9 月.
[14] 王德仁. 董申保:走过千山万水. 钱江晚报, 2000 年 10 月 4 日.
[15] 郑金武, 张立飞. 化作春泥更护花——追记中国科学院院士董申保. 科学时报, 2010 年 2 月 26 日.
[16] 陈述彭. 地球系统科学:中国进展·世纪展望. 北京: 中国科学技术出版社, 1998 年 5 月.
[17] 董申保, 田伟. 花岗岩拓扑学的反思. 地学前缘, 第十卷第三期, 2003 年.

拳拳赤子心　悠悠报国情①

——张炳熹教授在北京大学

于　洸

张炳熹教授是我国著名的地质学家，中国科学院院士，历任北京大学地质学系副教授，北京地质学院教授，地质部第二地矿司、地矿司、科学技术司总工程师，国际地质科学联合会副主席等职。长期研究地质基础理论和矿床学，对我国的地质教育、地质科学研究和矿产资源的普查勘探等都做出了重要的贡献。今年是张炳熹院士 80 周年诞辰，又逢他从事地质工作 60 周年，张先生是在北京大学学习地质学的，他从事地质工作也是从北京大学（西南联合大学）任教开始的。谨记述张先生在北京大学学习、从教的一些片段，以向张先生表示衷心的祝贺。

张先生于 1936 年夏考入北京大学地质学系。当时报考北大地质学系的学生有各种考虑，有的是因为地质学系教师阵容强，有的是因为喜欢爬山涉水，有的是因为其他原因。张先生则不同，早在中学时代他就对地质学发生了兴趣。当他在北京师范大学附属中学读书时，上学的往返途中，可以沿着一段铁路行走，枕木下的各种卵石引起了他的好奇心。恰巧那时师范大学附中又有矿物学和地质学的选修课，教科书上的许多内容，如岩石种类、某些结构，以及卵石在河流搬运过程中磨蚀出来的形态等等，在这些卵石中都能见到不少，张先生从而觉得地质学中讲的东西很多是可以看得见、摸得着的。因此，就打定主意学地质。考上北大地质学系，满足了张先生的志愿。他当时是班上最年轻的学生，只有 17 岁。他学习很认真，这就为他终身为祖国的地质事业奋斗不息并取得优异成绩奠定了良好的基础。

张先生在北大学习期间有一段不平凡的经历。就在他刚刚读完一年级的时候，1937 年 7 月 7 日，卢沟桥事变发生，全国全面的抗日战争从此开始。7 月 29 日，北平沦陷，天津也随即沦陷。北京大学、清华大学、南开大学三校迁往湖南长沙，组成临时大学。张先生在不愿作亡国奴和继续学习地质的心情驱使下，离家前往长沙，在长沙临时大学地质地理气象学系继续学习。1937 年底，南京沦陷，武汉告急。学校又于 1938 年 1 月决定迁往云南昆明市。1938 年 2 月开始搬迁，分两路赴滇，一路乘坐交通工具，一路步行。学校组织了一个“湘黔滇旅行团”，根据自填志愿，检查体格，核准步行者 244 人。地质地理气象学系有 15 人参加步行，张炳熹先生是其中之一。2 月 20 日出发，4 月 28 日抵达昆明，历时 68 天，全程 1671 公里。除车船代步、旅途休整外，实际步行 40 天，步行 1300 公里，平均每天走 30 多公里，最多时达 50 多公里。沿途还作社会调查、观察

① 载于《张炳熹院士文选——地质科技研究与管理的理论与实践》，地质出版社，2001 年 4 月

地质现象、采集标本。这是中国教育史上的一次壮举。对参加步行者来说，也是意志、心理、勇气、身体等多方面的磨炼。张先生参加了这次不平凡的旅行，是很有纪念意义的。他还认为，从学地质的角度来看，这也是一次难得的机会。

抗日战争期间，西南联大在极端困难的条件下办学。新建的教室及宿舍于1939年夏开始使用，那是一些低矮的土墙泥地草顶（部分是铁皮顶）的平房。设备差，仪器也少，开始只能借云南大学矿冶系的实验室进行矿物岩石实习。经过补充，略有改善，但显微镜仍不敷应用。图书也少，学生们不得不在图书馆前排队等候借书。图书馆位子少，有的学生不得不到街市的茶馆中看书。在这样艰苦的条件下，张先生刻苦努力地学习，他不仅对地质学方面的课程有浓厚的兴趣，还选修了不少数理化方面的课程，并且充分利用云南的条件，多出野外做地质考察。毕业前，他与同班的董申保先生一起，填绘了200多平方公里1:5万的地质图，共同写成了《云南嵩明杨林一带之地质》的毕业论文。张先生以优异的成绩于1940年毕业，并留校任教。那时他才是21岁的青年。

张先生是在北京大学入学的，所以既是北京大学的毕业生，也是西南联大的毕业生。当时许多教师都有两份聘书，张先生一份是北京大学的聘书，一份是西南联大的聘书。张先生任助教，后任研究助教。任教期间，主要担任光性矿物学和岩石学实习课的教学任务。他教学工作认真负责，当时图书资料有限，也没有岩石学辞典，为了教好学生，他设法搜集资料，将岩石命名的沿革、出处等查找出来。当时也没有做卡片的条件，便用密密麻麻的小字写在一页一页的纸上，后来他出国学习，便将这部分资料留给董申保先生。董先生至今仍保留着的就有二三百张这样的资料。这是50多年前的事情，是多么珍贵的历史资料，仅从这一侧面就可以反映出张先生的敬业精神，严谨的治学态度。另一方面，张先生特别重视野外地质调查，在当时系主任孙云铸教授的安排下，多次出野外考察。1940年寒假，随新到校的德国人米士（Misch）去滇西考察，从大理出发，经永平，沿澜沧江北行至喇鸡井，折东经兰坪、剑川，返回大理，历时6周。1941年暑期随王恒升、王嘉荫教授在滇缅铁路沿线弥渡至顺宁间作地质调查。1941年寒假与苏良赫、池际尚两先生一起在易门、安宁一带考察铁矿，并且找到了王家滩铁矿一条主要矿脉，成为云南铁矿的一个基地。1942年西南联大地质地理气象系与云南建设厅合作，成立云南地质矿产调查委员会，孙云铸教授兼任主任委员。暑假期间，张先生与邓海泉先生一起在玉溪、峨山、河西三县作地质调查。1943年秋，参加大理至丽江的驿运路线调查，后从丽江经永北、永仁，回昆明，前后共历时3个月。1944年暑假与司徒穗卿先生一起随袁复礼教授赴武定、罗次一带调查铁矿。1945年暑期在孙云铸教授率领下，与董申保、池际尚两位先生同去个旧锡矿。大量的野外地质矿产调查不仅为云南的地质工作和建设做出了贡献，而且也为张先生深入了解云南的地质矿产情况和日后的工作奠定了很好的地质实践和理论基础。

1943年夏，张先生参加清华大学第六届留美公费生“物理矿物学”名额的考试，1944年公布结果，他被录取。与学物理的人一起参加考试并被录取是很不容易的。这说明，张先生不仅地质学基础好，而且数理化基础也好。1946年5月，北大、清华、南开三校恢复，张先生也离开昆明赴美国哈佛大学攻读博士学位。在学习期间他广泛涉猎矿物、岩石、矿床、构造地质等领域的课程，在一个变质岩地区做博士论文，学习成绩优异，曾获“金钥匙”奖，先后获硕士、博士学位。还要提到一件事，在哈佛大学学习时，张先生结识了一位在哈佛大学作矿物学研究生的美国同学，叫 Arthur Montgomery，这位先生对中国很友好，经张先生联系，他送给北大地质学系一支 X-光管，并请途经美国的王鸿祯先生带回系里，安装在原有的 X-光机上。这支 X-光管有 4 个窗口，当时在世界上很先进，同时还有一台粉末 X-光照相机，也是当时最新式的。

1949 年 10 月 1 日，中华人民共和国成立，身在美国的张炳熹早就期盼着回国参加新中国的建设。1950 年夏回国，应聘为北京大学地质学系副教授。他教授矿床学，在讲课中介绍成矿作用，矿床成因、分类及各种矿床实例。张先生教学认真负责，讲课条理清楚，非常注意理论与实际的结合，中国材料比较多，很受学生的欢迎。张先生很注重实际，他讲的一些实际内容对学生以后的工作很有用。冯钟燕先生回忆说，他在北大地质学系毕业后曾在铜官山铜矿工作，该矿储量究竟有多少？有人认为算少了。冯先生就用张炳熹先生讲过的“最近地区法”，仔细地计算储量，很有说服力。还要提到的一件事是那时没有专门的矿相课，在矿床课实习中要看光片，但当时矿相显微镜很少，只能供研究用，张先生为了给学生创造学习的条件，自己设计将淘汰的 10 台岩石显微镜加以改造，在镜筒上钻一个眼，强光能射进去，装一个 45° 的反射盖玻璃片，前面加一个蓝色的滤光玻璃，这样学生就能看光片了，学生们不仅感谢张先生为改善他们学习条件所付出的辛苦，也深受张先生自力更生精神的感动。时任矿床学助教的邵克忠先生在 1952 年翻译的 M.N.Short 所著《金属矿物鉴定》一书中，译者附了一节《一种简易的反光显微镜照明器》，介绍了张先生设计的简便的照明器及普通显微镜改装的方法，以及使用一年来的经验。张先生在讲课中还将他在旧中国从事地质调查时所见所闻告诉大家，例如个旧锡矿工人们如何在恶劣条件下工作，土豪劣绅如何称王称霸、鱼肉百姓等等。这些对同学们了解新旧中国的对比很有启发。1950 年美国发动了侵略朝鲜战争，中国人民奋起抗美援朝，开展了捐献运动，为抗美援朝出力。地质学系的师生们想出了一个办法，请刚回国不久的张先生推荐一批书籍进行翻译，以所得款项捐献。张先生主持部分师生翻译的 M.P.毕令斯的《构造地质学》（译者张炳熹等）就是其中的一本。由于种种原因，该书于 1959 年 5 月才出版。张先生地质知识广博，解决地质问题的能力很强。1951 年夏张先生带学生在黑龙江鸡西鹤岗煤矿实习，当时矿上有个棘手的问题，由于断层的原因，煤层找不到了。在矿上的苏联采矿工程师也没有办法，张先生用构造作图法解决了这个问题，大家都很佩服。张先生对青年教师也很关心。解放初期，由于学生人数激增，每年都有青年教师留校工作，虽然那时政治运动较多，但系里还是为青年教师组织了一个学习班，每星期三晚上上课。张先生为大家讲矿床专题。这个学习班持续了半年，对青年教师帮助很大。1952 年上半年张先生已完成了晋升教授的评审工作，由于院系调整，调至新成立的北京地质学院任教授。

张炳熹先生在北京大学学习 4 年任教 8 年，时间虽然不长，但他对地质事业的热爱和强烈的事业心，教学工作认真负责的敬业精神，平易正直，关心青年的优良品德，地质基础广博，知识面广等方面都是我们北大地质学系同学们学习的榜样，张先生耄耋之年，仍为我国的地质科学和地质事业奋斗不懈。让我们再一次祝福张炳熹教授精神矍铄，学术生涯长青。

郝诒纯——生物地层学家、微体古生物学家[①]

于 洸 杨光荣

郝诒纯同志是一位著名的女地质学家，她从事地质科学实践和研究工作，付出了比一般男同志更多的艰辛。近些年她担任九三学社中央副主席和全国人大常委会委员等重要职务，参加许多政务和社会活动，但仍然坚持教学岗位，为国家培养出更多的地质学方面的人才。郝诒纯同志工作严肃认真，待人谦虚和蔼，平易近人，令人十分敬佩，在我的记忆中留下深刻印象。

——雷洁琼

郝诒纯（1920—2001），女，湖北咸宁人。生物地层学、微体古生物学家，地质教育家，社会活动家，中国科学院院士。1943 年毕业于西南联合大学地质地理气象学系。1946 年清华大学地层古生物学研究生毕业。曾任北京大学地质学系讲师；北京地质学院副教授，普通地质教研室副主任，古生物教研室主任；武汉地质学院教授；中国地质大学（北京）教授。曾任中国古生物学会理事长；中国微体古生物学会理事长；中国第二届地层委员会委员；九三学社中央委员会副主席、名誉副主席；九三学社北京市委主任委员；全国政协委员会委员、常委；全国人大常委教科文卫委员会副主任；北京市人大常委会副主任；全国妇联副主席。曾被评为湖北省先进科技工作者（1978），北京市三八红旗手（1982），全国三八红旗手（1983）。获何梁何利科学技术进步奖（1999），李四光地质科学荣誉奖（1999）。长期致力于古生物学、地史学、生物地层学和微体古生物学的教学和研究工作，著有《古生物学》（与杨遵仪、陈国达合著）、《古生物学教程》（杨遵仪、郝诒纯主编）、《微体古生物学教程》（郝诒纯、茅绍智主编）、《论中国非海相白垩系的划分及侏罗—白垩系的分界》、《塔里木盆地西部晚白垩世——第三纪地层及有孔虫》等。

年轻的革命者

郝诒纯，1920 年 9 月 1 日出生于武汉市一个知识分子家庭。父亲郝绳祖（号筱章）曾在法政学堂学习法律，后又学过中医，早年随孙中山先生参加辛亥革命，老同盟会会员，后加入国民党。郝诒纯从记事起，就经常见父亲为反对北洋军阀的反动统治，在家里召开秘密会议，母亲在门口望风放哨。她 1925 年 9 月入武昌模范小学读书。1926 年 10 月，国民革命军北伐攻克武汉，成立了国民政府，父亲参加政府工作，母亲也参加妇女协会的工作。父亲常对母亲说："要让人人都懂得'国家兴亡，匹夫有责'这个道理，

① 载于《北大的才女们》，郭建荣主编，北京大学出版社，2009 年 7 月

各阶层的人士都团结起来，打倒帝国主义和军阀，才能救中国。”这些话她也记在心里，盼望着快点长大，好和大人们一起参加反对黑暗统治的斗争。在国民政府成立后的时间里，她和小学的许多同学也参加了许多革命集会，校园里也传唱着“打倒列强！打倒列强！”的革命歌曲。这是她童年最欢快的时光。

风云突变，蒋介石于 1927 年 4 月 12 日发动了反革命政变。她父亲被扣上“左派”“亲共”的罪名，遭到反动政府的通缉和追捕，被迫逃离了家乡。父亲的同志帮助母亲带着她和弟弟，躲进了一座天主教堂，总算没有遭到反动政府的屠杀。从此，母亲在教堂里教济贫班，她和弟弟也失去了欢乐。她一直不明白，世道为什么发生了这么大的变化。一次，她问母亲：“父亲到底犯了什么罪？我们为什么要逃到这里来？”母亲连忙捂住她的嘴说：“你爸爸没有罪，他和共产党人都是爱国的，而那些迫害他们的人才是有罪的。以后千万别再当着人问这种话！”他们在教堂里整整两年，从来不敢出门，更不敢去上学，母亲教他们两人学文化，还经常给他们讲历史上民族英雄和革命志士的故事。两年的藏匿生活，母亲给他们姐弟打下了很好的文化基础。由于母亲的言传身教，郝诒纯从小就萌生了将来做一名教师的愿望。

后来，父亲有了下落，把他们母子接到北平。1930 年 9 月至 1933 年 7 月，她在北平师大第二附属小学读四至六年级。家庭中的耳濡目染，使少年的郝诒纯在政治上比同龄的孩子显得早熟，自幼就有强烈的爱国思想，愤恨帝国主义对中国的侵略和蒋介石的卖国政策。1931 年“九一八”事变发生后，刚上小学五年级的她，心情像压了磨盘一样沉重，她思考了许多不该她这个年龄思考的问题，她对同学说：“再不抵抗，北平也要沦亡了，我们不能等着做亡国奴啊！”

1933 年 9 月，她考入北平师大女附中读初中。1935 年 6 月，日本军国主义者通过“何梅协定”强迫国民党中央军撤出平津和河北；11 月，策动汉奸殷汝耕在通州制造了一个“冀东防共自治政府”；不久，又企图在北平成立“冀察政务委员会”，制造第二个“满洲国”。面对华北危急的形势，蒋介石政府对日寇的进逼妥协退让，北平地下党发动爱国学生举行了“一二·九”大游行，喊出“反对华北自治”“反对成立冀察政务委员会”“反对日本帝国主义”等口号，正在读初中三年级的郝诒纯与师大女附中的同学一道参加了“一二·九”运动。不久，她被选入学生自治会，任北平学联的交通员，并参加了全市妇女救国会。为了深入开展抗日救亡运动，北平学联根据地下党的指示，1936 年初组织了南下宣传团，郝诒纯也积极报名参加，但临行前，宣传团负责人劝说年龄小的初中同学一律留下，不要去。因此，她没有去成。宣传团在结束工作前，集体商议建立一个永久性的抗日青年团体叫“民族解放先锋队”（简称“民先队”）。女附中的几位高中同学回校后，联络郝诒纯和少数积极分子成立了民先小组。1936 年 2 月北平民先队总队正式成立。3 月，因民先队员迅速增加，在总队和分队之间建立了区队，郝诒纯被推选参加组建区队的工作，任区队干事和民先队的交通。1936 年暑假前被推选为西城区队队长。

1936 年夏，郝诒纯初中毕业，按三年的平均成绩，应免试升入高中，但学校通知家长说，她一年来煽动同学闹事，扰乱学校秩序，不但不予保送，也不准投考本校高中。虽经家长抗议，好几位老师力争，学校当局都置之不理。她考虑北平市立女子第一中学政治环境好，便考到该校读高中。暑假以后，民先队改按数码编区队，西城区队所辖分队作了调整，并改为第六区队，郝诒纯仍被选为区队长。民先队员经常过组织生活，区队部发动队员参加学联组织的时事报告会，帮助大家认识抗日救亡形势，阅读《共产党宣言》、艾思奇的《大众哲学》等马列著作及进步书刊，提高队员们的政治觉悟，组织领导队员发动同学参加“六一三”反对日寇增兵华北的游行。1936 年 11 月，傅作义部队在绥远抗击日寇获胜，六区队组织队员募集慰劳品，参加前线劳军，参加“一二·一二”援绥（远）示威游行。双十二游行后，许多学联干部被捕，六区队按照总队部指示，积极参加“被捕同学后援会”的工作。

中共北平地下党对这个热情、积极、坚定、精干的“小革命”着意培养，1936 年 12 月发展郝诒纯为中国共产党党员。当时她才 16 岁，就担起了一个共产党人为中华民族解放而斗争的责任。

1937 年“七七”事变爆发后，党组织指示凡公开露过面的党员一律撤离。郝诒纯撤离到天津，组织关系转到天津学委，组织上让她和几位同学考入英租界耀华中学特别班（即补习夜校）就读，以高中学生的公开身份在天津开展敌占区青年的地下工作。她担任民先队天津地方队部组织委员，地方队部党支部组织委员，负责组织、学生、妇女工作。郝诒纯常给队员们介绍政治形势，传阅进步书刊，安排募捐活动，救济津郊受难同胞，送信传讯，购买药物，绘制、晒印地图，接送来津队友转移去解放区，组织读书会，吸收新队员。在日寇铁蹄下进行这些工作，极其艰巨危险，随时面临着生与死的考验，她在青年时代就表现出革命者坚定英勇的优秀品格。

一年以后，日本特务暗杀了耀华中学校长，个别地区的地下党组织遭到破坏，党组织指示郝诒纯离开天津。去哪里呢？当时有两条路，一是去冀中打游击，一是走海路经青岛、上海、香港、广州到武汉，辗转去延安。因为路上随时可能遇到敌人检查，两条路都不能带组织关系。她想到陕北公学去学习，选择了第二条路。她与两位同学经过近一个月的艰难跋涉才到了香港，不料正赶上日寇要打通粤汉路，因此由港赴汉成了泡影，三个人一时成了“没娘”的孩子。当时，香港是英帝国主义的殖民地，对于过境的“流亡学生”限期离境。到哪里去呢？清华大学马约翰教授的夫人是与他们同船到达香港的，马教授在送走最后一批经港赴滇的长沙临时大学学生后，留港接家属一起赴昆明，马教授劝他们一同去昆明，“去考个学校吧，那样生活就有着落了”。就这样，为了生计，郝诒纯和几位平津的流亡学生，在马约翰教授的带领下，经海防、河内，由滇越铁路到了昆明。

为振兴中华学习地质

1938 年夏，经党组织同意，郝诒纯考取了西南联合大学历史社会学系。郝诒纯能成为地质队伍中的一员，坚持地质工作数十年，首先要感谢她初中时的地理教师——后来北京师范大学著名教授王钧衡先生。他讲课内容丰富，深入浅出，语言生动风趣，易懂易记，很受同学欢迎。他寓于讲授中的爱国热情和忧国忧民的愤慨，深深地感染着学生，使他们既学到知识，又受到爱国主义教育。郝诒纯是从王老师那里知道有地质学这门科学的，并获得了对它的粗浅认识。王老师讲，中国应该多培养一些杰出的地质人才，将来要从帝国主义者手中夺回被掠夺的矿产勘查、开采权，牢牢地掌握在自己手里。

在西南联大入学不久，她参加一项课余活动，怀着对地质学的好奇，随着高年级同学几次访问知名地质学家袁复礼教授，袁老师对地质工作进行了深入浅出、广博丰富、语言生动的说明，介绍了我国优越的地质条件，指出发展我国地质科学，不仅能促进本国找矿勘探事业的发展，对振兴经济起重大作用，还将对提高地质科学的国际水平产生重大影响。在讲到我国地质科学的发展和矿产资源的开发处处受帝国主义文化和经济侵略的钳制时，袁老师的痛心与愤慨，激起他们深刻的共鸣。袁老师讲的当年他和一些青年学者为抵制西方势力对我国地质资料的掠夺、维护研究本国地质的自主权所作的斗争，深深地打动了这些学生。当她问起，女生体力和身体素质不如男生，是否不宜学地质时，袁老师指出，地质学是一门科学，研究科学最需要的是勤奋、刻苦和毅力，而不仅仅是体力，并引用“有志者事竟成”、“世上无难事，只怕有心人”两句古训，指出，只要立志坚定，专心致志，想办法克服困难，男生、女生都能学好地质。

当时正是中国共产党与国民党第二次合作，全国团结抗日的初期，郝诒纯和不少想学地质的同学都天真地认为，抗战胜利为时不会太远，胜利后产生一个独立、和平、民主的新中国，必定会积极进行经济建设，那时他们学以致用，定能大显身手。袁老师的指导加上这种想法，使她下了学地质的决心，在历史社会学系读完一年级后，毅然转入地质地理气象学系，以实现她向往成为一名地质工作者的愿望。

转系需要转出系系主任和转入系系主任批准，才能注册。郝诒纯的申请经再三恳求方获历史社会学系系主任的批准。当时听说女生学地质历来不受欢迎，要求入系颇难，若是入不了地学系就无退路了。她忐忑不安地走进地学系主任孙云铸教授的办公室。当时孙老师正用放大镜观察一块标本，郝诒纯说明了来意，看了她的申请表和成绩单后，孙老师连说：“不错，不错，你学得不错。”接着若有所思地注视着她说：“啊，你是女生。”把郝诒纯吓了一跳。不料，老师接着说：“很好，学地质的女生太少，欢迎，欢迎。”老师爽快地批准了她的申请，还拿起那块标本对她说：“这是珊瑚化石，就产在云南，将来你要学的。”系主任的亲切、热情与风趣出乎她的意料，不但没有拒绝女生，还表示欢迎，这对郝诒纯真是莫大的鼓舞，大大坚定了她学地质的信心。

下决心不易，用实践实现决心更难。入学后头一次野外实习就给了她一个严峻的考验。因为是初次参加野外实习，头天准备到午夜，当天清晨，同宿舍的一位高年级大姐，怜惜她学地质辛苦，煮了一大碗面条和三个鸡蛋，让她吃得饱饱地上路。谁知睡眠不足，吃得过饱，站在柴油发动机的卡车上，一路颠簸，油烟熏人，使她感到非常恶心，未到郊区就不得不要求停车下来呕吐。这下可引起了纷纷议论，好心人劝她：“学地质太辛苦，你一个女生，身体单薄，何必硬要受罪，考虑转系还来得及。”有的人说：“女生学地质就是不行，迟早要转系。”个别人甚至说：“像个娇小姐，学什么地质，趁早转系。”她没有想到自己那样无用，既羞愧又痛心，在同学们面前总觉得抬不起头来，曾想换个环境改学别的专业。但想起袁老师的教导，想起“有志者事竟成”的古训，想起父亲从小要求她有坚定的志向，要有百折不挠的勇气，始终不渝的毅力，父亲把动摇不定、朝秦暮楚看成一个人的品质问题。想到这些，她检讨了自己动摇的想法，发誓要用以后的努力纠正人们对自己的偏见，用自己的实践证明，女生和男生一样，都能成为合格的地质工作者。

然而，学习地质学毕竟是野外实践训练和室内理论学习并重的，需要较多的体力劳动，女性的困难自然会多一些。当年郝诒纯的老师们全都年富力强，有丰富的实践经验。最初参加野外实习，她只觉得老师们健步如飞，登高山如履平地，几个女生一路小跑，赶到观测点时，老师已讲授过半，回到驻地整理野外学习记录时，本上多半空白，虽然好心的男同学会借给她们抄，但这样能学到什么东西呢?无怪不到一学期，女生走掉了一半。她不愿放弃选学地质的初衷，想起袁老师讲过的“世上无难事，只怕有心人”，她用心思，想办法，努力增强自己的体力和体能。当时走出校舍就是郊外，她每天走出去练一阵跑步。由于战乱切断了家庭接济，郝诒纯每周四次到城里打工，往返步行 90 分钟。节假日她约几位同学练习登山，在郊外学习跨沟渠、跳田埂，后来她还成了地学系也是全校女子篮球队的主力队员。

郝诒纯坚持自我锻炼收效很好，第二年到野外实习，她再也不怕路途险阻和崎岖，步行、登山的能力都有提高，不但不再掉队，还超过了文弱一点的男同学，她已经具备了接受野外地质锻炼的条件。郝诒纯认为，这是学地质最基本的基本功，是她能在老师们的精心培养和严格要求下学会系统的野外地质知识和技能的基础，也是她后来能长期坚持地质工作的基础。

在西南联大，郝诒纯仍然是学生运动的积极分子。昆明原有个云南青年抗日先锋队，简称“抗先”。北平的“民先”队员到昆明后，组织了“民先”云南地方队部，郝诒纯任组织都部长。为统一领导，“抗先”合并为“民先”，扩大队伍，1939 年发展到近百人。这时，形势发生了变化，“民先”这类组织已不适应学生抗日救亡的需要，中共中央南方局于 1939 年 9 月重申撤销“民先队”组织的决定，西南联大的“民先队”宣告结束。在此之前，1938 年底，根据党在大后方开展统一战线工作的方针和群众团体公开化的原则，西南联大革命青年就以“民先”队员为骨干，组织了公开活动的群众社团——群社，郝诒纯是发起人和负责人之一。群社从为学生谋福利着手，得到群众的信任，进而举行时事报告会，开展各种文娱体育活动，创办《群声》《大家看》壁报，组织歌咏队、话剧团、夏令营等，社员发展到 400 多人。

西南联大于 1939 年成立学生自治会，按章程规定，学生自治会组织机构有：代表大会、干事会和监察委员会，一般每年改选一次。1940 年 12 月，第三届学生自治会改选后成立，郝诒纯任代表大会主席。1941 年 10 月，第四届学生自治会改选成立，自本届起只设理事会，郝诒纯任理事会主席。皖南事变后，国民党在国统区搞白色恐怖，各种进步活动基本停止，学生自治会陷入半停顿状态，郝诒纯挺身而出，尽量使学生自治会在可能条件下发挥一定作用。地下党决定从西南联大撤走一部分学生，郝诒纯帮助部分同志离开昆明。1942 年底太平洋战争爆发后，日军攻占香港，逃离的人买不到机票，而国民党政府行政院副院长孔祥熙垄断飞机转运私人财产，甚至连洋狗也运回重庆。恶迹暴露后，西南联大学生发起“反孔”游行，郝诒纯积极参加。国民党为镇压学生反内战争民主运动，1945 年 12 月 1 日发生“一二·一”惨案，革命青年掀起新的爱国民主运动，当同学上街宣传遭反动派迫害致伤时，郝诒纯与在美国新闻处兼职的中外进步人士给予了积极援助。

虽然从事学生运动花了不少时间，但郝诒纯学习功课也抓得很紧，成绩很好。1942年暑假前，学校要求的学分已经读完，郝诒纯想找一份工作，本想去原中央地质调查所，但得到的答复是“不欢迎女的”。她为找不到工作而苦恼。袁复礼老师知道后，鼓励她考研究生，袁老师认为，抗战必胜，只是时间迟早的问题，当研究生能够拓宽和加深所学，不至于虚度年华，可以等待时机学以致用。在老师们的帮助下，郝诒纯在云南省建设厅地质调查所谋到一个技士的职位，同时兼任云南大学矿冶系“半时助教”，半时工作，一半薪水，一面工作，一面苦读备考。1943年她考取清华大学理科研究所地学部的研究生，从此决定了她永当一名地质工作者的人生道路。

尽心竭力　精益求精

郝诒纯在读研究生期间学习和工作都做得很好，但未能按期完成毕业论文，因为抗日战争后期，国统区社会治安极坏，女生出野外搜集论文资料非常危险，导师为她安排了两名低年级男生陪同出野外，但学校经费困难，三个人的花销相当一部分要自己筹措。她连自己的生活费都很困难，这笔费用更无从谈起。直到1946年在北大任教后，孙云铸老师建议她利用早年陪同导师到滇西搜集的资料补写一篇研究生论文。因郝诒纯在研究生学习期间学习成绩优异，1946年她获得了中国地质学会颁发的第二次“马以思女士纪念奖金”。

1946年在北京大学任教前，经中共地下党组织安排，郝诒纯曾短期到北平军调部任国民党方面的英文秘书，当年4月至7月间，曾先后两次发现并设法拿出有关要逮捕我方人员的黑名单，转交给中共地下党组织，避免了敌人的破坏。

1946年夏，北大、清华、南开三校复员返回原址，孙云铸教授回北大任地质学系主任。离开昆明前，孙老师约郝诒纯到北大任教。不料，回北平后，理学院院长以妇女不宜做地质工作为由，坚决反对地质系聘用女教员，经孙老师再三请求，还联合生物系两位知名女教授力争，方同意聘用她为系务秘书兼助教。看到孙老师为了聘用自己左右为难多方奔走，郝诒纯曾表示愿放弃北大职位，另谋他就，但孙老师劝她不要放弃专业，并教导她：做任何事情都要靠个人的主观努力和坚强的意志与毅力。孙老师的开明和爱护，给了郝诒纯极大的鞭策和鼓舞，她曾发誓要努力拼搏，做出点成绩来为妇女争口气。

1946年至1952年，郝诒纯作为孙老师的业务助手和系务助手，一直在他身边工作，孙老师为地质教育的发展，为地质人才的培养孜孜不倦的精神与风范，对她教育至深。她曾说：“从孙老师的身体力行和潜移默化，我体会到了献身教育事业的意义，我能够坚持地质教育工作几十年没有掉队，是老师给我打下的思想基础。”

郝诒纯在北大地质学系历任助教、研究助教、讲员、讲师，为孙云铸教授的古生物学和地史学课程助课，还讲授过普通地质学、光性矿物学、工程地质学等课程，这不仅表明她教学任务繁重，也反映出她地质学基础扎实，知识面广，由于室内和野外教学方法和教学效果好，受到同学们的欢迎和好评。在忙于教学工作和系务工作的同时，还抓紧时间进行科学研究，1948年出版的《北京大学五十周年纪念论文集》（地质卷）刊登了她的论文《云南西部笔石群之发现》（英文），她的研究证明，滇西发育了与英国中志留世相似的含笔石中志留世，在地层学和古生物学上有重要意义。她对所承担的教学工作和系务工作，总是尽心竭力去做，精益求精，孙老师称赞她是“标准秘书”。她这种优秀的作风和品格体现在她的全部工作中。新中国成立后，郝诒纯因思想进步，工作能力强，1950 年 1 月被推选为北京大学工会第一届执行委员会常委兼秘书处处长，还担任北京大学校务委员会委员，讲师、助教代表。

1952 年全国高等学校院系调整，郝诒纯调到北京地质学院，先后任讲师、副教授，讲授普通地质学、古生物学和地史学，微体古生物学和微体古生态学等课程，曾任普通地质教研室副主任，古生物教研室副主任。1954 年，她带领生产实习队为山西某生产单位填制了两幅半 1:50000 地质图，提交了四个煤田的详查报告，都一次通过，受到地质部的表扬。1956 年她与杨遵仪、陈国达两位教授合著的高等学校试用教材《古生物学》出版，这是我国古生物学第一本正式出版的教材。

1957 年，郝诒纯奉派去苏联进修，学习古生物学与地层学。她请教孙云铸老师，如何确定进修方向。孙老师认为，我国已有的地层学研究比较集中于古生界，前寒武系和中、新生界研究不够，今后应加强老、新两头的研究，结合古生物以研究新的一头为好。还认为古生物的研究应向微观发展，主攻中生代微体古生物，是个较好的进修方向。她还与杨遵仪教授进行了认真的研究，他们分析了微体古生物能在国家经济建设中解决很多问题，但微体古生物作为一门学科，我国的研究却大大落后于发达国家，于是，从国家需要出发，郝诒纯确定以微体古生物为主要进修方向。到莫斯科不久，又接孙老师来信，叮嘱她研究工作要海陆并重，以适应国内的需要。

进修期间，她参加了苏联边远地区 1∶50000 地质测量，中、新生代海相地层和微体化石群的研究，辗转于莫斯科、高加索、克里木的高等学校和科研单位，研究有孔虫、介形虫及其生物地层学，在高加索的原始森林和里海北岸峭壁悬崖地区进行野外地质工作。艰苦生活的锻炼，辛勤汗水的浇灌，换来了业务上的丰收，郝诒纯用俄文写出的《苏联克拉斯诺达尔边区诺沃罗西斯克一带白垩—第三纪有孔虫及其地层意义》的论文，在莫斯科大学学术委员会上宣读，与会的莫斯科大学和苏联科学院的专家们一致认为，郝诒纯的论文是对工作地区白垩—第三纪地层和有孔虫动物群第一次系统的总结，提出了地层划分、对比的正确方案和有孔虫的生物地层序列。进修期间，她还比较全面地了解了苏联微体古生物及地层古生物学教学和科研的情况，收集了有关资料，圆满地完成了党和国家交给她的进修任务。

1959 年秋郝诒纯回到祖国，随即投入新的工作。她和杨遵仪教授筹办了地层古生物学专业。运用国外研究的成果及工作方法，积极开展微体古生物学研究和人才培养工作，为地层古生物学专业和石油地质专业的学生开设微体古生物学课程，编写出我国第一本《微体古生物学》讲义，热情支持和帮助在北京地质学院举办孢粉培训班，邀请前苏联专家来校讲学，组织教研室的教师开展侏罗纪—白垩纪生物地层研究，主持“辽宁阜新含煤盆地中生代地层及介形虫化石”课题的研究，为石油地质专业讲授新开设的中国中新生代陆相地层古生物学课程，随后又为地层古生物学专业讲授介形虫专题课。由杨遵仪、郝诒纯主持，杨遵仪、郝诒纯、何心一、李晋僧、杨关秀分工修编的《古生物学教程》，作为高等学校教材试用本于 1962 年出版。

根据我国政府与古巴政府签订的技术援助协定，1963 年，郝诒纯被派往古巴帮助开展白垩—第三纪海相地层和微体古生物的研究，指导地下水勘查和石油普查。当时的古巴，社会很不安定，巴蒂斯塔政权被推翻以后，一些旧政权的人员与外国反对势力相勾结，不时在各地制造事端。这时到古巴从事技术援助工作要担很大风险，何况还是个女性。但郝诒纯毫不犹豫地接受了这项任务。到古巴以后，受援单位一看，中国派来的是个女专家，于是训练班不办了，只让她做点室内工作。然而，他们原来进行的野外工作质量很差，无法以此进行室内研究。于是，郝诒纯带上跟自己学的两名大学生到野外看“标准剖面”，手把手地教他们实测地质剖面等野外地质工作方法，使两位大学生受到很好的训练。古巴当局知道后，主动找我大使馆提出，要求将她延聘一年。在援古的第二年，古巴的五个省她都去进行过地质考察，原来停办的培训班又办起来了，她组织培训的地质测量和野外地层调查人员，后来都充实到古巴各地的地质机构工作了。她还写出援外合作报告《古巴白垩—第三纪地层及有孔虫动物群》（英文）。

“文化大革命”中，郝诒纯也遭受了磨难，但她是一个不“安分”的人，为了不荒废业务，尽可能给国家做点贡献，1974 年，她和几位年轻同志与生产部门合作，先后到塔里木盆地和大港油田开展科学研究。当时北京地质学院正要全迁到武汉，从野外回来后，郝诒纯被人诬为用科研压迁校，不许她继续做室内研究。作为一名科学家，最大的痛苦莫过于失去科学研究的权利。经过一再努力，终于得到刚刚恢复工作的高元贵老院长的支持，给她三个月的时间从事室内研究。她和助手曾学鲁借用一间小陈列室作为工作室，冒着冬天的寒冷，完成了大批微体古生物的处理、鉴定和研究任务，写出了科学论文初稿，为有关部门进行油田普查与勘探提供了重要基础资料

开拓前进　科研硕果累累

我国的石油资源，既产于以有孔虫为重要划分对比标志的海相地层，又产于以介形虫为重要划分对比标志的陆相地层，郝诒纯认识到，研究有孔虫和介形虫对找寻油气资源同等重要。因此，她从国家需要出发，面向经济建设，在微体古生物学和生物地层学领域开拓前进，并取得卓越的成就。

20 世纪 60 年代初，郝诒纯和她领导的科研组参加了大庆找油会战，三次赴大庆进行教学、科研、生产三结合的野外考察与研究。“文化大革命”中，她顶着压力与中国地质科学院的同志合作，整理了“文化大革命”前积累的资料，写出《松辽平原白垩—第三纪介形虫化石》，于 1974 年出版，这是对我国非海相白垩—第三纪生物地层和介形虫进行系统研究的第一部专著，出版后，对生产和科研起了很大作用。世界上对微体化石的研究，以美国和苏联开展最早，但当时尚未发表过介形虫与陆相生物地层及石油勘查相结合的专著。上述成果，以及她参与完成的《黄骅凹陷第三纪的岩相古地理及生储油条件》专著，获 1978 年全国科学大会集体成果奖。

郝诒纯与裘松余、林甲星、曾学鲁编著的《有孔虫》专著，于 1980 年出版，该书全面总结了当时国内外关于有孔虫化石的资料及其对生物地层学与石油勘查的意义，既是教学、科研与石油勘查的一本很好的参考书，又是进行有孔虫属一级鉴定和确定动物群

面貌的一本重要工具书。她主持的“新疆塔里木西部的生物地层研究”，对晚白垩世英吉莎群与第三纪海相地层进行了详细的划分对比，建立了完整的生物地层层序、系统研究了所含的有孔虫化石及其古生态和古地理意义。她和曾学鲁等撰写的论文《塔里木盆地西部晚白垩世—第三纪地层及有孔虫》（1982 年），重新划分了该区第三纪地层单位，被生产单位广泛采用，该成果获地矿部科技成果二等奖（1985 年）。她们发现和鉴定的一些新属种，得到国际上同行专家的认同和采用，美国两位研究有孔虫的著名教授小雷勃里奇（Jr. A. B. Loeblich）和塔潘（H. Tappan）在其有孔虫属级分类的专著中全部收入了她们发现的有孔虫新属。自 1979 年开始，她应中国地质科学院之聘，指导对中国白垩系研究进行系统总结，主编完成了《中国地层》第 12 卷《中国的白垩系》一书。《中国地层》获地矿部 1985 年科技成果一等奖。

郝诒纯对国际上微体古生物研究的新理论和新动向十分敏感与关注。她是我国开创钙质超微化石研究的专家之一，并在我国东部油田第一个鉴别出第三纪的超微化石，为地质系统培养了国内第一个主攻超微化石研究和海洋地质研究相结合的研究生，填补了微体古生物研究的又一项空白。早在 20 世纪 80 年代初，她就指导研究生将计算机技术引入微体古生物学的研究，设计、建立了“微体古生物学微型电子计算机辅助研究系统”，经过六年的探索，研制完成了“新生代浮游有孔虫自动化鉴定软件”，1987 年 12 月通过部级鉴定，被评为“达到国际上 80 年代水平”，被有关生产单位采用，提高了鉴定效率数十倍。她还指导博士后研究人员利用该系统成功地运用数理统计方法进行了某些类别的个体发育与系统演化的研究，取得优异成果。后来又支持她指导的博士研究生雷新华和几个年轻人，进一步开发计算机技术，并应用于含油气盆地的构造分析和演化研究，经过这批年轻人的发奋努力，获得了具有很高实用价值和广泛应用前景的重要成果。

郝诒纯在我国首先倡导和应用微体古生物多门类综合研究，解决地层划分对比问题，推断古环境及其变化。1988 年，她与阮培华等发表的《西宁民和盆地中侏罗世—第三纪地层及介形虫、轮藻化石》论文，获石油部门科技成果奖。她培养了我国研究化石放射虫的第一名硕士和研究高肌虫的第一名博士，促进了微体古生物的多门类综合研究。20 世纪 70 年代末，她意识到：从地质科学角度去认识海洋和开发海洋的重要性，领导科研集体与校内外有关同志合作，主持开展了我国海域半深海、深海及边缘海盆地微体生物群及其地层学、古气候学、古海洋学意义的研究。1988 年与曾学鲁等发表了《冲绳海槽第四纪微体生物群及其地质意义》的专著，获国家教委科技成果二等奖。1989 年与阮培华等发表的《西沙北海槽第四纪微体生物群及其地质意义》的专著，获地矿部科技进步三等奖。1996 年，与徐钰林、许仕策等发表《南海珠江口盆地第三纪微体古生物及古海洋学研究》的专著。鉴于各国竞相研究和开发海洋，郝诒纯组织带领一批中青年教师积极参与推动我国加入大洋钻探计划（ODP）的活动，支持有关教师获得由中国专家主持的 ODP184 航次，在南海海域进行深海钻探，开展东亚季风研究的机会，取得初步重要成果。为了迎接向海洋进军的重大挑战，中国地质大学授命郝诒纯和一批年轻同志与国土资源部广州海洋地质调查局合作主持筹建海洋地学研究中心，经过一年的积极努力，于 1999 年 4 月正式成立，投入我国海域的研究工作，郝诒纯任该中心学术委员会主任，为该中心的建设和发展做出了宝贵的贡献。

严谨治学　精心育人

郝诒纯一直坚持在教学第一线，讲授过普通地质学、地层学和地史学、古生物学、微体古生物学等多门地质基础课和专业课。她是一位严谨治学的老师，每次上课都非常认真，她的教案总是写得整整齐齐，明明白白，讲课深入浅出，有条有理，板书讲究，学生很愿意听她的课，教学效果甚佳。她十分重视教学基本建设，她主编和参加编写的六种教材中，合编的《古生物学教程》获国家教委优秀教材奖（1987 年），《微体古生物学教程》获国家教委优秀教材特等奖（1993 年）和国家科委科技进步三等奖（1997 年）。她坚持教学与科研相结合，发表科学论文 50 多篇，专著 7 部。她认定要做的事情，就一定要做好，做到底。她使我国发展石油工业急需的微体古生物学科，从无到有，从课堂走向生产，靠的就是这种精神；她一直瞄准美国和苏联两个微体古生物学研究最早、成就突出的国家，学习他们的先进成就，又与它们展开竞争，靠的也是这种精神。

她对学生的要求非常严格。研究生采集的标本，她要一个一个地检查，一个一个地指导。对年轻教师的要求也很严格，要求他们提高全面的素质，既能讲好课，又能跑野外，搞科研。她对自己也同样是高要求，热爱自己的事业，兢兢业业地工作。她常说："沙滩上盖不起大楼来。"她认为，掌握知识并不难，难的是如何对待在获取知识过程中遇到的种种困难。在旧社会妇女学地质困难很大，曾有人劝她改行，但她认为：我既然学了地质，就要热爱它，克服一切困难学好它。见异思迁的人往往一事无成。她非常重视合作的精神，非常关心人，在无形中凝聚着她的助手和学生共同做好工作。

郝诒纯培养了 14 名博士生、20 多名硕士生、一批博士后研究人员和进修人员，其中许多人士，已成为我国古生物学科和微体古生物学科带头人和骨干力量，有的已成为中国科学院院士、国内外知名的古生物学家。一批年轻的教授、副教授在教学、科研中发挥着重要作用，有的已取得突出成绩。学生们谈到导师对他们的培养时，都异口同声地说：执着的追求，严谨的学风，是郝诒纯教授传给我们的宝贵精神财富。她认为从事科学研究，要从事实出发，从第一手资料的分析研究中老老实实地做出结论。认识自然，要尽最大的努力；下结论时，认识多少，说多少话。因此，她一直坚持出野外，为完成研究课题，她曾三赴松辽，三下大港，三去塔里木，亲自测剖面，采样品，足迹遍及祖国的西北、东北、华北和华中的许多油田和矿山。她说不是自己取得的第一手资料，就不敢动手做文章，不通过亲自实践，就不敢下结论。身教重于言教，由她培养的学生，一般都很注意锻炼自己的实干本领和严谨学风，她领导的微体古生物学科的教学、科研集体人才辈出。

郝诒纯能取得卓越的教学科研成果，还在于她十分重视开展国际学术交流。她在国际古生物学界也很有影响，20 世纪 80 年代，她曾参加国际地质对比计划 58 项目（IGCP58）——白垩纪中期事件的研究工作，任中国工作组组长，曾任国际地层委员会（IVGS）白垩纪分会委员，国际介形虫研究委员会委员。她多次出国访问和参加国际学术会议，积极组织多项国际学术交流活动，邀请外国同行专家来华访问讲学，介绍中青年同志与他们交流合作，帮助不少中青年同志获得出国学习进修和访问的机会，他们回国后成为发展地质学科的骨干力量。

热心社会活动　积极参政议政

早在 50 年代初，郝诒纯就是全国民主青年联合会常委兼科教部副部长。1983 年以后，在九三学社中央和北京市委、全国政协、全国人大常委会、全国妇联、北京市人大常委会担任重要职务。她虽然热切希望专心致志于自己的专业工作，但是，基于一个老共产党员的坚强党性，还是自觉地服从人民的托付，努力做好社会工作和教学科研工作，热情参加社会活动，积极参政议政。人们常见一位古稀之年的老教授为国家大事在校内外奔波忙碌。

郝诒纯 1951 年 12 月加入九三学社，后任九三学社北京大学支社筹备委员、支社委员、秘书。1952 年 11 月，任九三学社北京地质学院支社筹备组副组长，后任支社委员。1983—1997 年任第七、八、九届九三学社中央副主席，1997 年任第十届中央名誉副主席，1992—1997 年兼任九三学社北京市委第八届主委，第十届名誉主委。在社务工作中，她始终坚持中国共产党领导的多党合作和政治协商制度，团结广大九三学社成员自觉接受中国共产党的领导，与中国共产党亲密合作，坚定不移地走社会主义道路，抓紧做好参政议政、民主监督和学社自身建设，发挥学社的自身优势，积极支持和开展科技扶贫、科技服务工作。

1954 年郝诒纯任全国政协第二届委员会委员，对科学普及工作、青年工作、培养青年技术人才和妇女科技人才问题，进行调查研究，向全国政协提出意见和建议。1983 年任全国政协第六届委员会常务委员，任职期间就如何加强高等教育工作和改善中年知识分子待遇问题，组织九三学社成员做了大量调查研究，向全国政协提出了积极建议。1987 年 3 月 29 日，她代表九三学社中央在全国政协六届五次大会上作了“关于中年知识分子问题”的发言，引起积极的反响，受到中央领导的重视。

1988 年郝诒纯任第七届全国人大常委会委员，在七届人大四次会议期间，她领衔提出“关于增加自然科学基金”议案，与赵鹏大代表联合领衔提出“关于制定自然保护法”的议案。1993 年任第八届全国人大常委会委员，兼教科文卫委员会副主任，分工主管人口、卫生和体育工作，对她这位长期从事教学科研工作的学者来说，这方面的工作起初实在是“门外汉”，但她一贯顾全大局，以国家利益为重，接下这副重担，边干边学，做出了令人满意的成绩。1996 年 2 月，在全国人大八届五次会议上，郝诒纯作了“实施科教兴农战略必须依法治农”的发言。1988 年以来，她参与主持了一些法律的制定、修改和阶段性检查工作。1993 年任北京市第十届人大常委会副主任，为推动北京市文化、卫生、体育工作和民主法制建设做了大量工作。

1988 年起郝诒纯连续两届任全国妇联副主席，历时 10 年。无论在全国人大、全国政协，还是参加全国妇联的各项活动，都为维护妇女的法律尊严和参政作用，为保护女干部、女知识分子的合法权益，全面提高妇女素质，培养女性人才，提出过多项议案和建议。

在她主管的工作中还有繁重的外事任务，作为“亚洲议员人口与发展论坛”执行委员会第一副主席，1993—1998 年每年都要出国参加会议主持活动，1993 年在第十届会议上作了“中国妇女运动与人口关系”的报告，宣传中国计划生育政策和人口控制对全人类的贡献。她还率代表团或参加代表团，访问了斯里兰卡、澳大利亚、巴西等国，开展人民外交，促进中外议员和妇女间的友谊与交流。

大地的女儿

2000 年 8 月 29 日及 9 月 1 日，中国地质大学分别在武汉和北京举行集会庆祝郝诒纯院士 80 华诞和从事地质事业 60 周年。在学术报告中，她的学生们以最新的研究成果为她的生日增添了一份亮色和精彩。中科院古脊椎动物与古人类究所张弥曼院士和周忠和、汪筱林研究员以“生命的辉煌”为总题目作了三个报告，总结了热河生物群近年来的重要发现和最新的研究成果,“生命的辉煌”这个标题暗含着对郝诒纯院士一生的赞美，是对她取得的杰出成就和辉煌人生的写照。他们把 1998 年该所辽西队在四合屯化石地点发掘出的一件保存几乎完整的翼龙化石，命名为“秀丽郝氏龙”（Haoptenus gracilis），作为献给郝老师 80 华诞的礼物以及纪念她对热河生物群研究作的重要贡献。

郝诒纯院士 1989 年被确诊患有癌症，手术后，她只进行了很短时间的治疗，随即又投入繁忙的社会工作和学术活动。2001 年 6 月 13 日郝诒纯在北京逝世，享年 81 岁。病重期间和逝世以后，胡锦涛、温家宝、贾庆林、曾庆红、吴阶平、彭珮云、何鲁丽、王兆国、王文元等党和国家领导人以不同方式表示慰问和哀悼。

怀着对郝诒纯老师的深切感情，中国地质大学（北京）部分师生和她在京的老战友于 2003 年 9 月举行了郝诒纯老师纪念会，并编辑了《大地的女儿：郝诒纯院士纪念文集》（于 2004 年 9 月出版），刊载有郝诒纯早期共同革命的同志、同事、学生及全国人大常委会、全国政协、全国妇联、九三学社、中国古生物学会等同志的文章，缅怀郝诒纯同志，回顾了郝诒纯革命的一生，战斗的一生，无私奉献的一生。全国人大常委会原副委员长彭珮云题写了书名。

《冯钟燕教授纪念文集》前言①

我国著名矿床学家、北京大学地球与空间科学学院教授冯钟燕先生，因病于 2000 年 8 月 7 日在北京逝世，他的同事和学生一直怀念着他。2005 年是冯钟燕教授诞辰 75 周年、逝世 5 周年，为了缅怀冯钟燕教授的光辉业绩和高尚品德，由他的同事和学生们发起，出版一册纪念文集。这个倡议得到了同志们的响应和赞同，也得到了北京大学地球与空间科学学院领导的支持与关心。学院党委书记宋振清同志、常务副院长潘懋教授和副院长张立飞教授等还题词纪念。

冯钟燕教授在北京大学地质学系学习、工作、生活了 47 年，从事矿床学教学和科学研究 40 多年，先后任岩矿教研室副主任、地球化学教研室副主任、岩矿教研室主任、矿床教研室主任、系学术委员会委员、系学位委员会主任等职，为北大地质学系、特别是矿床学科的建设与发展做出了重要的贡献。每念及此，人们都深切缅怀他。

本文集包括两部分。第一部分是纪念性文章。他的同学记得冯钟燕同学在学生时代就关心同学、乐于助人、衣着朴素，说话常带幽默，往往会营造出同学间和谐友好的气氛；他的同事记得冯钟燕同志一直勤奋工作，教书育人，以身作则，时时处处以一个共产党员的标准严格要求自己。他淡泊名利，团结同志，关心他人；他的学生记得，冯钟燕老师可敬可亲，对学生认真负责，严格要求，从思想到业务，从做人到做学问，都精心指导。他告诉学生“读书要读好书”“先弄清是什么，再去问为什么”“做学问要坐得住冷板凳”。冯钟燕同志的优秀品质赢得了他的同学、同事、学生的尊敬。

第二部分是学术性论文。这里有冯钟燕教授的同事、学生的科研成果，也有部分他的学生与冯老师合作的论文。特别要提到的是阎国翰教授的《大兴安岭—太行山构造岩浆带中生代侵入岩时空变化成因机制及地球动力学意义》一文。冯钟燕教授曾主持“大兴安岭—太行山重点区段岩浆演化和矿化作用”的研究课题，遗憾的是课题还没有结束，冯老师就驾鹤西去。阎国翰教授参加了此课题的研究，上述论文可作为该课题岩浆岩方面的一篇带有总结性的成果，完成了冯老师未能完成的一部分工作。

由于时间紧等原因，未能将更多的文章收入本书。我们的心愿是：谨以本文集深切缅怀冯钟燕教授。

《冯钟燕教授纪念文集》编辑委员会　2005 年 11 月

① 《冯钟燕教授纪念文集》前言，于洸，海洋出版社，2005 年 12 月

深切缅怀冯钟燕教授①

于 洸

中国共产党优秀党员、北京大学地质学系教授、著名矿床学家冯钟燕同志因病于2000年8月7日在北京逝世，享年70岁。冯钟燕教授离开我们已经5年了，他的同事和学生一直怀念着他，决定出版一册文集以资纪念。根据我与冯钟燕同志的接触、共事和通过多方面了解的情况写此纪念短文，以深切缅怀尊敬的冯钟燕同志。

一

冯钟燕同志1930年9月9日生于天津市，河南唐河县人。其父冯景兰是著名的矿床学家，先后任清华大学地质学系、西南联合大学地质地理气象学系和北京地质学院教授，家里有一些他采集的矿物、岩石、矿石标本。冯钟燕少小时经常得到父亲的指点，渐渐地对地质工作产生了兴趣。1937年夏，全面抗日战争爆发，清华大学、北京大学、南开大学迁至湖南长沙，合并组成长沙临时大学，冯景兰教授仓促南下。不久，战事日紧，学校又迁至昆明，改称西南联合大学。次年，冯钟燕母亲携子女数人，自北京至天津，数经辗转，由海路到越南，再转达昆明。当时冯钟燕只有八岁，在昆明考入南菁学校。南菁学校设有小学部，在昆明郊区，在日机经常轰炸的情况下，由于学校在离城较远的山边，还比较安全，能坚持基本正常的教学活动。后来，为了躲避日机的轰炸，全家也搬到郊区，距南菁学校并不远，为了让孩子们得到锻炼，父亲坚持要孩子们都住校，只有假日才回家。在抗日战争中的昆明南菁学校，冯钟燕读完小学和初中，也得到独立生活等多方面的锻炼。

抗日战争胜利后，1946年夏，冯钟燕随家返回北平，当年考入北京师范大学附属中学高中学习。高中毕业后，为实现他的愿望，考入北京大学地质学系学习，1952年7月毕业。

1952年7月至1957年2月在地质部地矿司工作，先后任技术员、工程师，任职期间曾随郭文魁教授在安徽铜官山地质队进行过两年的铜矿地质勘查工作。1957年2月至1960年2月，在北京大学地质地理学系王嘉荫教授指导下攻读研究生，同时担任部分教学工作，并兼任岩矿教研室副主任。1960年2月起一直在北京大学地质学系从事教学和科研工作，先后任讲师、副教授、教授，博士生导师。并先后任岩矿教研室副主任、地球化学教研室副主任、岩矿教研室主任、矿床教研室主任等。

冯钟燕教授在校内外有许多学术兼职。曾任北京大学学术委员会委员（理科组），北

---

① 载于《冯钟燕教授纪念文集》，海洋出版社，2005年12月

京大学地质学系学术委员会委员、学位委员会主任等职。他是西北大学地质学系兼职教授，四川冶金地质研究所顾问，多年担任中国地质学会矿床专业委员会常委，《地质学报》、《地质论评》、《矿床地质》等杂志的编委，中国矿物岩石地球化学学会第一、二届理事，矿床地球化学专业委员会委员，地质部矿床学课程指导委员会委员等。在这些工作中，他都尽心尽责，发表意见，认真工作，秉公办事，很好地完成了赋予他的任务。

二

冯钟燕教授讲授过矿物学、晶体光学、矿物学与岩石学、矿床学、非金属矿产的开发与利用、找矿与勘探、稀有元素矿床、稀有元素地球化学、成矿规律、矿床学专题、专业文献阅读、成矿作用理论等多种本科生专业基础课、专业课、专题课和研究生课程。他在教学第一线执教40多年，一直勤奋工作，教书育人，成绩卓著。他在教学中结合教学内容和学生的思想实际，讲述地质工作的重要性，启发学生热爱祖国，热爱地质事业，介绍老一辈地质学家从事地质工作的献身精神和艰苦创业的业绩。他讲课内容充实，背景材料丰富，思路清晰，语言精练，深入浅出，富有启发性。他备课认真，每次上课前都要将胶片、幻灯片先试放一遍。他非常重视教学基本建设，强调课程建设和教材建设，他编著的《矿床学原理》获北京大学优秀教材奖。他组织教研室的同志翻译、编著了《国外矿床实例》、《中国主要矿床实例》两书。

冯钟燕教授十分重视做好研究生培养工作。他认为“作为高等教育最高层次的研究生教育，关系到我们培养跨世纪人才的质量，作为一名高等学校的教师，作为一名博士生导师，肩负的责任重大，只有努力学习，全心全意工作，才能把工作做得好一些”。他要求研究生每周与导师见面一次，讨论工作，并随时掌握学生的思想动态，本着“实事求是，联系实际，满腔热情，持之以恒”的原则，有的放矢地做学生的思想工作。他十分注意培养学生独立从事地质科研的能力，他教育学生只有勤奋地科学实践，踏踏实实地工作，才能获得真知。他认为填好地质图是认识地质过程的重要方法，他的研究生做毕业论文必须结合课题完成野外地质填图、素描和认真进行光、薄片鉴定。冯钟燕教授指导过博士研究生、硕士研究生20余人，他们走上工作岗位后，对导师严谨的学风，正直诚实的为人，勤奋工作的态度，有口皆碑。

三

冯钟燕教授的主要学术研究领域是矿床地质学，以内生金属矿床的研究为主。几十年来，对安徽、云南、陕西、湖南、河北、河南、山西等地的伟晶岩矿床、岩浆期后矿床等进行研究，主持过“华北内生铜、铁、磷、钼矿形成条件和找矿方向”、“河北涞易地区内生金属矿床地质条件及找矿方向”“大兴安岭—太行山重点区段岩浆演化和矿化作用”“太行山南段成矿岩体和非成矿岩体对比研究”“太行山有关金矿化的研究”“太行山北段铁、铜、钼、磷矿床的研究”“涞源岩体和相伴的热液活动的研究”等国家自然科学基金、教育部、地矿部、博士点基金、河北地质局的科研项目或重点科研项目，特别是20世纪八九十年代，对太行山地区中生代的岩浆活动与接触交代矿床的形成条件、分布规律进行了系统研究，阐明了区内铁、铜、铅、锌、钼等矿床的矿物成分、接触交代的强度、岩浆成分的影响、侵入体本身的变化、矿化阶段的顺序、接触带的物理化学条件、成矿地质条件、矿床的含矿性、区域岩浆演化规律以及成矿岩体与非成矿岩体的区别标志等。这些研究成果深化了对接触交代矿床形成过程的认识，丰富了矽卡岩矿床成矿理论，指明了该地区矿产勘查的方向，对找矿工作具有指导意义。

冯钟燕教授知识面广，勤于笔耕，在岩石学、矿床学、稀有元素矿床和地球化学等方面具有坚实的理论基础和较深的学术造诣，发表著作和论文 30 多部（篇），主要有：《矿床学原理》、《金属矿床学导论》（译著）及《论太行山北段矽卡岩成矿的岩浆条件》、《太行山北段接触交代铜矿的特征、矿液性质与起源》、《太行山北段金属矿床及成因》、《太行山北段金属成矿区的岩浆背景》、《太行山南段的矽卡岩铁矿的成因》、《斑岩—矽卡岩铜矿床模式》、《郝庄铁矿矽卡岩的成因》、《冀东层状硫化物矿床的特征和成因》、《邯邢铁矿的蚀变矿化》、《滇西龙陵绿柱石伟晶岩脉的特征和成因》等。冯钟燕教授积极参加国内和国际的学术交流活动，除多次提交论文在全国矿床会议交流外，还多次向国际地质大会提交论文。1980 年 9 月至 1981 年 4 月赴美国华盛顿州立大学进行学术访问和交流。1984 年参加在莫斯科举行的第 27 届国际地质大会。1990 年参加第八届国际矿床成因讨论会，并宣读论文《邯邢铁矿的蚀变矿化》。1991 年参加第七届东南亚地质矿产能源学术会议，宣读论文两篇：《中条山层状铜矿成因》及《海城伟晶岩成因》。

四

冯钟燕教授热爱祖国，热爱中国共产党，热爱社会主义，认真学习马列主义、毛泽东思想、邓小平理论，具有坚定的共产主义信念，认真贯彻党的路线、方针、政策，时时处处以一个共产党员的标准严格要求自己，发挥先锋模范作用，1996 年被北京大学党委授予“优秀共产党员”光荣称号。他关心国家大事，渴望早日解决台湾问题，完成祖国统一大业。冯钟燕教授从 1952 年以来，从事地质科研和教学工作近 50 年，在北京大学地质学系任教长达 43 年，勤奋工作，埋头苦干，耕耘在教学科研第一线。他学风严谨，坚持理论研究和矿产勘探紧密结合，既注意吸收国内外先进地质理论，又注意在实践中加以检验。他淡泊名利，以身作则，团结同志，关心他人，组织纪律观念强，不仅很好地完成教书育人和科学研究的任务，还长期担任教研室的领导工作，为北大地质学系，特别是矿床学科的建设和发展做出了重要贡献。

冯钟燕教授从不以老党员、老教师、老领导自居，模范地遵守纪律，校、系、教研室召开的各种会议，他都准时出席，并做记录，对组织上交给的各项任务都一丝不苟地完成。后来他虽然不担任教研室的领导工作了，但仍关心教研室的建设和青年教师的成长。长期的工作负担和艰苦的野外工作，使他的腰部和膝部都留下疾患，行动不太方便，但他仍抽出时间关心周围同志的疾苦。他牢记共产党员艰苦奋斗的光荣传统，一贯生活朴素，但在帮助生活上有困难的同志或学生时却慷慨解囊。他坚持科研经费用在科研上，从不买与科研无关的东西。2000 年暑假前，他仍抱病参加博士生毕业论文的答辩工作，这是他最后一次参加博士生论文答辩活动。

五

我与冯钟燕同志相识是在1957年初，那是在俄语课上，我们学习俄语已有一个多学期了，忽然来了一位陌生人坐在教室最后一排。有一天课后他主动与我聊天，我才知道他是王嘉荫教授的研究生。后来，在全系党组织的会议活动中多次见面，但没有什么交谈。1960年我大学毕业时，组织上分配我参加筹建钾—氩法同位素年龄实验室的工作，这对我来说是一项崭新的工作，真不知道从何下手。我除了与参加筹建的几位同志研究外，便向冯钟燕同志请教，那时他已是岩矿教研室的负责人之一，他告诉我们如何查阅有关文献，如何去拜访当时已有钾—氩法同位素年龄实验室的中科院地质研究所和李璞教授。逐渐地我们的筹建工作有了一点头绪。不久，组织上调我到地球化学教研室工作，冯钟燕同志那时是地球化学教研室负责人，分配我讲授分散元素地球化学的任务。这又是一项崭新的工作，只能从头学起，在冯钟燕同志的指导帮助下，查阅文献，翻译材料，编写讲义，在备课过程中不断地向他请教，终于按时完成了讲课任务。不久，我随冯钟燕同志到陕西商南地区做含绿柱石伟晶岩的研究工作，这对我来说也是一件新工作，他指导学生观察、素描、讨论问题，我也跟着学，特别是他观察地质现象仔细，对学生循循善诱，都使我得到很具体的教育。以上这三件事，对刚开始从事地质学教学和科研工作的我，有很大的启发和帮助，始终铭记在我心中。

后来，我先后在岩矿教研室、系行政、系党总支工作，与冯钟燕同志接触就多了，无论是向他了解情况，或者是征求工作意见，给我印象最深的就是他的实事求是的态度。在教学科研工作上我也常向他请教，总会得到启发。总之，冯钟燕同志作为良师益友，我始终怀念着他。

孙枢先生与中国地质学史研究①

于 洸

孙枢，江苏金坛人，1933年生，中共党员，中国科学院地质与地球物理研究所研究员，中国科学院院士。著名地质学家，沉积学家，沉积大地构造学家，科技管理专家。曾任中国科学院地质研究所副所长、所长，中国科学院资源环境科学与技术局局长，国家自然科学基金委员会副主任，中国科学院地学部副主任、主任、中国科学院学部主席团成员。孙先生在学术研究、科技管理和解决国家经济建设和社会发展需求方面做出了重大贡献，出版了多部专著，发表了200多篇论文。

2018年2月11日，孙枢先生离开了我们。

孙枢先生对地质学史的研究非常重视，对中国地质学会地质学史专业委员会也很支持，在地质学学科史、地质人物史方面发表了许多论著，值得我们很好地学习。根据已搜集的资料简述如下，敬请提出意见和建议。

一、地质学学科史方面

1982年8月，庆祝中国地质学会成立60周年大会在北戴河举行。常务理事会决定请理事长黄汲清先生作主题报告。黄先生参考各专业委员会和有关专家书写的材料，写出报告稿。由于报告近10万字，不能在1—2小时内讲完。常务理事会决定请副秘书长孙枢先生将黄先生的原稿进行浓缩。孙先生完稿后，经过讨论、黄先生仔细审阅并修改后，在庆祝大会上作主题报告，题目是“略论六十年来中国地质科学的成就及今后努力方向”。受到大家的热烈称赞。

中国科学院地学部于1996年组织了“中国地球科学发展战略”研究组，由孙枢先生担任组长，苏纪兰先生担任副组长，马宗晋、陈运泰、汪品先、周秀骥先生参加的学部学科发展项目，组织了众多地学相关的院士，经过1996年6月至1998年5月近两年时间的研究，撰写了《中国地球科学发展战略的若干问题——从地学大国到地学强国》一书，于1998年10月由科学出版社出版。该书指出：“世纪之交，我国地球科学要更加致力于解决面向国民经济和社会发展需要的科学问题。地球科学的基础研究通过对资源、能源、环境、生态、自然灾害等重大问题的系统研究和预测，为经济和社会发展提出综合指导意见，为国家宏观决策提供科学依据。”“我们认为，跨世纪的中国地球科学发展的基本目标应该是贯彻科技兴国和可持续发展的战略，坚持改革开放，从中国地球科学发展的实际出发，奔着有所为，有所不为的原则，以提高我国地球科学研究的科学质量

① 载于中国地质学会地质学史专业委员会第三十届学术年会论文汇编，2020年11月20日

和社会效益为重点，通过一系列脚踏实地的、可操作的、有远见的具体措施的实践，将我国由一个地学大国发展成一个地学强国。”孙先生认为，并不是所有的国家都需要和能够成为一个地学强国，但中国有条件而且一定要成为地学强国，中国之所以能成为地学强国，是因为中国不仅拥有辽阔的疆域和独特的地学问题，而且有一支献身发展中国地学事业的优秀科学家群体。

世纪之交，如何面对21世纪的科学发展？众多的中国科学家都在积极思考人类过去的成绩与教训，未来的挑战与机遇。1999年，中国科学院地学部第九届常委会作出决定，请一些院士就地球科学有关学科进行“百年回顾与展望”，以推动地球科学的新发展。2000年，经地学部第十届常委会第二次会议深入讨论，最后形成了地理学、地质学、地球化学、古生物学、矿床学、地球物理学、大气科学……资源与环境、生态与水文学等17篇学科战略发展方面的文章，汇总以后以专辑的形式在2001年10月份的《地球科学进展》出版。孙枢先生负责写“资源与环境”。“百年回顾与展望”系列文章从地球科学的各个学科作出了严谨的系统总结和大胆的前沿展望，为新世纪的青年学子指明了前进方向。

2002年，是中国地质学会成立80周年，正值中国地质学会第37届理事会期间，孙枢先生是中国地质学会第34届、35届、36届副理事长，换届以后任中国地质学会名誉理事，他是中国科学院地学部主任，著名地质学家，因此，常务理事会认为孙先生做主题报告是合适人选。地质学会与孙先生几次商量后，他欣然应允，并提议组织一个起草班子。经学会秘书长王弭力的组织、协调，组成了一个以孙枢和王弭力牵头的起草小组。在讨论主题报告应表达的主要内容时孙先生认为鉴于1982年黄汲清先生在庆祝大会上的报告，已详尽地总结1982年以前地质学各学科取得的成果，这次报告应以1982年以来的成果为主，对民国时期的成果进行凝练和提升，择其要者进行阐述；对中华人民共和国成立以后的成果，以近10年为主。经过反复讨论形成共识，对每个部分分解为若干方面分头执笔。初稿完成以后，在孙先生主持下，起草小组多次讨论和修改，孙先生统稿后，又讨论修改多次，初稿完稿后，孙先生还请几十位老中年地质学家提出意见和建议。报告分为三个部分，（一）奠基，民国时期主要阐述。①北京猿人的发现。②李四光1939年《中国地质学》出版。③陆相生油论的诞生。④黄汲清的《中国主要构造单位》问世。（二）大发展。不按学科写，而是以地质事业的发展对国家经济建设和社会发展的作用来考虑，提炼出几个主要方面来说明。①学科的建立、健全与学科体系的形成。②区域地质调查的大规模展开。③石油天然气田的发现使石油化工业逐步成为我国支柱产业。④为确立第二矿业大国地位提供了保障。⑤减轻地质灾害与确保重大工程安全。⑥开拓蓝色国土研究。⑦板块构造研究广泛发展。⑧古生物学的新发现。⑨环境研究的兴起。三、展望。从当代社会和经济发展的需要着眼，从学科发展与社会需求相结合来考虑，着重阐述了三个方面。①为可持续发展提供保障。②更深刻地认识地球。③加强高新技术的应用和科学基础设施建设。2002年10月16日，在庆祝中国地质学会成立80周年大会上，孙枢先生以中国地质学会名誉理事、中国科学院地学部主任的名义，作了《中国地质科学的过去、现在和未来——庆祝中国地质学会成立八十周年》的主题报告，得到与会者的一致肯定和好评。

二、地质人物史方面

孙枢先生对老一辈地质学家非常尊敬，每逢老前辈重要纪念日，他总是写文章缅怀，不遗余力地传承老一辈地质学家的光辉品质、精彩人生和学术成就。

1990 年 11 月 25 日，朱夏先生逝世。孙枢、李继亮、王清晨在《地质论评》1992 年第 2 期上发表《继续重视坳拉槽（裂陷槽）及其成矿作用研究——纪念朱夏教授》，建议将俄文翻译过来的以锐角形式插入地台的“横切陆台的边缘构造”类型，统一翻译为“坳拉槽”，以纪念朱夏先生在大地构造学和石油地质学方面的卓越贡献。1994 年尹赞勋先生去世 10 周年之际，孙枢、谢翠华著《高瞻远瞩著文章——怀念尹赞勋教授》，载于《第四纪研究》1994 年第 2 期。2008 年 11 月 26 日，陈述彭先生逝世，孙枢写了《悼念陈述彭院士》一文，载于《遥感学报》2009 年第 1 期。2011 年，著有《回忆、学习、祝贺——在庆祝丁国瑜先生地质工作 60 年暨 80 年华诞会上的讲话》。2011 年，著有《深切怀念李璞先生——在李璞先生诞辰 100 周年纪念大会上的讲话》。2012 年，著有《深切怀念陈国达院士——在陈国达 100 周年诞辰纪念大会（长沙）上的讲话》。2013 年在《任美锷院士学术思想讨论会上的发言》。2013 年，著有《纪念叶连俊老师百年诞辰》，载《叶连俊院士百年诞辰纪念文集》，北京科学出版社。2014 年，黄劭显院士百年诞辰纪念会上，孙枢发表了 15 分钟的讲演，文章发表在《学部通讯》2015 年第 2 期上。

2008 年 10 月 22 日，孙枢、陈梦熊等 9 名中国科学院院士联名致信国土资源部徐绍史部长并党组、中国科学院路甬祥院长并党组。信中说“今年是我国著名地质学家、原中国地质工作计划指导委员会副主任委员、地质部总工程师、著名地质教育家和中国地质学会的创始人之一的谢家荣院士诞辰 110 周年。”信中列举了谢家荣院士在我国地质科学和地质事业上做出的巨大贡献。并说“鉴于谢家荣院士对我国地质科学和地质事业所做的巨大贡献，建议部、院党组商请中国地质学会具体组织实施，年内在北京举行一次有整个地质界参加的纪念谢家荣院士诞辰 110 周年纪念会，以缅怀先生的业绩，继承和发扬老一辈地质学家热爱祖国、艰苦奋斗、求实创新，毕生奉献祖国地质事业的优良传统，将我国地质事业不断推向前进。”徐绍史部长、路甬祥院长很快作了批示。

2008 年 12 月 31 日上午，中国地质学会在北京新大都饭店隆重举行了纪念谢家荣院士诞辰 110 周年座谈会，国土资源部部长、党组书记、国家土地总督察、中国地质学会理事长徐绍史出席座谈会并发表讲话，在京的副部长张宏仁、寿嘉华及 21 位院士出席座谈会，国土资源部、中国地质调查局、中国地质学会、中国科学院、石油系统、煤炭系统、教育系统、九三学社的有关负责人和代表及谢老的家属参加了座谈会。5 位院士发言，从不同角度回顾了谢老的丰功伟绩和他对祖国地质事业的杰出贡献。中国科学院地学部主任秦大河发来贺信。

孙枢院士在座谈会上发言《怀念谢家荣院士》，该文载于《丰功伟识永垂千秋——纪念谢家荣院士诞辰 110 周年》，地质出版社 2009 年 3 月出版。他深刻地阐述了谢家荣院士为中国地质科学、地质事业所作的杰出贡献，并说“谢家荣院士将永远活在我心中。谢家荣先生为祖国所作出的杰出贡献，将永载史册；激励我们为祖国的繁荣富强自强不息。我们要学习和发扬谢家荣先生的科学思想、科学方法和科学精神，学习和发扬谢家荣先生的爱国主义思想，进一步发展我国的地质科学、地质教育和地质事业，从地学大国走向地学强国。为贯彻实施党的科学发展观而努力奋斗！”

2009年12月，《纪念张文佑院士诞辰100周年》一书由科学出版社出版。孙枢写了序。序言说，2009年8月31日是著名地质学家张文佑院士100周年诞辰，我们怀着深深崇敬和思念的心情，编辑出版了《纪念张文佑院士诞辰100周年》一书，缅怀他光辉的一生。从书的许多文章中能够看到张文佑先生学风严谨，热心育人，但同时也严格要求自己的学生，经常鼓励青年科学工作者，博采各家之长，在实践中增长才干。《纪念张文佑院士诞辰100周年》一书的编辑出版，不仅是为了表示对张文佑先生的怀念，而且更主要的是为了让广大中青年地学工作者，以张文佑先生为楷模，学习他的学术思想，学习他的爱国主义情怀。张文佑先生一生足迹遍及祖国大地，我们要学习张文佑先生勇于开拓、勇于攀登、不断探索、善于独创的精神，继承张先生的遗志，为发展我国的地球科学而奋斗。

孙枢先生还写了《深深怀念我们的老所长》一文。他说我们敬爱的老所长离开我们已经24年了，他对地质科学和地质事业所做出的杰出贡献，他对我多方面的指导，他对科学发展的前瞻和远见……有的虽已过去几十年甚至半个多世纪，这一切怎能忘却，现在想来许多往事犹历历在目。我举几个事例，①节译名著《中国地质学》。②指导东北北部大地构造研究。③为北京科学讨论会日夜操劳。④西南地区的一次考察。⑤亲自参加富铁会战工作。⑥编制《海陆大地构造图》。⑦十分关注新的学术方向。⑧永远活在我心中。张先生的科学贡献永载史册。在他诞辰100周年之际今天，我深深感谢他，并将永远地怀念他。

《董申保院士纪念文集》由北京大学出版社于2012年9月出版。孙枢先生撰文《深切怀念董申保院士》。写道：“我所敬仰的董申保院士离开我们已经两年多了，但他仍然活在我们心中，我深深地怀念他老人家——慈祥、谦和、博学的学者与师长。”“董申保院士是我国著名的地质学家，中国变质地质学的主要奠基人。他七十多年的勤奋耕耘，为我国地质科学事业做出了卓越贡献。”“20世纪80年代初，董先生组织和领导了有22个省区、26个单位、200多名科技工作者参加的中国变质地质图编制工作，于1986年出版了《中国变质地质图（1∶400万）及其说明书（中、英文）版》和《中国变质作用及其与地壳演化的关系》等专著。该成果于1989年获国家自然科学奖二等奖。”“80年代中期至90年代中期，董先生主要研究蓝闪石片岩型低温高压变质作用，相关成果于1998年获教育部科技进步奖一等奖。”“90年代中期以后，董先生致力于研究花岗质岩石，建立了‘花岗岩拓扑学’。”“董先生长期在东北地质学院（后称长春地质学院）任教，并任院长，长期在北京大学地质学系任教。”董申保院士为我国地质科学和地质教育贡献了毕生的精力，做出了杰出贡献，培养了大量人才，促进了我国经济社会的发展。我们要继续发扬光大董申保院士的科学成就和科学精神！

王鸿祯院士是我国著名地质学家，古生物学家和地质教育家。孙枢先生尊重学术前辈，他与王鸿祯老师交往甚多，他不仅钦佩王先生卓越的学术成就，而且对王先生深厚的文史素养倍加钦佩。他在为《王鸿祯诗联文序选集》所作的序中写道：“我国老一辈地质学者往往都具有深厚的文化底蕴，因而有广袤的视野和宽阔的胸怀，得到人民的尊敬。”这表示他不仅认真学习先辈的科学成就，而且注意学习他们的文史素养，重视祖国的文化传承。

2016 年 11 月 16 日，“纪念王鸿祯院士诞辰 100 周年学术讨论会”在中国地质大学国际会议中心举行。当时，孙枢先生已身患重病，在病床上写下了《深切怀念王鸿祯院士》的纪念文章，抱病参加了会议，而且，以饱满的感情回忆了王先生的学术思想和科学研究成果，分享了王先生编著的《地史学教程》和《中国古地理图集》等书籍的阅读心得，称赞了王先生的学术思想、治学态度和奋斗精神，一直在激励鞭策大家前进，号召大家不断前进，学习王先生对地质科学和地质教育的献身精神。

三、在出版的地质人物的几册典籍中，孙枢先生做出贡献

2007 年，著名科学家钱伟长院士向中央倡议编纂《20 世纪中国知名科学家学术成就概览》正式立项，其宗旨是以此记录中国近代科技历史，铭记新中国科技成就，总结中华民族对人类和世界科技、文化、经济社会做出的伟大贡献，凝聚民族精神和“中华魂”，继承老一辈科学家无私奉献、爱国创新、追求卓越的精神，激发年轻一代奋发图强的科技热情。该项目计划出版 20 卷，涵盖自然科学、工程技术科学和人文社会科学三大领域。《概览 · 地学卷》包括地质学、地理学、地球物理学、古生物学、大气科学和海洋科学六大学科六个分册。孙枢院士是《概览 · 地学卷》15 位编委之一，与李廷栋院士共同主持《概览 · 地学卷 · 地质学分册（一、二）》的编纂工作，包括传主遴选和传文作者的确定，以及繁重的审稿、定稿工作等。地质学分册入传科学家 129 名，包括章鸿钊、丁文江、翁文灏、李四光、谢家荣、黄汲清、张文佑、孙枢等。历时 5 年完成。2013 年由科学出版社出版，受到读者好评。

1986 年中国科学技术协会第三次代表大会决议编辑出版《中国科学技术专家传略》一书。20 世纪 90 年代启动，其中“理学编 · 地学卷”主编是刘东生院士，于 1996 年、2001 年、2004 年先后出版了 3 个分册。2008 年刘东生院士逝世后，孙枢院士任主编，他抓紧编辑第 4 册，潘云唐是执行编委，在孙枢先生领导下，从事组稿，约稿等工作。经过大家的努力，《中国科学技术专家传略 · 理学编 · 地学卷 · 4》于 2015 年 1 月出版。书中传主 41 人，其中院士 33 人，超过 80%，在地区上涵盖了中央和地方及在边疆地区工作的科学家，得到了大家的好评。

《百年地学路几代开山人——中国地学先驱者之精神与贡献》一书由刘强主编，科学出版社 2015 年 5 月出版。中国科学院院士、原地学部主任孙枢写序言“溯古观今 继往开来”。其中写道：我国地质学家队伍，从 1911—1912 年的几位地质学家发展到 1949 年的 299 人，1949 年以来的发展更达到空前规模，到 20 世纪 80 年代中期，总数超过 10 万人，到 21 世纪初已达到约 17 万人。我国已建成完整的地质勘查工作体系、地质教育体系和地质科研体系，依靠自己的力量可以充分自信地解决资源、能源、环境和地质灾害的挑战，地质基础工作和地质基础研究的国际影响力正在增强，目前正处于地学大国向地学强国发展的过程之中。摆在我们面前的这本书，从不同角度缅怀了数十位先辈地质学家，他们分别为我国地质科学、地质教育和地质事业做出了不朽的贡献。回顾百年来的发展，使我对他们更加怀念、爱戴和崇敬。

王颖——海洋地貌与沉积学家[①]

于　洸

王颖，思维敏捷，基础宽广，在科学面前大胆无畏。这样的人，我愿意在科学上与她交往。

——柯林斯（英国 Southampton 大学教授）

王颖，1935 年生，原籍辽宁省康平县。海洋地貌与沉积学家，中国科学院院士，中国共产党党员。1956 年毕业于南京大学地理学系。1957 年 2 月入北京大学地质地理学系攻读地貌学专业副博士研究生，1961 年 2 月毕业。现任南京大学教授，地学院院长；中国海洋学会名誉理事长，中国第四纪研究委员会副理事长，中国海洋湖沼学会常务理事，中国地理学会理事；国际海洋学研究委员会（SCOR）世界淤泥质海岸与海平面变化工作组主席，国际太平洋海洋科学技术协会（PACON）常务理事兼中国分部副主席，国际地理学联合会海洋地理学专业委员会常务理事，国际地貌学家联合会（IAG）执行委员会委员。全国三八红旗手。主要著作有《中国海洋地理》《海岸地貌学》《黄海陆架辐射沙脊群》《海南潮汐汊道港湾海岸》等。

理想的航船从这里扬帆

王颖，这位大海的女儿，从小就有一个漂洋过海的美梦。幼年时，地理课及美妙的童话中，关于美丽大海的描述，深深地吸引着她。她多么想到大海上去航行啊!在北京读中学时，听说南京大学有位女地理学家，一口气能登上峨眉山，她佩服不已。她想，我要成为这样的人。高中毕业时，如何填写报考大学的志愿，她向老师请教。老师问：“你喜欢什么？”她说：“我喜欢森林，向往海洋……”老师说：“你学地理吧！”这样，1952 年夏，她第一志愿报了南京大学地理学系，并以高分被录取。

南京大学注重基础学科的教学，地质、地理、气象、气候学科齐全，为学生打下坚实的地球科学基础。当年，教师年富力强，敬业治教，循循善诱，同学们满腔热情地努力学习。课堂教学与野外实践结合，四年学习期间，王颖所在的班级攀登过宁镇山脉与皖南山脉，远赴太行山、吕梁山及黄土高原参加水土保持调查。野外实习使学生增长了能力，锻炼了身体，培养了坚忍刻苦的意志。王颖回忆说：“青年时代的我，适逢新中国成立，沐浴着党的阳光，在一个朝气蓬勃、日新月异、充满关爱的环境中，得以健康地成长，真是生长逢时!”

---

① 载于《北大的才女们》，郭建荣主编，北京大学出版社，2009 年 7 月

1956 年初，国际地理学大会在印度阿里迦（Aligah）穆斯林大学召开，我国派出以一位团中央负责人为团长的中国青年代表团与会，这是新中国成立后派出参加国际学术会议的第一个地理学代表团，除团长、两位地理学家、一位翻译外，有一名地理学研究生，一名地理学本科生。刚刚 20 岁的王颖有幸是这个代表团的成员之一。他们一起准备大会报告与介绍中国地理学进展的文稿。中国代表团的报告在会上引起了强烈反响。但同时，王颖也亲眼见到有的外国学者趾高气扬的样子，亲耳听到有的外国学生嘲笑我们"英语少少的"。她心里憋了一口气，在日记上写道："我们政治上翻了身，科学上也要翻身啊!……我们有几千年的文明史，有得天独厚的地理环境，为什么不能做出具有世界先进水平的成果呢？"代表团长对王颖和另一位研究生说："新中国的政治影响，中国的自然环境和悠久的历史，使我们的报告获得了成功，赢得了尊重。但今后我们不能光靠政治影响，老讲五千年的文明史。下次会议，就要靠你们这一代了。要又红又专啊!"王颖的心潮像海洋一样翻滚，几天的国际学术会议，把她的眼界由小天地扩展到全世界，她追求的目标，不仅是要成为一名我国的地理学家，而且上升到要为国家、民族争光。

1956 年，党中央发出"向科学进军"的号召。这年夏天，王颖大学毕业后，被分配到北京大学地质地理学系任见习助教，并准备报考我国在 1956 年招生、1957 年毕业的四年制副博士研究生。她被录取为地貌学专业的研究生，导师是著名地貌学家王乃樑教授。北京大学学术气氛浓厚，研究生教育规范。除全校统修自然辩证法、外语之外，她学习的专业课程有沉积岩石学沉积相与建造、现代地貌学基本理论与问题、砂矿地质学原理等，均由苏联专家讲学。王乃樑与苏联专家 B. F. 列别杰夫两位教授密切合作，指导研究生进行了北京西山寨口、大同盆地、聚乐堡火山群及辽东半岛砂矿地质实习。两位教授定期（约两周一次）共同与研究生个别交谈，帮助每位研究生明确其学习方向、发展道路，指导学习方法。读研究生期间，在专业上，必须通过专业基础考试，专业外语考试，参加专业基础课的部分讲授，指导本科生的野外实习，完成一篇学年论文，一篇毕业论文。

那时，提倡"教育与生产劳动相结合"。王颖的学年论文做"山东半岛海滨砂矿"方面的课题。她带领一个小组，从烟台到威海，从成山头，经荣城，到莫耶岛、石岛，踏遍了山东半岛的每个港湾，在每个砂体上采样、分析，找寻砂矿富集带，追寻原生矿源。他们风餐露宿，漫山遍野地奔波、探索，终于完成任务，为圈定 C1 级矿物量做出贡献。通过做砂矿课题的研究工作，使她提高了基础地质工作的能力，将地质营力、海岸地貌与沉积密切联系起来，探索其内在联系与发展规律，写出《山东半岛滨海砂矿形成与开发》的学年论文。

接着，苏联海岸学权威曾科维奇院士与列昂杰夫教授给研究生开设了"海岸讲座"，指导研究生进行了胶辽半岛海岸考察。导师为王颖确定以"海岸地貌与沉积"为专门方向，结合"天津新港回淤来源与整治的研究"作为毕业论文课题。天津新港涨潮时一片汪洋，落潮时就成为一个淤泥滩。他们要研究这些淤泥从何而来？怎么控制它？当时苏联专家认为，新港的淤泥是从 150 公里以外的黄河入海口运移过来的。为了查明泥沙的来源，王颖带领一个小分队，在中科院海洋所与天津新港回淤研究站的支持下，从滦河口到天津新港，从天津新港到黄河口，从事艰苦的淤泥海岸断面调查与重复观测，在一步一陷（深至 40 厘米）的淤泥滩上，背着仪器一次次在 6 个小时的落潮间隙中测量采样，在风浪颠簸的舢板上测流、采样。浅滩上浪大船荡，学生们晕船了，身为队长的她必须坚持定期观测，记录与采水样都是在呕吐的间隙中完成的。有一次她也晕得实在受不住了，便跳下船，站在齐肩的水中，希望能喘息一下，但仍然晕，而且更冷，只有上船再记。通过艰苦的工作，终于搞清楚：港口的淤泥不是从黄河口来的，而是当地的浅滩造成的。通过研究，使她认识到淤泥质潮滩的动力、沉积与地貌的分带性规律，总结出潮滩与波浪动力环境下沙质海滩的不同特性，为治理港口淤泥提供了科学依据。在这次考察的基础上，写出题为《中国淤泥质海岸特征与发育》的研究生毕业论文。

四年的大学生活和四年的研究生经历，滨海砂矿和淤泥质海岸的研究，为她攀登科学高峰打下了坚实的基础，训练了基本技能，这位大海女儿理想的航船从这里扬帆。

在海浪与风暴中搏击

王颖是改革开放后较早出国的访问学者，1979 年 2 月上飞机的那天，大雪漫天，望着机场上风雪飘舞中的五星红旗，她心中默默地念叨："祖国!您的女儿决不辜负您的期望。"王颖赴加拿大学习深造，到位于哈立法克斯（Halifax）市的达尔豪谢（Dalhousie）大学，进修海洋地质与沉积学。这里是加拿大东海岸的海洋学中心。起初，学校还不了解她，把她作为"预备学员"进行安排。经过半年考察后，决定让她做研究员（Research Fellow），发给她研究员证书，还给她配备了助手。这在当时访问学者中是不多见的，这得益于她在国内多年的研究工作，在海洋科学领域确有真知实力。

一天，系主任柯克（H. B. S. Cooke）教授与她讨论确定研究课题。这位白鬓红颜的老人问她："你准备做什么工作？"答："鼓丘海岸研究。"教授点头说："很好!那你就在哈立法克斯地区做些工作吧！比较近，资料也比较多。"教授是一片好心，想照顾这位四十多岁的中国妇女。但王颖却十分坚决地说："不，我选择了开普不列颠（Cape Breton）岛东南海岸中一段典型的鼓丘海岸"。"为什么？那儿很远呀！"教授惊愕了。他知道，那一带荒无人烟，条件艰苦。鼓丘海岸发育在高纬度地区，是经过大陆的冰流作用形成的海岸。这种海岸，港湾曲折，岛屿众多，主要分布在美洲大陆东部的丘陵和平原地区，中国是没有的，文献上也没有系统的记述，理论上还是空白。王颖暗下决心，要用加拿大的先进设备，用自己在中国海岸工作的经验，做出成果，由中国人来填补这个空白。因此，她查阅了大量资料，用两个月的时间踏勘了这一带近千公里的海岸，才选定了这段近 50 公里长的典型鼓丘海岸。王颖从地质上、海岸特点上详细论证了这个地区是典型的鼓丘海岸。听完王颖的陈述，教授被这位中国女学者的勇气和踏实的科学态度深深地感动了，连连说："很好！很好！赶快把研究计划和方案拿出来。"

王颖的研究计划引起了加拿大同行的极大兴趣，不仅她所在的达尔豪谢大学愿意提供经费，贝德福德（Bedford）海洋研究所大西洋地质中心也愿意提供经费、助手和设备，并聘请王颖做兼职研究人员。由于工作需要，中、加两国有关部门研究确定，将王颖的进修期从两年改为三年。

在开普不列颠岛进行鼓丘海岸考察时，他们从南往北沿着大海走，只听到自己走路的声音。遇上风暴天气，天是铅灰色的，海是黑沉沉的，大西洋的海浪一个接一个地扑过来。但无论风浪多么大，她都不能停止观测，都要在预定的时间内拿出成果来。功夫不负有心人。经过两年多的艰苦磨难，王颖写出《开普不列颠岛东南部鼓丘海岸动力地貌学》（与 D. J. W. Piper 合著）的学术论文，在加拿大《海洋沉积与大西洋地质学》杂志 1982 年第 18 期上，排在第一篇的位置发表，被地质学界评论为“把中国经验应用于加拿大区域海岸研究中，成功地为加拿大海岸研究开拓了一个新领域，是鼓丘海岸的典型文献”。

在加拿大三年期间，王颖珍惜工作良机，竭尽全力完成工作，参加了 Nova Scotia 大陆边缘、Labrador 大陆架和纽芬兰峡湾海岸考察，进行中、加淤泥质海岸和大陆架的比较研究；参加了大西洋洋中脊钻探、SHOH 深海平原勘测钻探及 Porto Rico 海沟考察，了解洋中脊和深海平原，进行海洋地质与深海环境调查，研究海底埋藏高品位核废料的可能性。大西洋百慕大魔鬼三角海域，不知覆没了多少船只，吞噬了多少航海的英雄好汉。王颖曾三次到百慕大海域考察。北大西洋流急浪高，船只颠簸。一次遇到 10 级风暴，大海怒涛汹涌，船只被抛上掷下，一只法国船只沉没了，他们船上很多人也倒下了，王颖一边吸药，一边坚持摄影，获得了百慕大海域许多珍贵的实况资料。她还主动要求乘“派塞斯”（PISCES）Ⅳ号深潜器，下潜到 216 米深的海底，对圣劳伦斯（St. Lowrence）海湾进行海底调查。深潜器里，既不能坐，也不能站，她伏在里面整整工作了两个小时。海浪扰动，呼吸不适，上岸后，她的嘴唇颜色都变深了，加拿大同行们都敬佩不已。他们说：“很少有妇女到海底工作，你真不简单啊!”他们著文称王颖是“中国第一个用深潜器从事海底地质调查的科学家”。

王颖通过国内外朋友搜集到黄河、长江、珠江的砂样，西藏的冰川砂，甘肃的黄土粉砂，美国、加拿大、大西洋及大陆架的砂样，在回国前的几个月里，抓紧时间，利用贝德福德海洋研究所先进的扫描电子显微镜，对一百多个样品的数千颗砂粒进行了处理、观察和摄影，完成了 1300 张照片，取得了几千个数据资料，完成了《石英砂表面结构与沉积环境的模式图集》（与 B.迪纳瑞尔合著），在王颖离开加拿大前两天，1982 年 2 月 12 日，四位专家审定同意出版，1985 年由科学出版社以中、英文出版。

1980 年 4 月，加拿大全国海洋会议在伯林顿举行，一位来自中华人民共和国的女学者庄重地登上讲坛，用英语作关于中国海岸研究的学术报告，她就是王颖。24 年前在印度召开的那次国际地理学讨论会的情景，王颖永远铭记在心：“要又红又专！要又红又专！”她知道，要攀上科学高峰，必须从脚下做起。现在，她终于从淤泥滩走上国际讲坛。

在加拿大期间，王颖曾七次参加海洋地质方面的国际学术会议，在会上报告或展示她的学术论文。她的报告被赞为“精彩的报告”，论文被收入会议论文集出版。外国专家们对王颖评价很高。加拿大环境海岸地质研究所主任派帕教授曾给我国驻加拿大大使写了一封很长的信，高度赞扬王颖“为加拿大的海洋地质科学做出了四个独特的重要贡献”。

在王颖家里的墙壁上，挂着一幅金属版画，这是王颖离开加拿大时，贝德福德海洋研究所赠送给她的。版画上刻着王颖工作过的考察船，写着：“送给王颖，为了纪念她在中加海洋地质合作中开拓性的工作。”

是的，在王颖心中也刻着一艘理想的航船，几十年来，她驾驶着它，乘风破浪，闯过一道道难关，开拓出一个又一个新局面，获得一个又一个新成果。

让生命在海洋科学研究中闪光

王颖在地理科学、海洋科学的教学和科研方面做了大量工作，曾担任过南京大学大地海洋科学系系主任，先后讲授过地貌学与第四纪地质学、海洋动力地貌学、海洋地质学、砂矿地质学、全球变化与海洋专题讲座、海岸海洋环境、资源与一体化管理、海岸海洋科学概论等多种本科生和研究生课程。已培养硕士 20 余名，博士 15 名。由于在教学与科研工作中成绩显著，1983 年 12 月获江苏省妇女联合会授予的“三八红旗手标兵”称号；1984 年获国务院人事部授予的“中青年有突出贡献专家”称号；1994 年获南京大学第四届研究生导师教书育人奖。1991 年获国务院颁发的政府津贴；1985 年和 2002 年两次获全国妇女联合会授予的“全国三八红旗手”称号。

王颖长期从事具有地域特点的淤泥潮滩海岸、鼓丘海岸及河海体系与大陆架沉积等方面的研究，用地质学、地理学、海洋学等多学科结合的知识与造诣，总结潮滩动力环境的沉积与生态模式，分析中、新生代泥沙、粉砂沉积环境，从中国主要河流对大陆架沉积作用的研究，深入到河海体系相互作用沉积物搬运与陆源通量、黄海辐射沙洲的形成与演变等方面的研究，推动了具有学科交叉特色的海岸海洋科学和海洋地理学的发展，并将海陆相互作用与全球变化的研究相结合，应用于海岸、海港建设。1961 年以来，出版专著 16 部（包括主编与合著）、发表论文 130 多篇，其中有 40 多篇在国外学术刊物上发表。她是一位被国际公认的海洋学领域的著名科学家。

在海岸动力和地貌学研究方面，从渤海湾到古黄河口、长江口，一直到珠江三角洲、海南岛，绵延一万多公里的中国海岸，大都留下了她的足迹。淤泥质海岸是中国海岸的一个特色。从 20 世纪 60 年代起，她就对渤海、黄海淤泥质海岸进行广泛的研究，总结出淤泥质潮间带浅滩微地貌与沉积的分带性规律，及淤泥质海岸演化的动力过程与演化规律。她 60 年代初发表的关于潮滩海岸特征的学术论文，比英国著名学者发表的关于潮滩研究的学术论文还要早两年。她提出了“黄河改造、潮滩反馈与贝壳堤发育假说”。她对中、加、英三国的潮滩进行对比研究，总结出三种动力环境的淤泥潮滩沉积与生态模式，分析中、新生代淤泥粉矿岩沉积环境，把我国的潮滩研究推向国际先进水平。她还针对中国海岸的特点，着重研究季风波浪、潮流及大河河流对海岸的作用及海岸演变，研究海岸带海洋与大陆的相互作用过程、机制，以及人类活动的影响，总结出中国海岸的类型及其发育演化的规律。华南广泛分布着港湾海岸，王颖多年对广东、广西、海南岛港湾海岸潮汐汊道进行研究，总结出纳潮量与港湾蚀积相关的机制及潮汐汊道港湾海岸演化过程的规律，并应用于海港选址与航道工程。其系列研究成果，发表在国内外学术刊物上，受到海洋学家的广泛关注，有关国际会议邀请她到会报告，并被推选为国际海洋学研究委员会世界淤泥质海岸与相对海平面变化工作组主席。

在海洋沉积研究方面，王颖几十年来一直在海洋现场考察，足迹遍及中国海、大西洋及太平洋边缘海，曾六次赴大西洋进行远洋调查，考察大西洋深海平原、波多黎各海沟、大西洋洋中脊、北极圈拉不拉多海底等。她在 *Sedimentology* 杂志上发表的有关深海平原浊流沙的论文，是对深海底浊流动力作用的首次发现与论述，她论证了深海底仍有强大的动力环境，可将大陆架的砂带到大西洋中部的深海底，在理论上提出了深海沉积环境新的概念，在应用上，对国际上有人提出要利用深海底埋藏核废料提出质疑，指出深海底仍具不稳定性，需做进一步的防护工程。王颖主持“南黄海海底沙脊群形成演变研究”的项目，这个大的研究集体，通过数年研究，查明了这 2 万多平方公里海底沙脊沙滩的泥沙来源、形成过程与演变趋势，在大陆架沉积作用、堆积型大陆架的形成等方面做了理论上的阐述，并对这片沙脊沙洲的开发提出意见。她依据多次海洋考察积累的丰富资料和经验，结合先进技术手段的研究，在国内外发表了一系列高水平的论文。前国际沉积学会主席、牛津大学 H. G. Reudying 教授认为王颖的论文《中国主要河流泥沙与大陆架沉积作用》，是“河海相互作用过程的最佳总结”。由王颖主编并撰写第一、二章的《中国海洋地理》，被《地理学报》评为我国第一部具有划时代意义的海洋地理学专著。

在海岸海洋科学研究方面，从 20 世纪 90 年代起，王颖科研工作的主攻方向是对海岸海洋的研究。1994 年联合国教科文组织在比利时列日大学召开的海岸海洋工作会议上，明确海岸海洋的范围包括海岸带、大陆架、大陆坡与大陆隆，即整个海陆过渡带。王颖应邀在会上作“陆源通量与海洋沉积”的报告，受到与会学者的高度评价，后被哈佛大学收入当代海洋的权威著作 *The Sea* 第 10 卷 *Global Costal Ocean* 海洋专辑，成为具有国际影响的科技文献。王颖十分注意科学研究工作与国家的经济建设相结合，将海岸动力、海岸演变、泥沙来源及运移规律、海岸泥沙回淤量、海岸冲淤变化预测、潮滩沉积作用及沉积相等研究成果，应用于海洋石油天然气勘查、海港与航道选址、海岸工程、航道回淤治理等。她从事过天津新港、秦皇岛油港、秦皇岛渔港、山海关船厂、黄岛油港、龙口海洋石油基地、北海港、三亚港、洋浦港等港口与航道选址研究，由她为负责人或主要执笔人撰写的关于海岸动力地貌、港址研究、回淤研究的调研报告 35 册，已有 28 项投入建设。如天津新港泥沙来源及减轻回淤的研究，成为天津新港扩建的科学依据。国家重点工程秦皇岛油港及秦皇岛煤港的一、二期工程，建成后多年证明预报正确，措施得当。在三亚港、洋浦港的建设中，运用和发展了潮汐汊道理论，成功地解决了港口建设中回淤的问题，洋浦港于 1990 年建成两万吨级泊位，十多年来没有回淤。在南黄海，论证其沙脊群间潮道为古河谷，地形及水深将长期保持稳定，可建 20 万吨深水港，现已开工建设，将对江苏经济发展做出重要贡献。近年来，还将海岸研究应用于滨水城市规划、海洋旅游规划，建设人工海滩、人工岛等。

二十多年来，王颖的国际学术交流与合作相当广泛，与加拿大、英国、美国、澳大利亚有 8 项海岸海洋合作研究项目，组织并主持过 7 次有关海岸海洋的国际学术会议，利用国际合作的研究经费在南京大学建设了“海岸与海岛开发国家实验室”。国际太平洋海洋科技协会曾授予她“科学服务贡献奖”（1993 年、2004 年）。为了表彰王颖在中、加合作，特别是在海岸地貌学及海岸管理领域取得的突出成就，2001 年 6 月 13 日，加拿大滑铁卢大学授予她“环境科学名誉博士”学位。滑铁卢大学还与加拿大邮政总局合作，出版了印有王颖工作照的纪念邮票，一版 25 枚，成为上了被誉为国家名片的加拿大邮票的第一位中国科学家。

王颖的科研论著和编著的教材多次获奖。“海岸动力地貌的研究（海港选址）”获全国科学大会重大贡献奖三个受奖提名人之一（1978年）；“海岸发育与岸线变迁研究”获江苏省科技进步三等奖（1984 年）；中国自然地理专著“海洋地理篇”获中国科学院科技进步奖一等奖（王颖等，1986年）；高科技知识丛书《海洋技术》（副主编）获中共中央宣传部“五个一工程”作品入选奖（1993 年）及国家科技进步奖三等奖（1996 年）；“亚龙湾海洋旅游勘测研究与规划”（第一完成人）获国家教委科技进步奖三等奖（1995年）；“江苏省海岛资源综合调查与开发试点研究”（完成人之一）获江苏省科技进步奖二等奖（1995 年）；《海岸地貌学》（王颖、朱大奎著）获南京大学优秀教材一等奖（1995年），国家教委第三届高等学校优秀教材一等奖（1996年），国家教委科技进步奖二等奖（1997年）；“中国海洋地理研究”（第一完成人）获教育部科技进步奖一等奖（1998年）；“地球系统科学创新人才的培养方式与实践”（第一完成人）获江苏省高等教育教学成果奖一等奖（2004年）。

王颖曾说：“人活着要有理想，为追求理想，还要有刻苦、实干与敢于面对挑战、不断追求的坚持精神。”她就是这样，非常高标准地从事教书育人与科学研究工作，一步一步地前进，一层一层地攀登科学高峰，在教书育人中学习，在研究工作中学习，在生产实践中学习。她体会到：学无止境，不要囿于大学学习的专业基础，应随着时代前进的步伐，不断地学习、扩展，交叉与融合，使科学能力真正服务于祖国发展的需要。饮水思源，立志不懈，在教育科研岗位上，为培养品学兼优的人才，为祖国的现代化与科学发展贡献力量。这就是王颖成功之道。

王颖从1956年大学毕业至今，工作了五十余载。王颖的工作成果都是在与大海的拼搏中获得的。是啊！热爱大海，构成她丰富的人格内涵；献身大海，体现了她不知疲倦的进取精神。这就是王颖！

深切缅怀何国琦学长[①]

于 洸

我1956年入北京大学地质地理学系地质学专业学习，1960年提前毕业，留校任教，先后在地球化学、岩矿教研室工作。何国琦同志1963年在苏联莫斯科大学获副博士学位，1964年回国，到北京大学地质地理学系构造教研室任教。我们二人虽在不同教研室工作，但工作上的联系和交往还是不少，有时还共同完成一定的教学任务。1978年，地质学系和地理学系分别设系。乐森璕教授任地质学系系主任，何国琦、于洸及另两位老师任副系主任。从此，我们在一起为地质学系的建设和发展而共同工作。1983年7月—1991年7月，何国琦任两届系主任。1981年10月—1986年4月，于洸任系党总支书记，此后，调学校工作。回忆起来，从1978年至1986年，有8年时间，我们二人同时在地质学系行政和党总支工作。我到学校工作以后，与老何还是常有来往。1993年我调到首都师范大学工作了。从1964年老何留苏回国到北大地质学系工作，我们在系里认识、同事、交往，算起来有29年了，这是一段难忘的经历。

我们还写了几篇关于地质教育和北大地质学系系史方面的文章。如：1990年，我们2人写了一篇《理科地质类专业口径宽一点好》，刊载于1990年4月16日《中国地质矿产报》。本文获《中国地质矿产报》、地质矿产部教育司主办的1990年“展望杯”有奖论文三等奖。曾在系里任职的于洸、何国琦、刘瑞珣、李茂松、宋振清于1998年写了一篇《弘扬传统 把握机遇 再创辉煌——庆祝北京大学建立100周年、北大地质学系建立89周年》，载于《北京大学国际地质科学学术研讨会论文集》，北京大学地质学系编，地质出版社1998年4月出版。2002年，于洸、刘瑞珣、宋振清、何国琦合写了一篇《关于20世纪我国地质教育的简要回顾与几点思考》，载于《中国地质学会80周年纪念文集》，地质出版社2002年出版。2009年，北大地质学系建系100周年，地质学系组织编写了一本《创立·建设·发展——北京大学地质学系百年历程 1909—2009》，第一编地质学系历史概述，由于洸执笔。何国琦等审阅了初稿，提出修改建议。

何国琦教授教学任务很重，他亲自担任基础课教学，讲授普通地质学，主持和参与地质测量实习基地的选址和建设。讲授构造地质学、中国地质学等课程。他教学认真，教学效果好，深受学生的爱戴和敬佩，曾三次被学生推举为“北大最受学生爱戴的教师”。1995年，获“北京市优秀教师”表彰。2001年获“李四光地质科技奖教师奖”。

何国琦教授编著和参加编著了多种教材和专著。1969—1973年间从事地热地质研究，编写了《地热》一书，1972年由科学出版社出版。1974年—1978年任地质力学专业主任，组织编写了《地质力学教程》，1976年由地质出版社出版。何国琦著《地球是

---

① 载于《何国琦教授纪念文集》，地质出版社，2021年

怎样演变的》，1983 年由青年出版社出版。《中国及邻区海陆大地构造图（1∶500 万）》（中、英文版），张文佑主编，北大钱祥麟、何国琦等 4 人参加，1984 年由科学出版社出版。1988 年获全国“优秀科技图书”一等奖。《中国及邻区海陆大地构造》，张文佑主编，北大钱祥麟、何国琦等 4 人参加编著，1986 年由科学出版社出版。何国琦、李茂松等著《中国新疆古生代地壳演化及成矿》，1994 年由新疆人民出版社出版。何国琦著《新疆主要造山带地壳发展五阶段模式及成矿》（新疆地质专辑之一），1995 年由地矿部新疆地质矿产开发局、新疆维吾尔自治区地质学会出版。吴泰然、何国琦等编著《普通地质学》，2003 年由北京大学出版社出版。何国琦主编《中国新疆及邻区大地构造图》，2004 年由地质出版社出版。何国琦、徐新主编《新疆天山地质及成矿论文集》，2004 年由地质出版社出版。

何国琦教授承担了许多项目的科学研究工作，其成果获得多项奖励。1976 年唐山地震后，他参与组织地质学与力学两个学科的教师，运用有限元方法研究京津唐地区地应力场的调整和危险区预测，参加北京市组织的京津唐地震研究，1981 年获北京市科技二等奖（第一完成人）。张文佑主编，北大钱祥麟、何国琦等 4 人参加编制的《中国及邻区海陆大地构造图（1∶500 万）》，1987 年获国家自然科学奖三等奖。何国琦及其研究集体的《华北北部地壳上地幔物质组成、构造演化及其与成矿作用、地震活动关系的研究》，1987 年获国家教委科技进步奖二等奖。何国琦、韩宝福等的《鄂尔多斯构造带构造演化与成矿系列研究》，1992 年获国家教委科技进步三等奖。左国朝、何国琦著《甘肃北山板块构造与成矿规律研究》，1992 年获地矿部科技成果奖三等奖。何国琦等的《新疆大型——超大型矿床成矿条件与大型靶区成矿预测》获国家“八五”科技攻关重大科技成果奖。1994 年 3 月—1995 年 10 月，何国琦任“305”项目课题报告编写组组长，提出晚海西——印支期是北疆构造格局转变的重要时期，也是内生金属矿床成矿作用高峰期的见解，对于探讨北疆大型——超大型矿床成矿条件有重要意义。研究成果 1996 年获国家计委、国家科委和财政部颁发的国家“八五”科技攻关重大科技成果奖。何国琦组织参加的国家自然科学基金重大项目，以《论地壳成熟度及其在大地构造研究中的意义》等论文及《中国新疆古生代地壳演化及成矿》学术专著为代表的研究成果，1998 年获北京大学科研成果一等奖。

何国琦同志为地质科学和教育事业辛勤工作了五十余年，既从事教学科研工作，培养地质人才，还多年担负着教研室和系里的领导工作。以上简要回顾了他在教学科研方面取得的丰硕成果和获得的奖励，他的奉献历历在目。后来，他的身体不好了，但仍担负着繁重的工作任务。我每次到办公室去看他，他都在辛勤地工作着。我劝他保重身体，不要太劳累了。但他总是以工作为重，奉献在先。何国琦同志比我大一岁，我们的交往有 53 年了。这位学长的为人为学为事，都是我学习的榜样。在此，谨表深切缅怀之情。

许志琴——构造地质学家①

于 洸

许志琴，构造地质学家。……早期从事裂谷构造研究。80年代起，以“新的构造观”为指导，致力于青藏高原及周缘造山带的变形构造、造山作用及造山机制研究。厘定了我国50余条大型韧性剪切带，奠定了西部若干造山带变形构造体制，划分造山作用阶段和大陆山链的“构造造型”，提出“特提斯-喜马拉雅造山复合体”及中国西部华力西期以来巨大平移作用的新认识。首次发现中国大别山超高压柯石英矿物。

——《中国科学院院士画册》

许志琴，1941年出生于上海市，原籍重庆市。构造地质学家，中国科学院院士。1958年考入北京大学地质地理学系构造地质学专业，1964 年毕业（时为六年学制）。同年，到中国地质科学院地质研究所工作至今。20世纪80年代初期赴法国蒙贝利埃大学进修，1987年获蒙贝利埃大学理学博士学位。曾任中国地质科学院研究员、副院长、地质研究所所长，国际岩石圈构造委员会委员等。1995年当选为中国科学院院士。现任中国地质科学院研究员，国土资源部大陆动力学重点实验室学术委员会主任，中国科学院地学部常委。第九届全国人民代表大会代表，第十届、第十一届全国人民代表大会常务委员会委员，全国人大常委会环境与资源委员会常委。曾获“有突出贡献的留学回国人员”、“有突出贡献的中青年科学家”、“全国优秀科技工作者”和“全国五一劳动奖章”等称号，第二届李四光地质科学奖、何梁何利科学与技术进步奖等奖励。发表专著8部，论文200余篇，如《青藏高原北部东昆仑羌塘地区的岩石圈结构及岩石圈剪切断层》、《板块下的构造及地幔动力学》、《中国大陆科学钻探工程的科学目标及初步成果》、《青藏高原与大陆动力学——地体拼和、碰撞造山及高原隆升的深部驱动力》等。

在我国进行大陆动力学研究的倡导者和最早实施者

许志琴从事地质工作40多年，长期从事构造地质研究。20世纪70年代，从事郯庐断裂构造研究，提出白垩纪以来郯庐断裂的裂谷事件。80年代初至今，以新的构造观为指导，宏观构造与微观构造相结合，进行青藏高原及中西部造山带的变形构造及大陆动力学的研究。

20世纪60年代兴起的板块构造理论，是地球科学的一场重大革命，被认为是20世纪自然科学领域的五大成就之一。板块构造理论的重要证据来自于对大洋岩石圈的调查，

① 载于《北大的才女们》，郭建荣主编，北京大学出版社，2009年7月

具有复杂流变特征的大陆岩石圈使板块“登陆”受到很大阻力，人们不断发现运用经典板块理论很难解释大陆地质。因此，以解决大陆结构、行为、驱动力以及发展板块构造理论为目的的大陆动力学研究计划在国际上逐步开展起来。1987年，在许志琴领导下，中国地质科学院成立了“岩石圈构造物理实验室”。1989年，原地矿部科技司司长张良弼率团访问德国，许志琴随团参观了世界上第二口大陆深井——德国的KTB，令她耳目一新。许志琴在担任地质研究所所长期间，于1993年提出实施以“大陆动力学”为龙头，“超高压变质带”（大陆深钻）和“青藏高原”为两个拳头的战略，在所内逐渐形成了一支研究大陆动力学的多学科骨干队伍。1997年在地质研究所成立了大陆动力学开放实验研究室，许志琴曾任第一任主任；现为学术委员会主任。该实验室近30名研究人员，是一支朝气蓬勃的以中青年为主的科研队伍，在许志琴的带领和全体人员的共同努力下，已成为一个高度敬业、团结凝聚、努力拼搏、在国内外具有竞争实力的科研集体。2003年升格为国土资源部“大陆动力学重点实验室”，仍隶属于中国地质科学院地质研究所。

大陆动力学研究旨在解决板块构造未能解决的大陆构造的重大难题，大陆板块会聚边缘的碰撞动力学是其中的重大前沿问题，青藏高原和超高压变质带是世界上最佳的大陆动力学天然实验室和窗口，中国独特优越的地质条件是两大瑰宝。许志琴和她领导的科研集体，以地学前缘-碰撞动力学及地幔动力学为主要研究方向，以高压-超高压变质带和青藏高原为主要的野外考察基地，以板块汇聚边界和板内的深部物质组成、构造与结构以及浅层效应为主要研究内容，并服务于国家的经济建设和社会发展需求。2006年初，有记者问许志琴：“你从事地质工作以来干了哪些你认为重要的事？”许志琴说：“两件，青藏高原研究和中国大陆科学钻探。”

揭示青藏高原形成的奥秘

许志琴长期在青藏高原及其周缘造山带进行野外地质调查和科学研究，无数次地涉足于陡峻的群山缺氧的高原和人烟稀少的荒漠，工作过的地区有喜马拉雅山、祁连山、昆仑山、阿尔金山、可可西里、横断山、天山、秦岭-大别（山）-苏鲁造山带等。自80年代起，她先后在秦岭-大别造山带，松潘-甘孜造山带、东昆仑山、祁连-阿尔金山、西昆仑山及喜马拉雅山等6个中法国际合作项目中担任中方项目负责人。还负责4个大别苏鲁超高压变质带研究项目。她还9次考察西欧的名山—阿尔卑斯山，多次在欧洲华力西、比利牛斯造山带，美洲的阿巴拉契亚山、科迪勒拉山、安第斯山进行过考察及工作。

在中国构造地质研究中，许志琴十分注意开拓创新，首先将微观构造与宏观构造研究相结合，将构造地质学的几何学、运动学、动力学及定量分析等，运用在青藏高原和中国造山带的研究中，在青藏高原碰撞动力学及造山机制等方面提出一系列重要的思想和理论。

中方以许志琴、杨经绥、姜枚为首和法方以达波尼埃（Tapponnier）为首的中法地质、地球物理专家合作，在青藏高原考察15年，奠定了青藏高原各地体的变形构造体制，提出青藏高原结构的新框架，厘定了50余条大型韧性剪切带和走滑断裂以及运动矢量，确定中亚最大的阿尔金断裂形成于三叠纪以及走滑距离400公里，提出8类青藏高原碰撞造山类型以及周边造山带崛起的造山机制。杨经绥、许志琴等还发现了青藏高原北部早古生代超高压变质带。完成了 1 万公里的天然地震探测剖面，揭示出 400 公里深度的地壳深地幔结构，提出了青藏高原形成的大陆动力学新模式。他们与法国地质学家达波尼埃一起进一步提出了青藏高原新生代以来由南向北东方向增生的斜向右旋隆升机制理论。

1987 年，许志琴首次在大别山菖蒲榴辉岩中发现超高压变质矿物——柯石英的重要信息，引起地学界将大别苏鲁超高压变质作为研究的一个热点。她还提出柴北缘和苏鲁超高压变质带的新的深俯冲折返模式，为中国超高压变质带的研究作出了贡献。

中国大陆科学钻探工程首席科学家

以许志琴为首的科研集体最早在中国实施“大陆动力学”计划，为中国“入地”计划即“大陆科学钻探工程”的启动努力不懈。1989 年以来，许志琴联合国内外科学家，在国家计委、科技部、国土资源部、国家自然科学基金委员会的支持下，使中国大陆科学钻探工程成为国家“九五”重大科学工程、“973”基础研究项目、国家自然科学基金重大项目及国际大陆科学钻探工程项目。许志琴任中国大陆科学钻探工程、“973”基础研究项目和国家自然科学基金重大项目首席科学家，她为中国大陆科学钻探工程的实施做出了重要贡献。

中国大陆科学钻探工程的实施是中国宏伟的“入地”计划的开始，在中国地球科学研究的历史上具有开创性。它既是国家重大科学工程，也是当前正在实施的国际大陆科学钻探计划中最深的科学钻井。此项工程从申请立项到井架的建立，花了十多年的时间。开始是论证要不要打，后来是论证在哪里打。许志琴他们首先从全国 40 个点中选择了超高压变质带的目标，又从 3 个地区中最后选中江苏省东海县毛北村。经过无数次论证，最后得到国内外专家的认可。2001 年 6 月 25 日，中国大陆科学钻探的 54 米高的井架在苏北东海县高高耸立起来，井架的最顶端，五星红旗迎风招展，红旗下四个大写的字“CCSD”(“中国大陆科学钻探”的英文缩写）闪闪发光。看到这一幕，许志琴激动得流泪了，在场的很多人都流泪了。1989 年她参观德国 KTB 大陆深井时，看到高大的钻塔上的德国国旗飘得那样舒展有力，当时就想，总有一天，我会看到中国国旗在中国大陆科学钻塔上飘扬。这一天，终于在 21 世纪初到来了。

2002 年 7 月 26 日，时任国务院副总理的温家宝为中国大陆科学钻探工程发来贺信，他写道：“大陆科学钻探工程的实施，是我国地质科技工作的一件大事，对于深化人们对地壳成分结构及其演化规律的认识，促进我国地球科学理论的发展和地球探测水平的提高，具有十分重要的意义。中国大陆科学钻探工程是一项集科学与技术于一体的综合性工程，也是多学科、多领域的系统集成。实施这样大的科学工程，必须精心组织、科学管理、大力协调，必须发扬科学、求实、创新、严谨的精神。预祝中国大陆科学钻探工程圆满成功。”

科学钻探的主孔于 2002 年 6 月开钻，2005 年 3 月终孔，历时 1353 天，进尺 5158 米。在党中央、国务院的亲切关怀下，在国土资源部等有关部委的领导下，广大科技人员、钻探工人和幕前、幕后许许多多同志日夜奋战，国内 90 多位各种专家参与这项基础研究，国外近 20 个著名科学家群体及实验室参加了合作研究。被称为“中国第一井”的中国科学钻探工程，不仅在工程技术上取得了成功，而且在科学上有许多创新性成果和重大发现，受到国内外地学界的高度重视，在国内外产生了重大影响，并被评为 2005 年中国科技十大新闻之一。中国大陆科学钻探工程中心，2004 年荣获“全国五一劳动奖状”。

中国大陆科学钻探工程，从准备到胜利完钻，历时 15 个年头，一直到那一段段岩心摆在人们面前时，首席科学家许志琴才松了一口气。5000 多米的岩心，揭示了 50 多种类型的岩石；发现 1600—2000 米深度 400 米厚的新的金红石矿层；首次在世界上超高压变质岩区建立了深入地下 5 公里精细的由岩性、地球化学、氧同位素、构造变形、矿化、岩石物性、测井、地震 V_{sp} 剖面和地下流体等系列剖面组成的“金柱子”；首次利用测井和构造编录资料准确确定 5 公里岩心的全部微细构造要素的产状，为建立三维物质成分、构造、物理状态及超高压变质岩石形成与折返机理提供了难得的研究基础。首次开展结晶岩地区包括中国大陆科学钻探垂直地震剖面（V_{sp}）测量和二维三分量多波地震剖面测量的三维地震探测，提供了精细地震和地质构造解释结果及波速模型；在国内首次利用科学钻探验证了结晶岩地区强反射层与韧性剪切带和岩性界面有关。中国大陆科学钻探工程取得的大量地质信息，正在被继续进行研究，相信一定会取得更丰硕的成果。

热爱地质事业如痴如醉

许志琴非常热爱地质事业，十分重视野外地质考察，获取第一手资料，她几乎没有享受过节假日，几十年如一日把自己与地质科学研究拴在一起。一想到青藏高原，人们就会自然地联想到艰苦。这一点，她是知道的，但对许志琴来说，青藏高原魅力无穷，这是世界上最高、最大和最年轻的高原，是大陆动力学研究的最佳窗口，具有巨大的资源潜力，揭示青藏高原形成的奥秘，对于地质学家有极大的诱惑。看到上千米悬壁壮观的地质构造景象，她仿佛看到了磅礴澎湃的造山伟力，增添了克服艰苦和困难的精神动力。在西部工作，确实艰苦，高山缺氧，冒风雪，攀陡崖，涉冰川，什么苦她都吃过。20 世纪 90 年代初，他们在青藏高原东部野外工作，途中意外地遇到劫匪抢劫；第二天，他们接着去采样，不巧汽车刹车又坏了，只好往山上撞，幸好被山前的一堆土挡了一下，没出事。几十年中，这样的事情很多，她都习惯了，野外地质工作还是坚持做。

许志琴任何事情都想做好，人们称她为“拼命三娘”。由于长期的劳累，近几年得了两场大病。2002 年 6 月，患脑血栓，幸亏抢救得快，治好后又去了喜马拉雅山，但已感到非常勉强了。2003 年又做了腰椎手术，打了许多钉子，安装了护板，就像秦俑一样，戴了“盔甲”，那时正值大陆科学钻探研究申请“973”项目的紧张时刻，她坐不能坐，躺不能躺，站不能站，在征求专家意见的会上，见她那模样，大家开玩笑说“钢铁战士”来了。她诙谐地说，不，是“钛合金战士”（钉子全是钛合金制成的）。

是什么心理或情感支撑着她如此能吃苦？她说，喜欢，就是喜欢。一个人，只要喜欢他（她）从事的事业，就会不顾一切。我喜欢地质，为它奋斗，我愿意。正是这种理想、信念和毅力，支撑着她在地质科学战线上奋战，攀登一个又一个高峰。她坚持地质工作40多年，发表专著8部，论文200余篇，多次获得优秀论文奖及部级科技奖。她培养了博士和硕士20多名，美国博士生1名。曾获得有突出贡献的留学回国人员、有突出贡献的中青年科学家、北京市三八红旗手、李四光地质科学奖、全国优秀科技工作者、全国五一劳动奖章、何梁何利科学与技术进步奖等多种奖励。她重视了解国际地学最新动向，经常参加国际学术会议，并主持过会议，多次被邀在会上做重点发言，与国际著名地学家有广泛的交往与合作。现在，她仍然在地质科学研究和人才培养方面继续奋战。她曾说：这辈子能干上地质，是我的幸运。如果生命还有选择，下辈子，再下辈子，我还选择地质。

说点真心话

许志琴曾任第九届全国人大代表，第十届人大常委会委员，现任第十一届全国人大代表、全国人大常委会委员、全国人大常委会环境与资源委员会常委，在努力做好繁重的地质研究的同时，她认真履行人民的重托，参政议政，说真话，讲实情，提建议。2006年3月，全国人大十届四次会议期间，在上百人的重庆市代表团会议上她的一席发言，把“科学殿堂已非净土”的问题和科研人员在创新中的一些阻力呈现在代表面前，颇具轰动效应。

她说：“据了解，有一位科技行政干部，经常当评审委员，一年的评审费就有二十多万元。”对于科技评价体系，她认为，科研成果，特别是基础研究的成果，很难通过一次技术评审会就作出结论。现在一些名目繁多的评审会、鉴定会，会务费不断上涨，一些专家和管理干部忙于赶场。

她说，由于经费不足和经费管理问题，“打醋的钱不能用来打酱油”，在很多研究院所，事业费几乎全部用在了离退休人员身上，在职人员的工资只能靠项目维持，科研人员的工资和奖金都是和项目挂钩的。“像我们单位，80%的资金都来自项目，没有项目就生存不下去，即使是院士也是一样。这种现状，‘逼’得科研人员去拿项目、拉关系、抢课题、走后门，为争取项目疲于奔命。如果科研活动都变成了一种谋生的职业，而不是事业，如何发挥科技人员自主创新的意识？”

她还说：科研管理实行的大多是一种管制式而非服务型的管理。现在低效的、烦琐的管理使科学家没有充分的时间来做课题。她自己的很多时间都用在了一级一级地汇报上，还要为没完没了的检查、审计、评审、评奖忙碌。当然还要请客吃饭，请专家评审。有时候，项目的财政拨款9月份才到，要求你12月底以前用完，要不然就必须交回。如果不愿意上交，就得想办法转移，弄虚作假。

许志琴很赞赏王选院士的一句话：“一个科学家如果经常在电视上出现，那么他的科学生命就结束了。”她说，科学上的创新本来应该是十年磨一剑，但有些研究人员却心浮气躁，急于求成，有时不惜弄虚作假。“恨不得一年出个月亮，三年出个太阳。”

许志琴的直率的发言，反映了在科技管理等方面需要研究和解决的一些问题。会后，许多照相机、录音笔、话筒对准了许志琴。“您讲这番话之前，有没有经过思想斗争？”有的记者觉得她的发言多少有些“冒失”。许志琴依然缓缓地说：“我觉得人应该说真话。”

跋　语

于洸先生是我十分敬仰的长者。获读《中国地质学史拾零》书稿，其研究精微，史料详尽，更兼文字简而有约的行文风格，令我对先生更增敬意。

先生是我国地质学史研究的先期学者，在地质学史研究会（现地质学史专业委员会）成立之初起就是研究会的核心成员，在研究会中担任副秘书长、副会长职务，并在中国地质学会的工作中担任常务理事、副秘书长等。我于地质学史研究是后学，承前辈学者之眷顾，若于洸先生于我，几十年来受教匪浅。我与于洸先生相识于20世纪80年代，此后在地质学史专业委员会的活动中，每每接触，先生的平易谦恭，关爱后学使我感受颇深，并延至于今。先生在北京大学、首都师范大学期间，虽身居要职，但于地质学史研究未曾有辍，节假日等都能在图书馆、档案馆见其身影。退休之后，更是笔耕有加，其治学精神令人钦佩。

几十年来，先生在中国地质科学史、地质教育史、地学人物研究等诸方面潜心研究，用力颇深，成果显著。《中国地质学史拾零》正是先生在地学人物研究方面的集成之作。细读先生之文章，先生的人物研究重史料，重考证，给人留下深刻印象。依后学愚见，先生的《中国地质学史拾零》实为地学人物研究可资征引之史料，其价值会日渐增益。而书名取“拾零”之喻，则又见先生为人谦恭之品格。

我相信此书出版后定会为地质学史研究者提供地学人物研究可资之借鉴。

后学陈宝国拙笔

2021年仲夏

跋 语